学术引领系列

国家科学思想库

中国学科发展战略

系统工程

国家自然科学基金委员会
中国科学院

科学出版社
北　京

内 容 简 介

系统工程具有典型的跨学科交叉特征,其研究横跨多个自然科学与社会科学领域,在多个学科蓬勃发展。本书从系统工程共性基础理论、网络信息系统工程、制造系统工程、航空航天航海系统工程、能源与资源系统工程、交通物流系统工程、经济社会与服务系统工程、生命健康与医疗信息系统工程、军事系统工程等主要研究领域中总结我国系统工程学科的发展历程,梳理发展现状,探讨系统工程学科的未来发展方向,旨在明确未来一个时期促进我国系统工程学科研究及学科均衡协调可持续发展的战略思路和保障措施。

本书可供各级政府部门、科研机构、大学及科技企业中从事相关专业领域的管理人员、专家及研究人员阅读和参考。

图书在版编目(CIP)数据

系统工程/国家自然科学基金委员会,中国科学院编. -- 北京:科学出版社, 2024.9. -- (中国学科发展战略). -- ISBN 978-7-03-079169-6

I. N945

中国国家版本馆 CIP 数据核字第 2024WD0687 号

丛书策划:侯俊琳　牛　玲
责任编辑:张　莉　高雅琪/责任校对:何艳萍
责任印制:赵　博/封面设计:有道文化

科学出版社 出版
北京东黄城根北街 16 号
邮政编码:100717
http://www.sciencep.com

北京市金木堂数码科技有限公司印刷
科学出版社发行　各地新华书店经销

*

2024 年 9 月第　一　版　　开本:720×1000　1/16
2025 年 1 月第二次印刷　　印张:27 1/2
字数:477 000
定价:198.00 元
(如有印装质量问题,我社负责调换)

中国学科发展战略
联合领导小组

组　　长：常　进　窦贤康
副 组 长：包信和　王希勤
成　　员：高鸿钧　张　涛　裴　钢　朱日祥　郭　雷
　　　　　杨　卫　王笃金　周德进　王　岩　姚玉鹏
　　　　　倪培根　杨俊林　吕群燕　王岐东　刘　克
　　　　　刘作仪　孙瑞娟　潘　庆

联合工作组

组　　长：周德进　姚玉鹏
成　　员：范英杰　孙　粒　于　璇　王佳佳　马　强
　　　　　王　勇　魏　秀　缪　航　徐丽娟　龚剑明

中国学科发展战略·系统工程
项 目 组

组　　长：管晓宏

成　　员（按姓氏拼音排序）：

陈　斌	陈　剑	陈彩莲	陈英武	程建华
狄增如	丁义明	董海荣	董希旺	冯旸赫
付琼莹	高　峰	巩敦卫	古　槿	关　伟
关新平	郭庆新	韩云君	洪奕光	胡建晨
黄创霞	黄金才	黄攀峰	黄桥高	贾庆山
荆中博	兰　钰	李　革	李　清	刘　斌
刘　畅	刘　佳	刘　洋	刘厚方	刘亚杰
路坤锋	吕金虎	马　锴	欧阳敏	潘　光
秦　虎	任爱胜	司光亚	宋　光	宋　洁
宋相满	苏丽杰	孙　波	谭跃进	唐立新
田　捷	汪小帆	汪小我	王红卫	王慧敏
王军强	王先甲	卫军胡	吴　江	吴均峰
夏　俐	夏昊翔	熊　熊	徐占伯	鄢超波
杨　博	杨　阳	杨春杰	杨镜宇	杨晓光
杨志伟	鱼　敏	俞守华	岳　东	曾志刚
翟桥柱	张　晶	张　维	张　毅	张博宇
张承慧	张纪峰	张学工	张颜颜	张耀鸿
张永杰	赵千川	赵青松	郑小雪	

总　序

白春礼　杨　卫

17世纪的科学革命使科学从普适的自然哲学走向分科深入，如今已发展成为一幅由众多彼此独立又相互关联的学科汇就的壮丽画卷。在人类不断深化对自然认识的过程中，学科不仅仅是现代社会中科学知识的组成单元，同时也逐渐成为人类认知活动的组织分工，决定了知识生产的社会形态特征，推动和促进了科学技术和各种学术形态的蓬勃发展。从历史上看，学科的发展体现了知识生产及其传播、传承的过程，学科之间的相互交叉、融合与分化成为科学发展的重要特征。只有了解各学科演变的基本规律，完善学科布局，促进学科协调发展，才能推进科学的整体发展，形成促进前沿科学突破的科研布局和创新环境。

我国引入近代科学后几经曲折，及至上世纪初开始逐步同西方科学接轨，建立了以学科教育与学科科研互为支撑的学科体系。新中国建立后，逐步形成完整的学科体系，为国家科学技术进步和经济社会发展提供了大量优秀人才，部分学科已进入世界前列，有的学科取得了令世界瞩目的突出成就。当前，我国正处在从科学大国向科学强国转变的关键时期，经济发展新常态下要求科学技术为国家经济增长提供更强劲的动力，创新成为引领我国经济发展的新引擎。与此同时，改革开放30多年来，特别是21世纪以来，我国迅猛发展的科学事业蓄积了巨大的内能，不仅重大创新成果源源不断产生，而且一些学科正在孕育新的生长点，有可能引领世界学科发展的新方向。因此，开展学科发展战略研究是提高我国自主创新能力、实现我国科学由"跟跑者"向"并行者"和"领跑者"转变的一项基础工程，对于更好把握世界科技创新发展趋势，发挥科技创新在全面创新中的引领作用，具有重要的现实意义。

学科发展战略研究的核心是结合科学技术和经济社会的发展需求，在分析科学前沿发展趋势的基础上，寻找新的学科生长点和方向。在这个过程中，战略科学家的前瞻引领作用十分重要。科学史上这样的例子比比皆是。在1900年8月巴黎国际数学家代表大会上，德国数学家戴维·希尔伯特发表了题为"数学问题"的著名讲演，他根据过去特别是19世纪数学研究的成果和发展趋势，提出了23个最重要的数学问题，即"希尔伯特问题"。这些"问题"后来成为许多数学家力图攻克的难关，对现代数学的研究和发展产生了深刻的影响。1959年12月，美国物理学家、诺贝尔奖得主理查德·费曼在加利福尼亚理工学院举行的美国物理学会年会上发表了题为"物质底层大有空间——一张进入物理新领域的请柬"的经典讲话，对后来出现的纳米技术作出了天才的预见。

学科生长点并不完全等同于科学前沿，其产生和形成不仅取决于科学前沿的成果，还决定于社会生产和科学发展的需要。1841年，佩利戈特用钾还原四氯化铀，成功地获得了金属铀，可在很长一段时间并未能发展成为学科生长点。直到1939年，哈恩和斯特拉斯曼发现了铀的核裂变现象后，人们认识到它有可能成为巨大的能源，这才形成了以铀为主要对象的核燃料科学的学科生长点。而基本粒子物理学作为一门理论性很强的学科，它的新生长点之所以能不断形成，不仅在于它有揭示物质的深层结构秘密的作用，而且在于其成果有助于认识宇宙的起源和演化。上述事实说明，科学在从理论到应用又从应用到理论的转化过程中，会有新的学科生长点不断地产生和形成。

不同学科交叉集成，特别是理论研究与实验科学相结合，往往也是新的学科生长点的重要来源。新的实验方法和实验手段的发明，大科学装置的建立，如离子加速器、中子反应堆、核磁共振仪等技术方法，都促进了相对独立的新学科的形成。自20世纪80年代以来，具有费曼1959年所预见的性能、微观表征和操纵技术的仪器——扫描隧道显微镜和原子力显微镜终于相继问世，为纳米结构的测量和操纵提供了"眼睛"和"手指"，使得人类能更进一步认识纳米世界，极大地推动了纳米技术的发展。

作为国家科学思想库，中国科学院学部的基本职责和优势是为国家科学选择和优化布局重大科学技术发展方向提供科学依据、发挥学术引领作用，国家自然科学基金委员会（以下简称基金委）则承担着协调学科发展、夯实学科基础、促进学科交叉、加强学科建设的重大责任。继基金委和中国科学院于2012年成功地联合发布"未来10年中国学科发展战略研究"报告之后，双方签署了共同开展学科发展战略研究的长期合作协议，通过联合开展学科发展战略研究的长效机制，共建共享国家科学思想库的研究咨询能力，切实担当起服务国家科学领域决策咨询的核心作用。

基金委和中国科学院共同组织的学科发展战略研究既分析相关学科领域的发展趋势与应用前景，又提出与学科发展相关的人才队伍布局、环境条件建设、资助机制创新等方面的政策建议，还针对某一类学科发展所面临的共性政策问题，开展专题学科战略与政策研究。自2012年开始，平均每年部署10项左右学科发展战略研究项目，其中既有传统学科中的新生长点或交叉学科，如物理学中的软凝聚态物理、化学中的能源化学、生物学中生命组学等，也有面向具有重大应用背景的新兴战略研究领域，如再生医学、冰冻圈科学、高功率、高光束质量半导体激光发展战略研究等，还有以具体学科为例开展的关于依托重大科学设施与平台发展的学科政策研究。

学科发展战略研究工作沿袭了由中国科学院院士牵头的方式，并凝聚相关领域专家学者共同开展研究。他们秉承"知行合一"的理念，将深刻的洞察力和严谨的工作作风结合起来，潜心研究，求真唯实，"知之真切笃实处即是行，行之明觉精察处即是知"。他们精益求精，"止于至善"，"皆当至于至善之地而不迁"，力求尽善尽美，以获取最大的集体智慧。他们在中国基础研究从与发达国家"总量并行"到"贡献并行"再到"源头并行"的升级发展过程中，脚踏实地，拾级而上，纵观全局，极目迥望。他们站在巨人肩上，立于科学前沿，为中国乃至世界的学科发展指出可能的生长点和新方向。

各学科发展战略研究组从学科的科学意义与战略价值、发展规律和研究特点、发展现状与发展态势、未来5～10年学科发展的关键科学问题、发展思路、发展目标和重要研究方向、学科发展的有效资助机制与政策建议等方面进行分析阐述。既强调学科生长点的科学意义，也考虑其重要的社会价值；既着眼于学科生长点的前沿性，也兼顾其可能利用的资源和条件；既立足于国内的现状，又注重基础研究的国际化趋势；既肯定已取得的成绩，又不回避发展中面临的困难和问题。主要研究成果以"国家自然科学基金委员会-中国科学院学科发展战略"丛书的形式，纳入"国家科学思想库-学术引领系列"陆续出版。

基金委和中国科学院在学科发展战略研究方面的合作是一项长期的任务。在报告付梓之际，我们衷心地感谢为学科发展战略研究付出心血的院士、专家，还要感谢在咨询、审读和支撑方面做出贡献的同志，也要感谢科学出版社在编辑出版工作中付出的辛苦劳动，更要感谢基金委和中国科学院学科发展战略研究联合工作组各位成员的辛勤工作。我们诚挚希望更多的院士、专家能够加入到学科发展战略研究的行列中来，搭建我国科技规划和科技政策咨询平台，为推动促进我国学科均衡、协调、可持续发展发挥更大的积极作用。

前　言

为了全面总结我国系统工程学科发展历程，梳理发展现状，探讨系统工程学科的未来方向，在中国科学院与基金委的联合资助下，系统工程学科发展战略项目由西安交通大学和清华大学主持，超过13个单位的近百位学者组成项目组，认真撰写项目申请书，最终于2018年底获得批准。2019年1月18日，"系统工程学科发展战略"项目启动会在京召开，邀请了来自全国各高校与科研机构相关学科的近百位专家参会，项目负责人管晓宏院士介绍了项目的研究背景、研究意义和研究计划，郭雷院士就系统工程学科的内涵外延、发展趋势及战略意义做了专题报告。

项目组深入分析系统工程学科发展的自身需求和国家经济社会发展需求，采取依靠专家、兼收并蓄的工作方式，广泛征集专家意见并组稿，力争明确系统工程学科的发展历史，并明确未来一个时期促进我国系统工程学科研究及学科均衡协调可持续发展的战略思路和保障措施。

2019年1月至2020年10月，项目组先后组织500余位专家召开了数十次研讨论证会，针对系统工程领域的9个重要研究方向，形成了支撑材料。在此基础上，项目组进行了6次深入研讨，秘书组召开了12次工作会议，并向百余位专家反复征求意见，通过不断修改完善，形成了本书初稿。2020年底项目结题后，项目组继续修改完善书稿，形成了本书的最终版本。

项目组认为，系统工程学科的科学基础与工程技术的关系密切，应该结合在一起论述；系统工程与行业背景的关系密切，应该兼顾共性问题与行业需求；需求引领是系统工程学科创立和发展的强大动力，应该考虑国家需求和科学问题共同引领学科的发展。

因此，本书基于共性基础理论和网络信息系统工程、制造系统工程、航空航天航海系统工程、能源与资源系统工程、交通物流系统工程、经济社会与服务系统工程、生命健康与医疗信息系统工程、军事系统工程等主要应用领域，分别阐述系统工程的学科发展历史、现状，并展望未来。

在系统工程学科发展战略研究过程中，基金委信息科学部和中国科学院信息技术科学部的领导、专家给予了大力支持，提出了大量实质性的意见和建议，提供了翔实的数据资料。郭雷院士等一大批专家学者多次参加研讨并提出了宝贵意见，系统工程及相关学科的广大专家也给予了大力支持，付出了大量的心血和劳动。

项目组在研讨及本书编写过程中，深感形成一份好的学科发展战略报告十分困难，特别是对于系统工程这样一个具有鲜明学科交叉特点的学科。对于项目组而言，本次学科战略研究是一次良好的学习机会。

项目组期望本书对我国系统工程学科的未来发展有一定参考价值。参与本书撰写和提出修改意见的学者众多，观点和意见未必一致，项目组的组织协调能力有限，本书中难免出现瑕疵，希望得到广大专家学者和读者的批评指正。

管晓宏

摘　要

系统工程是一个跨学科并融合多学科领域技术的系统性工程方法的统称，主要关注对复杂系统全生命周期的管理、规划、开发、设计、试验和使用，通常利用系统性的思想，将各个相互依赖、相互交织的子系统系统性地综合起来，通过优化的思想和方法，确保由各子系统各司其职、被整合为一体的全局复杂系统以最优的方式实现既定目标。可见，系统工程涉及的思想、概念、系统、方法和门类极其宏大与繁多，从管理、控制、数学等任何一个学科角度都不能一窥整个系统工程学科的全貌，同时面向不同领域的系统设计、管理、控制、优化决策、仿真测试等问题又存在高度的共性结构特征。因此，系统工程学科成为基础学科领域和工程实践领域中的一个重要方向，是从复杂系统整体与局部的关系来分析、研究和实践客观规律的。系统工程的主要思想是通过分析和研究系统各个部分相互配合协调产生的效果，在系统优化的作用之下，力图使系统整体性能优于所有部件个体的性能，即产生所谓"系统大于部分之和"的效果。

在我国，随着钱学森院士对系统工程的创立、推动和发展，系统工程在包括航空航天和军事等在内的一些重大复杂工程项目中展示出重要的作用。经历几十年的发展，系统工程的思想已经逐渐渗透到了社会的方方面面，对我国生产活动和社会生活产生了重大影响。系统工程方法和技术在各行各业的应用表明，利用系统工程的方法，可以对原来难以处理的、具有复杂耦合关系的系统进行整体设计和决策。同时，随着系统工程在各个领域的研究和应用，新的理论和方法也被逐渐创造出来，从而促进了系统工程向更深的领域探索以及向更广的领域发展。

近年来，随着物联网、云计算、人工智能等新兴行业的发展，计算能力得到了质的飞跃，信息科学与技术领域网络化、智能化和信息物理融合（简称"两化一融合"）的发展趋势十分明显，对系统工程学科发展提出了新的重大需求。聚焦"两化一融合"正在成为系统工程学科发展的战略重点，与计算科学、网络科学、数据科学、人工智能等新兴行业交叉正在成为系统工程的战略方向，这也使得系统工程在新时代焕发出新的生机。

目前，系统工程与各个领域深度融合，在推动各个领域发展的基础上，也逐渐在孕育新的学科方向。新的时代背景下，新工业革命、新技术革命、新能源革命的形势下，包括电子、通信、计算机、能源、环境、经济、生命等各个领域的发展方向都与系统工程交叉，其中多个领域的前沿方向甚至强依赖于系统工程学科的发展。因此，作为一个面向实际应用领域、跨学科特征明显的学科，系统工程的学科发展与各领域的研究息息相关。本书结合系统工程共性基础理论，选取网络信息、制造、航空航天航海、能源与资源、交通物流、经济社会与服务、生命健康与医疗信息、军事8个具体应用领域，分析系统工程学科在具体领域的科学意义与战略价值、研究特点和发展规律、关键科学问题及未来发展建议。

一、系统工程共性基础理论

系统工程理论与方法的应用领域极为广泛，不同应用领域的系统设计、控制、优化决策、仿真测试等问题存在高度共性结构特征，系统工程共性基础理论是解决这些抽象共性问题的指导性原理与方法，是系统工程学科的理论核心。系统工程共性基础理论主要包括两个层面的内容：基础科学理论层面和方法与技术层面。基础科学理论层面包括系统论、控制论、信息论、耗散结构理论、协同论、突变论、复杂系统和复杂性科学、大系统理论等；方法与技术层面包括系统建模理论与方法、优化决策理论与方法（运筹学）、系统仿真理论与方法、系统预测与测试评估等。此外，计算机技术、人工智能理论与方法等来自其他学科的内容对系统工程基础科学理论层面有重要支撑，也直接支撑了方法与技术层面的各领域具体系统工程应用方法。

在计算机技术、人工智能理论与方法、大数据分析等强相关研究领域迅猛发展的时代背景下，系统工程共性基础理论中出现了一些亟待解决的共性基础问题，这些问题与系统工程重要的研究方向与未来资助的发展方向相对应。

（1）信息物理融合复杂系统模型及演化规律。"两化一融合"已成为能源、制造、交通及各种服务行业中多种实际系统发展的趋势和重要特征。为更好地理解系统演化机理、对系统进行调度及控制，亟须建立复杂网络化系统演化模型，并基于此对信息物理深度融合下的系统动态特性进行分析。

（2）复杂时空约束的随机优化理论与方法。复杂时空系统的控制与优化往往是一个多阶段过程，决策时必须考虑多种随机因素的影响。复杂系统多阶段随机优化的有效模型和算法是一个非常重要的研究方向。

（3）机理与数据驱动融合及分布式优化理论与方法。近年来，在各种复杂系统的控制与优化中不断涌现出一些缺乏完整机理模型甚至没有任何机理模型的优化问题。对此类系统进行优化时，数据驱动或机理与数据驱动融合的优化理论与方法备受关注。另外，随着多智能体系统、边缘计算等技术的发展以及对个体信息保密的要求，分布式控制与优化在复杂系统中的应用日益广泛，可作为发展与资助方向。

（4）系统智能性设计理论与方法。未来的工程系统皆有智能，系统智能性设计研究包括智能化描述、机器智能与人的智能的融合、智能体之间的沟通与理解，系统智能性设计也可以作为发展与资助的方向之一。

二、网络信息系统工程

网络科学与网络信息系统工程兴起于世纪之交。一方面，人们收集到越来越多的各种不同的实际网络数据，借助强大的计算设备处理大规模数据；另一方面，学科之间的相互交叉使研究人员可以比较不同类型的网络数据，从而揭示不同复杂网络的共性特征。伴随着网络科学的发展及其与复杂系统科学和工程日益深入的结合，对复杂网络进行分析处理的技术以及从复杂网络思想出发解决现实的复杂工程问题的网络系统工程同步得到发展，科学发展与工程技术进步相互促进。

网络信息系统工程包括复杂网络系统工程、工控网络信息系统工程、交通网络系统工程、社交网络系统工程、能源互联网系统工程等。复杂网络系统工程主要包括复杂网络结构与机理研究、网络系统工程方法与技术等方面，其关键科学问题包括大数据分析与复杂网络分析的深度结合，复杂网络的控制、设计与优化等。对网络结构演化动力学与网络上的动态过程的进一步探究、基于图神经网络的复杂网络及网络上的行为动力学分析、结合生命科学领域的复杂网络研究等是网络系统工程的重点发展方向。

工控网络信息系统工程主要包括传统集散控制系统（distributed control system，DCS）、现场总线网络控制系统、工业以太网等工业控制网络系统的研究，其涉及的关键科学问题包括工控网络信息系统的实时性调度、开放性、安全性以及多源信息集成与边缘计算、异构网络的容错性等方面。

交通网络系统工程从复杂网络的视角出发，依据系统科学与工程的理论和方法，充分利用先进的信息、通信、控制与计算机等技术，协调有效地组织管理交通系统规划、设计、建设和运营等各个阶段。近年来，交通网络系统工程在物联网、云计算、大数据、人工智能等新技术的驱动下，正在朝着数字化、智能化方向快速发展，并成为"智慧城市"的核心要素。交通网络系统工程的关键科学问题包括交通系统复杂网络分析、网络化组织运营管理、网络化控制与诱导等方面。对交通网络系统工程的理论和方法体系的研究，可以为城市规划、交通规划、土地规划、产业规划的协同提供理论支持。在可预见的未来，新技术环境下的交通系统将出现颠覆性的变革，交通网络系统工程的内涵和外延也需要进行根本性的升级改造。

社交网络系统工程主要包括依据系统科学与工程的理论和方法进行社交网络建模及分析，发展方向包括意见领袖识别、社区发现、网络结构演化机理与信息传播模式建模分析、社交网络的群体分析等方面。

能源互联网系统工程主要是从系统科学与工程的理论和方法的角度出发对能源互联网进行优化及决策，其关键科学问题包括能源互联网的信息物理融合建模、面向能源与互联网的优化理论、多能源关联市场的交易理论等方面，发展方向包括能源互联网"源-网-储-荷"互动与协调、信息物理融合能源系统的优化等。未来网络信息系统工程的主要发展与资助方向是复杂网络的系统理论及设计、控制与优化方法，实现网络实时性、可扩展性及安全性目标，通过信息网络与物理网络的深度融合，加强网络系统工程与大数据分析、人工智能技术的联系，促进网络科学与网络信息系统工程的协同发展。

三、制造系统工程

制造系统工程是指以实现系统优化为目的，对系统规划、研究、设计、实施等多个运作阶段中的组织结构、信息流、控制机构等进行分析研究的工程技术。制造系统工程不仅仅从系统角度对制造系统的运作全流程进行研究，也融合多个学科实现学科联动，从产业链出发，形成工艺正向源头推动、需求逆向精准驱动，推动制造系统发展，实施促进产业价值链从低端向高端迈进的研究过程。在当前新一代信息技术与制造业深度融合，3D打印、移动互联网、云计算、大数据等领域发展迅速的国际形势下，以第四次工业革命的核心信息物理系统为目标，通过拓展网络功能，强化计算能力和感知能力，对制造业现有自动化系统进行拓展和改造，建成可靠的、实时的、安全的、协作的智能化生产系统，实现绿色智能化发展，成为我国制造业产业转型升级的必由之路。

制造系统工程主要包括流程型制造系统工程、离散型制造系统工程、现代新兴制造系统工程等方面。流程型制造系统工程主要包括钢铁制造系统工程、有色金属制造系统工程、石化制造系统工程等。其关键科学问题主要包括：面向产业链的钢铁全流程库存控制、钢铁过程操作优化、面向多学科集成的钢铁智能材料科学；有色金属加工流程大数据获取、建模、存储、检索、分析理论与方法，大数据驱动的有色金属加工全流程工艺参数深度优化理论和方法；基于分子管理的石油化工过程优化，石化信息-物理融合系统的数据感知技术，石化工业生产过程的数据解析技术，石化工业的过程监测、最优控制和实时优化一体化，基于数据的石化企业全流程生产与物流计划一体化优化等。发展方向包括：钢铁多级库存优化控制、钢铁智能材料科学、融合机理和数据的操作优化、人工智能驱动的有色金属工业系统工程、新一代信息技术驱动的有色金属工业系统工程、面向有色金属工业的新一代人-信息-物理系统工程、石化信息物理融合系统的推广与升级、基于人工智能技术的石化智能工厂建设、石油化工分子水平精细化管理的推行等。

离散型制造系统工程主要研究航空等具有典型离散特征的大型装备制造业的生产工程。其关键科学问题包括基于数据解析的运行特性和故障特征提取及难检参数自适应预测方法、大数据和机理相结合的多粒度多剖面稳定预测理论、故障发现及寿命预测和运维方案相结合的一体化多目标优化理论。发展方向包括基于数据的数据采集与信息集成、离散制造业的故障诊断与预测评估、智能化柔性制造平台等。

现代新兴制造系统工程主要包括半导体制造系统工程、制造系统中的能源系统工程。其关键科学问题包括半导体材料性能预测与优化、半导体集成电路设计优化、半导体器件制造过程的数据解析技术、半导体制造过程调度优化、钢铁企业能源数据解析问题、考虑供需随机特征的多能源系统协调优化问题、全流程生产与多能源系统协调优化问题。发展方向包括基于人工智能技术的半导体智能制造转型、半导体制造生产精细化管理推广、基于数据的能源精细化管理、多能源系统供需智能匹配、生产与多能源系统的多目标协调优化。未来制造系统工程的主要发展与资助方向是融合机理和数据的操作优化，形成人-信息-物理系统深度融合，实现生产系统与多能源系统协调优化等目标，加强制造系统工程与人工智能驱动技术、数字孪生技术的联系，加速赶超甚至引领该领域基础理论和关键技术的研究。

四、航空航天航海系统工程

航空航天航海科技是众多顶尖科技领域的综合与集成，代表着人类科技的顶峰，同时承载着人类探索世界的伟大梦想，蕴含着系统科学的思想。飞机等航空器、人造卫星等航天器以及水下航行器的研究、设计、开发、建造和测试无不涉及规模庞大、质量可靠性要求高的研制要求。特别是在当今时代，航空航天航海是最典型的大工程系统，耗资巨大、研制周期长，需要覆盖全过程、全方位的分析和设计，因此系统工程在其中扮演着越来越重要的角色。航空航天航海系统工程涵盖了系统工程、自动控制、计算机、动力、通信、遥感、新能源、新材料、微电子、光电子等工程技术，其按照系统科学的思想，应用运筹学、信息论和控制论等理论，并以信息技术为工具组织和管理航空航天航海系统的规划、研究、设计、制造、试验及应用，期望以最少的代价（人力、物力、财力和时间）最有效地利用最新科学技术成就，获得最高的经济效益，达到航空航天航海预期的目的。航空航天航海系统工程通常通过指挥信息系统对航空航天航海工程实行科学的计划管理、建立总设计师制度，由总体设计机构——总体设计部对航空航天航海工程这种大规模社会劳动进行科学的技术管理，采用仿真模拟技术，包括数字仿真和实物模拟等方法，使系统方案最优化和系统各组成部分协调一致。

航空航天航海系统工程作为当代高技术群体中重要的组成部分，一直是世界主要国家探索、开发、应用及争夺的焦点和国家高精尖科技的集中体现。相关技术的发展已由单一的满足政治和军事目的为主转变为满足政治、经济、军事、科技、社会等各方面的综合需求。航空航天航海系统工程学科对未来的影响和作用主要体现在引领技术发展、带动产业升级、促进国民经济发展、辐射经济社会、提升国家军事水平等方面，带动并促进现代科技领域中最前沿的计算、设计、试验、加工、测试技术和最先进的管理思想等，从而推动整个人类社会的发展和进步。未来的发展方向主要包括飞行器智能感知、决策与控制、智慧火箭控制技术、高速飞行器智能协同控制技术、仿生水下航行器技术等。

五、能源与资源系统工程

能源与资源系统工程是面向各类资源和能源的预测、规划与管理的工程技术。系统工程理论与方法为信息技术与能源电力系统高度融合形成的智慧能源系统、智能电网、能源互联网的优化设计与运行奠定了基础，也是能源与资源进行开发和利用的基础。能源与资源系统工程面向国民经济主战场和国家重大需求，主要以运筹学、信息论、控制论等理论和方法技术为指导，研究煤炭、可燃气、水资源、有色金属等资源的开采利用，以及火电、水电、核能、新能源等多种能源介质的转化、传输、利用等问题，提出资源开发、综合利用、环境恢复、清洁发电、新能源消纳、能源综合高效利用等技术与方法，以解决煤炭生产高效性与安全性、可燃气开采运输、能源-水耦合机理与协同、有色金属生产过程建模及优化、节能降耗、高比例新能源消纳、综合能源系统规划运行等关键问题，应用于资源开采与利用、清洁高效发电、综合能源利用等领域。未来的主要发展方向和思路是把控与合理评价资源开采风险及安全性，降低人员和设备导致安全事故的风险，确保环境的可持续利用，实施多能协调互补，优化节能降耗，提升清洁能源占比，构建以新能源为主体的新型能源电力系统。

随着清洁能源发电在电源结构中的比重日益增加，传统的输配电网系统在接纳风能、太阳能等间歇性清洁能源发电时的问题开始显现。我国的水能、风能、太阳能等可再生能源资源规模大、分布相对集中，需要集中开发、规模外送和大范围消纳。智能楼宇、智能社区、智能城市是今后的发展方向，电动汽车、智能家居等也在推广应用，这些都对电网的资源优化配置能力和智能化水平提出了很高要求。建设安全水平高、适应能力强、配置效率高、互动性能好、综合效益优的智能电网，是促进清洁能源发展、节能减排、能源布局优化和结构调整的重大战略选择。未来的发展方向包括氢能全产业链中的系统工程理论与核心技术、综合能源系统供需协同规划、交易理论及方法、资源与能源系统之间协调利用和综合管控、多能互补协同优化等。

六、交通物流系统工程

交通物流系统工程是一门旨在对交通物流系统的物理和/或组织行为进行功能设计的学科，其涉及多式联运系统的规划、设计和管理。交通系统和物流系统都是典型的网络化复杂大系统，其发展经历了从完成单一功能的系统到多功能集成的系统，再到跨技术、跨对象的综合系统的过程，目前已进入信息化、自动化、集成化和智能化的发展阶段。交通物流系统工程面向国民经济主战场和国家重大需求，主要以运筹学、信息论、控制论等理论和方法技术为指导，通过研究交通系统工程学科的理论体系与方法、物流系统工程优化理论等问题，在交通系统结构、规划与设计、建模与分析、优化决策以及物流系统高效优化管理和运营组织等方面形成了较为完善的体系化理论与方法，解决了复杂系统结构和功能的涌现和演化机制，复杂群体系统的行为建模、模拟与调控，交通集成系统的体系结构与优化管理和调度决策等关键问题，新一代交通系统、现代物流系统等领域得到了应用。

交通物流系统工程未来的主要发展方向和思路是重点突破多模式交通运输网络承载能力分析、多模式交通供需平衡与动态协同、综合交通运输网络集成分析与资源配置优化等理论和技术方法，实现交通环境的协同感知，完成城市群智慧客运系统建设、高效货物运输与智能物流系统开发等主要任务。

七、经济社会与服务系统工程

经济社会与服务系统不同于自然系统，人的参与导致系统不仅受自然物理规律约束，还受人类制度和社会活动的密切影响，特别是在现代社会，各种复杂的经济学规律、社会学现象、心理学要素都使得经济社会与服务系统的研究成为一个复杂的系统性问题。经济社会兴起的早期研究曾认为社会资源由市场来分配，不需要政府的参与，但随着历史上不断产生的经济危机及长时间的大萧条，当今社会中政府参与经济市场进行调控的方式越来越丰富和多样化，整个经济社会作为一个复杂系统，需要被认识、分析和调控。经济社会与服务系统工程主要研究的是人类长期进行经济社会活动的复杂系统，研究对象包括经济行为主体、经济行为、行为工具、行为结果及其表示方式、经济管理和决策者及系统外部影响因素等。目前其研究的主要特点是通过系统建模与仿真技术建立经济数学模型，并对宏观经济系统进行定量分析和实现最优调控。通过计算金融的方法对各类异常场景进行建模和计算分析，是经济社会与服务系统工程的重要研究方法。基于复杂系统理论的网络建模与分析方法能够为研究经济与社会系统的网络特性提供系统性的方法。金融与社会系统的风险评估分析和控制是经济与服务社会系统研究的非常重要的研究内容，对经济社会系统的长期稳定发展起到至关重要的作用。

经济社会与服务系统工程涉及系统工程、复杂系统理论、运筹学、心理学、经济学、社会学等多个领域，研究方向非常广泛。当前比较重要的研究发展方向，从研究理论和方法来讲，可以包括复杂经济系统建模与仿真模拟、计算实验金融方法、金融网络建模与分析方法、金融系统性风险的建模与分析方法，人类合作和冲突的博弈分析方法，以及全球供应链的建模、分析、优化及安全性保障方法等。从应用领域来讲，可以典型地包括城市生态环境管理和农业系统工程等。未来的主要发展方向包括金融网络的系统性风险建模与控制、基于数据驱动的人类合作和冲突行为研究、数字经济对经济社会发展的影响、复杂全球态势下供应链系统博弈与优化等。

八、生命健康与医疗信息系统工程

随着健康医疗大数据和人工智能的发展，由大数据和智能技术驱动的医学新研究与健康新服务越来越彰显其巨大的价值及潜力。不同于其他面向无生命对象的系统工程应用，生命健康与医疗信息领域应用的系统工程技术和方法主要面向有生命的对象，力图通过系统工程的技术和方法实现对生物体的生物信息学认知、健康状态评估、介入治疗和干预。生命健康与医疗信息系统工程通过将信息技术与生命、健康、医学等进行交叉融合，针对健康信息检测与采集、健康智能决策与干预、中医药现代化等具体领域，实现从检测、分析到控制的全过程、系统性研究。健康信息检测与采集相关研究领域的快速发展，有效奠定了生命健康与医疗信息研究的数据基础，使得研究者可以在系统层面对生命过程进行建模，并揭示其机制与规律，进而对生命过程进行工程化的设计与干预，实现对健康与生物过程从检测到分析再到控制的闭环。在健康智能决策与干预方面的进展，有效推动了生物学、医学和智能技术的交叉融合与进步，并使对生物体的干预和控制成为可能。同时，对复杂生命系统的决策干预研究，也在促成新的系统工程理论、方法与技术的出现，并进一步拓展了系统工程的研究边界。

生命健康与医疗信息系统工程与我国医疗健康和智能信息技术的发展息息相关，以健康、生物为具体的研究对象，通过交叉融合，可以实现从检测、分析到控制的全过程、系统性研究。目前，医学模式正在从以往的单一生物医学模式向生物-环境-心理-社会的会聚医学模式转变，因此这就需要获取生命体多模态、多维度的信息，从而预测未来的发展状况以达到早期干预的目的。目前比较重要的研究方向包括健康信息检测与采集系统工程、健康智能决策与干预系统工程、中医药系统工程。未来的发展方向主要包括生物医学信息多维多尺度智能感知与处理、细胞功能图谱与细胞数字孪生、人工生物分子机器与智能靶向药物设计等。

九、军事系统工程

军事系统包含作战系统、指控系统、编制体制系统、后勤系统及装备系统等模块，具有很强的网络化特征与强动态性，是典型的复杂巨系统，系统工程在早期主要是应用于这类军事系统中。在当代，随着信息技术的发展，现代战争呈现出网络化、智能化和体系化的特征，战争形态也从信息化战争向智能程度更高、博弈性更强、作战效果更佳的新型战争形态发展。战争设计系统工程研究的就是新科技革命下的战争问题，采用战争设计工程对已有的战略战役思想、战争形态、作战理念、作战方式及军队编制体制进行研究，是制胜未来战争的关键。通过现代系统工程方法论的指导，工程化设计工具环境的支撑，针对战争复杂系统，结合定性分析方法和科学计算、模型模拟等定量分析方法，集成领域专家群体的智慧，充分发挥人的创造性，既可对未来战争形态进行探讨与设计，研究发展未来多域联合作战体系，同时又可为军队装备及战法战术创新提供科学手段。目前军事系统工程研究的主要特点是以军事科学和系统科学为基础，以系统工程原理方法、运筹学和现代信息技术等为主要研究工具，对军事系统实施合理的筹划、研究、设计、组织、指挥和控制，使各个组成部分和保障条件综合集成为一个协调的整体，以实现系统功能与组织最优化。在技术方法上，主要采取定量与定性分析相结合的方法，主要有数学解析方法、作战仿真法、综合集成法、系统动力学及对策论等。

军事系统工程按照研究对象可分为作战系统工程、指控系统工程、信息（数据）系统工程、军事交通系统工程、战备工程系统工程、武器装备系统工程、军事行政系统工程等。受信息技术高速发展、国际环境及作战指导思想的影响，战争设计、指控、信息、物流及装备系统成为当前的热点研究领域，复杂军事系统数据化、网络化、智能化和体系化技术研究成为当前重点难点研究方向。未来的发展方向主要包括智能化兵棋推演的理论方法与技术、指挥信息系统的体系结构理论与方法、智慧军事物流理论与方法、基于模型的武器装备系统工程理论与方法等。

Abstract

System engineering is the summary of a type of systematic engineering methods that spans and integrates multidisciplinary fields of technology. It mainly focuses on the management, planning, development, design, testing, and use of complex systems throughout their entire life cycles. It usually utilizes systematic thinking to comprehensively consider various interdependent and coupled subsystems, and ensures that each subsystem achieves its own goals through optimization methods, so that the globally complex system can achieve the established goals in an optimal manner. It can be observed that the ideas, concepts, systems, methods, and categories involved in system engineering are vast and diverse. From the perspective of any discipline such as management, control, mathematics, etc., it is not possible to have a comprehensive view of the entire system engineering discipline. At the same time, there are highly common features in the system design, management, control, decision-making, simulation testing, and other issues in different fields. Therefore, this discipline has also become an important direction in the field of basic disciplines and engineering practice, analyzing, researching, and practicing objective laws from the perspective of the relationship between the overall and local parts of complex systems. The main idea of system engineering is to analyze and study the effects of the coordination and coordination of various parts of the system, and due to the effect of system optimization, we can make the overall performance of the system better than that of all individual components, that is, to produce the effect of "the whole system is greater than the sum of parts".

In China, with the establishment, promotion and development of Academician Qian Xuesen, system engineering has played an important role in some important and complex engineering projects, including aerospace and military. Through decades of development, the idea of system engineering has gradually penetrated into all aspects of society, and has had a significant impact on our production activities and social lives. The application of system engineering methods and technologies in various industries has shown that using system engineering methods can comprehensively consider systems with complex coupling relationships that were previously difficult to handle, and make comprehensive design and decision-making. At the same time, with the research and application of system engineering in various fields, new theories and methods appeared. This has promoted the exploration of systems engineering into deeper fields and its development into broader fields.

In recent years, with the development of the internet of things, cloud computing, artificial intelligence and other emerging industries, computing capacity has made a qualitative leap. The development trend of networking, intelligence and cyber-physical systems in information science and technology fields is significant, which puts forward new major demands for the development of systems engineering discipline. Focusing on "networking, intelligence and cyber-physical systems" is becoming the strategic focus of the development of system engineering discipline, and the intersection with computing science, network science, data science, artificial intelligence and other emerging industries is becoming the direction of the system engineering, which also makes the system engineering glow with new vitality in the new era.

Currently, the system engineering is deeply integrated with various fields. On the basis of promoting the development of various fields, it is also gradually breeding new disciplinary directions. In the new era,

Abstract

under the new industrial revolution, new technological revolution, and new energy revolutionary situation, the development directions of various fields, including electronics, communications, computers, energy, environment, economy, and life, all intersect with system engineering. The cutting-edge directions in multiple fields even rely on the development of system engineering disciplines. Therefore, as a discipline oriented towards practical applications and with obvious interdisciplinary characteristics, the development of system engineering is closely related to research in various fields. This report combines the common basic theories of system engineering and selects eight specific application fields, including network information, manufacturing, aerospace and navigation, energy and resources, transportation and logistics, economic and social services, life and health and medical care, and military, analyze the scientific significance and strategic value, research characteristics and development laws, key scientific issues, and future development suggestions of the discipline of system engineering in specific fields.

1. System engineering theories and methods

System engineering theories and methods are used in a wide range of fields. Problems such as system design, control, optimal decision-making, and simulation testing in different application fields have highly common structural characteristics. The basic theory of system engineering commonality is the guiding principle and method for solving these common problems. It is the theoretical core of the system engineering discipline. The general basic theory of system engineering mainly includes two levels: the level of basic scientific theory, and the level of method and technology. The theoretical level of basic science includes system theory, cybernetics, information theory, dissipative structure theory, synergy theory, catastrophe theory, complex system and complexity science, large system theory, etc.; applied theory, method and technology include system modeling theory and method, optimal decision-making theory and method (operation research), system simulation theory and method, and system prediction, design, testing and evaluation, etc. In addition, the content from other disciplines such as computer technology, artificial intelligence theory and methods has important support for the technical method level of system engineering, which directly supports the specific system engineering application methods in various fields at the application level.

Under the background of the rapid development of computer technology, artificial intelligence theory and method, big data analysis and other strongly related research fields, there are some common basic problems that need to be solved urgently in the common basic theory and method of system engineering. The questions correspond to important research directions and future funding development directions.

(1) Cyber-physical fusion complex system model and evolution law. Networking, intelligence, and cyber-physical integration have become trends and important features in the development of various practical systems in energy, manufacturing, transportation, and various service industries. In order to better understand the evolution mechanism of the system, better schedule and control the system, it is urgent to establish a complex networked system evolution model. Based on those models, analyze the dynamic characteristics of the system under the deep integration of cyber physics.

(2) Stochastic optimization theory and method with complex spatiotemporal constraints. The control and optimization of complex spatiotemporal systems is often a multi-stage process, and the influence of various stochastic factors must be considered when making decisions. It is a very important research direction to study effective models and algorithms for multi-stage stochastic optimization of complex systems.

(3) Mechanism and data-driven integration and distributed optimization theory and method. In recent years, in the control and optimization of various complex systems, some optimization problems that lack a

complete mechanism model or even have no mechanism model have emerged. When optimizing such systems, optimization theories and methods that are data-driven or mechanistically and data-driven integration have attracted much attention. In addition, with the development of technologies such as multi-agent systems and edge computing, as well as the requirement for confidentiality of individual information, distributed control and optimization are increasingly used in complex systems, which can be a direction for development and funding.

(4) System intelligence design theory and method. All future engineering systems will have intelligence. Research on system intelligence design includes intelligent description, integration of machine intelligence and human intelligence, and communication and understanding between agents. System intelligence design can also be one of the development and funding directions.

2. Network information system engineering

Network science and network information system engineering emerged at the turn of the century. On the one hand, people began to collect more and more different kinds of actual network data, and processed large-scale data with the help of powerful computing equipment; on the other hand, the mutual intersection between disciplines allowed researchers to compare different types of network data, thus revealing the common characteristics of different complex networks. With the development of network science and its increasingly in-depth integration with complex system science and engineering, the technology for analyzing and processing complex networks and the network system engineering that solves realistic complex engineering problems based on complex network ideas have been simultaneously developed. Scientific development and engineering technological progress promote each other.

Network information system engineering includes complex network system engineering, industrial control network information system engineering, transportation network system engineering, social network system engineering, energy network system engineering, etc. Complex network system engineering mainly includes complex network structure and mechanism research, network system engineering methods and technologies, etc.; key scientific issues include deep integration of big data analysis and complex network analysis, control, design and optimization of complex networks, etc. Further exploration of network structure evolution dynamics and dynamic process on the network, complex network based on graph neural network and network behavior dynamics analysis, and complex network research in the field of life sciences are the key development directions of network system engineering.

Industrial control network information system engineering mainly includes research on industrial control network systems such as traditional distributed control systems, fieldbus network control systems, and industrial Ethernet; the key scientific issues involved include real-time scheduling, openness, security, multi-source information integration and edge computing, fault tolerance of heterogeneous networks, etc.

Transportation network system engineering starts from the perspective of complex network, based on the theory and method of system science and engineering, makes full use of advanced information, communication, control and computer technologies, coordinates and effectively manages planning, design, construction and operation of transportation system, etc. In recent years, driven by new technologies such as the cyber-physical system, cloud computing, big data, and artificial intelligence, transportation network system engineering is rapidly developing towards digitization and intelligence, and has become a core element of "smart city". Key scientific issues include complex network analysis of transportation systems, network organization and operation management, network control and induction, etc. Research on the theory and method system of integrated transportation network system engineering can provide theoretical support for the coordination of urban planning, transportation planning, land planning, and industrial planning. In the foreseeable future, the transportation system under the new technology environment will undergo subversive changes, and the connotation and extension of the transportation network system engineering also need to be fundamentally upgraded.

Social network system engineering mainly includes social network modeling and analysis based on theories and methods of system science and engineering. Development directions include: opinion leader identification, community discovery, network structure evolution mechanism and information dissemination model modeling analysis, social network group analysis.

Cyber-physical energy system engineering mainly focuses on the optimization and decision-making of cyber physical energy system from the perspective of theories and methods of system science and engineering, and the key scientific issues include cyber-physical fusion modeling of the cyber physical energy system, optimization theory for the cyber physical energy system, and transaction theory for multi-energy related markets. The development direction includes the interaction and coordination of "source-network-storage-load" of the cyber physical energy system, and the optimization of information-physical integration energy systems. The main development and funding direction of future network information system engineering is the system theory and design, control and optimization methods of complex networks, to achieve the goals of network real-time, scalability and security, and to strengthen the network through the deep integration of information network and physical network. The connection between system engineering and big data analysis and artificial intelligence technology promotes the coordinated development of network science and network information system engineering.

3. Manufacturing system engineering

Manufacturing system engineering refers to the scientific methods and techniques for analyzing and researching the organizational structure, information flow, control mechanism in multiple operational stages such as system planning, research, design, and implementation for the purpose of realizing system optimization. Manufacturing system engineering not only does research on the whole process of manufacturing system operation from a system perspective, but also integrates multiple disciplines to achieve discipline linkage, starts from the industrial chain, forms a positive process to promote the source, demands reverse precision drive, promotes the development of the manufacturing system, and implements a research process that promotes the advancement of the industrial value chain from low-end to high-end. Under the current international situation where the new generation of information technology is deeply integrated with the manufacturing industry, 3D printing, mobile internet, cloud computing, big data and other fields are developing rapidly, aiming at the information physical system at the core of the fourth industrial revolution, by expanding network functions, strengthening the computing power and perception ability, expanding and transforming the existing automation system of the manufacturing industry, building a reliable, real-time, safe and collaborative intelligent production system, and realize green and intelligent development. It becomes the only way of the transformation and upgrading of the country's manufacturing industry.

Manufacturing system engineering mainly includes process-based manufacturing system engineering, discrete manufacturing system engineering, modern emerging manufacturing system engineering, etc. Process-based manufacturing system engineering mainly includes steel manufacturing system engineering, non-ferrous metal manufacturing system engineering, and petrochemical manufacturing system engineering. The key scientific issues mainly include the whole-process inventory control of iron and steel for the industrial chain, the optimization of iron and steel process operation, and the intelligent steel material science for multidisciplinary integration; the theory and method of big data acquisition, modeling, storage, retrieval, and analysis of non-ferrous metal processing, the theory and method of in-depth optimization of process parameters in the whole process of non-ferrous metal processing driven by big data; petrochemical process optimization based on molecular management, data perception technology of petrochemical information-physical fusion system, data analysis technology of petrochemical industry production process, process of petrochemical industry integration of monitoring, optimal control and real-time optimization, data-based optimization of petrochemical enterprises' whole-process production and logistics planning integration, etc. Development directions include steel multi-level inventory optimization control, steel intelligent material science, operation optimization of fusion mechanism and data, artificial intelligence-driven non-ferrous metal industry system engineering, new-generation information technology-driven non-ferrous metal industry system engineering, non-ferrous metal industry-oriented new generation of human-information-physical system engineering, the promotion and upgrading of petrochemical information-physical fusion systems, the construction of petrochemical smart factories based on artificial intelligence technology, and the implementation of refined management at the molecular level of petrochemicals, etc.

Discrete manufacturing system engineering mainly studies the production engineering of large-scale equipment manufacturing industries with typical discrete characteristics such as aviation. Its key scientific issues include the extraction of performance characteristics and fault based on data parsing, as well as adaptive prediction methods for difficult-to-check parameters, combined multi-granularity and multi-profile stability prediction theory, fault discovery and life prediction, and an integrated multi-objective optimization theory combined with operation and maintenance schemes. The development direction includes data-based data collection and information integration, fault diagnosis and predictive evaluation of discrete manufacturing, intelligent flexible manufacturing platform, etc.

Modern emerging manufacturing system engineering mainly includes semiconductor manufacturing system engineering and energy system engineering in manufacturing systems. Key scientific issues include semiconductor material performance prediction and optimization, semiconductor integrated circuit design optimization, data analysis technology for semiconductor device manufacturing process, semiconductor manufacturing process scheduling, optimization, analysis of energy data in iron and steel enterprises, multi-energy system coordination and optimization considering the random characteristics of supply and demand, whole-process production and multi-energy system coordination and optimization. Its development direction includes: the transformation of semiconductor intelligent manufacturing based on artificial intelligence technology, the promotion of refined management of semiconductor manufacturing and production, the refined management of energy based on data, the intelligent matching of supply and demand of multi-energy systems, the multi-objective coordination and optimization of production and multi-energy systems. The main development and funding direction of future manufacturing system engineering is to integrate mechanism and data operation optimization, form a deep integration of human-cyber-physical systems, realize the goals of coordinated optimization of production systems and multi-energy systems, strengthen manufacturing system engineering and artificial intelligence-driven technology, digital twin technology, and accelerate to catch up and even lead the research of basic theory and key technology in this field.

4. Aviation, aerospace and navigation system engineering

Aviation, aerospace and navigation technology is the synthesis and integration of many top scientific and technological fields, representing the peak of human science and technology, carrying the great dream of human exploration of the world, and containing the idea of system science. The research, design, development, construction, and testing of aircraft, artificial satellites, and underwater vehicles all involve the development requirements of large-scale, and high quality and reliability. Especially in today's era, aviation, aerospace and navigation are the most typical large-scale engineering systems, with huge costs and long development cycles, requiring comprehensive analysis and design covering the entire process. Therefore, system engineering plays an increasingly important role in it. Aviation, aerospace and navigation system engineering covers engineering technologies related to system engineering, automatic control, computer, power, communication, remote sensing, new energy, new materials, microelectronics, optoelectronics, etc. According to the idea of system science, it applies operations research, information theory, cybernetics and other theories, and uses information technology as a tool to organize and manage the planning, research, design, manufacturing, testing and application of aviation, aerospace and navigation systems to utilize the latest scientific and technological achievements with the least cost (human, material, financial, and time), achieve the highest economic benefits, and achieve the expected goals of aviation, aerospace, and navigation. Aviation, aerospace and navigation system engineering usually uses command information system to carry out scientific plan management for aerospace engineering, establish chief designer system, and the overall design organization—overall design department carries out scientific technical management for large-scale social labor such as aerospace, marine engineering, and adopts simulation technology, including digital simulation and physical simulation, to optimize the system scheme and coordinate all components of the system.

Aviation, aerospace and navigation system engineering, as an important component of the contemporary high-tech community, has always been the focus of exploration, development, application, and competition among major countries in the world, and the concentrated embodiment of national advanced technology. The development of relevant technologies has changed from a single focus on meeting political and military purposes to meeting the comprehensive needs of politics, economy, military, science and technology, society and other aspects. The impact and role of the discipline of aviation, aerospace and navigation system engineering in the future are mainly reflected in leading technological development, driving industrial upgrading, promoting national economic development, radiating the economy and society, and enhancing the national military level. It drives and promotes the cutting-edge computing, design, testing, processing, testing technology, and state-of-the-art management ideas in the field of modern science and technology, thereby promoting the development and progress of the entire human society. The future development directions mainly include intelligent perception, decision-making and control of aircraft, research on intelligent rocket control technology, research on intelligent collaborative control technology of high-speed aircraft, biomimetic underwater vehicle technology, etc.

5. Energy and resource systems engineering

Energy and resource systems engineering is a technology for predicting, planning, and managing various types of resources and energy. The theory and methods of system engineering have laid the foundation for the optimization design and operation of smart energy systems, smart grids, and energy internet formed by the high integration of information technology and energy power systems. They are also the foundation for the development and utilization of energy and resources. Facing the main battlefield of the national economy and major national needs, the energy and resource system engineering, mainly guided by operations research, information theory, cybernetics and other theories and methods, studies the mining and utilization of coal, combustible gas, water resources, non-ferrous metals and other resources, as well as the transformation, transmission and utilization of thermal power, hydropower, nuclear energy, new energy and other energy media, and puts forward the problems of resource development, comprehensive utilization, environmental recovery, clean power generation technologies and methods such as new energy consumption and comprehensive and efficient energy utilization have solved key issues such as coal production efficiency and safety, combustible gas mining and transportation, energy water coupling mechanism and collaboration, modeling and optimization of non-ferrous metal production processes, energy conservation and consumption reduction, high proportion of new energy consumption, and comprehensive energy system planning and operation. They have been applied in fields such as resource extraction and utilization, clean and efficient power generation, and comprehensive energy utilization. The main development direction and ideas in this field in the future are to control and evaluate the risks and safety of resource extraction, reduce the risk of safety accidents caused by personnel and equipment, ensure sustainable use of the environment, implement multi-purpose coordination and complementarity, optimize energy conservation and consumption reduction, increase the proportion of clean energy, and build a new energy power system with new energy as the main body.

With the increasing proportion of clean energy power generation in the power supply structure, the bottleneck of the traditional transmission and distribution grid system in accepting intermittent clean energy power generation such as wind power and solar power generation begins to appear. China's renewable energy resources such as hydropower, wind energy, and solar energy are large in scale and relatively concentrated in distribution, requiring centralized development, large-scale transmission, and large-scale consumption. Intelligent buildings, smart communities, and smart cities are the future development directions, and electric vehicles, smart homes, and other technologies will also be promoted and applied. These all put forward high requirements for the resource optimization and intelligent level of the power grid. Building a smart grid with high security level, strong adaptability, high configuration efficiency, good interaction performance and excellent comprehensive benefits is a major strategic choice to promote clean energy development, energy conservation and emission reduction, energy layout optimization and structural adjustment. The future development direction includes system engineering theory and core technologies in the entire hydrogen energy industry chain, comprehensive energy system supply and demand coordination planning, optimization and trading theory and methods, coordinated utilization and comprehensive control between resources and energy systems, and multi energy complementary and collaborative optimization.

6. Transportation and logistics system engineering

Transportation and logistics system engineering is a discipline aimed at functional design of physical and/or organizational behavior of transportation and logistics system, which involves the planning, design and management of multi-modal transport system. Transportation system and logistics system are typical networked complex large-scale systems. Their development has gone through the process of developing from a single function system to a multi-function integrated system, and then to a cross technology and cross object integrated system. At present, they have entered the development stage of informatization, automation, integration and intelligence. The transportation logistics system engineering is oriented to the main battlefield of the national economy and major national needs. It is mainly guided by the theories and methods of operations research, information theory, cybernetics and other technologies. By studying the theoretical system and methods of the transportation system engineering discipline, the logistics system engineering optimization theory and other issues, the transportation system structure, planning and design, modeling and analysis optimization decision-making and efficient optimization management and operation organization of logistics system have formed relatively perfect systematic theories and methods, which have solved key problems such as emergence and evolution mechanism of complex system structure and function, behavior modeling, simulation and regulation of complex group system, system structure, optimization management and scheduling decision-making of transportation integration system, and have been applied to the fields of new generation transportation system and modern logistics system.

In the future, the main development direction and idea of transportation logistics system engineering in this field is to focus on breaking through the theories and technical methods of multi-mode transportation network carrying capacity analysis, multi-mode transportation supply and demand balance and dynamic coordination, integrated analysis of comprehensive transportation network and resource allocation optimization, so as to realize the collaborative perception of transportation environment and complete the main tasks of urban agglomeration intelligent passenger transport system, efficient cargo transportation and intelligent logistics.

7. Economic, society and service system engineering

Economic, society and service system are different from common systems. Due to the human participation, the system is not only constrained by natural physical laws, but also closely affected by human systems and social activities. Especially in modern society, various complex economic laws, sociological phenomena, and psychological elements make the research of economic society and service system a complex systematic problem. In the early stages of the rise of the economy and society, it was believed that the social resources were allocated by the market itself without the involvement of the government. However, with the economic crises caused by historical misconduct and the prolonged great depression, the ways in which the government participates in regulating the economic market in today's society are becoming increasingly diverse. As a complex system, the entire economy and society need to be recognized, analyzed, and regulated. Economic, social and service system engineering mainly studies complex systems in which humans engage in long-term economic and social activities. The research objects include economic actors, economic behaviors, behavioral tools, behavioral outcomes and their representations, economic management and decision-makers, and external influencing factors of the system. At present, the main feature of its research is to establish economic mathematical models through system modeling and simulation technology, and conduct quantitative analysis of macroeconomic systems and achieve optimal regulation. Modeling and analyzing various abnormal scenarios through computational finance is an important research method in economic, social and service system engineering. Network modeling and analysis methods based on complex system theory can provide systematic methods for studying the network characteristics of economic and social systems. Risk assessment, analysis, and control of financial and social systems are very important research topics in economic and social system research, playing a crucial role in the long-term stable development of the economic and social system.

Economic, social and service system engineering involves many fields such as system engineering, complex system theory, operations research, psychology, economics, sociology, and so on. Its research directions are very broad. At present, the more important research and development directions can include complex economic system modeling and simulation, computational experimental financial methods, financial network modeling and analysis methods, modeling and analysis methods of financial systematic risk, game analysis methods of human cooperation and conflict, modeling, analysis, optimization and security assurance methods of global supply chain, etc. In terms of application fields, it can typically include urban ecological environment management and agricultural system engineering. The main development directions in the future include systematic risk modeling and control of financial networks, data-driven research on human cooperation and conflict behavior, the impact of digital economy on economic and social development, and supply chain system game and optimization in complex global situations.

8. Life health and medical information system engineering

With the development of health care, big data and artificial intelligence, new medical research and new health services driven by big data and intelligent technology are increasingly demonstrating their huge value and potential. Unlike other system engineering applications targeting inanimate objects, the system engineering technologies and methods applied in the fields of life health, and medical information mainly focus on living organisms, striving to achieve bioinformatics cognition, health status assessment, intervention therapy, and intervention of organisms through the technical methods of systems engineering. Life health and medical information system engineering integrates information technology with life, health, medicine, and other related fields to achieve comprehensive and systematic research from detection, analysis, to control in specific fields such as health information detection and collection, health intelligent decision-making and intervention, and modernization of traditional Chinese medicine. The rapid development of research in the field of health information detection and collection has effectively laid the data foundation for life, health, and medical information research, enabling researchers to model life processes at the system level, reveal their mechanisms and laws, and then carry out engineering design and intervention in life processes, achieving a closed loop from detection, analysis to control of health and biological processes. The progress in intelligent decision-making and intervention in health has effectively promoted the cross integration and progress of biology, medicine, and intelligent technology, and made intervention and control of organisms possible. At the same time, research on decision-making intervention in complex life systems is also promoting the emergence of new system engineering theories, methods, and technologies, and further expanding the research boundaries of system engineering.

The development of life health and medical information system engineering and China's medical health and intelligent information technology focuses on health and biology as specific research objects. Through cross integration, the entire process and systematic research from detection, analysis to control can be achieved. At present, the medical model is transitioning from a single biomedical model in the past to a converged medical model of biology, environment, psychology, and society. Therefore, it is necessary to obtain multi-modal and multi-dimensional information of living organisms, in order to predict future development status and achieve the goal of early intervention. Therefore, currently important research directions include health information detection and collection system engineering, health intelligent decision-making and intervention system engineering, and traditional Chinese medicine system engineering. The future development direction mainly includes multi-dimensional and multi-scale intelligent perception and processing of biomedical information, the twin of fine function atlas and cell number, artificial biological molecular machine and intelligent targeting drug design, etc.

9. Military system engineering

Military systems not only include modules such as combat systems, command and control systems, organizational systems, logistics systems, and equipment systems, but also have strong network characteristics and strong dynamism. They are typical complex giant systems, and system engineering was mainly applied to such military systems in the early days. In contemporary times, with the development of information technology, modern warfare has also shown characteristics of networking, intelligence, and systematization. The form of warfare has also evolved from information-based warfare to a new type of warfare with higher intelligence, stronger gameplay, and better combat effectiveness. The research of war design system engineering is about the war issues under the new technological revolution. Using war design engineering to study existing strategic campaign ideas, war forms, combat concepts, combat methods, and military organizational systems is the key to winning future wars. Guided by modern system engineering methodology and supported by an engineering design tool environment, combined with qualitative analysis methods, scientific calculations, model simulations, and other quantitative analysis methods for complex war systems, the wisdom of expert groups in the field is integrated to fully unleash human creativity. This can not only explore and design future forms of war, but also promote the innovation of future military equipment. The method of warfare and its combination mode provide scientific means. At present, the main characteristics of the research of military system engineering are based on military science and system science, with the principles and methods of system engineering, operations research and modern information technology as the main research tools, to implement reasonable planning, research, design, organization, command and control of military systems, so that all components and support conditions can be integrated into a coordinated whole to achieve the optimization of system functions and organizations. In terms of technical methods, a combination of quantitative and qualitative analysis is mainly adopted, including mathematical analysis methods, combat simulation methods, comprehensive integration methods, system dynamics, and game theory.

According to the research objects, military system engineering can be divided into combat system engineering, command and control system engineering, information (data) system engineering, military transportation system engineering, combat readiness engineering system engineering, weapon equipment system engineering, military administrative system engineering, etc. Influenced by the rapid development of information technology, the international environment, and the guiding ideology of operations, war design, command and control, information, logistics, and equipment systems have become current hot research fields. The research on complex military systems' digitization, networking, intelligence, and systematization technology has become a major research direction. The future development direction mainly includes the theory, method and technology of intelligent military simulation, the architecture theory and method of command information system, the theory and method of intelligent military logistics, and the theory and method of model-based weapon equipment system engineering.

目 录

总序 ··· i
前言 ··· v
摘要 ··· vii
Abstract ··· xix

第一章　系统工程学科内涵与定位 ·· 1
　第一节　系统工程学科定位和研究人员分布 ···························· 1
　第二节　系统工程学科内涵 ··· 3
　本章参考文献 ·· 6

第二章　系统工程学科的历史、现状和未来 ······························ 8
　第一节　系统工程学科的早期发展 ·· 8
　第二节　系统工程学科的研究现状 ·· 15
　第三节　系统工程学科的发展方向和影响 ······························ 17
　　一、网络信息系统工程 ··· 17
　　二、制造系统工程 ·· 17
　　三、航空航天航海系统工程 ·· 18
　　四、能源与资源系统工程 ··· 19
　　五、交通物流系统工程 ·· 19
　　六、经济社会与服务系统工程 ·· 20
　　七、生命健康与医疗信息系统工程 ····································· 20
　　八、军事系统工程 ·· 21
　本章参考文献 ·· 21

第三章　系统工程共性基础理论 ··· 26
　第一节　系统工程的基础科学理论 ·· 27

一、系统工程的基础理论 ·· 27
二、复杂系统理论与方法 ·· 33

第二节　系统建模理论与方法 ·· 36
一、数学建模的意义及作用 ·· 36
二、数学建模常用方法 ·· 38
三、建模的步骤 ·· 38
四、数学模型的分类 ·· 40
五、数学模型的评估 ·· 41

第三节　系统优化决策理论与方法 ·· 42
一、系统工程与优化、决策理论的关系 ·································· 42
二、系统工程中的优化与决策理论 ······································ 42
三、总结与展望 ·· 50

第四节　系统仿真理论与方法 ·· 50
一、系统仿真的基础理论 ·· 50
二、连续系统仿真理论与方法 ·· 52
三、离散事件系统仿真理论与方法 ······································ 53
四、基于仿真的优化理论与方法 ·· 55
五、系统仿真的发展趋势及重点研究领域 ································ 56

第五节　系统设计、测试与评估方法 ·· 57
一、基于模型的系统工程 ·· 57
二、系统的系统工程 ·· 58
三、体系结构与企业架构 ·· 59
四、模型驱动的体系结构 ·· 60
五、基于 MBSE 的验证、确认和认可技术 ································ 61

第六节　小结 ··· 63
本章参考文献 ··· 63

第四章　网络信息系统工程 ·· 68

第一节　复杂网络系统工程 ·· 69
一、发展现状与发展态势 ·· 69
二、关键科学问题 ·· 78

三、发展思路与发展方向 …………………………………… 78
第二节　工控网络信息系统工程 …………………………………… 81
　　　一、发展现状与发展态势 …………………………………… 81
　　　二、关键科学问题 …………………………………………… 85
　　　三、发展思路与发展方向 …………………………………… 87
第三节　交通网络系统工程 ………………………………………… 89
　　　一、发展现状与发展态势 …………………………………… 89
　　　二、关键科学问题 …………………………………………… 89
　　　三、发展思路与发展方向 …………………………………… 92
第四节　社交网络系统工程 ………………………………………… 94
　　　一、发展现状与发展态势 …………………………………… 94
　　　二、发展思路与发展方向 …………………………………… 98
第五节　能源互联网系统工程 ……………………………………… 104
　　　一、发展现状与发展态势 …………………………………… 104
　　　二、关键科学问题 …………………………………………… 106
　　　三、发展思路与发展方向 …………………………………… 107
第六节　小结 ………………………………………………………… 107
本章参考文献 ………………………………………………………… 108

第五章　制造系统工程 …………………………………………… 116

第一节　制造系统工程的科学意义与战略价值 …………………… 117
第二节　流程型制造系统工程 ……………………………………… 122
　　　一、发展现状与发展态势 …………………………………… 123
　　　二、关键科学问题 …………………………………………… 128
　　　三、发展思路与发展方向 …………………………………… 134
第三节　离散型制造系统工程 ……………………………………… 137
　　　一、发展现状与发展态势 …………………………………… 138
　　　二、关键科学问题 …………………………………………… 143
　　　三、发展思路与发展方向 …………………………………… 145
第四节　现代新兴制造系统工程 …………………………………… 145
　　　一、发展现状与发展态势 …………………………………… 146

二、关键科学问题 ··· 148
　　三、发展思路与发展方向 ·· 151
第五节　小结 ·· 153
本章参考文献 ·· 153

第六章　航空航天航海系统工程 ·· 160

第一节　航空航天航海系统工程的科学意义与战略价值 ············ 161
　　一、引领技术发展 ··· 162
　　二、带动产业升级 ··· 163
　　三、辐射经济社会 ··· 163
　　四、提升军事水平 ··· 164
第二节　航空系统工程 ·· 165
　　一、发展现状与发展态势 ·· 165
　　二、需求与挑战及关键科学问题 ······························· 167
　　三、发展思路与发展方向 ·· 168
第三节　航天系统工程 ·· 171
　　一、发展现状与发展态势 ·· 171
　　二、需求与挑战及关键科学问题 ······························· 174
　　三、发展思路与发展方向 ·· 175
第四节　航海系统工程 ·· 180
　　一、发展现状与发展态势 ·· 180
　　二、需求与挑战及关键科学问题 ······························· 187
　　三、发展思路与发展方向 ·· 188
第五节　小结 ·· 191
本章参考文献 ·· 191

第七章　能源与资源系统工程 ·· 193

第一节　能源与资源系统工程的科学意义与战略价值 ··············· 194
　　一、能源系统工程的科学意义与战略价值 ··················· 194
　　二、资源系统工程的科学意义与战略价值 ··················· 195
第二节　煤炭系统工程 ·· 197
　　一、发展现状与发展态势 ·· 197

二、关键科学问题 …………………………………………… 198
　　三、发展思路与发展方向 …………………………………… 199
第三节　可燃气系统工程 ……………………………………………… 199
　　一、发展现状与发展态势 …………………………………… 199
　　二、关键科学问题 …………………………………………… 200
　　三、发展思路与发展方向 …………………………………… 201
第四节　水资源系统工程 ……………………………………………… 203
　　一、发展现状与发展态势 …………………………………… 203
　　二、关键科学问题 …………………………………………… 205
　　三、发展思路与发展方向 …………………………………… 205
第五节　有色金属系统工程 …………………………………………… 206
　　一、发展现状与发展态势 …………………………………… 206
　　二、关键科学问题 …………………………………………… 207
　　三、发展思路与发展方向 …………………………………… 209
第六节　火电系统工程 ………………………………………………… 210
　　一、发展现状与发展态势 …………………………………… 210
　　二、关键科学问题 …………………………………………… 210
　　三、发展思路与发展方向 …………………………………… 211
第七节　水电系统工程 ………………………………………………… 212
　　一、发展现状与发展态势 …………………………………… 212
　　二、关键科学问题 …………………………………………… 213
　　三、发展思路与发展方向 …………………………………… 214
第八节　核能系统工程 ………………………………………………… 215
　　一、发展现状与发展态势 …………………………………… 215
　　二、关键科学问题 …………………………………………… 216
　　三、发展思路与发展方向 …………………………………… 216
第九节　新能源发电系统工程 ………………………………………… 217
　　一、发展现状与发展态势 …………………………………… 217
　　二、关键科学问题 …………………………………………… 218
　　三、发展思路与发展方向 …………………………………… 220
第十节　综合能源系统工程 …………………………………………… 221

一、发展现状与发展态势 ································· 221
　　二、关键科学问题 ··· 222
　　三、发展思路与发展方向 ································· 224
第十一节　小结 ··· 225
本章参考文献 ··· 225

第八章　交通物流系统工程 ································· 231

第一节　交通物流系统工程的科学意义与战略价值 ······· 231
　　一、交通系统工程的科学意义与战略价值 ··········· 232
　　二、物流系统工程的科学意义与战略价值 ··········· 232
第二节　交通系统工程 ··· 236
　　一、发展现状与发展态势 ································· 236
　　二、关键科学问题 ··· 238
　　三、发展思路与发展方向 ································· 240
第三节　物流系统工程 ··· 244
　　一、发展现状与发展态势 ································· 244
　　二、关键科学问题 ··· 246
　　三、发展思路与发展方向 ································· 248
第四节　小结 ·· 253
本章参考文献 ··· 253

第九章　经济社会与服务系统工程 ······················· 255

第一节　经济社会与服务系统工程的科学意义与战略价值 255
　　一、复杂经济系统建模与仿真模拟 ····················· 256
　　二、计算实验金融方法 ··································· 256
　　三、金融网络建模与分析方法 ·························· 257
　　四、金融系统性风险建模与分析方法 ·················· 258
　　五、人类合作与冲突的博弈分析方法 ·················· 259
　　六、全球供应链建模和分析方法 ························ 259
　　七、城市生态环境管理系统工程 ························ 260
　　八、农业系统工程 ··· 261
第二节　复杂经济系统建模与仿真模拟 ···················· 262

一、发展现状与发展态势 …………………………………262
　　二、关键科学问题 …………………………………………265
　　三、发展思路与发展方向 …………………………………266
第三节　计算实验金融方法 …………………………………266
　　一、发展现状与发展态势 …………………………………266
　　二、关键科学问题 …………………………………………268
　　三、发展思路与发展方向 …………………………………269
第四节　金融网络建模与分析方法 …………………………270
　　一、发展现状与发展态势 …………………………………271
　　二、关键科学问题 …………………………………………273
　　三、发展思路与发展方向 …………………………………274
第五节　金融系统性风险建模与分析方法 …………………275
　　一、发展现状与发展态势 …………………………………275
　　二、关键科学问题 …………………………………………276
　　三、发展思路与发展方向 …………………………………277
第六节　人类合作与冲突的博弈分析方法 …………………278
　　一、发展现状与发展态势 …………………………………278
　　二、关键科学问题 …………………………………………282
　　三、发展思路与发展方向 …………………………………283
第七节　全球供应链建模和分析方法 ………………………284
　　一、发展现状与发展态势 …………………………………284
　　二、关键科学问题 …………………………………………285
　　三、发展思路与发展方向 …………………………………287
第八节　城市生态环境系统工程 ……………………………288
　　一、发展现状与发展态势 …………………………………288
　　二、关键科学问题 …………………………………………292
　　三、发展思路与发展方向 …………………………………293
第九节　农业系统工程 ………………………………………293
　　一、发展现状与发展态势 …………………………………294
　　二、关键科学问题 …………………………………………296
　　三、发展思路与发展方向 …………………………………296

第十节　小结 ··· 297
　　本章参考文献 ··· 298

第十章　生命健康与医疗信息系统工程 ······················· 303

　　第一节　生命健康与医疗信息系统工程的科学意义与战略价值 ······ 303
　　第二节　健康信息检测与采集系统工程 ····························· 306
　　　　一、发展现状与发展态势 ·· 306
　　　　二、关键科学问题 ·· 313
　　　　三、发展思路与发展方向 ·· 314
　　第三节　健康智能决策与干预系统工程 ····························· 315
　　　　一、发展现状与发展态势 ·· 315
　　　　二、关键科学问题 ·· 324
　　　　三、发展思路与发展方向 ·· 325
　　第四节　中医药系统工程 ·· 327
　　　　一、发展现状与发展态势 ·· 327
　　　　二、关键科学问题 ·· 332
　　　　三、发展思路与发展方向 ·· 333
　　第五节　小结 ··· 335
　　本章参考文献 ··· 335

第十一章　军事系统工程 ·· 339

　　第一节　军事系统工程的科学意义与战略价值 ······················· 340
　　第二节　战争设计系统工程 ·· 341
　　　　一、发展现状与发展态势 ·· 341
　　　　二、关键科学问题 ·· 342
　　　　三、发展思路与发展方向 ·· 345
　　第三节　武器装备系统工程 ·· 346
　　　　一、发展现状与发展态势 ·· 346
　　　　二、关键科学问题 ·· 348
　　　　三、发展思路与发展方向 ·· 350
　　第四节　指挥信息系统工程 ·· 352
　　　　一、发展现状与发展态势 ·· 352

二、关键科学问题 ………………………………………………354
　　三、发展思路与发展方向 ………………………………………355
第五节　军事物流系统工程 …………………………………………357
　　一、发展现状与发展态势 ………………………………………357
　　二、关键科学问题 ………………………………………………360
　　三、发展思路与发展方向 ………………………………………362
第六节　小结 …………………………………………………………364
本章参考文献 …………………………………………………………364

第十二章　优先发展方向和资助建议 …………………………368

第一节　系统工程共性基础理论领域 ………………………………368
　　一、信息物理融合复杂系统模型及演化规律 …………………368
　　二、复杂时空约束的随机优化理论与方法 ……………………369
　　三、机理与数据驱动融合及分布式优化理论与方法 …………369
　　四、系统智能性设计理论与方法 ………………………………369
第二节　网络信息系统工程领域 ……………………………………370
　　一、与大数据分析及机器学习的深度结合 ……………………370
　　二、复杂网络设计、控制与优化 ………………………………370
　　三、复杂网络结构、属性、演化及行为动力学机理更深入
　　　　研究 ……………………………………………………………371
　　四、与具体领域的结合 …………………………………………371
第三节　制造系统工程领域 …………………………………………371
　　一、全过程制造系统优化 ………………………………………371
　　二、制造系统纵向集成优化 ……………………………………372
　　三、基于系统工程的质量控制与管理 …………………………372
　　四、制造系统智能化 ……………………………………………372
第四节　航空航天航海系统工程领域 ………………………………373
　　一、飞行器智能感知、决策与控制 ……………………………373
　　二、智慧火箭控制技术研究 ……………………………………373
　　三、高速飞行器智能协同控制技术研究 ………………………373
　　四、仿生水下航行器技术 ………………………………………374

第五节 能源与资源系统工程领域 …… 374
一、氢能全产业链中的系统工程理论与核心技术 …… 374
二、综合能源系统供需协同规划、优化和交易理论及方法 …… 374
三、资源与能源系统之间的协调利用和综合管控 …… 375
四、多能互补协同优化 …… 375

第六节 交通物流系统工程领域 …… 375
一、泛在网联环境下交通环境协同感知理论与方法 …… 376
二、车路协同环境下交通群体协同决策与多目标优化理论与方法 …… 376
三、基于交通大数据的交通物流系统复杂性理论与分析方法 …… 376
四、无人物流系统的结构、建模、模拟与控制研究 …… 376

第七节 经济社会与服务系统工程领域 …… 377
一、金融网络的系统性风险建模、分析、传播与控制 …… 377
二、基于数据驱动的人类合作和冲突行为研究 …… 377
三、数字经济对经济社会发展的影响研究 …… 377
四、复杂全球态势下供应链系统博弈与优化 …… 378

第八节 生命健康与医疗信息系统工程领域 …… 378
一、生物医学信息多维多尺度智能感知与处理 …… 378
二、细功能图谱与细胞数字孪生 …… 378
三、人工生物分子机器与智能靶向药物设计 …… 379
四、中医药系统生物学建模、分析与平台 …… 379

第九节 军事系统工程领域 …… 379
一、智能化兵棋推演的理论、方法与技术 …… 380
二、指挥信息系统的体系结构理论与方法 …… 380
三、智慧军事物流理论与方法 …… 380
四、基于模型的武器装备系统工程理论与方法 …… 380

第十节 资助体系改革建议 …… 381
一、资助系统工程对国家战略的支撑 …… 381
二、建立系统工程的跨学科协同发展机制 …… 381
三、资助系统工程型人才的培养 …… 382
四、资助体系的进一步完善 …… 382

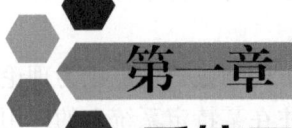

第一章
系统工程学科内涵与定位

第一节 系统工程学科定位和研究人员分布

系统工程是运用系统方法，对系统进行规划、研究、设计、制造、试验和使用的组织管理技术，是多学科技术和方法的总称，常用最优化方法求得系统整体性能最优。钱学森等指出："系统工程是组织管理'系统'的规划、研究、设计、制造、试验和使用的科学方法，是一种对所有'系统'都具有普遍意义的科学方法。我国国防尖端技术的实践，已经证明了这一方法的科学性。"[1]

系统工程诞生于第二次世界大战期间，源于对复杂过程管理与优化的实际需求，在美国的"阿波罗计划"中得到成功运用[2]，之后受到世界各国的高度重视，获得迅速发展，被广泛应用于自然科学和社会科学的各个领域。

系统工程能够帮助人类极大地提高生产效率和产品质量，降低原材料和能源消耗，提高经济效益和社会效益，促进国家实力的增长、生态环境的改善和人民生活水平的提高。

在形成的早期，系统工程与一系列基础科学关系密切，包括数学、运筹学、控制论、信息论和计算机科学[3]。20世纪60年代以来，系统工程突破了自然科学和工程技术领域，与社会科学领域不断结合[4]。70年代大系统理论的兴起，加强了系统工程与社会科学的联系[5]。80年代之后的系统工程面向实际系统的巨型化、复杂化、社会化等特点，进一步加强了与各具体工程、社会等系统的结合[6,7]。

系统工程最主要的思想是把系统作为一个整体来研究，通常采用定性分析和定量分析相结合的方法，研究系统各个部分相互配合协调产生的系统性能。在系统优化的作用之下，系统整体性能可能优于所有部件个体的性能，即产生"系统大于部分之和"的效果。

系统工程从全局和整体上处理系统，以系统论、控制论、信息论为理论基础，且应用某一类具体系统的专业理论，不仅关注在某特定系统上的应用效果，更关注在更广泛系统上的泛化能力[8]。

可以认为，系统工程从创立之时的战略定位就是重大工程问题驱动的工程科学学科，有独立的学科理论体系和方法论体系（第三章中进行详细论述），面向国民经济发展和国防建设的重大需求，应用特有理论与方法，解决重大工程中规划、研究、设计、制造、试验的系统相关问题。

当前，信息科学与技术领域"两化一融合"（网络化、智能化和信息物理融合）的发展趋势十分明显，对系统工程学科发展提出了新的重大需求。聚焦"两化一融合"正在成为系统工程学科发展的战略重点，与计算科学、网络科学、数据科学、人工智能交叉正在成为系统工程的战略方向，如巨型网络化系统和信息物理融合系统的体系与机理+数据驱动模型、系统固有智能性设计和信息物理实现、多时空多尺度系统规划设计与智能决策、人机混合系统复杂性与智能性、合作与非合作多主体复杂系统与智能博弈对抗等。系统工程学科对系统整体性研究和知识积累及上述学科交叉新方向的发展，为系统工程学科创建新的学科增长点奠定了坚实的基础。在新工业革命、新技术革命和新能源革命的形势下，电子、通信、计算机、能源、环境、生命、材料、航空航天等学科的许多前沿发展方向与"两化一融合"密切相关，系统工程学科在"两化一融合"方向上的成果和进展，能够为几乎所有工程学科的发展做出贡献，产生重大影响[9-11]。

系统工程研究和学科发展跨学科交叉的特征十分明显，体现在学科设置上。我国系统工程学科和研究人员主要归属与分布在四个学科门类，即"控制科学与工程"学科的"系统工程"二级学科、"管理科学与工程"学科的"工业工程"学科方向、"数学"学科的"运筹学与控制论"二级学科、"军队指挥学"学科的"军事运筹学"二级学科，如图1-1所示。此外，"机械工程"学科的"制造系统"学科方向、"交通运输工程"学科的"系统工程"学科方向等多个学科都设有系统工程相关的学科方向。所以，系统工程是很多学科的二级学科或学科方向，也是工业、农业、金融、军事等很多领域科技发展的需要。

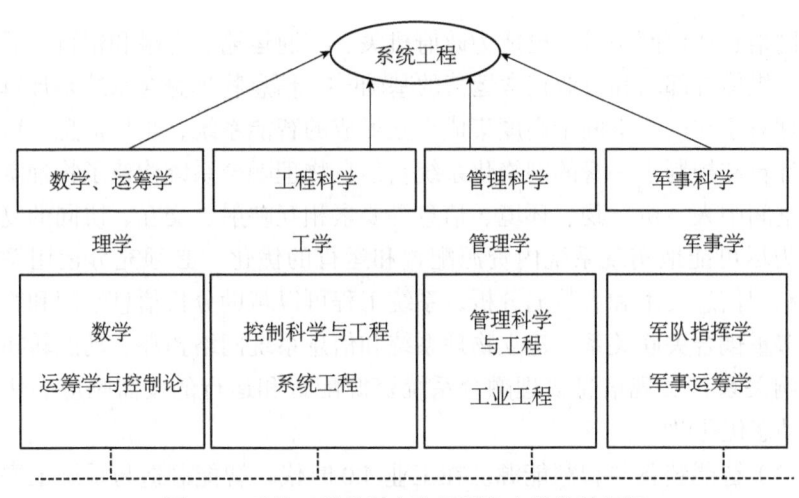

图 1-1 系统工程学科定位及研究人员学科归属

第二节 系统工程学科内涵

  40 多年前，钱学森大力推动了系统工程在我国的创立、发展和应用，特别是在航空航天和国防军事领域的应用。系统工程理论与方法广泛应用于国防军事统筹，并且大大提升了具有智能行为的航天器、航空器、航海器等现代高科技战争利器的功效[12]。运用系统和工程的思想、理论、方法与技术，应用现代数学、计算机、网络计算等工具和手段，对系统的构成要素、组织结构、信息交换和反馈等功能进行分析、设计、制造和服务，以充分发挥人力、物力的潜力，达到系统的最优设计、最优控制、最优管理等目标，同时形成研究组织管理技术的系统工程学科。主要包括以下几个领域。

  （1）复杂系统建模与决策控制。复杂系统建模与决策控制过程是典型的系统工程。对于复杂系统建模，不仅需要优化物理设备的单点模型，而且需要建立系统与各个设备的关联关系模型，为优化触发系统动态变化过程奠定基础。对复杂系统的控制，需要基于信息平台估计系统各项参数，掌握系统的动态过程，根据系统实时状态和整体特性估计性能，基于性能差分和微分不断优化系统的控制策略，实现系统目标最优化并保障系统安全可靠[13, 14]。

  （2）网络化系统与信息物理融合系统。网络化系统是传输物质、能量和信息的最有效、最基本途径。大规模网络化基础设施（如计算机网络、电力系统网络、通信网络等）已成为政府机关、交通运输、金融和银行、通信、电力、媒体等部门和行业正常运营的基础[15]。信息物理融合系统是计算单元与物理对象在网络空间中高度集成交互形成的智能系统，是集信息获取、通信、计算和控制于一身的网络化系统。信息物理融合系统构建了物理空间与信息空间中人、机、物、环境、信息等要素相互映射、交互、协同的复杂系统，为尽可能地实现系统内资源配置和运行的优化，必须充分运用系统工程。利用信息技术和大数据分析，系统工程可以帮助分析信息空间和物理空间的多重耦合关联关系，建立物理系统和信息系统网络拓扑、动态转换和相互影响关系，实现信息物理融合系统资源配置和运行的按需响应、快速迭代、动态优化[16]。

（3）智能装备与智慧能源。在工业4.0时代，智能制造与系统工程紧密相关。运用系统工程，制造企业可以通过订单数据分析潜在的用户类型和功能需求，设计个性化产品；可以根据整体布局完善制造流程和规范人员管理；可以根据系统动态信息极大优化制造技术相关指标；可以根据设备运行数据分析生产、运行阶段存在的潜在系统风险和设备风险[17, 18]。构建大规模接入可再生能源的智慧能源系统是典型的系统工程。以系统工程的理论方法，实现智能信息感知、获取、处理、通信和控制与优化，实施电网实时监测、统一调度和控制，协调需求侧电能和其他能源介质的生产、存储和使用，优化需求侧的能源使用，能够实现发电与用电优化匹配和动态优化调度，达到节能降耗的目标[19, 20]。

（4）金融管理。金融管理是指国家为了实现货币供求平衡、稳定货币值和经济增长等目标而对货币资金所实行的管理。为了实现既定目标，需要通过信息来分析当前国内国际金融市场的各项指标，这依赖于系统信息化建设和信息标准制定。在健全的信息化平台的帮助下，运用系统工程，可以高效、高水平实现金融管理，随时监测金融市场状态变化，提前决策以防范金融风险扩大，保障国家经济健康稳定发展[21, 22]。

（5）军事运筹学与军事系统工程。钱学森曾指出："在军事科学，基础理论是军事学，技术理论层次是军事运筹学，应用技术层次是军事系统工程。"[23]随着信息技术的不断发展，军事运筹学与军事系统工程内容已扩展到军事领域的各个方面，包括战略和国防、航天和C4ISR[指挥（command）、控制（control）、通信（communication）、计算机（computer）、情报（intelligence）、监视（surveillance）与侦察（reconnaissance）]、联合作战、资源配置、战备与训练、武器采办、军事革命等，成为国家管理与军事指挥决策的必要环节[24, 25]。

综上所述，系统工程学科与许多世界前沿科学技术和国家重大需求密切相关，如信息物理融合系统、智能制造、智慧能源系统与智能电网、智能导航与制导系统、工业智能系统、智能交通、智慧城市服务与管理等。另外，与系统工程紧密相关的现代电子商务、智慧医疗等领域都具有广阔的发展与应用前景。系统工程的学科总论如图1-2所示。

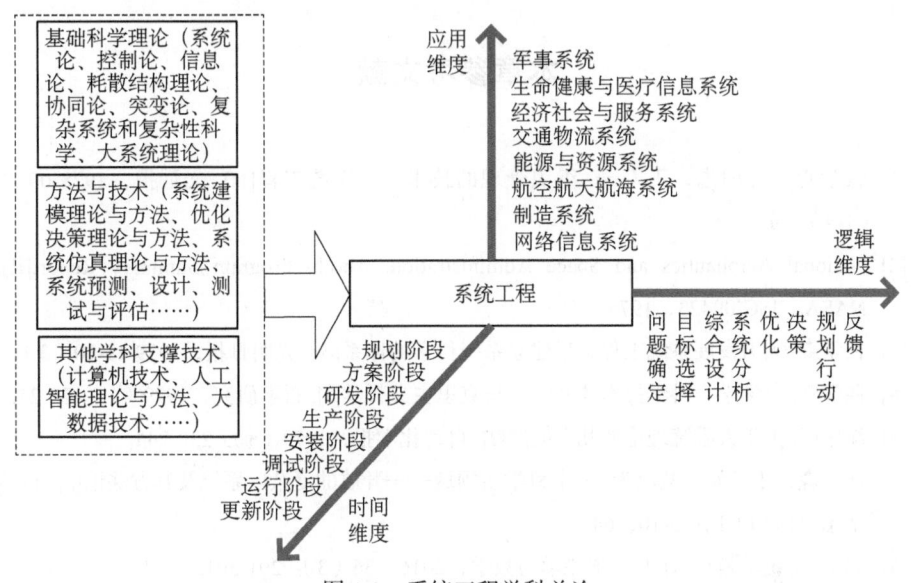

图1-2 系统工程学科总论

系统工程研究具有典型的跨学科交叉的特征，其基本方法论横跨自然科学与社会科学领域，在多个一级学科中蓬勃发展。根据Web of Science（WoS）核心集的检索结果，系统工程相关期刊论文最集中的5个领域分别是工程、计算机科学、企业经济学、数学和自动控制系统。其中7796篇高被引论文的h指数（h-index）为561，近五年的被引频次年均增长32.57%。

在国内，系统工程研究的开展更加广泛。根据中国期刊网检索结果（图1-3），系统工程相关论文主要涉及高等教育、建筑科学与工程、工业经济、计算机软件及计算机应用、电力工业、自动化技术、金融、经济体制改革、水利水电工程、航空航天科学与工程等30余个研究领域。论文受自然科学基金和社会科学基金资助的比例大体为2∶1。

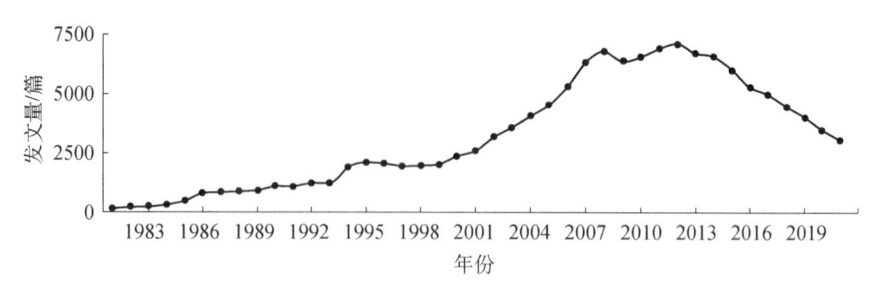

图 1-3　1983～2019 年中国期刊网系统工程相关论文发表年度趋势

本章参考文献

[1] 钱学森，许国志，王寿云. 组织管理的技术——系统工程[N]. 文汇报，1978-09-27（1-4）.

[2] National Aeronautics and Space Administration. Apollo Program Summary Report[R]. NASA，JSC-09423，1975.

[3] 钱学森. 大力发展系统工程尽早建立系统科学的体系[N]. 光明日报，1979-11-10（3）.

[4] 钱学森. 科学学、科学技术体系学、马克思主义哲学[J]. 哲学研究，1979（1）：20-27.

[5] 涂序彦. 关于大系统理论的几个问题[J]. 自动化学报，1979（3）：232-244.

[6] 钱学森，于景元，戴汝为. 一个科学新领域——开放的复杂巨系统及其方法论[J]. 自然杂志，1990（1）：3-10，64.

[7] 郭雷. 系统学是什么[J]. 系统科学与数学，2016，36（3）：291-301.

[8] 中国大百科全书总编辑委员会《自动控制与系统工程》编辑委员会，中国大百科全书出版社编辑部. 中国大百科全书：自动控制与系统工程[M]. 北京：中国大百科全书出版社，1991.

[9] 张峰，薛惠锋，王海宁. 系统科学与系统工程的中国使命[C]. 北京：中国系统工程学会第 19 届学术年会，2016.

[10] 管晓宏. 网络与智能时代的系统工程[C]. 西安：中国系统工程学会第 21 届学术年会，2020.

[11] 唐立新. 基于系统工程的 STEEM 计划[C]. 西安：中国系统工程学会第 21 届学术年会，2020.

[12] 钱学森，等. 论系统工程[M]. 长沙：湖南科学技术出版社，1982.

[13] 袁亚湘，孙文瑜. 最优化理论与方法[M]. 北京：科学出版社，1997.

[14] 陈宝林. 最优化理论与算法[M]. 2 版. 北京：清华大学出版社，2005.

[15] 戴冠中，郑应平. 网络化系统及其建模、分析、控制与优化[J]. 自动化学报，2002，28（S1）：60-65.

[16] 王中杰，谢璐璐. 信息物理融合系统研究综述[J]. 自动化学报，2011，37（10）：1157-1166.

[17] 成思危，杨友麒. 过程系统工程的发展和面临的挑战[J]. 现代化工，2007，27（4）：1-6，8.

[18] 王基铭. 过程系统工程技术与中国石化可持续发展[J]. 化工学报，2007，58（10）：2421-2426.

[19] Teodorescu R, Liserre M, Rodriguez P, et al. Grid Converters for Photovoltaic and Wind Power Systems[M]. NYSE：John Wiley & Sons, Ltd, 2010.

[20] Ribrant J, Bertling L M. Survey of failures in wind power systems with focus on Swedish wind power plants during 1997–2005[J]. IEEE Transactions on Energy Conversion，2007，22（1）：167-173.

[21] 许博，刘鲁. 银行间市场体系的相继违约风险分析与建模[J]. 系统工程，2011，29（6）：42-46.

[22] 李永奎，周宗放. 基于无标度网络的关联信用风险传染延迟效应[J]. 系统工程学报，2015，30（5）：575-583.

[23] 钱学森. 在"军事系统工程学研究发展20年报告会"上的书面发言[J]. 军事系统工程，1998（2）：2.

[24] 军事科学院军事运筹分析研究所. 作战系统工程导论[M]. 北京：军事科学出版社，1987.

[25] 谭跃进，陈英武，易进先. 系统工程原理[M]. 长沙：国防科技大学出版社，1999.

第二章
系统工程学科的历史、现状和未来

第一节 系统工程学科的早期发展

虽然系统工程作为一门学科形成于20世纪中叶，但系统工程的思想方法和实际应用可追溯到古代。中华民族的祖先在早期了解、认识和改造自然的辛勤劳动与大量社会活动中，就孕育了系统工程的一些朴素的思想和概念。如战国时期的都江堰水利工程，这一伟大的水利工程巧妙地将江水分流、排沙、进水流量控制结合起来，使各部分融合成为一个整体，实现了防洪、灌溉、行舟等多种功能，成为两千年来唯一至今仍在发挥作用的水利工程。

20世纪初，被誉为"科学管理之父"的美国人弗雷德里克·温斯洛·泰勒（Frederick Winslow Taylor）提出以提高劳动生产率为核心，通过研究工人的作业动作，建立科学化、标准化的管理方法，以替代传统的经验管理[1]。这个观念后来逐渐发展为工业工程，主要研究生产在时间和空间上的管理技术。"系统工程"一词最早出现在20世纪40年代的贝尔实验室[2]。在此期间，贝尔实验室参与了涉及通信、早期计算机和复杂技术问题的战时密码破解工作。他们通过应用系统思维来解决这些复杂的问题，即认为每个系统都与其周围的环境相联系，只有了解它是如何融入环境的，才能更好地理解系统本身。

第二次世界大战期间,英军为了协调以鲍德西(Bawdsey)为中心的雷达站与比根希尔(Biggin Hill)空军指挥中心之间的预警-指挥系统,成立了军事行动运筹学研究小组,这一小组的成立被视为运筹学名称的起源[3,4]。

由于第二次世界大战后大规模系统开发的紧迫性,系统工程的思想很快就从系统思维中发展了起来。到了20世纪50年代,系统工程的关键要素已经得到建立。它们被成功地应用于导弹、核潜艇和核动力的开发。"美国'阿波罗载人登月计划'的参加者是42万人。要指挥规模如此巨大的社会劳动,靠一个'总工程师'或'总设计师'是不可能的""这就要求以一种组织、一个集体来代替先前的单个指挥者,对这种大规模社会劳动进行协调指挥"[5]。

今天所知的系统工程学科教学的第一次尝试,是1950年由贝尔实验室系统工程主任吉尔曼(Gilman)在麻省理工学院完成的[6]。该领域的第一本教科书于1957年出版,此后随着运筹学等学科的发展,系统工程学科有了理论基础并被逐渐推广到网络信息、制造、航空航天航海、能源与资源、交通物流、经济社会与服务、生命健康与医疗信息、军事等系统中,取得了显著成效。系统工程学科的早期发展历程和重要事件如图2-1所示。

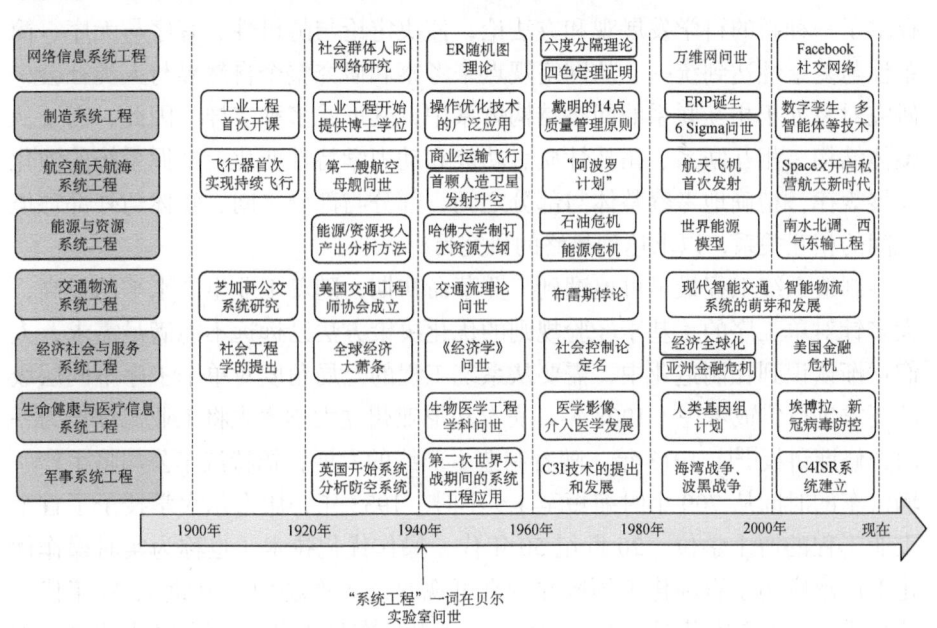

图2-1 系统工程的早期发展历程和重要事件

网络信息系统工程是兴起于20世纪的系统工程学科分支,其立足于网络科学的广泛应用。针对1934年纽约州的哈德森女子学校14名女孩离家出走的社会问题，社会心理学家莫雷诺（J. L. Moreno）通过社会测量与社会图，研究了一个社会群体的人际网络结构[7]，他用顶点表示人员，用线表示人对人的喜爱。莫雷诺的研究首次确立了今日社会网络分析的基础。1959年，ER随机图理论的诞生标志着通过数学方法对复杂网络拓扑结构进行系统性分析成为可能，奠定了复杂网络研究的基础[8]。1967年，美国哈佛大学的心理学家米尔格拉姆（S. Milgram）通过社会调查发现了所谓的六度分隔理论，即任意两个人最多通过六个人就能够彼此认识[9]。1976年，数学家阿佩尔（K. Appel）与哈肯（W. Haken）在美国伊利诺伊大学通过两台电子计算机证明了著名的四色定理[10]，推动了拓扑学和网络科学的发展。1990年，工作于欧洲粒子物理研究所的博纳斯李（Berners Lee）提出了一个分类互联网信息的协议，这个协议后来被称为万维网，正式开启了互联网时代。1998年瓦茨（D. J. Watts）和斯特罗加茨（S. H. Strogatz）发表在《自然》（Nature）上的论文提出了进一步拓广的小世界网络模型[11]，推动了复杂社会网络的发展。2004年，脸书（Facebook）正式上线，开启了当代社交网络时代。网络科学诞生后，迅速与20世纪60年代混沌科学引起的物理学革命相互融合，提供了一种新的科学发展观和方法论，使决定论与随机性、有序与无序、简单性与复杂性达到统一。从网络观点来考察和研究整个自然界与人类社会，研究对象处于相互联系的网络结构体系中，其形式多种多样。因此，需要从整体结构、相互联系、拓扑性质、功能和动力学特性变化上把握系统的演化发展规律，精确地考察整体与部分之间、部分与部分之间、整体与外部环境之间的相互关系，以求达到最终的研究目标。

制造系统工程最早可追溯到工业革命初期，随着工业生产水平的提高，大多针对单工序的、基于经验规则的优化决策方法已远远不能满足需求，人们逐渐认识到在制造业中，需要从系统工程的全局角度对单个工序不同层级的要求进行集成考虑。1908年，宾夕法尼亚州立大学率先将工业工程作为一门选修课讲授[12]。1913年，随着制造生产线的发展，福特汽车公司将生产一辆汽车的时间从700小时缩短至1.5小时。1933年，康奈尔大学授予了首个工业工程的博士学位。20世纪50年代，操作优化技术（也称为实时操作优化）广泛应用于石油化工领域并带来可观的经济效益[13]。20世纪70年代，著名质量管理专家戴明（W. E. Deming）开始在日本讲授他的14点质量管理原则，这也成为后来全面质量管理的重要理论基础[14]。1986年，任职于摩托罗拉公司的工程师比尔·史密斯（Bill Smith）提出六西格玛（6 Sigma）管理策略，该公司采用此策略，销售额增长了5倍[15]。20世纪90年代初，美国加特纳公司首先提出企业资源计划（enterprise resources planning，ERP），其建立在信息技术基础上，全面集成并管理企业的所有资源信息[16]。当代随着科技水平的提高，计算机集成制造系统、数字孪生、多智能体等技术都成为企业实施制造系统工程的基础。

航空航天航海科技是众多顶尖科技领域的综合与集成，代表着人类科技的顶峰，同时承载着人类探索世界的伟大梦想。1903年，重于空气的飞行器首次实现了持续飞行[17]。1920年，英国人用搭载12名乘客的汉德利·佩季（Handley Page）运输机为民用航空铺平了道路。随着第二次世界大战中人们认识到系统工程的重要性，航空系统工程飞速发展，1949年，英国德·哈维兰公司开始了喷气式飞机的商业运输飞行。1958年，波音707喷气式飞机开始不间断地跨大西洋飞行。20世纪60年代是航天系统工程快速发展的时期。1957年，苏联发射了世界上第一颗人造卫星"斯普特尼克1号"（Sputnik-1），引发了与美国的太空探索竞赛[18]。1961～1973年耗资约250亿美元的"阿波罗计划"帮助人类首次踏上了月球[19]；20世纪60年代和70年代美国太空飞行的频率导致了可重复使用的低轨道高度航天飞机的开发，航天飞机正式被称为太空运输系统，自1981年4月12日首次发射以来，它已经进行了多次飞行；2012年，太空探索技术公司（SpaceX）成功开启了私营航天新时代。航海系统工程也经历着巨大的变化，1923年，英国建造了"竞技神号"，是第一艘以航空母舰标准来设计的船舰。第二次世界大战期间，航海系统工程的实力代表着各个国家的战力[20]。航空航天航海不但见证了人类科技的发展，也一直蕴含着系统科学的思想。飞机等航空器、人造卫星等航天器及水下航行器的研究、设计、开发、建造和测试无不涉及复杂、质量可靠的研制要求。特别是在当今时代，航空航天航海是最典型的大工程系统，耗资巨大、研制周期长，需要覆盖全过程、全方位的分析和设计，因此系统工程在其中扮演着越来越重要的角色。

能源与资源系统工程是面向各类资源和能源的预测、规划与管理的工程方法。20世纪30年代，美籍俄裔经济学家里昂惕夫（Leontief）提出投入产出分析方法，这一方法可用于能源和资源系统的规划与分析[21]。20世纪40年代，人类开始应用数学方法来研究资源和能源问题。1955年，美国哈佛大学首先制订了水资源大纲，重点研究现代水资源系统工程的方法论[22]。1973年的石油危机和1979年的能源危机凸显了过度耗费能源带来的严重后果，许多国家和国际机构开始重视从能源系统的战略角度出发，应用系统工程方法来全面研究和评价未来能源的供需问题，希望提出相应的能源战略和政策。美国政府在20世纪70年代就通过了多项促进能源效率提高的法律，如美国公法94-413、联邦清洁汽车激励计划等；1974年，美国布鲁克海文国家实验室在能源系统网络图的基础上，应用线性规划（linear programming，LP）方法首先提出布鲁克海文能源系统优化模型（Brookhaven energy system optimization model，BESOM）。1977年，世界替代能源战略研究组经过3年左右时间的研究提出全球能源系统模型。这个模型把世界划分成能源进口区和出口区，根据不同的世界经济发展速度、油价和能源政策等，用线性规划方法研究未来世界能源的供需形势和燃料替代战略。国际应用系统分析研究所于1981年发表了具有一定影响的世界能源模型，用系统工程方法研究未来50年的世界能源形势，就未来替代能源系统的建立及其有关技术工艺、资金和时间等提出了分析意见。我国能源系统工程研究始于1980年，先后采用了宏观经济模型、投入产出模型、计量经济模型、数学规划模型、投资分析模型、效应分析模型，以及由其中若干模型联合组成的能源系统模型，对中国未来能源形势和政策进行预测与分析评价[23]。2002年，我国南水北调工程、西气东输工程正式开展。

交通物流系统工程是一门旨在对交通物流系统的物理和/或组织行为进行功能设计的学科，其涉及多式联运系统的规划、设计和管理。在美国，严谨的交通工程研究是1910年开始的。芝加哥公交和地铁委员会对公交系统运营的研究，涉及人口、工作机会、居民分布、商业和工业等多个领域。交通物流系统从诞生伊始就是交叉学科。1930年，美国成立交通工程师协会，标志着交通工程学科的诞生，初期主要探讨有关减少交通阻塞、保障交通安全和交通管理等问题。1959年12月在美国底特律召开了第一次国际交通流理论会议，标志着交通流理论的形成[24]。20世纪60年代晚期，德国数学家布雷斯（D. Braess）发现了布雷斯悖论，这也是博弈论中的纳什均衡理论在交通分配中的体现[25]。20世纪50~80年代开始出现早期的智能交通系统，但此时系统相对分散和独立，所涉及的通信量也较少，还未正式涉及系统工程的方法。自20世纪80年代起，随着互联网、智能技术和大数据的发展，数据呈现爆炸式增长，对传统交通物流行业的发展产生了巨大冲击。1994年在日本召开的第二届智能交通世界大会上，智能交通系统的概念被正式提出，并很快在世界范围内成为可统一使用并具有特定含义的术语。随后，美、欧、日等发达国家和地区先后加大了智能交通研发力度，并根据自身特点确立了一系列重点项目和计划，形成具备规模应用的技术研发体系[26]。当今时代，随着物流的个性化、定制化和人们对服务更高层次的需求，系统工程方法在交通和物流行业扮演着越来越重要的角色。

经济社会与服务系统工程是系统工程学科早期的重点研究对象。经济社会与服务系统不同于自然系统，人的参与导致系统不仅受自然物理规律约束，还受人类制度和社会活动的密切影响，尤其是进入现代社会以来，针对经济社会与服务系统的研究往往属于复杂的、系统性的研究问题。对于经济系统工程，20 世纪 30 年代的全球经济大萧条，意味着新古典经济学解决不了经济危机问题。1936 年，凯恩斯（J. M. Keynes）发表《就业、利息和货币通论》，认为有效需求不足，经济危机必然产生，政府应该积极干预经济[27]。1948 年，萨缪尔森（P. A. Samuelson）出版《经济学》，后来把凯恩斯经济学称为宏观经济学，把新古典经济学称为微观经济学[28]。1985 年，莱维（T. Levy）提出经济全球化的概念。1997 年的亚洲金融危机推动了亚洲发展中国家深化改革，调整产业结构，健全宏观管理。2007 年的美国金融危机影响到全球经济发展，从华尔街到全世界，从金融界到实体经济，都受到重创，这也间接促进了我国经济发展模式的转型。对于社会系统工程，随着厄普（E. L. Earp）在 1911 年美国"效率热潮"期间出版的《社会工程师》[29]，社会工程被推出并从此成为标准。"社会工程学"开始指代将社会关系视为"机器"的方法，以技术工程师的方式处理社会关系。1978 年，罗马尼亚控制论专家内戈伊策（L. G. Negoiță）在阿姆斯特丹召开的第四届国际控制论与系统大会上，正式将社会控制论作为一个学科定名，20 世纪 80 年代初社会控制论逐渐发展为社会系统工程[30]。经济社会与服务系统工程的研究专注于人们在长期经济社会实践活动中逐渐认识的复杂工程系统，经济系统中的对象包括经济行为主体、经济行为、行为工具、行为结果及其表示方式、经济管理和决策者及系统外部影响因素等。经济系统通常被称为"复杂经济系统"。一是经济系统的对象众多繁杂，比如行为主体就包括千千万万的个人、企业、金融机构和政府部门，层次结构复杂且利益主体众多，因此它是一个多变量、多参数的高维系统；二是经济活动运行规律不仅时间不变性短，而且包含着随机性；三是经济系统外部对其影响的各类因素复杂，如天气气候变化和政治因素对经济活动的影响存在不可预见性；四是行为工具的多样性和部分经济活动的隐蔽性，许多观察到的信息是不完备的。

生命健康与医疗信息系统工程是系统工程学科发展的前沿方向。20 世纪 50 年代，生物医学工程开始在国际上作为一个新的学科出现，医学影像、介入医学等科学技术的发展推动着生物医学的发展。1990年10月1日，人类基因组计划正式启动[31]。生物信息系统工程起初为生态系统工程、生物加工等，20世纪90年代末被重新定义为生态、器官、细胞和分子层次生物系统的生物信息系统工程而成为系统生物学的工程应用学科。过去30年，我国的医疗健康需求急速上升，医疗服务供给数量实现了数倍增长，传统的问诊方式已远远不能满足需求。健康医疗大数据和人工智能应用发展如火如荼，在科技发展进入"知识大发现"的跨界融合的新时代，大数据和智能技术驱动的医学新研究与健康新服务越来越彰显出其巨大的价值及潜力。2004年埃博拉病毒的再次暴发以及2019年出现的新型冠状病毒，都促进了生命健康与医疗信息系统工程的发展。对于健康与生物信息的检测采集、处理与分析，以及疾病与生物过程的控制干预，系统工程均具有巨大的发展空间。

军事系统工程作为一门学科萌芽于第一次世界大战期间，有组织地广泛实践于第二次世界大战防空作战等军事问题研究。1937年，英国成立多学科小组以分析防空系统。美国国防部于20世纪40年代后期进入系统工程领域以发展导弹和导弹防御系统。1945年，贝尔实验室帮助美军开发视距防空导弹系统，并于1953年交付了美国第一个作战防空导弹系统奈基-阿基克斯（Nike Ajax）[32]。1948年，美国最重要的战略研究智库兰德（RAND）公司成立，把"系统分析"作为研究军事基地设置、陆海空装备能力及武器全寿命周期预算费用估计等问题的主要方法。20世纪60年代，美国国防部长麦克纳马拉（R. S. McNamara）大力推广和运用军事系统工程方法，促进军事系统工程学科理论发展，带动了世界范围内军事系统工程方法的研究与运用。20世纪60年代，中国著名科学家钱学森教授等倡导在武器装备发展和经济规划中运用系统分析[33]，并首先在中国导弹研究部门设立总体设计部及采用计划评审技术。1979年后，军事科研院所普遍设立系统工程或者军事运筹学专业方向。20世纪70年代末，C3I系统（communication, command, control and intelligence systems）技术被首次提出，各国开始建立自己的C3I系统[34]。20世纪90年代的海湾战争和波黑战争等高技术局部战争体现了军事系统工程的飞速发展。20世纪末，美国建设了C4ISR系统，实现了军事指挥、控制、通信、计算机、情报、监视、侦察等多层次、大范围综合连接和信息共享[35-37]。在当代，随着新技术的发展，军事系统工程的研究范围将更加扩展，由对军事现实问题的研究发展到军事预测研究，研究战略战术、部队编制、武器装备和军事训练等影响军队战斗力诸要素的协调发展，以提高军队作战的综合能力。

第二节 系统工程学科的研究现状

目前网络信息系统工程的研究，针对复杂网络结构与机理研究、网络结构动力学、网络上的行为动力学及结构与行为共演动力学、多层网络与高阶网络及其上的行为动力学等问题展开。关于网络信息系统工程相关技术与方法的研究与通常被视为"网络科学"研究的机理性研究工作是相辅相成、互相渗透，难以截然区分的。

制造系统工程从系统角度出发，融合生产流程、统计、计算机等多个学科，通过智能方法对海量生产过程数据进行数据挖掘和可视化分析，从中提取总结工艺-结构-性能关系，实现知识共享，有力促进新产品、新工艺的研发设计及质量的提升。制造系统工程不仅仅从系统角度对制造系统的运作全流程进行研究，而且从系统的角度思考，融合多个学科实现学科联动，从产业链出发，形成工艺正向源头推动、需求逆向精准驱动，推动制造系统发展，实施促进产业价值链从低端向高端迈进的研究过程。

航空航天航海系统工程涵盖了系统工程、自动控制、计算机、动力、通信、遥感、新能源、新材料、微电子、光电子等工程技术，按照系统科学的思想，应用运筹学、信息论和控制论等理论，并以信息技术为工具组织和管理航空航天航海系统的规划、研究、设计、制造、试验及应用，期望以最少的代价（人力、物力、财力和时间）最有效地利用最新科学技术成就，获得最高的经济效益，达到航空航天航海预期的目的。航空航天航海系统工程通常通过指挥信息系统对航空航天工程实行科学的计划管理、建立总设计师制度，由总体设计机构-总体设计部对航空航天航海工程这种大规模社会劳动进行科学的技术管理，采用仿真模拟技术，包括数字仿真和实物模拟等方法，使系统方案最优化和系统各组成部分协调一致。

系统工程理论与方法，为信息技术与能源电力系统高度融合形成的智慧能源系统、智能电网、能源互联网的优化设计与运行奠定了基础。系统工程方法也是能源与资源进行开发和利用的基础。我国在能源与资源领域的系统工程应用已有长足进展，如对矿山管理信息系统和综合自动化监测系统已有广泛应用。新建的大型现代化矿井等能源与资源开发也应用系统工程方法，由科研、设计、施工、制造共同协调一致研究、设计和施工、建设。我国积极推进基于信息化、数字化和智能化开采技术的能源与资源开发，构建多产业链、多系统集成的智慧开采系统,全面实现生产和管理信息的数字化,以及主要生产环节的智能决策和自动化运行。

交通系统和物流系统都是典型的网络化复杂大系统。随着全球化经济的快速发展、系统布局与结构的进一步扩展以及现代信息技术给技术应用和服务带来的观念变化,交通系统和物流系统的运行与管理越发复杂且多样。交通系统和物流系统的发展都经历了从完成单一功能的系统到多功能集成的系统,再到跨技术、跨对象的综合系统的过程,目前已进入信息化、自动化、集成化和智能化的发展阶段。当今的发展规律主要体现在:对象要素的实时化和信息化、海量信息的简明化和精确化、用户参与的主动化和协同化、服务组织的柔性化和绿色化。

从理论方法的角度来讲,经济社会与服务系统工程的研究主要涉及系统科学、系统工程、复杂系统理论、运筹学、心理学、经济学、社会学等多个领域的理论方法。经济系统建模与仿真的主要技术是建立经济数学模型,对宏观经济系统进行定量分析和实现最优控制。通过计算金融的方法对各类异常场景进行建模和计算分析,是经济社会与服务系统工程的重要研究方法。基于复杂系统理论的网络建模与分析方法能够为研究经济与社会系统的网络特性提供系统性的方法。金融与社会系统的风险评估分析和控制是经济与社会系统非常重要的研究内容,对经济与社会系统的长期稳定发展起到至关重要的作用。

生命健康与医疗信息系统工程通过将信息技术与生命、健康、医学等进行交叉融合,针对健康信息检测与采集、健康智能决策与干预、中医药现代化等具体领域,实现从检测、分析到控制的全过程、系统性研究,已经成为系统工程学科发展的重要方向。健康信息检测与采集相关研究领域的快速发展,有效奠定了生命健康与医疗信息研究的数据基础,使得研究者可以在系统层面对生命过程进行建模,并揭示其机制与规律,进而对生命过程进行工程化的设计与干预,实现对健康与生物过程从检测到分析再到控制的闭环。在健康智能决策与干预方面的进展,有效推动了生物学、医学和智能技术的交叉融合与进步,并使得对生物体的干预和控制成为可能。同时,对复杂生命系统的决策干预研究,也在促成新的系统工程理论、方法与技术的出现,并进一步拓展了系统工程的研究边界。

军事系统工程以军事科学和系统科学为基础,以系统工程原理方法、运筹学和现代信息技术等为主要研究工具,对军事系统实施合理的筹划、研究、设计、组织、指挥和控制,使各个组成部分和保障条件综合集成为一个协调的整体，以实现系统功能与组织最优化。军事系统工程广泛应用于战争（作战）设计、军事训练、武器装备发展、指挥与控制、后勤保障、部队体制编制及行政管理等复杂军事活动的组织实施与系统开发研制。在技术方法上，主要采取定量分析与定性分析相结合的方法，主要有数学解析方法、作战仿真法、综合集成法、系统动力学及对策论等。

第三节 系统工程学科的发展方向和影响

一、网络信息系统工程

网络信息系统工程的主要发展方向包括复杂网络理论研究重点方向[38,39]、网络信息系统工程方法与技术重点方向[40,41]、网络信息系统工程方法与具体领域的结合研究[42]。

网络科学与网络信息系统工程自其学科领域发展伊始就紧密结合具体领域的问题，基于具体领域的研究和一般意义上的理论与方法研究互相补充、互相促进。网络信息系统工程的未来发展也需要进一步深化与具体领域问题的结合，以具体领域的问题带动网络科学与网络信息系统工程理论与方法研究，并反过来以网络科学与网络信息系统工程的理论与方法的进展推动具体领域的发展。由于网络系统的广泛性，网络信息系统工程可以应用于并影响很多领域。

二、制造系统工程

将制造与云计算、大数据、智能控制技术等新一代信息技术进行融合，使得制造工业形成一批具有感知、记忆、学习、适应、决策能力的生产线，做到信息深度感知—智慧优化决策—精准协调控制，解决我国制造产业转型升级过程中遇到的问题，可为制造系统的优化、转型提供更加高效的解决方案[43]。一方面，通过分析产业链中的大数据来预测产品需求、预测制造，利用生产、经营大数据来整合产业链和价值链，不断从产业大数据中挖掘新的价值，为原有生产系统和产品增加价值；另一方面，通过物联网、云计算、大数据、信息物理系统（cyber-physical systems，CPS），运用生产流程的透明化、设备状态的可监控、具备自主决策能力的自动化、供应链和市场信息的融合、智能运维、智能排程和企业资产管理等手段，促进产业生产、经营的协同优化[44]。

在当前新一代信息技术与制造业深度融合，3D打印、移动互联网、云计算、大数据等领域发展迅速的国际形势下，以第四次工业革命的核心CPS为目标，通过制造系统工程的方法，对制造业现有自动化系统进行拓展和改造，建成可靠的、实时的、安全的、协作的智能化生产系统，实现绿色智能化发展，成为我国制造业产业转型升级的必由之路。

三、航空航天航海系统工程

（一）航空系统工程

围绕发展跨系统、跨专业、跨学科的复杂航空综合技术，以及优化协调飞行器总体、航电、任务设备、动力装置和武器系统等多系统间关系的重大需求，航空系统工程需要重点突破面向高性能需求的飞行器控制一体化技术、基于模型的系统工程（model-based systems engineering，MBSE）的无人机系统设计及其应用、下一代空中交通管理系统关键技术等[45]。

（二）航天系统工程

围绕发展"低成本、高可靠航天运输"和建设"智能化、系统化空间设施"等重要任务，航天系统工程需要重点突破以下共性关键技术：智能故障在线识别与管理，智能轨迹重构与控制重构，智能检测与验证，可重复使用运载火箭智能控制技术，空间设施抗干扰/安全组网，天基大数据的分析与处理，航天器群体智能的学习、涌现，多航天器间协同技术[46]。

（三）航海系统工程

围绕解决水下航行器"自主性、互操作、数据链、多平台协同"等核心问题，航海系统工程需要重点突破以下共性关键技术：大尺寸耐压壳体设计、制造与材料一体化技术，大深度敞开式轻质-承载-耐压结构整体设计技术，高精度仿生外形快速设计技术，高效低噪复合材料自适应推进器技术，水下能源组网供电技术，水下防腐抗污技术。

航空航天航海系统工程作为当代高技术群体中重要的组成部分，一直是世界主要国家探索、开发、应用及争夺的焦点和国家高精尖科技的集中体现。相关技术已由单一的以满足政治和军事目的为主转变为满足政治、经济、军事、科技、社会等各方面的综合需求，并成为国家重点发展的战略性产业。航空航天航海系统工程学科对未来的影响和作用主要体现在引领技术发展、带动产业升级、促进国民经济发展、辐射经济社会、提升国家军事水平等方面，带动并促进现代科技领域最前沿的计算、设计、试验、加工、测试技术和最先进的管理思想等，从而推动整个人类社会的发展和进步[47]。

四、能源与资源系统工程

随着清洁能源发电在电源结构中的比重日益增加，传统的输配电网系统在接纳风能、太阳能发电等间歇性清洁能源发电时的问题开始显现，智能电网建设的需求应运而生。我国的水能、风能、太阳能等可再生能源资源规模大、分布相对集中，需要集中开发、规模外送和大范围消纳。智能楼宇、智能社区、智能城市是今后的发展方向，电动汽车、智能家居等也在推广应用，这些都对电网的资源优化配置能力和智能化水平提出了很高的要求。建设安全水平高、适应能力强、配置效率高、互动性能好、综合效益优的智能电网，是促进清洁能源发展、节能减排、能源布局优化和结构调整的重大战略选择[48, 49]。

综合能源系统可以结合互联网、大数据和云计算等众多技术，能够有效解决能源时空分布不均衡问题，并且实现非碳能源的规模化应用、协同发展常规能源和大规模可再生能源，符合可持续发展的要求，被认为是未来能源行业的发展方向，将推动能源结构转型、能源供给侧结构性改革，并对能源消费革命起到积极作用。综合能源系统的战略价值主要体现在保障国家能源安全、优化能源结构、助力可持续发展、改善民生等方面。

五、交通物流系统工程

随着新一代物联网、大数据、信息通信和人工智能技术的发展及其在交通物流系统中的应用与普及，新一代交通物流系统逐渐发展为含多节点交叉互联的复杂网络化大系统，由此也产生了一系列新的、亟待解决的关键科学问题，形成了一系列的挑战[50, 51]。交通物流系统工程的重点发展方向包括交通物流需求与感知、协同控制与优化和现代交通物流理论三类。

伴随新一代信息技术、通信技术和人工智能技术的广泛应用，交通运输行业将发生重大的革命性变革，由此存在以下发展趋势：交通系统全域发展格局，综合交通智能化协同与服务，交通系统安全运行智能化保障，基于车路协同的交通系统与自动驾驶，智能交通产业生态圈跨界融合。

六、经济社会与服务系统工程

经济社会与服务系统工程的研究方向非常广泛，当前比较重要的研究发展方向，从研究理论和方法来讲，可以包括复杂经济系统建模与仿真模拟，计算实验金融方法，金融网络建模与分析方法，金融系统性风险的建模与分析方法，人类合作和冲突的博弈分析方法，全球供应链的建模、分析、优化及安全性保障方法，等等[52,53]。从应用领域来讲，可以典型地包括城市生态环境管理和农业系统工程等[54]。从理论方法和应用领域来阐述其中的系统工程问题，是经济社会与服务系统工程研究领域的重要方向。

经济社会与服务系统工程的研究与世界发展密切相关，所研究的许多问题都是当前中国和世界所关注的重大问题。比如，疫情冲击和经济下行大背景下经济金融系统性风险的防范和化解，促进经济平稳发展，各种重大冲击之下调控措施的选择，去全球化背景下的人类冲突调解与合作的促成，以及新形势之下的全球供应链调整和整合。所涉及和发展的研究方法都是当前学术研究新近发展起来的，有着长远的发展空间和代表性。此外，经济社会与服务系统工程的研究应用领域几乎涉及所有国民工业和经济领域，各行各业的民众都能对其中的系统工程问题和思想有所感受。

七、生命健康与医疗信息系统工程

生命健康与医疗信息系统工程的未来发展方向包括人工生物分子机器设计、计算机-细胞耦合控制[55]、多方位跨尺度人体信息检测技术[56]、精准可控的疾病干预技术、证候和经络的生物学基础、中医的疗效评价和中药的质量评价、方剂配伍的效应机制等[57]。

在健康与生物信息的检测采集、处理与分析，以及疾病与生物过程的控制干预等全过程，系统工程均具有巨大的发展空间。以健康、生物为具体的研究对象，通过交叉融合，可以实现从检测、分析到控制的全过程、系统性研究，大力推动系统工程学科的创新发展。新型可穿戴设备可实现健康数据的实时采集，高通量组学技术可实现生物信息的系统检测，生物影像技术可提供丰富的多模态信息。信息检测采集技术的发展奠定了生命健康与医疗信息研究的数据基础，使得研究人员可以在系统层面对生命过程进行建模，揭示其机制与规律，进而对生命过程进行工程化的设计与干预，实现对健康与生物过程从检测到分析再到控制的闭环。

八、军事系统工程

军事系统工程按照研究对象可分为作战系统工程、指控系统工程、信息（数据）系统工程、军事交通系统工程、战备工程系统工程、武器装备系统工程、军事行政系统工程等。受信息技术高速发展、国际环境及作战指导思想的影响，战争设计、指控、信息、物流及装备系统成为当前热点研究领域，复杂军事系统数据化、网络化、智能化和体系化技术研究成为当前的重点难点研究方向[58, 59]。

近年来，我国安全态势复杂，军事力量长时间缺乏实战运用，国际上以信息技术为基础和核心的新军事革命竞争激烈，我国经济与技术还处于弱势地位，上述矛盾给我国军事力量筹划、设计、建设、运用及保障带来了极大的挑战。军事系统工程学科将针对上述挑战，培养军事素质与高新技术相结合的复合人才，探索创新具有军事特色的系统工程理论方法，同时继续发挥科学量化与合理定性分析相结合的优势，针对未来网络化、智能化战争所需的新型军事系统等进行科学分析，为经济、高效地建设新型国防力量服务。

本章参考文献

[1] Taylor F W. The Principles of Scientific Management[M]. New York，London：Harper & Brothers，1911.

[2] Schlager K J. Systems engineering：key to modern development[J]. IRE Transactions，1956，EM-3（3）：64-66.

[3] Joseph F M. OR Forum—British operational research in World War Ⅱ[J]. Operations Research，1987，35（3）：453-470.

[4] McCloskey J F. OR Forum—the beginnings of operations research：1934-1941[J]. Operations Research，1987，35（1）：143-152.

[5] 钱学森，许国志，王寿云. 组织管理的技术——系统工程[N]. 文汇报，1978-09-27（1-4）.

[6] Hall A D. A Methodology for System Engineering[M]. Princeton：Van Nostrand，1962.

[7] Neuhaus G. Who shall survive?：a new approach to the problem of human interrelations[J]. Journal of Nervous & Mental Disease，1934，80（6）：724-725.

[8] Erdos P，Renyi A. On random graphs. I[J]. Publicationes Mathematicae，1959，6：290-297.

[9] Milgram S. The Small World Problem[M]. New York：Psychology Today，Ziff-Davis Publishing Company，1967.

[10] Appel K，Haken W. Research announcements：every planar map is four colorable[J]. Bulletin of the American Mathematical Society，1976，82（5）：711-712.

[11] Watts D J，Strogatz S H. Collective dynamics of "small-world" networks[J]. Nature，1998，393（6684）：440-442.

[12] Diemer H. Factory Organization and Administration[M]. 4th ed. New York：McGraw-Hill，1925.

[13] Sahney V K. Evolution of hospital industrial engineering：from scientific management to total quality management[J]. Journal of the Society for Health Systems，1993，4（1）：3-17.

[14] Deming W E. Out of the Crisis[M]. New York：MIT Press，1986.

[15] Harry M J. The Nature of Six Sigma Quality[M]. Rolling Meadows：Motorola University Press，1988.

[16] Wylie L. A vision of next generation MRP Ⅱ[R]. Gartner Group，Scenario S-300-339，1990.

[17] Lydon B. Johson Space Center. Flying through the ages[N]. BBC News，1999.

[18] McDougall W A. Shooting the Moon[J]. American Heritage，2010，59（4）.

[19] Lydon B. Johson Space Center. Apollo Program Summary Report[R]. NASA，JSC-09423，1975.

[20] Brown D K. The Grand Fleet：Warship Design and Development 1906–1922[M]. London：Caxton Editions，2004.

[21] Raa T T. Input-output Economics：Theory and Applications：Featuring Asian Economies[M]. Singapore：World Scientific，2009.

[22] Hall W A，Dracup J A. Water Resources Systems Engineering[M]. New York：McGraw-Hill，1970.

[23] 刘豹. 能源模型与系统分析[M]. 北京：能源出版社，1984.

[24] Edie L C，Gazis D C，Helly W，et al. Letter to the editor—Third international symposium on the theory of traffic flow[J]. Operations Research，1965，13（6）：1045-1051.

[25] Braess D. Über ein paradoxon aus der verkehrsplanung[J]. Unternehmensforschung，1968（12）：258-268.

[26] Weiland R J，Purser L B. Intelligent transportation systems[J]. Transportation in the New Millennium，2000，1-3.

[27] Keynes J M. The General Theory of Employment，Interest，and Money[M]. New York：Harcourt，Brace and Company，1936.

[28] Samuelson P A. Economics[M]. New York：McGraw Hill Companies，1948.

[29] Earp E L. The Social Engineer[M]. New York：Eaton & Mains，1911.

[30] 万百五. 社会控制论及其进展[J]. 控制理论与应用，2012，29（1）：1-10.

[31] 杨焕明."人类基因组计划"及其意义[J]. 中国基础科学，2000，2（5）：20-22.

[32] Mary C. Nike Ajax Historical Monograph[R]. U.S. Army Ordnance Missile Command，1959.

[33] 钱学森. 从飞机、导弹说到生产过程的自动化[M]. 北京：科学出版社，1959.

[34] Orr G E. Combat Operations C^3I：Fundamentals and Interactions[M]. Maxwell AFB：Air University Press，1983.

[35] Levis A H，Wagenhals L W. C4ISR architectures：Ⅰ. developing a process for C4ISR architecture design[J]. Systems Engineering，2000，3（4）：225-247.

[36] Wagenhals L W，Shin I，Kim D，et al. C4ISR architectures：Ⅱ. a structured analysis approach for architecture design[J]. Systems Engineering，2000，3（4）：248-287.

[37] Bienvenu M P，Shin I，Levis A H. C4ISR architectures：Ⅲ. an object-oriented approach for architecture design[J]. Systems Engineering，2000，3（4）：288-312.

[38] Shahal S，Wurzberg A，Sibony I，et al. Synchronization of complex human networks[J]. Nature Communications，2020，11（1）：3854.

[39] Fortunato S，Bergstrom C T，Börner K，et al. Science of science[J]. Science，2018，359（6379）：eaao0185.

[40] Runge J，Nowack P，Kretschmer M，et al. Detecting and quantifying causal associations in large nonlinear time series datasets[J]. Science Advances，2019，5（11）：eaau4996.

[41] Stavroglou S K，Pantelous A A，Stanley H E，et al. Unveiling causal interactions in complex systems[J]. Proceedings of the National Academy of Sciences，2020，117（14）：7599-7605.

[42] Stavroglou S K, Pantelous A A, Stanley H E, et al. Hidden interactions in financial markets[J]. Proceedings of the National Academy of Sciences, 2019, 116 (22): 10646-10651.

[43] Wang J. Theoretical research and application of petrochemical cyber-physical systems[J]. Frontiers of Engineering Management, 2017, 4 (3): 242-255.

[44] Mokhtari H, Hasani A. An energy-efficient multi-objective optimization for flexible job-shop scheduling problem[J]. Computers & Chemical Engineering, 2017, 104: 339-352.

[45] 理查德·布洛克利, 史维. 航空航天科技出版工程. 8, 系统工程[M]. 唐胜景, 马东立, 林海, 等译. 北京: 北京理工大学出版社, 2016.

[46] 中国航天系统科学与工程研究院. 航天领域科技发展报告[M]. 北京: 国防工业出版社, 2018.

[47] Office of the Under Secretary of Defense for Acquisition. Technology, and Logistics. Next-Generation Unmanned Undersea Systems[R]. 2016.

[48] 中华人民共和国国务院新闻办公室. 新时代的中国能源发展[R]. 2020.

[49] Ren F K, Wei Z Q, Zhai X Q. Multi-objective optimization and evaluation of hybrid CCHP systems for different building types[J]. Energy, 2021, 215 (9): 119096.

[50] 张国伍. 交通运输系统工程学科的创建与钱学森的系统科学[C]. 北京: 2007 中国交通高层论坛, 2007.

[51] "10000 个科学难题"交通运输科学编委会. 10000 个科学难题: 交通运输科学卷[M]. 北京: 科学出版社, 2018.

[52] Allen B, Lippner G, Chen Y T, et al. Evolutionary dynamics on any population structure[J]. Nature, 2017, 544: 227-230.

[53] Cachon G P. A research framework for business models: what is common among fast fashion, e-tailing, and ride sharing?[J]. Management Science, 2020, 66 (3): 1172-1192.

[54] 郝庆升. 农业系统工程学科发展问题探讨[C]. 2020 全国农业系统工程学术研讨会, 哈尔滨, 2020.

[55] Aoki S K, Lillacci G, Gupta A, et al. A universal biomolecular integral feedback controller for robust perfect adaptation[J]. Nature, 2019, 570 (7762): 533-537.

[56] Du J C, Jia P L, Dai Y L, et al. Gene2vec: distributed representation of genes based on co-expression[J]. BMC Genomics, 2019, 20 (S1): 7-15.

[57] Wu Y, Zhang F L, Yang K, et al. SymMap: an integrative database of traditional Chinese medicine enhanced by symptom mapping[J]. Nucleic Acids Research, 2019, 47

（D1）：D1110-D1117.

[58] 胡晓峰. 战争科学论：认识和理解战争的科学基础与思维方法[M]. 北京：科学出版社，2018.

[59] 朱丰，胡晓峰，吴琳，等. 从态势认知走向态势智能认知[J]. 系统仿真学报，2018，30（3）：761-771.

第三章
系统工程共性基础理论

系统工程理论是一种综合性的工程学科，旨在研究应用系统的整体性、综合性、协调性，以及系统的设计、开发、运行和维护过程。它涉及多个学科领域，包括工程学、管理学、计算机科学等，旨在解决复杂系统的设计和管理问题。此外，在应用系统工程理论方法解决实际系统中的问题时，不可避免地要用到其他学科的一些理论和方法。综合应用这些理论和方法，即可解决不同应用领域的管理和决策问题。这些共性理论和方法之间的关系可大致用图3-1表示。

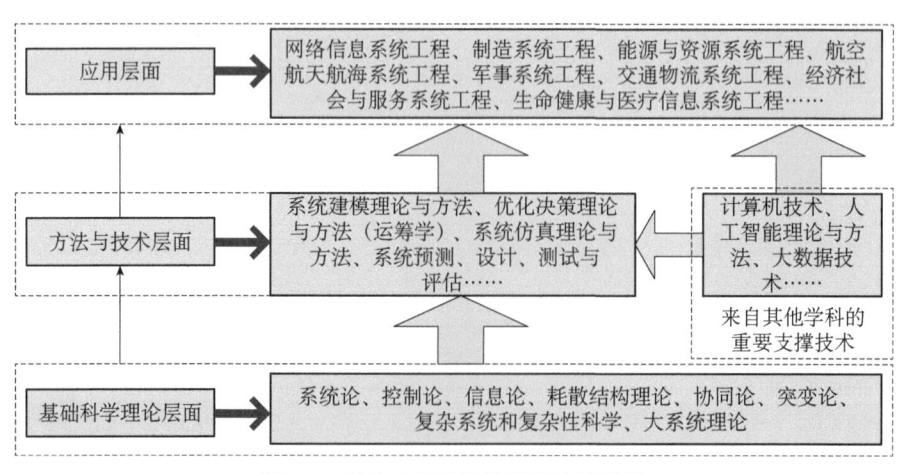

图3-1 系统工程共性基础理论关系图

由图3-1可见，基础科学理论层面包括系统论、控制论等内容，方法与技术层面包括系统建模、优化决策等内容。此外，计算机技术、人工智能理论与方法等来自其他学科的内容对系统工程方法与技术层面有重要支撑，也直接支撑了应用层面的各领域具体系统工程应用方法。本章即对基础科学理论层面及方法与技术层面的共性基础理论历史、现状、发展趋势进行分析介绍。

第一节　系统工程的基础科学理论

一、系统工程的基础理论

（一）系统工程基础理论概论

20世纪末，钱学森提出了现代科学技术的九大学科类体系，由此确立了系统科学体系的框架，使系统科学走上了全面发展的新阶段。在这个体系中，系统科学作为在系统论基础上发展起来的新兴学科，被认为是与自然科学、社会科学等相并列的一个基础学科门类，是从整体与局部的关系角度来研究客观实际的。

按照钱学森对现代科学技术体系的划分，任何学科都可分成基础理论、技术基础和实际应用三个层次。对于系统科学而言，基础理论层次的内容是系统学或称作系统理论，技术基础层次的内容包括运筹学等理论方法，实际应用层次则是各种各样的系统工程。建立系统学，是发展技术、开展实际应用的基础。从钱学森的这一关于系统科学的学科体系出发，系统工程的基础理论包括基础理论层次上的系统学，以及技术科学层次上的运筹学、控制论、信息论等系统技术方法。

20世纪60年代，系统工程学科逐步形成，其形成初期在一些重大的工程开发计划中显示出重要的作用，历经三十多年的发展，其推广和应用已经渗透到社会的各个部门，对我国生产活动和社会生活产生了重大影响。大量的系统工程实践，不仅有效地解决了大量社会实践中的系统工程问题，而且对系统科学基本理论及技术科学的发展提出了需求并创造了条件。进入21世纪以来，随着信息网络技术的发展，以及现代社会中各类系统的规模、集成程度和复杂性的不断提高，对复杂系统的研究已经成为系统科学和系统工程领域的热点。面向复杂系统的系统工程基础理论进而也有了许多新的问题和研究进展。

复杂系统和复杂性科学的研究，作为21世纪的系统工程基础理论发展，已成为系统科学与系统工程领域研究的前沿和热点。《科学》(Science)在1999年就曾发表专辑阐述了复杂性研究对众多学科的可能影响，2009年《科学》又以"复杂系统与网络（complex systems and networks）"为主题，再次出版专辑阐述复杂系统研究的意义、价值和未来发展。2004年，中国科学院在基础研究中长期规划中，确定复杂系统研究为14个重点领域之一。国务院发布的《国家中长期科学和技术发展规划纲要（2006—2020年）》将对复杂系统的研究确定为面向国家重大战略需求的十个基础研究方向之一，多次论述系统科学与工程和交叉学科。

在复杂性研究的推动下，系统工程基础理论研究的主要进展包括以下四点。

（1）复杂适应性系统理论。它是由计算机科学家、遗传算法的创立者贺兰德（John H. Holland）教授创立的。该理论认为事物的复杂性是由简单性发展而来的，是在适应环境的过程中产生的，提出了复杂适应性概念，并在经济系统、生态系统、免疫系统、神经系统等方面得到应用。

（2）以1998年小世界网络、1999年无标度网络为代表的复杂网络研究的发展。真实网络中小世界模型和无标度特性的发现激起了学术界对复杂网络的研究热潮，特别是移动互联网技术的迅速发展和人类社会的日益网络化，这些真实存在的复杂网络（如移动互联网、交通网络、电力网络等）成为研究重点。

（3）2006年CPS概念的提出。它通过信息空间与物理空间的融合使复杂系统运行更安全、高效，得到了大量应用，并对系统工程的发展提出了许多理论和实践上的挑战。

（4）以著名学者钱学森为代表，我国学者在20世纪90年代提出了"开放的复杂巨系统""综合集成研讨厅"等思想和方法，建立了从基础理论到工程实践的学科体系结构。

（二）系统论、控制论、信息论

系统科学技术科学层次的系统论、控制论和信息论同样是指导系统工程的理论基础。

系统论通常指一般系统论，它是美国理论生物学家贝塔朗菲（Ludwig von Bertalanffy）创立的。他首先对生命体进行了深入思考，提出有机体概念，强调要从整体关联的角度看问题。随后通过对各种不同系统进行科学理论研究，进而形成了适用于一切系统的科学。它为人们认识各种系统的组成、结构、性能、行为和发展规律提供了一般方法论的指导。

一般系统论强调的基本原则包括：①系统观点，即有机整体性原则，认为一切有机体都是一个开放的系统，都是一个有机整体；②动态观点，即自组织性原则，认为一切生命现象本身都处于积极的活动状态，是自组织开放系统；③组织等级观点，即认为事物存在着不同组织等级和层次，各自的组织能力不同，并具有自身目的性和自身调节性。

贝塔朗菲把一般系统论研究的内容概括为关于系统的科学、数学系统论、系统技术、系统哲学等。随着研究的逐步深入，随后介绍的"新三论"（耗散结构论、协同论、突变论）均可被视为一般系统论的重要组成部分。

控制论是第二次世界大战后发展起来的一门新兴横断学科。经过短短几十年的发展，控制论已经活跃于人类活动的诸多领域，涉及自然科学、工程技术和社会科学等几乎所有领域，特别是已成为各领域系统工程应用的重要技术支撑。按照创始人维纳（N. Wiener）的定义，控制论是关于动物和机器中控制与通信的理论。根据钱学森对系统科学划分的学科层次，控制论是利用有限条件通过人为调控实现系统整体优化运行的一门技术学科。一般来说，控制论是研究生命体、自然界与技术设备的控制过程中一般规律的学科。控制论与其他学科相结合，出现了以控制论为研究手段的新兴技术，如工程控制、生物控制、经济控制、社会控制、信息控制等，对科学的发展产生巨大的影响。越来越多的人开始利用控制论的科学方法来指导自己的实践活动。

控制论发展到今天，经历了几个发展阶段。早期的经典控制论，主要研究对象是单因素控制系统，只适用于单输入和单输出的系统，重点是反馈控制，基本分析方法是微分方程、拉普拉斯变换、传递函数与频域法等，着重应用于单机自动化。钱学森于1954年在美国运用控制论的思想方法创立了工程控制论。随后发展的现代控制论，主要研究对象是多因素控制系统，在古典控制系统的输入和输出之间加入了一个状态空间，使得控制可以在多输入与多输出的系统中实现，其重点是最优化控制，着重应用于机组自动化、生物系统。面向大系统的控制理论也成为控制论发展的一个重要方向，主要研究对象是规模庞大、结构复杂的系统，核心装置是计算机群组，着重应用于综合自动化、社会与经济系统、生态与环境系统。出现了工程控制论、生物控制论、经济控制论、智能控制论等新兴技术。

控制论在研究复杂系统过程中，形成了一些重要的特点：①建立在统计理论的基础上，摆脱了牛顿、拉普拉斯的机械决定论；②着眼于信息观点来研究系统的功能，不受研究对象物质与能量的形态观影响；③关注所有可能的行为方式和状态，重视变化的趋势；④结合系统观点、信息观点、反馈观点，形成一门新的科学技术。

信息论是一门研究信息传输和信息处理一般规律的学科。信息论起源于通信理论，是美国科学家香农（C. E. Shannon）在1948年创立的。信息论的基本思想和方法完全撇开了物质、能量等各种具体客观形态，而把任何通信和控制系统都看作一个信息的传输与加工处理系统，把系统有目的的运动抽象为信息变换过程，通过系统内部的信息交流使系统维持正常的有目的的运动。在信息论的框架中，系统就是一个进行信息变换和信息处理的机构。香农在信息论中对信息给出了定义：不确定性的减少，即信息量是把某种不确定性趋向于确定的一种度量，信息量的大小取决于消息的不确定性减少程度，不确定性减少程度越大，则信息量越大；不确定性减少程度越小，则信息量越少。香农进一步确立了信息熵的概念作为信息的定量度量工具。

作为系统工程的重要技术理论基础，信息是系统的一种重要特征，系统科学的各个层面无一不充斥着信息的概念。不存在与系统无关的信息，也不存在没有信息的系统。有系统内部、系统与环境之间的相互作用，就有信息的产生和交换，系统的形成、发展、运行都离不开信息的活动。实际上，系统学的发展，特别是在自组织理论中，信息都成为系统演化与调控中的重要概念。

随着信息方法的不断完善，信息方法作为一般方法论，有着越来越重要的用途和现实意义。它开辟了一个揭示不同复杂系统共同属性的崭新途径，加快了科学技术整体化发展的研究，实现了更科学有效的管理，促进了信息经济学、信息生物学等诸多交叉学科的产生。信息方法在认识客观世界的过程中得到了越来越广泛的运用，其作用和效果也越来越显著，如基因遗传密码的破译、遗传信息的传递规律等。

系统科学研究和系统工程实践表明，系统结构和系统环境以及它们之间的关联关系，决定了系统整体性和功能。这是一条非常重要的系统规律，是系统研究和应用的核心问题。从理论角度来看，研究系统结构与环境如何决定系统的整体性和功能，揭示系统存在、演化、协同、控制与发展的一般规律，就成为系统学。从应用角度来看，根据上述系统原理，为了使系统具有期望的功能，特别是最好的功能，可以通过改变和调整系统结构或系统环境以及它们之间的关联关系来实现。但系统环境一般是不能任意改变的,在不能改变的情况下,只能主动去适应,系统结构却是可以组织、调整、改变和设计的。这样,便可以通过组织、改变、调整系统组成部分或组成部分之间、层次结构之间以及与系统环境之间的关联关系,把整体和部分与环境协调统一起来,使它们相互协调与协同,从而在系统整体上涌现出期望的和最好的功能。这就是系统控制、系统管理和系统干预的基本内涵,是系统工程应用所要实现的主要目标。

进入21世纪之后,信息丰富的世界为控制科学发展带来了新的机遇和挑战,控制理论的研究对象与范围又进一步扩展,其中包括网络控制系统、多个体系统、CPS、分布式优化、估计与协同控制等。

郭雷院士2020年发表在《中国科学:信息科学》第9期中的评述文章系统梳理了系统控制领域的最新发展趋势,特别指出,控制理论与复杂系统研究的结合成为显著发展趋势。在系统科学中,一个最基本的问题是在什么条件下系统整体功能大于其组成部分功能的简单相加,即所谓"1+1>2"的涌现问题,这体现了系统组织(自组织或他组织)或集成的重要意义。郭雷院士指出,在大数据时代,从现实世界中获得的数据越来越丰富,但是从根本上讲,它们远不满足独立性和平稳性等经典统计假设。如何在这样的数据条件下保证参数估计或学习算法的良好性能,该性能究竟需要数据中至少含有多少信息量,如何建立学习或识别算法与控制算法在线结合时的理论基础,如何定量研究由数据驱动的反馈控制机制对付不确定性的最大能力,如何调控复杂系统中具有博弈行为的对象,等等,都是基本的科学问题。一些典型的复杂控制系统包括:①网络系统的控制。它是控制理论和信息理论及复杂性科学的一种结合,对未来网络化世界的探索具有重大意义。②量子控制。量子系统或微粒子系统的控制技术是国际科技界争夺的一个前沿方向。它是控制理论与量子物理、计算机科学及高新技术的一个结合体现,如扫描隧道显微镜的计算机控制、量子计算机的控制原理等,都依赖于量子控制理论。③生物系统。生物系统包括心脏组织的动力学模型研究,基于现代控制理论的基因调控、反馈循环等在生物系统中发挥着越来越重要的作用。系统生物学已经成为生命科学中一个重要的新方向。

(三)耗散结构论(结构论)、协同论、突变论

作为系统工程在系统学层面的基础理论,大家通常称耗散结构论、协同论、突变论为"新三论",实际上,它们是自组织理论的核心内容。自组

织理论创立于 20 世纪 60 年代末，以伊利亚·罗曼诺维奇·普利戈金（Ilya Romanovich Prigogine）创立的耗散结构理论和赫尔曼·哈肯（Hermann Haken）的协同论为代表，突变论则是这两个理论的数学支撑。自组织理论的研究对象就是复杂系统，它关心复杂系统演化所表现出来的多样性和复杂性背后的基本科学问题，其中最为核心的就是时间及其演化。在熟悉的生命生态、社会经济、环境等领域，处处可以观察到由简单到复杂、由低级到高级、由无功能到有功能再到多功能的进化方向。这种时空有序和功能结构的涌现，则是与经典力学和统计物理学给出的结论相悖的。自组织理论正是在探讨这一问题中产生的。

生命现象是进化进程的典型代表。但事实上，在物理的、化学的无生命领域，也可以观察到由无序到有序的进化现象，观察到结构和功能的涌现。它不同于系统在具有更高组织的环境驱动下，被动地产生某种宏观结构的行为（如搅动液体也会产生出宏观对流），自组织现象的产生根源于系统的内部。研究各领域中自组织现象的共性与规律，并利用相应的概念和方法研究具体系统的自组织行为，这构成了自组织理论的核心内容。以普利戈金为首的布鲁塞尔学派通过对非平衡系统线性区和非线性区的潜心研究，在"局域平衡假设"的基础上，得到了"自组织"和"耗散结构"的概念。他们指出，当外界环境把开放系统驱动至远离平衡的区域，即超越了昂萨格（Onsager）关系和最小熵产生定理的适用范围，进入非线性区后，系统的定态可能失稳。系统内部的涨落能驱使它进入具有时间、空间或功能结构的状态，出现"自组织过程"。哈肯所领导的斯图加特学派则通过对激光的研究，深入了自组织过程的内在机制，提出了"序参量""伺服原理"等基本概念，指出在系统有序结构形成的临界点，系统的快变量会受到慢变量的制约，自系统杂乱无章的运动将被统一的协同运动所取代。

自组织理论的研究和成就不同于科学史上发现一条定律或定理，发现某个天体或基本粒子，其成就在于以非平衡的热力学为基础，开阔了一个新的领域——研究世界复杂性的领域，它对人们的世界观和科学研究有深远的影响，有广阔的发展前景。可以说，这一理论使人们认识到不同领域复杂系统的演化过程遵从普适的规律，奠定了探索复杂性的科学基础。正是在此基础上，普利戈金和他所领导的小组进一步对气象系统、生态系统、生命系统及经济系统等方面展开积极的研究并取得了实质性的进展。例如他们用一组宏观量描述了地球-大气-低温层体系，给出了大气和海洋湍流的动力学机制，从根本上改变了气象预报的基本概念，并已于 20 世纪 90 年代进入实际的气象预报系统的建设。

正如前面提到的，自组织理论仅仅从热力学的视角给出了系统产生宏观有序行为的条件和机制，但当研究具体系统的宏观行为时，必须针对具体系统应用动力学手段，分析个体行为、相互作用和演化机制。自组织理论提供的动力学研究方法局限在宏观或中观层次上，并且要求使用严格的动力系统或随机过程等数学语言来描述，这就大大限制了研究范围。因为许多实际系统中的个体是适应性的，个体之间的相互作用也未必能够用严格的动力学语言来描述。20世纪80年代末，在默里·盖尔曼（Murray Gell-Mann）、菲利普·安德森（Philip Anderson）、肯尼斯·阿罗（Kenneth Arrow）等诺贝尔奖得主的倡导下，美国圣塔菲（Santa Fe）研究所成立于新墨西哥州，该研究所特别注重多学科交叉，主要开展复杂性研究。该研究所在20世纪90年代提出了复杂适应性系统理论，注重个体的主体性、能动性，强调个体之间、个体与系统之间、系统与环境之间的相互影响和相互作用，认为这是系统主导系统发展与演化的重要因素。在此基础上探索微观个体的行为及其在宏观上涌现出的新特征，该研究所还设计了相应的计算软件Swarm等予以实施，其研究涉及生命、生态、经济和网络等领域。

二、复杂系统理论与方法

（一）复杂系统和大系统理论、体系及相关理论

对于复杂系统的整体涌现性行为，必须针对具体系统应用各种建模手段进行研究和探讨，这就需要刻画个体的行为和个体之间的相互作用关系。个体之间的非线性相互作用是决定系统复杂性的重要因素，所以，刻画系统中的相互作用关系对研究宏观行为意义重大。在已有的关于复杂系统的研究中，存在两种对相互作用关系的简化处理。

（1）全局相互作用。系统中任意一对个体之间都以同样的概率及机制发生相互作用。在这种情况下，在理论上可以用平均场的方法研究系统的涌现行为。

（2）规则的相互作用结构。例如，把个体置于一维链或二维晶格之上，此时可以用反应扩散方程等方法讨论系统的行为。

在以上两种相互作用关系的近似中，个体都是平等的，个体之间的相互作用关系没有差别。显然，这一简化与许多实际系统，特别是生物和社会经

济系统相去甚远。近年来备受关注的复杂网络研究表明，大量复杂系统个体之间的相互作用关系需要用网络结构来描述，而这些网络结构存在着许多特殊的性质，如小世界性质、幂律度分布、不同的匹配关系、社团结构等。当知道相互作用结构对系统宏观行为具有重要影响时，复杂网络研究就成为理解结构化复杂系统宏观行为的基础。

复杂系统中涉及的大量个体及其相互作用可以被抽象为复杂网络。在这种抽象中，每个个体对应于网络中的一个节点，而个体之间的联系或相互作用则对应于连接这些节点的边。可见，复杂网络是对复杂系统相互作用结构的本质抽象。虽然每个系统中的网络都有自身的特殊性质，都有与其紧密联系在一起的独特背景，有自身的演化机制，但是把实际系统抽象为节点和边之后就可以用统一、一致网络分析方法去研究系统的性质，从而可以加深对系统共性的了解。总的来说，复杂系统的涌现性现象是具有整体性和全局性的行为，不能通过分析的方法去研究，必须考虑个体之间的关联和相互作用，从这个意义上讲，理解复杂系统的行为应该从理解系统相互作用的网络结构开始。所以，尽管复杂网络本身已经成为科学研究的一个重要领域，但它的重要意义和价值仍在于其是探讨复杂系统的基础，是理解复杂系统性质和功能、开展系统工程应用的基础。2009 年，《科学》以"复杂系统与网络"为主题，发表专刊，其中巴拉巴西（A. L. Barabási）教授的一段话很有启发意义。他指出，由于底层结构对于系统行为有着重大的影响，除非探讨网络结构，否则没有办法去理解复杂系统。

（二）网络化系统及复杂网络相关理论

复杂网络系统研究的热潮始于 1998 年。瓦茨和斯特罗加茨提出小世界网络模型，指出少量的随机捷径会改变网络的拓扑结构，从而涌现出小世界的效应。随后，1999 年，巴拉巴西提出了无标度网络概念，解释了增长和择优机制在复杂网络自组织演化过程中的普遍性与幂律的重要性。乔恩·克莱因伯格（Jon Kleinberg）则从网络的可导航性入手，解释了如何利用局部信息去寻找网络中的最短路径。在这些开创性工作的基础上，经过众多科研工作者前瞻性工作的推动，复杂网络已经成为科学研究特别是复杂性研究的一个重要领域。

大量包含多个体和多个体相互作用的系统都可以进行网络抽象，其中每一个个体对应于网络的顶点，个体之间的联系或相互作用对应于连接顶点的边。复杂网络描述中最简洁的是只包含点和边的二元无权网络，它给出了顶点之间的相互作用存在与否的定性描述，这种定性描述反映了相互作用最主要的信息。网络描述方法已被广泛应用于实际系统的研究，如神经元网络、食物链网络、因特网、万维网以及人与人之间交往的社会网络等，研究结果加深了对这些具体系统的理解，并且提出了一系列新的概念和分析方法。总体上说，复杂网络研究包括以下主要内容。

首先，如何定量刻画复杂网络？通过实证分析，了解实际网络结构的特点，并建立相应概念刻画网络结构特征，同时拓展网络描述的维度。例如，研究加权网络、关心网络的空间结构性质、研究超网络等。

其次，网络是如何发展成现在这种结构的？建立网络演化模型，理解网络结构的产生和涌现。

再次，网络特定结构的后果是什么？探讨网络结构与功能的关系，从系统科学的角度看，这是网络科学的核心议题，与理解系统性质紧密联系在一起。系统功能往往与网络所实现的动力学行为和过程相关，如新陈代谢网络上的物质流、食物链网络上的能量流、因特网上的信息传播、社会网络上的舆论形成等，所以，研究网络上的各种动力学过程是探讨结构与功能之间关系的主要途径。

最后，在以上知识和理解的基础上，利用网络结构控制和优化系统功能。

由于近年来网络科学与工程研究的纵深发展，复杂网络与复杂性研究之间相辅相成、相互促进的发展态势已经逐渐形成。在2009年《科学》发表的主题为"复杂系统与网络"的专辑中，学者们回顾和展望了复杂网络研究的进展，在未来可能的发展方向中，解开生命之网，分析社会生态系统、经济网络、技术社会系统的行为都被列为复杂网络研究发展的方向。在世界各国确定的复杂性研究路线图中，复杂网络作为探索复杂性的重要工具，也被提高到很重要的位置。从网络结构的层面来说，理解生命、生态、社会、经济等复杂系统的性质，应该是未来复杂性研究的重要方向。

要实现探索复杂性与复杂网络研究的有机结合，达到理解、设计和控制网络系统的目标，复杂网络研究需要从以下四个方面深入展开：重建网络，理解网络结构，理解网络动力学，判断、设计和控制。这四个研究主题是未来发展系统工程基础理论的基础。

（1）重建网络。网络的拓扑结构是研究网络行为的前提，但许多实际系统的网络规模很大且很复杂，通常不能直接测量其网络结构。因此，如何从个体单元行为重构复杂网络结构成为近年来的研究焦点，受到越来越多的关注。重构或推断复杂网络结构作为复杂网络研究的"反问题"，比研究网络结构对动力学的影响更具挑战。

（2）理解网络结构。已经建立了许多在顶点层次和全局层次刻画网络结构的概念与方法，但是，网络结构的层次性迫切要求能够在介观或中观层次刻画网络结构的特点，需要发展将网络结构分解成不同层次的分析方法。复杂网络分析相关的算法问题是在大数据背景下的新挑战。

（3）理解网络动力学。网络结构是研究网络动力学的基础，而网络动力学是研究系统功能的重要手段，目的是在变化的条件下（稳态时和网络演化时）理解网络的行为。突变行为也是复杂网络动态的特点之一，研究稳态条件和理解相变非常必要，而捕捉产生这些变化的非线性相互关系应成为网络建模的重要组成部分。许多基础设施网络，如电力网络、通信网络、交通网络等之间也都是相互依赖的，一个网络的故障有可能触发其他网络的相继故障。耦合网络动力学将是未来网络研究的一个重要方向。

（4）判断、设计和控制。网络建模和模拟的最终目标是发展与控制网络系统、改善系统功能。对于大规模复杂网络系统的控制而言，近年来关注的重点是能否以及如何通过对部分节点直接施加控制而达到控制目标，面临可行性、有效性和鲁棒性等问题。

对这些问题的研究既需要对控制科学有很好的了解，也需要对复杂网络的拓扑性质有很好的分析，控制科学和网络科学的紧密结合应该能够取得更丰硕的成果，并为系统工程的应用提供基础。

第二节　系统建模理论与方法

一、数学建模的意义及作用

数学建模是针对具体的实际问题建立数学模型，是数学在各个领域广泛应用的媒介，是数学科学技术转化的主要途径。数学建模在科学技术发展中的重要作用越来越受到数学界和工程界的普遍重视，已成为现代科技工作者必备的重要能力之一。

一般地说，数学模型可以描述为：对于一个特定的对象，为了一个特定目标（目的），根据其特有的内在规律，做出一些必要的简化假设，运用适当的数学工具而得到的一个数学结构。它是利用系统化的符号和数学表达式对问题的一种抽象描述。数学建模可看作是把问题定义转换为数学模型的过程。例如，大多数规划数学模型包括几个主要组成部分：决策变量、环境变量、目标函数和约束条件。决策变量表示决策者可以控制的因素，即可控输入，是需要通过模型求解来确定的模型中的未知变量。环境变量表示决策者不可控的外界因素，即非可控输入，需要在收集数据阶段确定其具体数值，并在模型中以常量表示。目标函数是指描述问题目标的数学方程。约束条件是指描述问题中制约和限制因素的数学表达式（等式或不等式）。

数学建模是一项富有创造性的工作，是数学通向实际应用的必经之路，需要将实际问题翻译成数学语言，提出数学问题，最后再将数学结果翻译到实际应用中去。一个数学建模工作者，既要了解实际问题，也要掌握数学的理论和方法。对任何问题，"没有唯一正确的模型"。数学模型是对现实问题的一种抽象描述，在建模的过程中，人们会对实际问题进行一定的假设和简化，突出主要矛盾而忽略次要矛盾，这就需要人们在应用数学模型时留意其适用范围，同一个实际问题才可能有不同的数学模型表述。著名统计学家乔治·博克斯（George Box）曾说过："所有模型都是错误的，但有些模型是有用的。"对于复杂问题的建模，很难一步到位，通常需要采取一种逐步演化的方式来进行。从简单的模型开始（忽略一些难以处理的因素），然后通过逐步添加更多相关因素，让模型演化，使其与实际问题更加接近。基于模型分析得出的结论或建议的价值，与模型对实际情况的描述符合程度有很大的关系，模型越接近实际，分析得出的结果的价值也越大[1, 2]。

数学建模是构建数学与其他学科之间的桥梁。所谓的交叉学科，很大概率就是以数学、统计学、物理学作为理论基础，以计算机作为计算或可视化利器，对某些学科进行定量分析。半个多世纪以来，随着数学、统计学和计算机科学的蓬勃发展，基本上每一门学科都开始或者尝试开始使用数学建模的方法研究本学科。在宏观的学科上，比如自然科学（数学、物理学、化学、生命科学、计算机科学、环境科学、地球科学、心理与认知科学等）、工程学（电子工程、电气工程、机械工程、土木工程、软件工程、车辆工程、人工智能、材料科学与工程等）、社会科学（政治学、经济学、管理学、教育学、社会学等）都有数学建模的影子。前面带上计算、计量、信息、分析、优化、运筹、统计这些词汇的学科或科目，一般都涉及了数学建模，比如计算物理、计算化学、计算数学、生物信息学、计量经济学、商业分析等[3]。

数学建模作为用数学方法解决实际问题的关键一步，自然有着与数学同样悠久的历史。两千多年前创立的欧几里得几何学、17世纪发现的牛顿万有引力定律，都是科学发展史上数学建模的成功范例。数学的特点不仅在于概念的抽象性、逻辑的严密性、结论的明确性和体系的完整性，而且在于它应用的广泛性。

二、数学建模常用方法

现实生活工作中面临的问题纷繁复杂，如果需要借助数学模型来求解，往往不可能孤立地使用一种方法，需要根据对研究对象的了解程度和建模目的来决定采用什么数学工具。一般来说，建模的方法可以分为机理分析法、数据分析法和类比仿真法等。机理分析法是根据对现实对象特征的认识，分析其因果关系，找出反映内部机理的规律。用这种方法建立起来的模型，常有明确的物理或现实意义。各个量之间的关系可以用几个函数、几个方程（或不等式）乃至一张图等数学工具明确地表示出来。

在内部机理无法直接寻求时，可以尝试采用数据分析的方法。首先测量系统的输入输出数据，并以此为基础运用统计分析方法，按照事先确定的准则在某一类模型中选出一个与数据拟合得最好的模型。这种方法也可称为系统辨识。有时还需要将这两种方法结合起来运用，即用机理分析建立模型的结构，用系统辨识确定模型的参数。

类比则是在两类不同的事物之间进行对比，找出其若干相同或相似之处，推测在其他方面也可能存在相同或相似之处的一种思维模式，这样便可借用其他一些已有的模型，推测现实问题应该或可能的模型结构。仿真（也称为模拟）是以类比为逻辑基础，用计算机模仿实际系统的运行过程。在整个运行时间内，对系统状态的变化进行观察和统计，从而得到系统基本性能的估计或认识。仿真法一般不能得到解析的结果。

三、建模的步骤

建立数学模型没有固定的模式，它通常与实际问题的性质、建模的目的等有关。当然，建模的过程也有其共性，一般来说大致可以分为以下几个步骤。

（1）形成问题。要建立现实问题的数学模型，首先要对所要解决的问题有一个十分明确的提法。只有明确问题的背景，尽量清楚对象的特征，掌握有关数据，确切地了解建立数学模型要达到的目的，才能形成一个比较明晰的"问题"。

（2）假设和简化。根据对象的特征和建模的目的，对问题进行必要的、合理的假设和简化。如前所述，现实问题通常是纷繁复杂的，必须紧抓本质的因素（起支配作用的因素），忽略次要的因素。此外，一个现实问题不经过假设和简化，很难归结成数学问题。因此，有必要对现实问题做一些简化，有时甚至是理想化的简化假设。

（3）模型构建与降维。根据所做的假设，分析对象的因果关系，用适当的数学语言刻画对象的内在规律，构建现实问题中各个变量之间的数学结构，得到相应的数学模型。

能源、环境、制造等系统控制领域的实际优化问题通常规模巨大，决策变量和约束动辄上万、十万甚至百万、千万，而且包含离散决策变量，具有 NP 难（NP-hard）计算复杂性，一般不可能在有限时间内获得最优解或满意解。但是，如此多的变量及约束对优化问题最优解的影响存在巨大差异。实际问题中出于安全及可靠性考虑，在规划设计阶段即留有充分的安全裕度，系统内部及子系统耦合环节的很多约束不可能同时张紧。实际上可能只有很少数约束对最优解有决定性影响，有很多约束去掉后不会影响可行域和最优解，此类约束为冗余约束。因此，如果能快速识别并剔除大量冗余约束，鉴别出可能对最优解有影响的关键约束，或用少数约束等价代替其他巨量约束，对于缩减问题规模、提高求解效率有重要意义。目前，针对特定的优化问题结构，已有成功进行冗余约束快速约减的应用案例[4,5]。

（4）检验和评价。数学模型能否反映原来的现实问题，必须经受多种途径的检验。这里包括数学结构的正确性，即没有逻辑上自相矛盾的地方；适合求解，即没有多解或无解的情况出现；数学方法的可行性、迭代方法收敛性及算法的复杂性等。最重要和最困难的问题是检验模型是否真正反映原来的现实问题。模型必须反映实际，但又不等同于现实；模型必须简化，但过分的简化会使模型远离现实，无法解决现实问题。因此，检验模型的合理性和适用性，对于建模的成败非常重要。评价模型的根本标准是看它能否准确地解决现实问题。此外，是否容易求解也是评价模型的一个重要标准。

（5）模型的改进与优化。模型在不断的检验过程中进行修正，逐步趋向完善，这是建模必须遵循的重要规律。一旦在检验过程中发现问题，人们必须重新审视在建模时所做的假设和简化的合理性，检查是否正确刻画对象内在量之间的相互关系和服从的客观规律，并针对发现的问题做出相应的修正。然后，再次重复建模、计算、检验、修改等过程，直到获得某种程度的满意模型为止。

事实上，对于实际应用中提出的优化问题和其他相关问题（如可行性问题），如何经过等价变换转化为目前已经能够有效求解的优化问题模型，或者研究其可否转换为更便于求解的等价形式，属于模型本身的优化问题。这个问题重要，原因在于来自工程实际的优化问题，一般可用不同方式建立形式差异较大的多种优化模型。这些模型在理论上相互等价或者近似等价，但可否直接求解或求解效率高低可能存在巨大差异。

从较高的层次看，可以认为整数规划中的割平面、有效不等式理论及线性和非线性规划（nonlinear programming，NLP）中的对偶理论方法，都是在对原始的优化模型进行等价变换以便求解，寻求优化模型的最简等价形式有可能发展为具有无限可能的新方向。凸优化是最重要的一类优化问题，近年来受到广泛关注的半定规划与凸性密切相关。如果一个优化问题能够等价变换为凸规划时，问题的求解一般比较容易。近年来，特定结构优化问题的等价凸变换取得了令人惊讶的结果，但较一般的优化问题能否等价变换成更有利于求解的问题结构，特别是能否变换为凸规划问题，目前还没有一般性结果。

（6）模型的求解。经过检验得到能比较好地反映现实问题的数学模型，最后通过求解得到数学上的结果；再通过"翻译"回到现实问题，得到相应的结论。模型若能获得解的确切表达式固然最好，但现实中多数场合需依靠计算机数值求解。正是由于计算技术的飞速发展，数学建模变得越来越重要。

四、数学模型的分类

数学模型可以按照不同方式来分类。比如，按照模型的应用领域可以分为数量经济模型、医学模型、地质模型、社会模型等；按照建立模型的方法可以分为几何模型、微分方程模型、图论模型等。数学建模的初衷是洞察源于数学之外的事物或系统。通过选择数学系统，建立原系统的各部分与描述其行为的数学部分之间的对应，达到发现事物运行的基本过程的目的。因此，人们通常也用如下方法分类。

（1）观察模型与决策模型。基于对问题状态的观察、研究，所提出的数学模型可能有几种不同的数学结构。例如，决策模型是针对一些特定目标而设计的。典型的情况是：某个实际问题需要做出某种决策或采取某种行动以达到某种目的。决策模型常常是为了使技术的发展达到顶峰而设计的，包括算法和由计算机完成的特定问题解的模拟。例如，一般的马尔可夫链模型是观察模型，而动态规划模型是决策模型。

（2）确定性模型和随机性模型。确定性模型建立在如下假设的基础上，即如果在时间的某个瞬间或整个过程的某个时段有充分确定的信息，则系统的特征就能准确地预测。确定性模型常常用于物理和工程之中，微分方程模型就是常见的确定性模型。随机性模型是在概率意义上描述系统的行为，广泛应用于解决社会科学和生命科学中出现的问题。

（3）连续模型和离散模型。有些问题可用连续变量描述，有些问题适合用离散量描述，有些问题由连续变量描述更接近实际，但也允许离散化处理。

（4）解析模型和仿真模型。建立的数学模型可直接用解析式表示，结果可能是特定问题的解析解，或得到的算法是解析形式的，通常可以认为是解析模型，但实际问题的复杂性经常使目前的解析法满足不了实际问题的要求或无法直接求解。因此，很多实际问题需要进行仿真。仿真模型可以对原问题进行直接或间接的仿真。

五、数学模型的评估

对于同一问题，不同建模者的理解不一样，就会得到不同的数学模型。可以通过对模型解的分析和与实际问题的比较来衡量模型的优劣。如果求解得到的结果与实际发生的事实误差较大，则需要进行细致的误差分析，分析误差的来源，如建模假设产生的误差、近似求解方法产生的误差、计算机产生的舍入误差、测量或实验数据产生的误差等。还要进行灵敏度分析，了解某些参数的扰动对模型产生什么样的影响，包括局部敏感性分析（类似于偏导数，假定一个参数发生小扰动，其他参数固定）和全局敏感性分析方法[6]。

好的模型是比出来的，可以从四个方面对模型进行评价：准确性、稳健性、计算速度、简单性（准、稳、快、简）。准确性是最重要的方面，如果模型得到的结果和实际情况有较大误差，肯定不是好的模型，准确性的衡量可以通过误差分析来实现。稳健性衡量模型的适用范围，也就是模型的泛化能力。计算速度快是实际应用的需求。简单性是理性原则的要求，奥卡姆剃刀（Occam's Razor）原理"如无必要，勿增实体"，即"简单有效原理"，也被称为最经济法则（law of parsimony）或者朴素原则。从这四个方面可以衡量模型的优劣，从而选择合适的模型。

第三节 系统优化决策理论与方法

一、系统工程与优化、决策理论的关系

系统工程是组织管理系统的一种综合技术。根据钱学森等人的观点，系统工程是组织管理系统的规划、研究、设计、制造、试验和使用的科学方法，是一种对所有系统都具有普遍意义的科学方法。钱学森于1978年指出，系统工程中用到的数学方法可以概括为一门技术科学学科——运筹学，包括线性规划、非线性规划、博弈论、排队论、库存论、决策论等。但是系统工程的理论不能只是一门运筹学，还有其他。

优化与决策理论是解决各种涉及实际工程、经济和社会中出现的系统工程问题的重要数学方法之一。一个系统可以认为是决策单元的集合，这些决策单元从整体出发考虑达成某种目标，并提供相应的达成目标的过程。优化与决策理论为一般系统以及具有不确定性系统的分析提供了必要的数学方法。针对系统的分析侧重于对系统整体性能的客观判断，采用决策方法进行分析则是在客观判断的同时还需要注意分析系统本身的价值与偏好。

决策理论是自然科学和社会科学的交叉。自然科学研究的是客观的世界，使用的方法以定量为主，其研究成果的衡量标准是可重复性和客观性。社会科学主要研究的是由人组成的社会，包括人与人际关系，其核心在于关于价值的判断，主要的研究成果难以用客观的标准进行衡量。决策理论的目标是要使用定量的方法研究决策人的价值判断，即对社会科学采用定量化的研究方法，进而辅助决策者进行决策判断。

二、系统工程中的优化与决策理论

依据系统工程中涉及的决策者的数量，把研究系统工程问题中使用到的优化与决策方法分为单人优化与决策方法、多人优化与决策方法两类，并分别对这两类方法及发展动向进行系统性讨论。

多目标规划问题中解的概念称为非劣解或者帕累托（Pareto）最优解。它可以认为是在可行的向量空间中不存在严格好于该点的一种解的形式，这是由多目标优化问题的第三个特征决定的。与单目标优化问题最优解的本质区别在于，多目标规划问题的解并非唯一，而是存在一组由众多帕累托最优解组成的最优解集合，一般称为帕累托前沿。

目前生成多目标优化问题非劣解的常用方法包括数学规划方法和进化算法两类。其中，使用传统的数学规划方法生成多目标优化问题的帕累托前沿上的非劣解，包括：①加权法，即对多个目标函数赋予一定的权重并进行求和，进而以加权的目标函数替代多目标优化问题的目标函数；②ε约束法，即选择某个目标并使约束条件左侧函数大于对应的ε参数。这个单目标优化问题的解在一定条件下是原来多目标优化问题的非劣解。使用进化算法生成多目标优化问题的帕累托前沿上的非劣解的核心思想是从一组随机生成的点集（称为种群）出发，通过对其执行选择、交叉和变异等演化操作，使得种群的适应度不断增加，从而逐步逼近多目标优化问题的帕累托最优解。

3）组合优化决策理论

最优化问题中，具有离散决策空间的优化问题被认为是组合优化问题。组合优化问题的目标是从组合问题的可行解中求出最优解。组合优化问题描述起来简单，但是最优化求解很困难。主要原因是求解组合优化问题的算法需要很长的时间或者需要很大的存储空间。系统工程中的人员管理、资源调度、工程施工设计等方面都可能使用组合优化理论，涉及图论、匹配、整数规划等优化理论。

图优化的实质是形式为图的一个优化问题。通过由点和边组成的图来描述具有某种二元关系的系统，并依据图的性质进行分析，提供研究各种系统的分析方法。图上的优化问题主要研究图中的路径问题、匹配问题、遍历问题、着色问题和网络流问题等。求解图优化问题的算法源自图论中关于各种图问题的基本算法[12, 13]。对图论的研究是解决具有一定网络结构特征的系统工程问题的基础。

一般意义上的匹配问题是依据决策者之间的序关系决定决策者之间的关联关系的一类优化问题，研究决策者之间关联关系的稳定性等特征。对于匹配问题的研究，从理论上说，主要集中于满足各种特性的匹配机制的形式以及稳定性分析上[14]。由于实际问题的复杂性不断增加，需设计满足一定特性的匹配机制，并保证相应的算法的时间复杂性为多项式时间[15]。

（一）单人优化与决策方法

1）单目标优化与决策方法

单目标决策问题是指具有一个决策目标的决策问题。单人单目标决策问题按照决策成员决策变量的属性一般分为两类：第一类是连续型变量，包括线性规划、非线性规划两类；第二类是离散型变量，也称为组合优化问题。

线性规划是解决优化问题最常使用的方法。一个线性规划具有如下特征：①最大化（或最小化）一个关于决策变量的线性目标函数；②决策变量的取值必须满足一组约束，每个约束是线性方程或线性不等式；③每个变量都有一个符号限制，规定变量是非负或不受限制的。

线性规划作为优化理论中最基础、方法较成熟的一个重要分支，其研究成果直接推动了整数规划、非线性规划等数学规划问题算法的研究[7]。研究其他类型的数学规划方法时，时常对目标函数与约束条件进行线性假设，进而取得初步的研究成果。

在许多最大化和最小化问题中，目标函数可能不是线性函数，或者某些约束可能不是线性约束，这样的最优化问题称为非线性规划问题。按照是否存在约束条件分为有约束非线性规划与无约束非线性规划两类。求解无约束非线性规划问题的方法为基本的微分理论。求解有约束非线性规划问题所依据的是拉格朗日（Lagrange）乘子法和库恩-塔克（Kuhn-Tucker）定理。拉格朗日乘子法可以被用来解决所有约束条件为等式约束的非线性规划问题。库恩-塔克定理则适用于一般形式的有约束非线性规划问题，给出了最优解满足的必要条件。除了从理论上得到优化问题最优解满足的条件以外，还有使用迭代的思想逐步趋近于最优解的方法[8-11]，包括最速下降法、牛顿法、共轭梯度法、增广目标法、信赖域法、序列二次规划法等。

2）多目标优化决策理论

由于实际系统工程问题的复杂性，决策者需要同时决策多个目标，并在多个目标之间进行权衡。例如水利工程问题，在为水电站选址时，人会综合考虑蓄水位、投资分配、发电量分配、防洪等多方面的目标。总的来说，多目标问题具有如下特征：①决策问题的目标多于一个；②各目标之间没有一个统一的计量单位或者衡量标准，难以进行比较；③各目标之间存在矛盾。

由于多目标问题存在上述三个特征，因此不能把多目标简单地化为单目标。相比于单目标的求解方法，求解多目标决策问题的方法有所不同。

整数规划是一部分或者全部决策变量为整数的最优化问题。系统工程中涉及经济、管理、交通、通信和工业工程中的部分最优化问题可以建模为整数规划问题。绝大多数的组合优化问题可以使用整数规划模型来表示，如背包问题、指派问题、旅行售货员问题（travelling salesman problem，TSP）等都可以统称为混合整数线性规划问题。最大割问题、投资组合等属于混合整数非线性规划问题。求解整数规划的一般方法包括割平面法和枚举法。其中分支定界法是一种基本的枚举法。求解整数规划问题的难点在于，绝大部分的整数规划问题是 NP 难问题[16, 17]，缺乏有效的理论分析工具，给出最优解满足的必要条件的可计算的方法较困难。整数规划算法的有效性与每类问题的特征密切相关，应该利用每类问题的独特性质来设计相应的算法[18, 19]。

4）随机决策理论

随机决策理论研究不确定条件下的决策问题。随机决策具有的特征包括：①决策人面临选择时可以采取的备选方案（行动）不唯一；②自然状态存在不确定性；③结果的价值不确定。

自然状态的不确定性是决策问题的基本特点。由于自然状态的不确定性，决策者在进行决策时的结果受到自然状态的影响。决策者进行决策之前，需要使用概率论和效用理论这两个基本工具对随机决策问题在自然状态及结果价值上的不确定性进行定量化描述。概率论可用来对设定自然状态的概率分布所涉及的问题进行处理和分析。效用理论是定量化结果价值的工具，可以描述结果不确定时决策者对结果的选择。

随机决策涉及概率更新、效用、偏好及评价等多个方向的内容，其基本思想在于把状态、结果的不确定性转化为可供决策的部分确定性信息和结果。目前比较常用的处理大规模随机及不确定优化问题的随机决策方法是基于情景（树）的随机规划方法（仅考虑有限多个实现情景），要求优化问题的解必须满足所有情景下的约束，优化目标为所有情景下的平均性能最优或者其他指标下最优。然而，如果随机因素中包含连续型随机变量，那么可能实现情景必然是无穷多，仅考虑有限情景的随机规划模型所得到的解是否能应对实际的无限情景，本身就是需要深入研究的问题。因为如果回答是否定的，在某些情景下不能满足系统的运行关键约束，那么在实际应用中可能带来严重安全隐患。

5）鲁棒优化

在系统工程学科中，对于不确定性的分析主要依据概率分布的统计或者预测结果，但在实际中很难准确预测到不确定因素的概率分布信息。此时，在进行随机决策时，其结果将面临很大扰动。鲁棒性是一个系统在内部结构和外部环境发生变化时，仍然保持系统功能的能力，是工程技术、自然环境、社会等多方面广泛存在的一种系统功能性质。

鲁棒优化起源于美国统计学家亚伯拉罕·瓦尔德（Abraham Wald）于1950年提出的悲观决策准则的思想，即要求决策者依据每种决策方案的最坏结果来进行决策。鲁棒优化是解决内部结构（参数）和外部环境（随机扰动）存在不确定因素问题的优化方法。鲁棒优化的目的是使得最优解具有鲁棒性。相比于随机决策方法，鲁棒优化具有如下特点：①决策者只需要关注不确定参数的边界，而无须关注其精确的概率分布；②鲁棒优化可以转化为一个确定的等价模型进行求解；③鲁棒优化的解具有一定的保守性，即针对不确定性参数引发的最坏结果进行决策。

鲁棒优化虽然考虑了全场景下解的可行性以应对不确定性，但最大的问题是以所谓"最坏情景"下的成本/性能指标作为目标函数衡量解的性能，即寻求最坏情景实现下的最好决策。"最坏情景"在实际中出现的概率可能非常低，鲁棒优化所得到的解一般比较"保守"，与物理意义明确的期望值最优解相去甚远，严重影响系统的经济性。

截至目前，鲁棒优化的研究已从最初的线性规划形式的鲁棒优化问题[20-22]发展到具有二次规划、半定规划等形式[23]的鲁棒优化问题，并且发展到研究具有离散优化形式的鲁棒优化问题，为部分存在不确定因素影响组合优化问题提供了分析工具。

鲁棒优化的算法还停留在寻找近似的鲁棒对应来处理优化问题。类似于最优化问题的基本算法，设计求解一般优化问题的鲁棒对应是鲁棒优化理论需要进一步深入和研究的问题。除此之外，在如何描述现存系统的鲁棒性以及如何保持其鲁棒性从而增强系统的抗冲击能力方面，鲁棒优化方法具有广阔的研究前景。在特定的应用研究中怎样正确描述系统的鲁棒性，并利用相对简单的计算方法解决实际问题，是鲁棒优化方法在实践应用中面临的主要挑战[24-27]。

（二）多人优化与决策方法

大到国家级的经济、政治问题，小到个人的生活问题，决策者在面临决策时都会以自身为中心进行决策，然而决策的结果可能受到该问题中涉及的其他决策者或者行动者的影响。此时，多人优化与决策方法为决策者进行决策提供了一定的理论依据。

1）博弈论

博弈论主要研究两个或两个以上利益相关的决策者进行决策时的行为选择问题。与优化理论的主要区别在于：优化理论研究的问题中，决策者进行决策时不会考虑该决策对其他决策者的影响。博弈论研究的问题中，决策者进行决策时会考虑其他决策者对其的影响。博弈论又称为对策论，按照其表达方式分为标准型、扩展型、特征函数型。

标准型的博弈问题称为静态博弈问题。静态博弈问题中，参与者在做出行动时不知道其他参与者的行动。扩展型的博弈问题称为动态博弈问题，参与者在做出行动前可以观测到其他参与者的行动。静态和动态博弈统称为非合作博弈。

非合作博弈分为完全信息博弈与不完全信息博弈。完全信息博弈理论的基本假设是博弈的共同知识。具体而言，在完全信息博弈下，参与者知道谁在进行博弈，了解每个参与者可能采取的行动以及结果与支付的关系。共同知识假设下的博弈环境在实际的系统工程问题中很少遇到。不完全信息博弈可分为不完全信息静态博弈和不完全信息动态博弈。不完全信息静态博弈是指在同时博弈时至少存在一个参与者不完全了解另一个参与者的类型，但是知道每种可能出现的类型及相应的概率。不完全信息动态博弈是指后行动的参与者能够观察到先行动的参与者所选择的行动，每个参与者对其他所有参与者的类型、策略空间及支付函数没有准确的认识，可以认为后行动的参与者不知道先行动的参与者的具体位置。不完全信息博弈理论自从建立以来广泛运用于各类政治和经济问题。

特征函数型的博弈问题称为合作博弈问题。合作博弈与静态博弈、动态博弈的区别在于博弈的参与者之间是否存在一个具有约束力的协议。如果没有此种协议，参与者之间完全按照自身对其他参与者行为的最优反应进行行动。如果存在一个具有约束力的协议，则参与者按照协议进行行动。因此，参与者之间存在具有约束力的协议时，可以认为参与者之间"合作"进行博弈。

博弈问题的解是博弈论研究的主要内容。在非合作博弈问题中，理性的参与者会按照其他行动的最优反应进行行动，当所有参与者都采取最优反应时，是否会存在一个稳定的策略组合使得其中任意参与者的行动是其他所有参与者行动的最优反应？约翰·纳什（John Nash, Jr.）于20世纪50年代初给出了答案，他通过不动点定理证明了这种稳定的策略组合的存在性，这种稳定的策略组合称为纳什均衡[28]。以纳什均衡为基础，赖因哈德·泽尔滕（Reinhard Selten）提出了子博弈精练纳什均衡的概念，用以描述完全信息下动态博弈的解[29]。约翰·海萨尼（John Harsanyi）则在不完全信息下扩展了纳什均衡的概念[30]。这三位学者于1994年被授予诺贝尔经济学奖，用以表彰他们在非合作博弈的均衡分析理论方面做出的开创性贡献，以及对博弈论和经济学产生的重大影响。

在合作博弈问题中，由于参与者之间签订了具有约束力的协议，可以认为签订协议的参与者之间按照协议进行行动。一个协议达成的条件是每个参与者的收益得到满足。因此，合作博弈问题主要涉及的是如何分配合作收益的理论。针对合作收益分配的"公平性"的不同理解，出现了不同的解概念。合作博弈的概念首次出现于1944年冯·诺伊曼（von Neumann）和奥斯卡·摩根斯坦（Oskar Morgenstern）的著作《博弈论与经济行为》。唐纳德·布鲁斯·吉利斯（Donald Bruce Gillies）与劳埃德·沙普利（Lloyd Shapley）分别提出了合作博弈问题中最重要的两个解的概念，分别是核和沙普利值[31]。但是，限于特征函数及其分配解的概念，合作博弈发展很缓慢。合作博弈理论经过几十年的发展得到了多种解的形式，如稳定集、谈判集、核仁、内核[32-34]等。

由于研究对象的一般性以及具有较为严格的数学表示、推导等形式，博弈论可被认为是20世纪中叶以来最伟大的思想理论之一[35]。博弈论的各分支在生物学、经济学、国际关系、计算机科学、政治学、军事战略和其他很多学科都有广泛的应用。可以说，博弈论适用于涉及互相影响的多个个体之间关于行为预测的所有类型的系统工程问题。

2）层次优化决策理论

层次优化问题研究的是决策者的权利具有层次结构时各决策者如何进行决策的问题。系统工程的交通、管理和工程设计等问题都可能涉及使用二层规划理论。在优化问题中，二层规划问题是应用最广泛、最基础的多层规划问题。

层次规划问题的特点如下：①优化问题分层决策，各层决策者依次做出决策；②各层决策者有不同的目标，且互相矛盾；③各层决策者只控制部分决策变量，以优化自身目标；④上层决策者优先做出目标，下层决策者的决策不会影响上层决策者的决策选择；⑤下层决策者的决策不仅影响自身目标，还影响上层决策者的目标；⑥所有决策者的决策空间不可分离，并且一般为一个整体。

二层规划是一种具有二层递阶结构的优化问题，是最基本的具有层次的优化问题。任何多层递阶优化问题都可以认为是一系列的二层系统的复合。一个二层问题中，上层问题和下层问题都有各自的目标函数与约束条件，但是上层问题的目标函数和约束条件不仅与上层决策者的决策变量有关，而且依赖于下层优化问题的最优解。而下层问题的最优解又受到上层决策变量的影响[36]。求解二层规划的常见算法包括极点搜索法、分支定界法、罚函数法等[37-41]。

二层规划问题的研究，从算法上来说，主要集中于设计有效的算法来解决特定形式的二层规划问题。从理论上来说，主要是研究二层规划最优解最优性条件及其性质，通过对目标函数或者是约束条件函数加入额外的假设，如光滑性、凸性等，进而得到更加具体的最优性条件[42,43]。在应用层面，二层规划的模型和方法广泛应用于涉及多层次、动态等系统工程问题。

3）机制设计理论

机制设计理论基于经济学中一个由来已久的观念：只要把许多各自拥有部分信息的行为人的信息而非所有相关信息汇总起来，就可以有效地做出关键的经济决策。此时，经济决策的效率很大程度上取决于有效地收集和整合所有分散的信息的方式。因此，机制设计理论研究的是选择博弈规则的理论。博弈论以博弈规则为前提，对参与人的行为选择进行预测。而机制设计理论更进一步，选择博弈的最优规则。

机制设计理论是由莱昂尼德·赫维奇（Leonid Hurwicz）、埃里克·马斯金（Eric Maskin）和罗杰·迈尔森（Roger Myerson）一起建立，被广泛应用于公共物品、双边交易、拍卖、委托代理问题等[44,45]不完全信息博弈问题，用以解决博弈的主导者或机制设计者遇到其他参与者存在私人信息时选择博弈规则来达到一定目标的博弈问题。这三位学者于2007年被授予诺贝尔经济学奖，用以表彰他们的研究对机制设计理论的贡献。

机制设计问题可以被理解为一个特殊的全局优化问题。机制设计者的目标是在所有可能想到的规则下找到最优博弈规则，进而使得在此规则下的目标函数达到最优值。目标函数是自身收益或者效用值，选择决策的定义域为所有可能的博弈规则或者其中的一个子集。显示原理是机制设计理论得以发展的基石。由于一般的机制设计问题需要在所有可能出现的博弈规则中进行选择，因此其范围过大。显示原理通过复合函数把一个复杂的一般化机制与一个直接机制相对应，大大缩小了机制设计者选择机制的范围[46]。

机制设计最为成功的应用方向是拍卖、公共物品供给问题[47]以及委托代理问题[48]。更加一般化的机制设计问题属于一类变分问题或者最优控制问题，从数学角度出发解决更加一般化的机制设计问题，以及机制设计中的合作行为可能是今后机制设计理论发展的方向之一。

三、总结与展望

系统工程的迅速发展和广泛应用，与相关的优化和决策方法的发展有着密切的关系。从决策对象之间互不影响的最优化、决策理论到决策对象之间互相影响的博弈论，优化与决策理论方法为系统工程提供了越来越多的理论方法，相应的算法为解决实际系统工程问题提供了技术支持。同样，实际的系统工程问题为优化决策理论的创新提供了研究背景。

系统工程涉及的优化决策理论在未来的发展方向可能包括以下几个方面。

（1）复杂系统与复杂网络。复杂系统是由众多系统单元组成的，并且系统的整体行为不能由其系统单元的行为和特征来解释。研究具有复杂特征的系统工程问题是为了揭示复杂特征对系统中决策者决策行为的影响。系统可能具有一定的网络结构，包括小世界、无标度网络等，使得复杂网络成为研究系统工程涉及的复杂性科学的研究重点之一。

（2）演化与动态。具有演化与动态特征的系统涉及动态规划与博弈、演化博弈、控制论等多种优化与决策理论方法。研究演化与动态的系统工程问题是为了揭示动态过程对系统的稳定及系统最优运行方式的选择等方面的影响。

（3）依据最优性条件构造算法。算法设计是解决实际大型、复杂系统工程问题的技术方法与手段。对于特定形式的优化问题求解，可能会依据最优性条件来设计相应的算法。这对优化问题关于最优性条件的分析提出了更高的要求。

（4）多种优化决策理论互相交叉。系统工程问题复杂程度不断增加，进而导致涉及的优化问题具有结构交叉的特征，无法在标准的优化和决策理论中直接寻找解决方案。为这些非标准化的具有结构交叉特征的系统工程问题寻找适当的解决方案是优化和决策理论发展的主要方向之一。

第四节　系统仿真理论与方法

一、系统仿真的基础理论

（一）系统仿真的基础理论概述

仿真是以计算机系统和物理效应设备为基础，建立并利用模型，通过模拟系统的运行和行为，对研究对象进行分析、设计、验证与评估的一种综合性、交叉性技术。长期以来，计算机仿真一直是研究和分析复杂系统的一个重要工具，在工程学、管理科学、统计学、数学、物理学、经济学等学科有着广泛的应用。通过计算机仿真，人们可以研究那些难以用解析方法分析的实际系统的行为。

经过 60 多年的发展，仿真技术已经形成了相对独立的理论基础和知识体系，主要包括由仿真建模理论、仿真系统理论和仿真应用理论构成的理论体系；由自然科学的公共基础知识与各个应用领域的基础专业知识构成的知识基础；由基于相似理论的仿真建模、基于系统论的仿真系统构建与全方位的仿真应用思想综合而成的方法论。

系统仿真的基础是相似理论。相似理论的基本原理包括同序结构原理、信息原理和支配原理等，这些原理反映了相似系统的形成和演化规律。系统仿真的本质就是建立实际系统的某种形式的相似模型，利用模型与实际系统的相似性去模拟实际系统，把在模型上得到的研究结果应用于实际系统中。

从模型的角度理解相似理论，仿真的本质是系统的相似性。相似系统，就是那些具有相同的数学模型的物理系统。同一物理系统有不同形式的数学模型，而不同类型的系统也可以有相同形式的数学模型。利用系统的相似性，就可以用一个易于实现的系统来模拟相对复杂的系统，实现仿真研究。相似理论的基本原理为仿真模型的建立提供了理论基础和思想方法，贯穿于建模和仿真的各个阶段，在此基础上形成了一套切实可行的工程化方法和技术，使系统仿真更加精确、高效和可信。

（二）仿真与仿真模型

系统、模型、仿真之间形成了密切的关系，其中系统是研究对象，模型是对系统的抽象，而仿真是通过在模型上的实验达到研究系统的目的。仿真包含三个基本活动：建立系统的模型（系统建模）、在模型上实验（执行模型）、分析实验结果（模型分析）。

从仿真的角度，研究一个系统的第一步就是建立该系统的模型，根据模型预测系统的动态行为，制定或验证控制策略。为了使模型更加有效，模型通常必须包含两个相互冲突的特征，即真实性和简单性。一方面，模型应该足够地近似于实际系统，包含实际系统的大多数重要特征；另一方面，模型不能过于复杂，以避免妨碍人们对其的理解和操作。

模型有多种形式，比如数学公式、实物、图表、符号、文字等。从仿真的角度，把模型分为数学模型、物理模型和数学-物理模型。数学模型是用方程式、逻辑表达式等数学方法表示的模型。物理模型又称实物模型，是对原有系统进行简化、在几何上按比例缩放或者与原系统相似的实物模型。数学-物理模型又叫半实物模型或者混合模型。

（三）仿真的作用

仿真是在系统的模型上研究系统的动态行为，相比直接在系统本身上进行实验，仿真具有很多优势，从这些优势也能看出仿真适合解决哪些类型的问题。

（1）某些系统可能非常复杂，几乎很难建立其数学模型，即使能够建立数学模型来表示系统的行为，也不一定能用简单的方法解析求解模型，比如复杂的经济系统、社会系统、生态系统、大规模排队系统等。仿真已经成为解决这类问题的一个极其有效的工具。

（2）在真实系统上进行实验可能引起破坏和故障，而在模型上进行实验通常比较安全、高效，成本也相对较低。

（3）可以在真实系统建立之前，通过仿真的办法对它们进行研究、分析和验证。在设计仿真研究的过程中所得到的知识，可能对实际系统提出改进和建议。

（4）使用仿真方法可以在模型上用实时、压缩或放大的时间比例尺更深入地研究动态系统。

（5）仿真提供了一个独立于待研究系统的虚拟实验室，分析者可以得到对系统更好的控制，比如容易设置实验条件、改变模型结构、设定新的场景、进行各种不同的实验，从而获得系统在各种条件下的行为。

二、连续系统仿真理论与方法

（一）连续系统模型描述

连续系统是指系统状态变量为连续变量的系统（continuous variable systems，CVS），通常服从物理学、化学、生物学、经济学、社会学、生态学等学科领域的基本规律，可以用数学方法表示，比如过程控制系统、调速系统、随动系统、电路等。

集中参数连续系统的数学模型有多种形式，基本上可以分为连续时间模型、离散时间模型和连续-离散混合模型。在这些模型中，常微分方程、传递函数、权函数三种模型表示系统的输入与输出关系，称为外部模型；状态空间模型表示系统的输入、内部状态与输出之间的关系，称为内部模型。在连续系统仿真中，经常需要对模型进行转换，即把外部模型转换为内部模型。

（二）经典的连续系统仿真方法

在计算机上对连续系统进行仿真，通常采用经典的数值积分方法，即对系统的原连续模型从数值和时间两个方面进行离散化，采用某种数值计算方法，得到近似解。

连续系统仿真的基本方法是经典的数值积分，常用以下方法。

（1）欧拉法是一种简单、快速的数值积分方法，其截断误差正比于步长的平方。

（2）梯形法的递推公式是隐函数形式，采用预报-校正的方法进行递推计算，通常用简单的欧拉法估计初始值，用梯形法进行迭代。

（3）龙格-库塔法是常用的数值积分方法，其误差与步长有关，二阶龙格-库塔法的截断误差与步长的 3 次方成正比，而四阶龙格-库塔法的截断误差与步长的 5 次方成正比。龙格-库塔法是单步法，即计算当前值时只用到上一步的值。

龙格-库塔法不要求步长在整个计算中保持固定，因此可以根据仿真精度要求，采用变步长法，步长的控制基于误差估计。实时仿真是一类特殊的仿真，要求仿真时钟与实际时间保持一致。实时龙格-库塔法除了每一步递推的计算量较小以外，其机理符合实时仿真的要求。

三、离散事件系统仿真理论与方法

（一）离散事件系统仿真

离散事件动态系统（discrete event dynamic systems，DEDS）的状态只在某些离散的时间点上发生变化，而在相邻的两个事件之间保持不变，这些离散时间点一般是不确定的。20 世纪 80 年代，何毓琦教授首先引入了 DEDS 的概念，提出了一系列关于 DEDS 的建模、仿真和优化方法。

DEDS 的典型特点在于其固有的随机性，通常不存在规范的、形式化的、解析形式的模型，经常应用流程图、状态转移图、表格、数据集合、计算机程序、自然语言等形式，因此对这类系统的研究往往十分困难。DEDS 建模与仿真以系统理论、形式化理论、随机过程理论、统计理论与最优化理论为基础，借助计算机和仿真软件对实际系统建立仿真模型并进行动态试验研究，通过对仿真模型输出的分析来评估实际系统的行为和性能。DEDS 的仿真理论和方法的核心是建立描述系统动态行为的仿真模型，其中包括仿真策略、随机现象的建模和实现、仿真结果的分析等。

（二）离散事件系统仿真策略

离散事件系统仿真有两种基本的仿真策略，分别称为事件调度法（event scheduling，ES）和进程交互法（process interaction，PI），其中事件调度法是最基本的方法，是进程交互法的基础。

事件调度法又称面向事件的方法，其基本思想是：定义事件及每个事件引起的系统状态的变化，按事件发生的时间顺序执行每个事件发生时有关的逻辑关系。事件调度法包含事件、事件表和事件处理函数等主要部分。为了仿真系统的动态过程，用仿真时钟记录当前的仿真时刻。在仿真过程中不断扫描事件表，找到下一个最早发生的事件，把仿真时钟推进到该事件的发生时间并执行该事件对应的事件函数。如此反复，使仿真时间从一个事件推进到另一个事件，直到满足某个特定的终止条件。

进程交互法又称面向进程的方法。与事件调度法不同，进程交互法描述的是各个实体在系统中的交互过程，因此面向进程的仿真与实际系统的运行十分相似。与事件调度法类似，进程交互法也用事件表记录当前事件和未来事件，但是事件表记录的实际上是进程而不是事件。一个进程可以挂起或等待，也可以将其他进程激活。

（三）随机变量模型的确定

事件的发生具有不确定性，通常用概率分布模型表示这种随机性。常用的分布模型分为两类：一类是连续分布，即随机变量的取值是连续的实数值，包括均匀分布、指数分布、正态分布、韦伯分布等；另一类是离散分布，即随机变量的取值是整型值，包括泊松分布、伯努利分布、几何分布等。这些分布模型可以用概率密度函数、累积概率分布函数、概率质量函数和实验分布模型表示。

对系统随机性建模，就是根据收集的实际观测数据样本，拟合得到一个随机分布的类型及其参数。如果无法拟合出一个具体的分布形式，则采用实验分布来表示。随机变量的产生就是在仿真中根据该随机变量的概率分布模型进行抽样，产生具体的随机输入值。产生随机数是产生随机变量的基础。产生随机变量的基本原理是根据随机变量的分布模型，把随机数转化为指定分布的随机变量的值。常用的方法包括反变换法、卷积法、组合法和接受-拒绝法，这些算法效率很高且容易实现。

（四）仿真结果的分析方法

事实上，一次仿真只是在计算机上进行的一次统计学意义上的抽样实验，其结果仅仅是性能指标的一个样本。对同一个模型进行不同的仿真，结果可能并不相同。仿真结果实际上是性能指标的观测值，服从一定的概率分布，因此要对仿真结果进行统计学分析，才能得到正确的解释，否则将会导致错误的决策。DEDS 的仿真结果分析的基础是经典的数理统计方法，要求样本是独立同分布的（independent identically distributed，IID），而仿真结果通常是非平稳、自相关和非正态的，因此要在仿真中采取措施，满足经典统计学分析的要求。

在此基础上，仿真结果分析包含以下内容：①把多次仿真结果的平均值作为性能指标的估计值；②构造统计量的置信区间，表示性能指标的真值近似以指定的概率位于该置信区间之内，通常仿真次数越多，意味着样本越多，对于同样的置信度，置信区间越小，仿真精度越高；③如果对仿真精度有要求，常用固定样本长度法和序贯法估计仿真次数或仿真长度。

四、基于仿真的优化理论与方法

仿真优化最直接的方法就是在仿真中采用启发式规则，指导仿真运行中的各种选择和决策。这类方法简单、容易实现，能够在合理的时间内得到好的或者接近最优的解。元模型是系统的一个近似的数学模型，通常根据少量的仿真结果采用回归分析方法获得。在精度要求不高的情况下用元模型代替系统，可用于梯度估计、灵敏度分析和优化，或者直接用于优化模型，能够避免大量的仿真计算。

由于复杂系统的仿真计算量通常非常大，很多优秀的算法试图通过少量的仿真来进行随机优化。扰动分析法、分值函数法或者相似比率法，不仅能获得系统的性能估计，而且能够获得单个样本轨迹的灵敏度。用随机对应问题替代随机问题，可以不用迭代过程和多次仿真就能进行随机优化。

序优化（ordinal optimization）诞生于20世纪90年代，是一种有效的基于仿真的优化方法，适用于离散事件动态系统中的随机优化问题。序优化的核心思路是对优化目标进行策略性的改变，包括序比较和目标软化。序比较意味着应该首先进行序的比较，然后进行值的比较，也就是序优化要先于值优化；目标软化意味着在有限的时间内寻求足够好的解。现实世界的很多问题往往都可以通过这种寻求足够好的解决方案来解决。序优化通过挑选子集来进行优化，其优化性能和子集的挑选方法有很大关系。典型的挑选方法包括盲目挑选、赛马、循环赛、淘汰赛和设定种子选手的比赛等。

序优化是一种非常有效的求解随机优化问题的方法，但是对于具有复杂约束的随机优化问题，由于存在大量的不可行解，在解空间直接选取决策并寻优是非常低效的，为此有学者提出了约束序优化方法，在具有约束条件的序优化问题方面取得了重要的成果。

五、系统仿真的发展趋势及重点研究领域

近年来，随着人工智能、大数据、云计算等科学与技术的兴起和发展，系统仿真与相关科学技术交叉融合，取得了很大的发展，在先进制造、航天、军事、交通运输、现代物流、供应链管理、社会经济、应急管理等系统的建模与仿真方面产生了很多新的理论与应用，取得了显著的效果。

（1）复杂系统的建模与仿真。对复杂系统进行仿真，需要综合运用系统建模的方法，刻画系统运行规律和内部各要素之间的关系，描述复杂性行为。当前，关于复杂系统仿真建模的研究，主要有以下几类方法：人在回路或部分设备在回路的分布交互仿真建模方法；以数学方程为基础的建模方法；采用参数优化方法、定性建模方法、模糊建模方法、系统动力学方法、人工智能和基于智能体的方法。

（2）人工智能与仿真的交叉融合。人工智能技术在仿真中的应用已经引起仿真领域的普遍关注。对于系统仿真技术来说，与人工智能前沿技术实现交叉与融合，可以在智能化建模、认知机理模拟、智能化仿真设计与管理等方面产生新的研究增长点，特别是在使用数据驱动的或具有物理信息作为输入的仿真应用中，模型开发效率将大幅提高。仿真技术与人工智能结合，用于大系统特别是决策系统的计算机仿真，同时利用仿真技术评估知识库，实

现智能化仿真。

（3）并行与分布式仿真。并行与分布式仿真是在计算机网络的支持下，把分布在不同地点的仿真子模型连接起来，多个计算机并行和协同工作，共同完成同一个仿真任务。这种方法是研究复杂系统的有效方法，适用于规模庞大、仿真计算量大、可分解或者系统本身就呈现分布形态的复杂系统。通过并行与分布式仿真，组成仿真的各个子系统相互独立、跨平台，能够实现代码重用和子模型之间的互操作。目前，已经广泛用于复杂系统的建模与仿真。

（4）虚拟现实。虚拟现实是在计算机图形图像技术、传感技术、显示技术等多种技术基础上发展起来的一种计算机仿真技术。虚拟现实可以创建一个实时反映现实世界中实体对象的变化与相互作用的虚拟世界，从而为人提供一个观察并与虚拟世界交互的多维用户界面，建立人与系统的实时交互与控制，使操作者、管理决策者近似身临其境地观察和感受被仿真系统的动态变化过程。

（5）仿真微服务。用于仿真的微服务采用组件化的设计思路，尝试将复杂仿真系统的主要部分从一个高耦合度的整体中逻辑独立出来，转变为一个个遵循行业标准规范的仿真服务插件。仿真微服务的实现依赖云计算、云服务技术的发展，这些服务可以应用于不同的产品，通过接口相互集成，实现更高的可访问性、灵活性、可重复使用性。

第五节　系统设计、测试与评估方法

一、基于模型的系统工程

传统系统工程的产出是一系列基于自然语言的文档，文档大多又是"文本格式"的，因此其也被称为基于文本的系统工程。传统的系统工程主要聚焦技术过程和管理过程两个层面，其中，技术过程主要重视系统论思想，管理过程则主要包括技术管理过程和项目管理过程[49]。这种模式对于信息集成的效率比较低下，面临设计与验证确认环节在时空上的分离和错配，造成大量的资源浪费。

为了解决传统系统工程体系与方法论在面对复杂巨型系统及其更广泛意义上的系统所面临的问题，国际系统工程学会（The International Council on

Systems Engineering，INCOSE）正在发展一套基于模型的系统工程方法论，并同步发展系统的系统工程方法。

INCOSE 在《系统工程 2020 年愿景》[50]中提出，"MBSE 是建模方法的形式化应用，以使建模方法支持系统需求、设计、分析、验证和确认等活动，这些活动从概念性设计阶段开始，持续贯穿到设计开发以及后来的所有生命周期阶段"。MBSE 是指通过采用标准化的模型来支持系统全生命周期的需求定义、设计、分析和验证活动的系统工程方法[51]。与传统基于文档的系统工程不同，MBSE 以模型为中心的系统描述方法具有提高系统工程项目的交流效率、增强项目需求的可追溯性、支持知识重用等优点。在信息技术高速发展的背景之下，系统的复杂性、系统跨领域程度以及系统之间的互操作性要求越来越高，人们需要一套结构化、系统性的方法来理解、分析和设计复杂系统。从关注产品研发制造过程的 V 模型发展为增加了模型生命周期的双 V 模型，基于模型的系统工程方法是分析和设计复杂系统的重要方法论之一[52]。

落实到具体实现，INCOSE 在统一建模语言（unified modeling language，UML）的基础上，与对象管理组织合作，开发出了适宜于描述工程系统的系统建模语言（systems modeling language，SysML），软件提供商也开发了相应的支持 SysML 的工具，通过将 SysML 的建模工具和已有软件进行集成，提出 MBSE 整体解决方案。比较有影响力的包括国际商业机器（IBM）公司的 Rhapsody 建模软件[53]和 NoMagic 公司的 MagicGrid 架构[54]。

MBSE 的提出，实质是将基于自然语言的系统工程转到模型化的系统工程，把人们对工程系统的设计、试验、仿真、评估、改进等认识全部以模型的形式进行保存和利用。MBSE 提出以后，促进了工程系统和系统工程融合，使得原有处于"烟囱式"的信息传递模式所形成的一个个"模型孤岛"走向结合，参与者围绕系统模型开展需求分析、系统设计、仿真等工作，便于协同工作。

MBSE 正在推动设计研发体系及其工具软件体系的转型，包括达索、西门子在内的数字化设计工具软件系统解决方案供应商都在积极推动其软件产品向 MBSE 转型，以推动全球工业企业的数字化转型。

二、系统的系统工程

系统的系统（system of systems，SoS）是"系统的集合，每个系统都能独立运作，相互操作以获得额外的期望能力"。SoS 是面向任务的或专用系统的集合，这些系统将资源和能力汇集在一起，以创建新的、更复杂的系统，提供更多的功能和性能，而不仅仅是组成系统的总和[55-57]。

由于通常没有最高级别的 SoS 授权，所以 SoS 各系统之间的有效协议是成功实现系统的系统工程（System of Systems Engineering，SoSE）的关键。SoSE 在系统级过程的约束下，开发和维护对 SoS 至关重要的过程，即规划、分析、组织和整合现有与新系统组合的能力，使之成为 SoS 能力，同时系统继续负责其系统的技术管理。SoSE 技术过程通过 SoS 级业务/任务分析和涉众需求与需求定义，定义了贯穿各领域的 SoS 能力。SoS 架构和设计架构受系统架构约束，约束了成员系统的规划、组织和集成，以实现系统的开发、集成、过渡和验证，并进行 SoSE 监控和审查。

在信息化条件下，现代交通、能源、医疗、国防、自然资源管理、疾病防控、商业领域都存在复杂的系统的系统。系统的系统工程理论和技术的发展，为解决这些系统集合的集成问题提供了技术途径。目前，与 SoSE 有关的国际标准有：ISO/IEC/IEEE 21839、ISO/IEC/IEEE 21840、ISO/IEC/IEEE 21841。

三、体系结构与企业架构

架构，或者叫体系结构，是对系统（不论物理的或概念的对象或实体）中各部分的基本配置和连接的描述（模型）。MBSE 为复杂系统的分析和设计提供了结构化的建模方法，在软件系统架构、企业系统集成、军事等领域得到了广泛应用，形成了一系列具有通用性的企业体系框架。需要厘清的是，企业体系框架的研究对象不限于商业意义上的企业，而是广义的企业，即复杂组织体。体系结构是系统的结构化的描述，体系框架则是一种基于层次化、结构化模型的体系结构描述方法，为系统的设计、分析、实施提供建模工具和方法指导。概括来说，建立系统体系结构的意义在于：①知识管理，即体系结构是系统知识的结构化表示，是系统知识管理和知识重用的基础；②共同理解，即系统利益攸关者通过综合不同层次的模型可以得到系统的共同理解；③降低风险，即体系结构作为系统开发的重要参考材料，有效降低不必要的系统设计和实现风险；④系统交互，即标准化的建模方法和建模语言降低了多系统集成和交互的复杂度。

事实上，体系结构是理解、分析和实施新技术环境下系统集成的重要方法之一，不仅得到了学界和业界的普遍认可，并且在信息技术、工业制造等领域得到广泛的应用。

国际标准《ISO/IEC/IEEE 42010-2011 系统和软件工程-体系描述方法》定义了软件和企业系统体系的描述需求，提出了以体系描述、体系架构框架和体系描述语言为核心的标准化的系统描述方法，并给出了体系架构的元模型。该元模型指出，体系视图和体系模型是描述体系结构的重要元素。体系结构的描述需要识别系统、系统利益攸关者及其关注点，体系视角是关注点的结构化表示，是为层次化视图的构建提供构建方法和模型类型的约束。

在工程领域，已经产生了计算机集成制造开放系统体系结构、集成的信息系统参考体系结构、扎赫曼框架、通用化的企业参考体系结构与方法论、美国国防部体系结构框架、美国联邦企业体系结构框架、统一体系结构框架、开放组织体系结构框架等一系列参考体系结构框架。这些体系结构框架在企业信息化、工业自动化、软件工程、项目管理、系统的系统工程领域均发挥了重要的作用[58-62]。

体系结构的思想被广泛应用于新兴信息技术和信息系统的研究与发展领域，具有代表性的包括德国工业4.0提出了工业4.0参考体系模型，美国国家标准与技术研究院（National Institute of Standards and Technology，NIST）提出了智能制造生态系统模型，工业互联网联盟则提出了工业互联网参考体系结构。这些体系架构模型给相关技术的发展提供了系统工程的支持。

四、模型驱动的体系结构

模型驱动的体系结构（model driven architecture，MDA）是对象管理组织提出的一种新的软件开发方法论，其核心思想是，软件开发过程是由对软件系统的建模行为驱动的。在MDA中，模型不再是一种辅助工具，而是开发过程的产品；建模语言是一种"编程语言"，而不仅仅是设计语言。

在MDA中，存在两类模型：业务模型和软件模型。业务模型描述的系统是一项业务或者一个企业（或者它的一部分）。业务模型不一定提及企业中的软件系统，因此也被称为计算独立模型。当一部分业务由软件系统来支持时，就需要为该系统创建一个特定的软件模型以描述这一软件系统。可以说，软件系统的需求来自需要它支持的业务系统（或其中的一部分）。

在MDA中，软件模型包括两类：平台独立模型（platform independent model，PIM）和平台相关模型（platform specific model，PSM）。PIM是具有

高抽象层次、独立于实现技术、不包含平台特定信息的软件系统模型；PSM是包含了在特定平台上实现的技术信息的软件系统模型，是为某种特定的实现技术量身定做的。

在 MDA 开发过程中，首先，建立企业业务模型，从而明确软件系统需求，然后使用平台无关的建模语言来构建平台独立模型 PIM。其次，根据特定平台和实现语言的映射规则，将 PIM 变换成 PSM。最后，通过变换生成应用程序代码和测试框架。上述从 PIM 到 PSM 和从 PSM 到代码的变换全部是通过工具自动完成的。

MDA 将系统的设计和实现相分离，设计出的平台独立模型只需建立一次，就可以应用于不同的软件平台。这使得系统能够灵活地被实现、集成、维护和测试，系统的轻便性、互操作性和可复用性都是可以长期保持的，从而能够应对未来的变化。

MDA 的核心是模型的变换。其中，PIM 到 PSM 的变换是最复杂且关键的一步。变换是按照变换定义从源模型到目标模型的自动生成。变换定义是一组变换规则，这些规则共同描述了用源语言表述的模型如何变换为用目标语言表述的模型。变换规则是对源语言中一个（或一些）构造如何变换为目标语言中一个（或一些）构造的描述。

五、基于 MBSE 的验证、确认和认可技术

产品开发是一个包括一系列设计、制造和集成阶段与活动的过程。罗伊斯（Winston W. Royce）把这个过程描述为瀑布[63]。研究人员、设计师、软件工程师、项目经理和系统工程师发现，流程的不同阶段之间存在着关系：下游阶段将验证和确认上游活动的设计结果[64]。为了体现这些关系，瀑布过程被重新绘制为 V 模型。

V 模型强调测试在系统工程各个阶段中的作用，通过测试将系统分解和系统集成的过程联系起来。V 模型展示了项目管理理论和技术在复杂产品开发中应用的主要思想与方法[65]。复杂产品开发是一个活动链或过程，一系列活动通过时间序列关系相连；涉及从需求定义、设计到工程实施等所有方面的过程；每个阶段都需要足够的输入条件（往往包括前一阶段的输出）来生成该阶段的可交付成果。为了避免将错误和不完整的设计结果转移到后续阶段，在每个阶段结束时进行验证、确认和认可（verification, validation, and accreditation, VV&A），以识别所有缺陷并纠正。每个阶段结束时的 VV&A

活动也冻结了该阶段的技术状态和成果，以便可以根据前期的结果进行后续开发。每个阶段可能涉及不同的项目团队、团队成员或利益相关者。项目信息、结果和分阶段的可交付成果通常需要在不同阶段的利益相关者之间传递。

V 模型揭示了传统项目管理过程在复杂产品开发过程中所面临的挑战。产品设计和开发本质上是一个反复迭代的思考、重新思考、设计和重新设计的过程。项目管理理论通过每个阶段的内部验证和确认活动，在这个阶段发现可交付成果的每个阶段的问题，以避免问题传递到下一阶段。然而，在设计规范的循环中，由于每个阶段的可交付成果都是设计文件或设计蓝图，验证手段非常有限，设计错误和缺陷通常会传递到下游。

V 模型提出后，经历了不断的改进。由于需要考虑系统架构和系统元素实体的并行开发，凯文·福斯伯格（Kevin Forsberg）和哈罗德·穆兹（Harold Mooz）在 1991 年发表的《系统工程与项目周期的关系》一文中提出系统工程双 V 模型。双 V 模型添加了一个维度，从三维的角度来看待系统开发过程。双 V 模型强调开发机会和风险管理；强调开发过程中对用户的持续验证；强调集成、验证和验证规划，通过验证解决问题。

随着计算机技术、数字建模技术和仿真技术的发展，数字样机得以建立，实现了设计结果在不同阶段的传递，通过多学科的计算机仿真，可以在不需要最终完成产品的情况下对设计结果进行验证。双 V 模型结合了基于模型的系统工程的基本原理和方法[66]。①实施 MBSE 需要基本的信息技术基础设施，数字化手段为 MBSE 提供了基本工具。②数字模型成为信息设计的主要载体，实现不同领域和阶段的产品信息共享与重用。③在设计规范循环中，大量基于物理产品的实验、测试、验证和确认被转移到基于数字模型的仿真与数字测试活动中。④在集成回路中，一方面，模型可以验证和确认产品测试的结果，协助测试过程中发现的问题，帮助建立解决方案；另一方面，实验和试验结果为产品不同领域机理研究的深入发展、模型的修正和模型理论的完善提供了契机。

基于 MBSE 的双 V 模型可以广泛应用于工程实践[67]。随着信息技术和产品数字化技术的发展，MBSE 实现的各种条件已经具备。大多数产品的大多数领域的理论和机制研究都非常深入。产品概念、需求和对象可以抽象并描述为数学模型。长期以来，数字设计和分析在许多领域得到了广泛的应用，许多企业积累了大量的数字模型。随着计算机软硬件技术和工具的成熟，基于数字模型的设计、交付、验证、实施和管理成为工程实践中的标准模式。基于结构强度、运动学、动力学、电子、控制、流体力学、传热、燃烧等领域的有限元分析、矩阵计算、方程求解、多目标优化等技术开发了数字分析。数字分析和仿真结果与实物试验结果在定性和定量上越来越一致。

第六节 小　　结

系统工程理论及方法的应用领域极为广泛，不同应用领域的系统设计、控制、优化决策、仿真测试等问题存在高度共性结构特征，系统工程共性基础理论是解决这些抽象共性问题的指导性原理与方法。本章从基础科学理论和应用理论方法技术两个层面梳理了系统工程共性基础理论：基础科学理论层面包括系统论、控制论、信息论、耗散结构理论、协同论、突变论、复杂系统和复杂性科学、大系统理论等；应用理论方法技术包括系统建模理论与方法、优化决策理论与方法（运筹学）、系统仿真理论与方法、系统预测、设计、测试与评估等。此外，计算机技术、人工智能理论与方法等来自其他学科的内容在系统工程技术方法层面有重要支撑作用。

本章参考文献

[1] Meerschaert M M. Mathematical Modeling[M]. Beijing：China Machine Press，2009.

[2] 刘宏志. 数据、模型与决策[M]. 北京：机械工业出版社，2019.

[3] 周凯，邬学军，宋军全. 数学建模[M]. 杭州：浙江大学出版社，2017.

[4] Zhai Q Z，Guan X H，Cheng J H，et al. Fast identification of inactive security constraints in SCUC problems[J]. IEEE Transactions on Power Systems，2010，25（4）：1946-1954.

[5] Ardakani A J，Bouffard F. Identification of umbrella constraints in DC-based security-constrained optimal power flow[J]. IEEE Transactions on Power Systems，2013，28（4）：3924-3934.

[6] 萨特利，拉托，安德烈斯，等. 全局敏感性分析[M]. 吴琼莉，丁义明，易鸣，等译. 北京：清华大学出版社，2018.

[7] Nemhauser G L，Wolsey L. Polynomial-time algorithms for linear programming[J]. Integer and Combinatorial Optimization，1988：146-181.

[8] 袁亚湘，孙文瑜. 最优化理论与方法[M]. 北京：科学出版社，2007.

[9] 陈宝林. 最优化理论与算法[M]. 北京：清华大学出版社，2005.

[10] Güler O. Nonlinear Programming[M]. New York：Springer，2010.

[11] Macconi M，Morini B，Porcelli M. Trust-region quadratic methods for nonlinear systems of mixed equalities and inequalities[J]. Applied Numerical Mathematics，2009，59（5）：859-876.

[12] Ferrante J，Ottenstein K J，Warren J D. The program dependence graph and its use in optimization[J]. ACM Transactions on Programming Languages and Systems（TOPLAS），1987，9（3）：319-349.

[13] Ray S S. Graph Theory with Algorithms and Its Applications：In Applied Science and Technology[M]. New Delhi：Springer，2012.

[14] Echenique F，Oviedo J. A theory of stability in many-to-many matching markets[J]. Theoretical Economics，2006，1（2）：233-273.

[15] Manlove D. Algorithmics of Matching Under Preferences. Series on Theoretical Computer Science[M]. vol 2. Singapore：World Scientific Publishing Co. Pte. Ltd，2013.

[16] De Loera J A，Hemmecke R，Lee J. On augmentation algorithms for linear and integer-linear programming：from Edmonds-Karp to Bland and Beyond[J]. SIAM Journal on Optimization，2015，25（4）：2494-2511.

[17] Eronen V P，Kronqvist J，Westerlund T，et al. Method for solving generalized convex nonsmooth mixed-integer nonlinear programming problems[J]. Journal of Global Optimization，2017，69（2）：443-459.

[18] Fischetti M，Monaci M. A branch-and-cut algorithm for mixed-integer bilinear programming[J]. European Journal of Operational Research，2020，282（2）：506-514.

[19] Neto J. A simple finite cutting plane algorithm for integer programs[J]. Operations Research Letters，2012，40（6）：578-580.

[20] Soyster A L. Convex programming with set-inclusive constraints and applications to inexact linear programming[J]. Operations Research，1973，21（5）：1154-1157.

[21] Ben-Tal A，Nemirovski A. Robust solutions of uncertain linear programs[J]. Operations Research Letters，1999，25（1）：1-13.

[22] Ben-Tal A，Nemirovski A. Robust solutions of linear programming problems contaminated with uncertain data[J]. Mathematical Programming，2000，88（3）：411-424.

[23] Ghaoui L E，Oustry F，Lebret H. Robust solutions to uncertain semidefinite programs[J]. SIAM Journal on Optimization，1998，9（1）：33-52.

[24] Aghassi M，Bertsimas D. Robust game theory[J]. Mathematical Programming，2006，107（1-2）：231-273.

[25] Yanıkoğlu I, Gorissen B L, Hertog D. A survey of adjustable robust optimization[J]. European Journal of Operational Research, 2019, 277（3）: 799-813.

[26] Bertsimas D, Brown D B, Caramanis C. Theory and applications of robust optimization[J]. SIAM Review, 2011, 53（3）: 464-501.

[27] Gabrel V, Murat C, Thiele A. Recent advances in robust optimization: an overview[J]. European Journal of Operational Research, 2014, 235（3）: 471-483.

[28] Nash J F. Equilibrium points in N-person games[J]. Proceedings of the National Academy of Sciences of the United States of America, 1950, 36（1）: 48-49.

[29] Selten R. Spieltheoretische behandlung eines oligopolmodells mit nachfrageträgheit: teili: bestimmung des dynamischen preisgleichgewichts[J]. Zeitschrift für die Gesamte Staatswissenschaft/Journal of Institutional and Theoretical Economics, 1965（H. 2）: 301-324.

[30] Harsanyi J C. Games with incomplete information played by "Bayesian" players, Ⅰ-Ⅲ Part Ⅰ. the basic model[J]. Management Science, 1967, 14（3）: 159-182.

[31] Shapley L S. A Value for N-Person Games[M]// Contributions to the Theory of Games, volume Ⅱ. Princeton: Princeton University Press, 1953.

[32] Aumann R J, Maschler M. The Bargaining Set for Cooperative Games[M]. Princeton: Princeton University Press, 1964.

[33] Schmeidler D. The nucleolus of a characteristic function game[J]. SIAM Journal on Applied Mathematics, 1969, 17（6）: 1163-1170.

[34] Peleg B. On the kernel of constant-sum simple games with homogeneous weights[J]. Illinois Journal of Mathematics, 1966, 10（1）: 39-48.

[35] Owen G. Game Theory [M]. 3rd ed. San Diego: Academic Press, 1995.

[36] 王先甲, 冯尚友. 二层系统最优化理论[M]. 北京: 科学出版社, 1995.

[37] Tuy H, Migdalas A, Hoai-Phuong N T. A novel approach to bilevel nonlinear programming[J]. Journal of Global Optimization, 2007, 38（4）: 527-554.

[38] Tuy H, Ghannadan S. A New Branch and Bound Method for Bilevel Linear Programs// Migdalas A, Pardalos P M, Värbrand P（eds.）. Multilevel Optimization: Algorithms and Applications. Nonconvex Optimization and Its Applications. vol 20[M]. Boston: Springer, 1998.

[39] Gilles S, Jacques G. The steepest descent direction for the nonlinear bilevel programming problem[J]. Operations Research Letters, 1994, 15（5）: 265-272.

[40] Lv Y B, Hu T S, Wang G M, et al. A penalty function method based on Kuhn-

Tucker condition for solving linear bilevel programming[J]. Applied Mathematics and Computation, 2007, 188（1）：808-813.

[41] Ren A H, Wang Y P. A novel penalty function method for semivectorial bilevel programming problem[J]. Applied Mathematical Modelling, 2016, 40（1）：135-149.

[42] Candler W, Townsley R. A linear two-level programming problem[J]. Computers and Operations Research, 1982, 9（1）：59-76.

[43] Bialas W, Karwan M. On two-level optimization[J]. IEEE Transactions on Automatic Control, 1982, 27（1）：211-214.

[44] D'Aspremont C, Gérard-Varet L. Incentives and incomplete information[J]. Journal of Public Economics, 1979, 11（1）：25-45.

[45] Börgers T, Norman P. A note on budget balance under interim participation constraints：the case of independent types[J]. Economic Theory, 2009, 39（3）：477-489.

[46] Myerson R. Optimal auction design[J]. Mathematics of Operations Research, 1981, 6（1）：58-73.

[47] Boyer P C, Koriyama Y, Schulte E. Legitimacy of mechanisms for public good provision[J]. Economics Letters, 2016, 146：120-122.

[48] Laffont J J, Martimort D. The Theory of Incentives：The Principal-Agent Model[M]. Princeton：Princeton University Press, 2002.

[49] 陈红涛，邓昱晨，袁建华，等. 基于模型的系统工程的基本原理[J]. 中国航天, 2016（3）：18-23.

[50] INCOSE. INCOSE Systems Engineering Vision 2020[EB/OL]. https://www.incose.org/incose-member-resources/chapters-groups/ChapterSites/blues/chapter-news/2009/02/23/se-vision-2020[2009-02-23].

[51] Ramos A L, Ferreira J V, Barceló J. Model-based systems engineering：an emerging approach for modern systems[J]. IEEE Transactions on Systems, Man, and Cybernetics, Part C（Applications and Reviews）, 2011, 42（1）：101-111.

[52] Blanchard B, Fabrycky W J. Systems Engineering and Analysis[M]. Englewood Cliffs, NJ：Prentice Hall, 1990.

[53] Hoffmann H-P. 2013. Systems Engineering Best Practices with the Rational Solution for Systems and Software Engineering Deskbook Release 4.0. Somers[M]. New York：IBM Corporation.

[54] Morkevicius A, Aleksandraviciene A, Mazeika D, et al. MBSE Grid：A Simplified SysML-Based Approach for Modeling Complex Systems[C]. INCOSE International

Symposium, 2017: 136-150.

[55] Keating C, Rogers R, Unal R, et al. System of systems engineering[J]. Engineering Management Journal, 2003, 15（3）: 36-45.

[56] Jamshidi M. System of Systems Engineering: Innovations for the 21st Century[M]. Hoboken: Wiley, 2009.

[57] INCOSE. Guide to the Systems Engineering Body of Knowledge（SEBoK）[EB/OL]. https://www.sebokwiki.org/wiki/Guide_to_the_Systems_Engineering_Body_of_Knowledge_（SEBoK）[2023-01-07].

[58] Amice C. Open System Architecture for CIM[M]. 2nd ed.Berlin: Springer, 1993.

[59] Williams T J. The Purdue enterprise reference architecture[J]. Computers in Industry, 1994, 24（2-3）: 141-158.

[60] Scheer A W. Architecture of Integrated Information Systems（ARIS）[M]. Berlin: Springer, Business Process Engineering, 1994.

[61] Zachman J A. A framework for information systems architecture[J]. IBM Systems Journal, 1987, 38（3）: 276-292.

[62] Li Q, Chan I, Tang Q, et al. Rethinking of framework and constructs of enterprise architecture and enterprise modelling standardized by ISO 15704, 19439 and 19440[C]. OTM Confederated International Conferences "On the Move to Meaningful Internet Systems", Springer, Cham, 2017: 46-55.

[63] Royce W W. Managing the development of large software systems: concepts and techniques[C]. Proceedings of the 9th International Conference on Software Engineering, 1987: 328-338.

[64] Pressman R S. Software Engineering: A Practitioner's Approach[M]. 6th ed. Boston: McGraw-Hill Higher Education, 2005.

[65] Guide A. Project management body of knowledge（pmbok® guide）[C]. Project Management Institute, 2001.

[66] Dickerson C E, Mavris D. A brief history of models and model based systems engineering and the case for relational orientation[J]. IEEE Systems Journal, 2013, 7（4）: 581-592.

[67] Waseem M, Sadiq M U. Application of model-based systems engineering in small satellite conceptual design—A SysML approach[J]. IEEE Aerospace and Electronic Systems Magazine, 2018, 33（4）: 24-34.

第四章 网络信息系统工程

自20世纪末期学界针对小世界网络和无标度网络进行开创性研究以来，国内外学界针对复杂网络开展了大量研究，并迅速和系统科学与工程紧密结合，形成蓬勃发展的新兴交叉学科领域。在这一领域，学界对网络科学问题与网络信息系统的工程技术问题的研究彼此交叉、相互促进，网络科学与网络信息系统工程协同发展。因此，本章从科学问题与工程技术问题综合的角度总结这一领域的研究进展，并讨论该领域的重点发展方向。网络信息系统工程整体框架如图4-1所示。

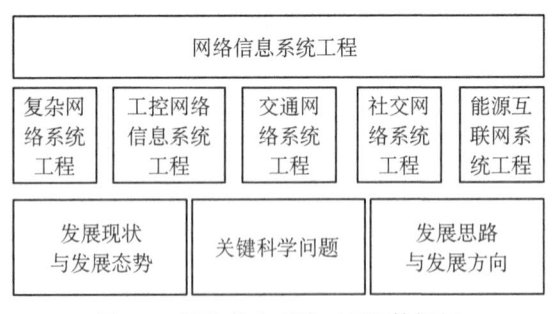

图4-1 网络信息系统工程整体框架

网络科学与网络信息系统工程兴起于世纪之交。一方面，人们收集到越来越多的各种不同的实际网络数据，并且可以借助强大的计算设备处理大规模数据；另一方面，学科之间的相互交叉使得研究人员可以广泛比较各种不同类型的网络数据，从而揭示不同复杂网络的共性特征。伴随着网络科学的发展及其和复杂系统科学与工程日益深入的结合，对复杂网络进行分析处理的技术，以及从复杂网络思想出发解决现实的复杂工程问题的网络系统工程同步得到发展，科学发展与工程技术进步相互促进。这成为过去二十余年来网络科学与网络信息系统工程发展的重要特点。

第一节 复杂网络系统工程

一、发展现状与发展态势

（一）复杂网络结构与机理研究

过去二十余年来，围绕复杂网络所开展的基础理论研究主要包括复杂网络的结构与演化、网络上的行为等问题。

1. 网络结构分析

自从开展复杂网络的小世界和无标度结构特征与模型的研究以来，复杂网络的基本结构性质一直是研究的重点，包括社团结构、同配性质、模体特征、节点重要性指标等。人们也提出了各种各样的网络结构形成与演化模型，从而提升了人们对网络结构性质及其产生机理的认识。

针对网络结构问题，早期人们关注的焦点是网络的节点度分布、集聚系数、特征路径长度、模块度、同配性等全局性的结构特征及其分析度量。

1）小世界网络及相关属性

随着人们对小世界网络的关注，网络的集聚系数与特征路径长度等表征小世界特性的关键指标首先受到了人们的关注。之后，学界进一步注意到小世界网络往往呈现高度模块化的特征，通常由多个社区组成。模块度和网络的总体社区结构得到了深入的研究。关于小世界网络的研究进一步带动了关于网络连通效率的讨论。围绕这些方面，迄今学界已经开展了大量研究，但仍有进一步深入探讨的学科空间。

2）无标度网络及相关属性

无标度网络的提出带动了关于网络节点度的幂律分布的讨论。无标度网络对应的节点度的幂律分布引发了学界关于网络异质性的大量研究，对于网络科学的最初发展起到极大的推动作用。然而，之后不少学者认为现实中很多网络虽然在一定的尺度范围内表现出无标度网络的特征，但其本质上用幂律分布加以刻画未必是适宜的，围绕网络节点度的幂律分布及无尺度特性产生了很多学术争议[1,2]，有必要针对现实复杂网络的节点度分布特征加以进一步探究。

3）网络的同配性

同配性指的是网络中相同属性的节点会有相互连接的趋势。同配性在社会网络中十分常见，比如相同年龄、种族或政治信仰的人之间出现连接的可能性更高。其中，度同配性，即节点度相似的节点相互连接的倾向性，是得到较多研究的一类同配性。对于社会网络而言，社会属性（如年龄、种族、教育程度、社会地位等）的同配性问题则与社会学中大量讨论的"同质性倾向"问题紧密相关。

量化同配/异配性有利于揭示复杂网络的组织结构。计算同配性系数是量化网络同配程度的标准方法[3]，然而这样所获得的全局值是整个网络的平均同配性水平。当网络是异质性的且包含不同的混合模式时，它可能并不具有代表性。文献[4]设计了一种量化网络的多尺度的混合模式方法。对于许多真实网络，多尺度同配性的分布呈现出偏斜、分散和多峰的特征，这意味着全局同配系数并不能代表混合的集体模式。

4）网络中关键节点和连边

网络的异质性使得不同的节点在网络中的作用不一致，部分节点成为网络的关键节点或中心节点。人们相继提出了多种节点中心性度量指标，如度中心性（degree centrality，DC）、中介中心性（betweenness centrality，BC）、接近中心性（closeness centrality，CC）等，并就这些中心性指标之间的关联与中心节点发现等开展了很多研究。

另一研究是关于网络中边的特性。伴随着小世界网络的研究，人们认为小世界网络中的"长程边"通常是弱连接。这样学界很自然地把小世界社会网络同社会学中讨论的"弱链"及"结构洞"概念建立起关联。2018年康奈尔大学的一项工作利用了千万级别的推特（Twitter）数据和移动电话数据，发现长程连接并不弱，它们几乎和小范围的好友圈中的连接具有相同的权重；这些长程连接虽然在网络中的占比较少，但是它们在社会聚集和信息传播中具有重要作用[5]。另一问题是网络中边所对应的关系的强度对网络上的消息与行为传播产生显著影响。针对这一问题的代表性工作为美国尼古拉斯·克里斯塔基斯（Nicholas Christakis）与詹姆斯·富勒（James Fowler）的"三度影响模型"。

在网络宏观层面结构研究的基础上，微观和中观层面的结构成为更近期研究的焦点。

5）模体

模体是复杂网络中重复出现的局部连接模式，其出现频率显著高于随机网络。模体是最为引人瞩目的网络微观结构，在过去近二十年中，人们结合各类现实情景开展了很多研究[6]。基于模体的分析对深入理解各种现实网络的机制具有显著意义，如社会网络[7]、电力网络[8]、生物网络[9, 10]等。

6）社区、核及核心-边缘结构

大量的现实网络由多个社区组成，文献[11]围绕网络的社区结构这一问题进行了开拓性研究。过去近二十年来，社区结构是得到较为透彻探讨的网络中观结构。与之相应，在相关技术上学界对社区探测算法开展了大量的研究，包含社区结构的网络的形成和演化模型也是后面将要说明的网络演化模型的重要方向。

在探索网络中核心节点的基础上，人们进一步发现在很多显示网络中起关键作用的并非少量核心节点，而是特定的结构，例如K-簇、K核以及连通子图都是常见的网络核概念。进而，学界进一步注意到网络中大量存在核心-边缘（core-periphery，CP）结构，即核心节点之间相互密集连接，边缘节点与核心节点之间有不同程度的连接，而且边缘节点之间相互稀疏连接。文献[12]正式定义了CP结构，并提出检测算法。后续工作主要在该工作基础上开展。文献[13]通过将网络中K核的接近中心性与整体网络的接近中心性对比，并且对比同度分布的随机网络的结果，获得网络的CP系数，以衡量网络是否具有清晰的CP结构。文献[14]对"洋葱"结构进行了探讨，即高度节点组成核心，核心周围层层环绕着递减度的节点。文献[15]对多CP对组成的网络结构进行了研究并提出了多核结构探测算法。文献[16]将CP结构扩展至有向网络上，根据边向定义了两种核心集合与两种边缘集合，并且发现这四种集合在实际网络中扮演不同的结构角色。对CP结构探测是这一方向的近期研究热点。

在呈现CP结构的网络中，其中一种得到较多研究的核心结构是所谓的"富人俱乐部"，即由度（加权度）高的节点之间紧密相连所形成的中观结构。"富人俱乐部"的节点被认为有支持全球网络集成的作用。文献[17]则提出"多样性俱乐部"，并发现在很多现实网络中"多样性俱乐部"比"富人俱乐部"网络在网络全局整合上起到更显著的作用。复杂网络的"俱乐部"结构是值得进一步深入探索的中观结构。

在中观层面的网络结构方面，近年来学界还有更多探索。例如文献[18]

以加权随机块模型揭示了多种动物和人类脑连接组的非同配的中观网络结构，多样化社区的存在意味着大脑的功能不仅来自各个独立的社区，还来自社区之间的互动。

总体而言，对网络中观结构的探索对于透彻理解网络的结构特性具有决定性意义，这一方向具有良好的前景。

2. 网络结构动力学

网络结构的演化机理是复杂网络研究的另一个重要方向。在网络科学发展的早期，瓦茨和斯特罗加茨以及巴拉巴西和雷卡·阿尔伯特（Réka Albert）分别就小世界网络与无标度网络提出了生成模型。之后，不少学者对小世界网络和无标度网络的生成模型拓展了扩展模型。例如，针对初始无标度网络生成模型先发优势过于明显的问题，文献[19]对大脑网络的模块化小世界结构的形成机制进行研究，发现其小世界结构的形成是成本（连接和运行成本）和效率权衡的结果。类似的工作还有文献[20]对生物网络中模块结构形成机制的研究，其结果显示模块结构受到网络性能最大化和连接成本最小化的选择压力而演化形成。

社区结构的形成和演化也是网络结构演化的关键问题。这方面有影响的工作如文献[21]通过对科学家合作网络及移动电话通信网络中社区的探查，指出关系强度对于不同规模的社区演化具有显著差异。CP 结构及俱乐部结构的演化分析也是近年来得到较大关注的课题[22]。

3. 网络上的行为动力学及结构与行为共演动力学

网络结构形态在现实系统中的普遍性使得学界针对网络上的传播、博弈、同步等集体行为开展了大量研究。进而，集体行为和网络结构往往呈现相互影响、共同演化的过程。因此，网络上的集体行为动力学，以及网络与行为的共演动力学是复杂网络相关理论研究的重要组成部分，在过去二十余年来产生了很多研究成果。

复杂网络上的传播动力学是引发极大关注的集体行为动力学类型。这里传播是指信息（包括虚假信息）、行为、状态等的广义扩散过程，例如信息传播、疾病传播以及交通拥堵的状态在城市空间中的扩散都属于传播动力学研究的范畴。正是因为传播现象的普遍性，学界在这一方向开展了大量研究。关于信息和行为的传播，以及疾病传播模型的研究尤为引人注目。在信息与行为传播问题上，经典的工作有阈值模型、"三度影响"模型、"复杂感染"模型等。网络对信息与行为传播的影响是另一个关键主题，经典工作如文献[23]利用脸书数据研究网络结构的多样性对传播的影响。社交媒体的兴起带动了针对在线社会网络上的信息与行为传播的大量数据分析和模型研究。虚假新闻与虚假信息的泛滥成为一个严重的社会问题，正因如此，虚假信息的传播，尤其是在在线社会网络上的传播成为近年来的一个焦点研究课题。复杂网络上的信息与行为传播问题一直是一个十分活跃的研究方向。

传染病传播是另一个广受讨论的议题，与复杂网络的结合推动了人们对传染病传播规律的认识的极大深化。例如，传统传染病传播模型默认疾病是依托现实的地理空间扩散的，而航空等交通网络对传染病的扩散模式产生了很大影响，文献[24]发现嵌入航空网络的"隐藏地理空间"能更为精确地解释传染病的传播。时空网络中的疾病传播模型是引起关注的新兴方向。进而，多重耦合传播问题，包括多种疾病的竞争传播或协作传播、疾病在多重网络中的共同传播，以及疾病和信息的耦合传播等，是近年来的焦点研究课题。2020年以来新冠疫情的全球暴发引发了围绕复杂网络中传染病传播、传染病和相关信息（尤其是虚假信息）的共同传播，以及相应干预措施的相关研究的大量涌现。

网络上的意见动力学、博弈行为演化动力学，以及网络中的行为同步等也是广受关注的研究方向。

意见动力学研究群体观念与意见的演化机理，意见交流中参与人的交互网络结构对群体意见演化产生显著影响。正因如此，在20世纪90年代后期意见动力学兴起之后，复杂网络和意见动力学的结合日益成为广受关注的研究课题[25, 26]。社会网络中，尤其是社交媒体中包含回音壁效应的意见动力学研究已成为近年学界关注的焦点[27, 28]。

复杂网络上的演化博弈行为动力学特别是针对社会困境的合作演化动力学是广受关注的研究方向。自文献[29]发现囚徒困境博弈的空间混沌特征以来，空间互惠一直是演化博弈行为动力学的主要方向之一。复杂网络研究的兴起进一步推动了围绕复杂网络上合作演化研究的发展[30, 31]。

复杂网络上的行为同步是过去二十余年来得到较多关注的研究方向[32-34]。复杂网络中的同步控制问题成为复杂网络控制的重要研究方向之一。

复杂网络的学科进展也带动了围绕企业、科学家群体乃至社群的知识生产的行为动力学研究的兴起。特别是，在复杂系统与复杂网络及大数据分析的共同推动下，数据驱动的"科学的科学"近年来引发了很大的关注。围绕科研协作网络的研究长期以来是网络科学研究的重要组成部分，学界就科研协作网络的结构特性、演化模式等开展了很多研究。在此基础上，近年来很多学者围绕科研人员的行为模式（如合作伙伴的选择、研究主题的转换，以及工作单位的变更等）及其与科研绩效的关联等多方面问题开展了持续研究[35, 36]。

关于复杂网络中的行为动力学研究通常是围绕行为动力学的具体情景展开的，整个问题的涉及面很广且呈现蓬勃发展的态势。例如，围绕时空网络的出行动力学和社会经济活动动力学的研究[24, 37, 38]、金融网络上的金融风险传播[39]、海运网络影响下的国际贸易[40]、脑网络中的信号传递[41]等。

网络结构与网络上行为的共同演化问题（结构与行为共演动力学）是随着网络中行为动力学研究的发展而兴起的重要研究方向。

4. 多层网络与高阶网络及其上的行为动力学

过去十余年来，关于网络的结构与演化的研究进一步朝多层网络、高阶交互网络等方向扩展。

多层网络有多种形态，如时序网络、多重耦合网络及超网络等[42]。较之于传统的单层网络，多层网络能更深入综合地刻画复杂的交互关系，正因如此，多层网络在过去十余年来成为网络科学与网络系统工程学界关注的焦点。同时，多层网络也带来了极大的研究挑战，如多层网络的同配性分析既需要分析层内的同配性，还需要关注层间的同配性。传统应用于单一网络的特征概念或者度量工具多需要进行扩展，才能应用于多层网络中。多层网络的层间特性也有针对多层网络独有特征的度量，如边重叠、节点依赖性。对此，人们就多层网络的结构属性、演化模式与规律、多层网络上的行为动力学等开展了大量研究，如多层网络中社区结构的探测[43]、鲁棒性与韧性[44, 45]、耦合传播与同步[46-48]、合作演化[49, 50]等。多层网络分析对多个领域的研究产生了显著影响，如生物学、生态学、人脑研究、交通运输、经济学等。

高阶交互网络是最近几年备受关注的研究方向。通常的复杂网络研究是把节点间的直接关系作为网络边而构建的网络，而现实中节点和节点之间存在更高阶的关系，典型的情景如通过模体形成的小规模聚簇可以被视作更高阶关联关系中的单一节点，在此基础上可以对网络进行分层——密集关联的局部聚簇形成的一阶交互关系及聚簇之间的高阶交互关系。基于这一思路构建的高阶网络本质上是对网络中节点的概念进行扩展，即高阶网络刻画的是节点簇之间的连接关系。作为多层网络的一种类型，这类高阶网络近年来引发了学界的很大关注，人们围绕高阶网络的分析及高阶网络上的行为动力学等问题开展了很多研究[49, 51, 52]。

（二）网络系统工程方法与技术

前述针对复杂网络机理问题的研究是和相关的网络分析方法与技术的研究并行发展、彼此互相促进的。伴随着网络科学的发展，网络系统工程的相关技术与方法也取得了显著的进展。总体而言，关于网络系统工程相关技术与方法的研究和通常视为"网络科学"研究的机理性研究工作是相辅相成、互相渗透且难以截然区分的，因此本节首先对围绕网络结构与行为分析的相关技术加以简述，进而对近年来获得较大关注的网络控制及基于机器学习（machine learning）的复杂网络分析相关研究加以进一步阐述。

1. 针对网络结构与行为的分析方法与技术

对网络结构与行为的分析是复杂网络研究的重要环节，也是网络结构与行为演化研究的重要基础。对此，学界就复杂网络的结构分析方法与技术开展了大量研究，如网络节点重要性度量与关键节点识别[53]、社区检测[11]、网络全局效率检测[54]、网络CP结构探测[55]、"俱乐部系数"检测[12]、网络中的集体行为预测与干预[56, 57]等。这些方法与技术层面的研究和前面所述针对复杂网络结构与演化的相关机理研究同步开展，相互促进。

网络的链路预测与网络重构是需要单独加以说明的值得关注的方向。链路预测是根据当前已知的网络结构来预测新的链接的形成。这是一个十分有意义的问题，过去十多年来受到了很大关注[58, 59]。网络重构是数据驱动的系统要素和关系识别技术，通过对运行数据进行分析和处理，挖掘系统中隐藏的节点关系，还原网络的结构和动态过程。它的实现方式可以分为以下三类：①基于格兰杰因果的网络重构[60]；②基于信息论的网络重构，如利用互信息、传输熵、因果熵等[61]，可以反映不同条件下多个节点间的关系，弥补只利用二元相关性构建网络的劣势；③基于压缩传感知理论的网络重构，其中的压缩映像算法可以利用很少量的数据准确地重构无向网络、权重网络、有向网络等[62]。网络重构技术已广泛应用于传染病传播[63]、经济与金融[64]、基因调控[65]等学科领域。

2. 网络控制相关研究

网络控制是网络科学与控制理论和系统工程结合层面上备受关注的研究方向。这一方向的初期突破性工作来自文献[66]对网络可控性的研究，作者指出稀疏的非均质网络较难通过少量驱使节点加以控制，而稠密的均质网络具有更好的可控性。文献[67]解决了控制多层和多时间尺度网络的问题。对于控制信号应用于一层节点的情况，他们开发了一个基于不相交路径覆盖的理论，以确定完全控制所需的最小输入数。文献[68]发现，与静态网络相比，时序网络需要更少的控制能量，能更快地达到可控状态，并具有控制轨迹。因此，时序性保证了一定程度的灵活性，进一步提高了对其的控制能力。当前对网络可控性的理论研究很多，但缺乏直接实验证明理论的有效性。文献[69]通过将控制框架应用于线虫的连接体，来预测神经元的参与情况。实验表明，对当前连接体中弱连接的删除、缺失连接和重连接的预测是鲁棒的。

网络的稳定性与韧性问题是网络控制稳定的重要方面。在这一问题上的一项有影响的工作是文献[70]针对网络韧性模式的研究。该工作针对网络系统提出一个系统韧性分析框架，并揭示影响系统韧性的网络因素，进而分析了网络的更高阶集合特征（如网络模体）与系统韧性的关联。文献[8]提出了一种基于模体的网络脆弱性评价方法，揭示了网络局部结构和局部动力学对网络恢复力的作用。网络稳定性与韧性是当前网络科学与网络系统工程学科领域中具有良好前景的方向。相关基础理论研究和面向具体问题情景的应用研究并行开展、互相促进[71]。

3. 网络嵌入与网络表示学习

复杂网络包含复杂的结构特性，随着要分析的网络规模的扩大，采用传统分析手段开展研究变得愈加困难。一条值得深入探索的路线是通过机器学习技术获取网络特征信息，并在此基础上对网络进行进一步分析。正因如此，网络嵌入与网络表示学习近年来日益受到广泛关注。

网络嵌入算法是对网络中节点进行特征学习，将其转化为低维稠密的实数向量，从而用于节点分类、聚类、链路预测和异常检测等下游任务中。例如，节点表示可以作为特征送入支持向量机等分类器用于节点分类任务，也可作为欧氏空间中的点坐标用于可视化任务。相较于传统方法需要人工设计节点特征（如度、中心性等），网络嵌入算法可以自动捕获到节点难以用单一指标描述的复杂的特征。

网络表示学习算法主要有基于特征分解、随机游走和深度学习的方法，如 Node2Vec、DeepWalk、LINE 都是基于随机游走的方式。它们的核心都是参照 Word2Vec 的思想，将节点看作单词，通过随机游走构造类似的句子结构，进而利用 Skip-gram 训练"句子"组成的语料库获得节点嵌入表示。Node2Vec 认为在同一个社区的节点相似，而且拥有相同拓扑结构的节点也相似，由此可设计深度优先游走和广度优先游走两种方式，使得嵌入向量可以反映同质性和结构相似性。

真实世界中的网络节点往往会伴随着丰富的外部信息，而传统网络表示学习主要依赖于网络拓扑结构信息，从而忽略这些异质信息（如文本信息、标签类别信息等）。因此，如何在网络表示学习过程中，考虑这些外部信息，以及提高网络表示的质量和增强表示向量在网络分析任务上的效果，是网络表示学习领域的重要挑战。常见的处理方式有三种[72]：其一，根据属性将节点表示为不同类型的结构，构建异质网络；其二，通过神经网络或者矩阵分析学习节点属性的表示，再以学习的属性表示调整节点嵌入；其三，开发一种直接将节点特征映射到节点嵌入的学习框架，如 TADW、GraphSAGE、DepthLGP 等。除节点属性外，一些研究利用社区结构信息、边上标签信息构建网络表示学习算法。

动态网络给网络表示学习带来了很大的挑战。若直接将静态网络嵌入算法应用于动态网络，会存在一些不足。例如，虽然网络变化很小，但仍然需要重新训练模型，且获得的模型向量变化大，无法获知时序信息，因此需要针对动态网络的特性开发新的嵌入模型。与静态网络嵌入相似，动态网络嵌入方法也可大致分为基于类 Skip-gram 模型、基于特征值分解、基于自编码器以及基于神经网络的方法等[73]。

图神经网络（graph neural network，GNN）是近年来最受关注的图表示学习技术之一。图神经网络的概念不等同于图嵌入。图嵌入是为了获得图或网络中节点的低维向量表达，这个向量能够表征其特征；图神经网络的目标则是学习一个嵌入向量用于表征每个节点的邻居信息。图神经网络的诞生主要为处理非欧氏结构的数据，包括图卷积网络、图注意力网络、图自动编码器、图时空网络及图生成网络等[74]。图神经网络算法可以处理节点层面、连边层面和图层面的任务。图神经网络是否为无监督、半监督、监督式学习，取决于学习任务以及训练时是否有可用的标签信息，包括节点层面的半监督问题（训练时只输入部分节点的标签，而输出全部节点的标签）、监督型的图分类问题以及无监督的图嵌入算法。

图神经网络现已广泛用于各类复杂网络问题，尤其是在各种具体现实问题场景下的复杂网络分析中取得了广泛的应用，例如，在交通研究中基于 GNN 的推荐系统[75]、基于 GNN 的分子特征预测[76]等。

总体而言，机器学习与复杂网络的结合正成为网络科学与网络系统工程学科值得关注的重要发展方向，并展现出宽广的应用前景。

二、关键科学问题

数学、计算机科学，以及其他工程学科与网络科学之间的交织日益密切，网络科学理论边界不断延伸。更加数学化的网络科学可能会改进对网络现象的理想化假设，从而能够接近现实世界，阐明随机性在建模中的作用为微观机制和宏观的潜在行为奠定了坚实的数学理论基础。网络科学数学化面临若干关键问题，如稀疏图的极限对象、结构和时间异质性的稀疏图理论、对网络和网络动态的理解（特别是多层网络或者高阶网络）等。这些突破有望为全面理解复杂的网络系统提供数学基础。

复杂网络的发展离不开大数据分析，基于复杂网络的分析反过来也是大数据分析的重要方面，二者密不可分。正因如此，网络系统工程的后续发展亦应着力于大数据分析与复杂网络分析的深度结合，特别是应结合大数据分析与机器学习的新技术对网络重构与网络系统自动模型构建、网络系统属性检测、网络链路预测，以及网络上的群体行为模式检测与预测等方面的问题加以深入探究。

复杂网络的控制、设计与优化是网络系统工程的重要方向，其关键在于通过特定的网络结构分析和设计，使得网络系统的运行结构达到预期。复杂网络系统本身具有结构性特征，当网络节点相互之间强耦合时，如何系统考虑这些节点的耦合特性，从而对网络系统进行优化和控制是有待解决的关键科学问题。

三、发展思路与发展方向

根据上述关于网络系统工程相关理论与方法研究进展的概述，需要从基础理论、方法技术及同具体领域的深度融合三个方面对网络系统工程的未来重点发展方向加以阐述。

（一）复杂网络理论研究重点方向

要深入发展网络系统工程学科，必然要对复杂网络的结构、属性、演化以及复杂网络上的行为动力学机理等方面加以深入研究。这将是网络系统工程学科发展的重要方向。

对复杂网络的结构与属性的进一步探究。当前，学界对复杂网络的理论认识得到了极大的深化，然而在现实复杂网络的基本结构形态和基本属性方面尚存在需要进一步阐明的问题。例如，现实网络中的小世界结构究竟是如何组织的，现实网络的节点度分布是否确实普遍呈现幂律分布，什么样的网络结构形态能以更小的连接成本实现更优的全局效率，什么样的网络结构形态具有更好的网络鲁棒性和韧性，等等。这有待于结合现实问题情景对复杂网络的基本结构形态和关键属性（如小世界特性、社区结构、CP结构，以及网络的效率、鲁棒性、韧性等属性）加以进一步深入探究。

对网络结构演化动力学与网络上的动态过程的进一步探究。复杂网络结构演化机理、网络上的群体行为动力学机理以及结构与行为的共同演化动力学机理亦属于网络科学与网络系统工程的基本研究问题，在过去二十年来取得了很大进展。但对这些基本问题的进一步探究将依然是网络系统工程研究的重要方向。

相互依赖网络、时序网络、超网络与高阶网络。基础的网络模型刻画的是节点和节点之间的二元关系，这种建模方式具有较大局限性。正因如此，过去十余年来学界对网络模型进行了多种扩展，典型如相互依赖网络、时序网络及高阶网络等。对这类网络的结构、演化及行为动力学，以及基于这类网络对现实系统进行建模和研究，是网络系统工程领域值得重点关注的发展方向。

其中，相互依赖网络有助于刻画通过多种关系关联而形成的系统。例如，多重耦合网络可以清晰地描述同一节点集合通过多种关系关联而形成的网络系统。时序网络强调网络连边的时序性。在很多现实系统中，节点间的连边并不是始终存续的，而是具有时序性的，时序网络是对包含时序关联关系的现实系统的有效建模工具。高阶网络则是由三个及以上个体间的"高阶交互关系"构成的网络。刻画网络高阶特征的常用方式是超图、"单纯复形"等。高阶网络亦极大地扩展利用网络描述现实系统的能力。但是，对网络概念的这些扩展又给网络科学与网络系统工程带来很多需要深入探索的科学问题。

（二）网络系统工程方法与技术重点方向

针对网络科学与网络系统工程的基础理论研究和网络系统工程方法与技术研究相互推动。特别是大数据分析与机器学习技术的发展极大地推动了复杂网络分析技术的发展，进而对网络科学与网络系统工程基础理论的发展起到了十分重要的推动作用。因此，在网络系统工程的方法与技术层面，尤其应该重视复杂网络与大数据分析以及机器学习的综合。另一方面，基于复杂网络的系统设计、控制与优化研究亦是网络系统工程发展的重要方向。

图神经网络。在复杂网络与大数据分析及机器学习相关技术的结合中，图神经网络技术尤为值得关注。图神经网络是复杂网络与机器学习结合的自然形态，从神经网络的角度看又展现了良好的前景。图神经网络为超大规模的复杂网络分析铺平了道路，有望对网络系统工程产生革命性影响，应对基于图神经网络的复杂网络及网络上的行为动力学分析予以充分关注。

因果推断。因果推断因其严格区分了"原因"和"结果"变量，相对于相关关系，在揭示机制、指导工程和干预行为等方面有重要作用。由于复杂系统的非线性特点，因果作用会存在时滞性或局域性，故而其因果关系的判断十分困难。针对如何检测复杂系统中的因果关系，已有一些有影响的工作。例如文献[77]提出收敛交叉映射算法，该算法的本质是在度量相关性中有多大可能存在因果性，而非因果性的大小，其可以区分互为因果和单项因果两种情况。基本思想是如果变量Y的历史数据能够由变量X可靠推出的程度越高，那么X到Y的因果关系的可能就越强。另一种经典算法是PCMCI算法[78]，将线性或非线性条件独立性检验与因果发现算法灵活地结合起来，既考虑到"错误检出因果关系"，也考虑到"未检出因果关系"。文献[79]和文献[80]提出了暗因果的概念，并且开发了一种基于符号动力学和相空间重构结合的因果推断方法，捕获动态复杂系统中的潜在结果，从而得以对所有因果关系类型进行计算、分离和预测。这些工作展现了因果推断与复杂系统，特别是复杂网络结合的良好前景。针对网络系统的因果推断研究是值得加以关注的重要方向。

复杂网络控制、设计与优化。核心问题是如何设计特定的网络系统，并令网络系统在实际运行中达到预想的性能目标。

（三）与具体领域的结合研究

由于网络系统的广泛性，网络系统工程可以应用于很多领域。这里仅就最具代表性的生命科学、计算社会科学、工程技术等领域加以简单说明。

生命科学领域。网络科学与网络系统工程的大量研究是结合生命科学领域开展的。过去几十年来学界研究了大量生物网络，如蛋白质作用网络、基因调控网络、代谢网络和脑网络、药物靶向网络等。生命科学领域也将是进一步发展网络系统工程应该密切关注的现实问题领域。复杂网络是生命科学发展的重要推动力量。

结合生命科学领域的复杂网络研究的挑战和主要发展方向有：①目前的生物网络数据存在着不平衡、不完整的缺陷，高质量的生物网络数据获取方法，也是生物网络研究的重要基础；②生物网络包含多种生物分子不同类型的连接，为异构网络及网络的网络等方面的研究提供了良好的场景；③生物网络数据复杂度高，基于机器学习特别是深度学习、图神经网络等的研究应用，将为多维度的生物网络数据分析带来新的机遇；④基于生物试验的假设与验证对于生物网络研究来说尤为重要，需要通过跨学科的合作来加以推动。

计算社会科学领域。计算社会科学是计算机科学、复杂系统与社会科学融合产生的新兴研究领域。近年来，计算社会科学研究取得了显著的进展。在当前大规模人类以网络化方式进行互动、交流与协作的背景下，网络系统工程对该学科的发展必将产生巨大的推动作用。网络系统工程有望在计算社会科学的各个子领域发挥显著作用。这将是发展网络系统工程不可忽视的重要领域。

工程技术领域。现实中很多技术系统可以通过复杂网络加以刻画，如通信网络、计算机网络、道路交通网络、电力网络等。与之相应，如何利用网络系统工程的理论、方法与技术对这些技术系统进行分析、设计、控制和优化是一个值得重点关注的研究课题。与现实技术系统问题的结合也将是推动网络科学与网络系统工程进一步发展，并有力推动现实社会进步的重要方面。

总体而言，网络系统工程正处于从初步探索走向全面发展的重要发展期，应同时致力于基础理论的深入探索、方法技术上的融会贯通，以及与具体领域的深度结合三个方面，并且这三个方面的工作应彼此配合，共同推进这一学科领域的发展。

第二节　工控网络信息系统工程

一、发展现状与发展态势

工控网络信息系统的发展过程体现了系统工程理论与方法的引领作用。20世纪七八十年代，集中式数字控制系统占主导地位，它采用星型网络拓扑结构，由单片机、可编程逻辑控制器（programmable logic controller，

PLC)、单回路控制器(single loop controller,SLC)或微机作为控制器,对生产过程集中控制与管理。集中式数字控制系统的星型网络拓扑结构设计,符合系统工程理论的最短板理论。当时网络技术还不够发达,没有成熟高效的数据交接技术,无法建立实时的多级结构的大型网络。为了保证网络通信的实时性,研究人员从系统工程的角度,对工控系统进行综合分析,确定了星型网络拓扑结构的设计方案。这种设计方案符合当时控制系统需求与多领域技术发展现状。然而集中式数字控制系统的星型网络拓扑结构设计,要求控制器必须具有足够的处理能力和极高的可靠性,并且其一对一的接线方式使得网络的硬件连接工作量大,需要大量线缆,难以安装与维护。这为下一代工控网络的发展指引了方向。

20世纪八九十年代,随着网络信息技术的发展,DCS逐渐占据主导地位,其核心思想是在功能上集中管理、分散控制,各上下位机之间通过控制网络互联以实现相互之间的信息传递,从而克服了集中式数字控制系统对控制器处理能力和可靠性要求高、风险过分集中的缺陷。从集中式数字控制系统到DCS的发展,体现了系统工程在时间维上的一个迭代过程,即通过规划、设计、研制、生产、安装、运行和更新七个依次循序渐进的阶段促使系统得以不断发展。DCS虽然解决了集中式数字控制系统风险过度集中的问题,但是在网络开放性、互操作性与互用性等方面仍需提升。网络信息系统的开放性既指通信协议公开,不同厂商设备可互联为系统,并实现信息交换;也指相关通信标准的一致性、公开性,强调对标准的共识与遵从。控制网络只有开放,才能实现设备或系统互联,才能把系统集成的权利真正交给用户,用户可按自己的需要和考虑,把来自不同供应商的产品按应用需要组成系统。网络设备互操作性是指互联设备间的信息传送与沟通;互用意味着不同生产厂家的性能类似的设备可实现相互替换。由于不同DCS往往采用独有的通信协议,难以实现网络集成与信息共享,故DCS大多自成体系,缺乏良好的开放性、互操作性与互用性。

为满足工业控制系统对网络开放性、互操作性与互用性、安装维护简便性的要求,现场总线网络控制系统应运而生。现场总线是一种应用于生产现场,在现场设备之间、现场设备和控制装置之间实行双向、串形、多结点的数字通信技术。现场总线兴起于20世纪八九十年代,被称为自动化领域的计算机局域网。它的出现,标志着工业控制技术领域又一个新时代的开始,并对该领域的发展产生了重要影响。

为解决现场总线网络这一系统性工程,研究人员通过植入专用微处理器的方式，赋予了传统测控设备数字计算与数字通信的能力。通过在多个测控设备之间以简便易用的双绞线等作为总线构建网络系统，并按照相关通信协议实现现场设备与远程监控计算机的连接和通信，形成了一个可以互相沟通信息、共同完成控制任务的网络化控制系统。目前世界上有 40 余种现场总线，包括基金会现场总线（foundation fieldbus，FF）、LonWorks、Profibus、HART 等，它们在各自领域发挥着重要作用。根据系统工程理论方法，通过多种软硬件的协同、多知识维度上的融合，实现现场总线网络系统的设计与研制。通过总线芯片的选择、电路的设计与软件协议的编制，充分发挥硬软件的性能，更快更稳定地实现系统功能，为现场总线网络系统提供可靠的技术保证。

相较于传统的工业控制网络，现场总线网络系统的优势主要体现在以下几个方面。

（1）低成本。一方面，应用现场总线技术只需要用一条总线即可实现控制器与现场设备的连接，减少了所需电缆数量，极大地降低了系统的工程成本；另一方面，采用数字化通信技术连接现场设备，用户可以远程获取设备的状态参数，实现远程控制与维护，降低日常运维成本。

（2）高准确性。网络节点具备数字计算和数字通信能力，提高了信号的测量、控制和传输精度。

（3）支持总线供电。通信总线在为多个自控设备传送数字信号的同时，还为这些设备传送直流工作电源。

（4）传输信息多样。总线式串行通信可提供更为多样的控制信息，除了传输测量控制的状态与数值信息外，还可提供模拟仪表接线所不能提供的参数调整、故障诊断、阀门开关的动作次数等信息。

（5）全分布控制。可把控制模块、各输入输出模块置入作为网络节点的现场设备，位于现场的测量变送仪表与阀门等执行机构之间直接借助网络传送信号，控制系统功能可直接在现场完成，将完整的控制系统功能彻底分散到现场，大大提高了控制系统运行的可靠性。

可以看出，每一种工控网络信息系统的产生和发展，都是系统工程综合考虑的结果。在网络信息技术不够成熟并制约控制系统信息传输时，设计研制集中式数字控制系统，通过控制器与现场仪表的一对一接线方式，解决信息采集与输出问题。当网络信息技术充分发展，控制系统信息传输的短板不复存在时，集中式数字控制系统中核心控制器的处理能力、可靠性、集中控制汇聚的风险，成了系统工程师主要考虑的问题。DCS 网络控制系统正是在这种背景下产生的，它以集中管理、分散控制的核心优势，受到产业界的欢迎和广泛使用。随着工厂综合自动化技术的发展，越来越多的企业需要消除信息"孤岛"，对各种不同的工业控制系统进行无缝集成，从而优化控制系统结构，实现全局优化运行控制。DCS 网络控制系统在开放性、互操作性与互用性等方面的不足，成为系统无缝集成的主要技术限制因素。正是在这种需求的驱动下，设计研制了现场总线网络控制系统。当然，随着时代的变化、技术的进步、需求的不同，工业控制网络系统的发展是永恒的，这也正是系统工程存在的意义。

近些年来，以太网技术迅速发展，具有多项优势，如采用公开的标准和协议、提供多种信息服务、价格较低、技术成熟、有利于信息集成等。因此，工业以太网是工业控制网络发展的重要方向。工业以太网源于以太网，但又与普通以太网不同。通过提高普通以太网的实时性和对工业环境的适应性，并引入控制功能，就形成了工业以太网的技术主体。很多现场总线都提出了与以太网结合，将其作为现场网络的高速网段。例如 FF 中 H1 的高速网段 HSE、Profibus 的上层网段 ProfiNet，以及 Modbus/TCP、EtherNet/IP 等，都是典型的工业以太网。

2004 年 1 月 IEC/SC65C 在法国召开会议，规定起草实时以太网标准，即 IEC61784-2。IEC61784-2 是在现场总线国际标准 IEC61158 的基础上制定的实时以太网应用行规国际标准，定义了系列实时以太网的性能指标以及一致性测试参考指标。IEC61784-2 列出实时以太网通信标准，这些不同的实时以太网协议基于 IEEE802.3 以太网协议，提高网络的传输效率和实时性能，以满足不同工业控制网络的应用需求。

其中，《用于工业测量与控制系统的 EPA 系统结构与通信规范》是我国第一个拥有自主知识产权的现场总线国家标准，由浙江大学、浙江浙大中控信息技术有限公司、中国科学院沈阳自动化研究所、清华大学、大连理工大学、重庆邮电学院等单位在国家高技术研究发展计划（863 计划）的支持下联合起草。

2018 年 12 月 29 日，工业和信息化部印发《工业互联网网络建设及推广指南》，明确提出以构筑支撑工业全要素、全产业链、全价值链互联互通的网络基础设施为目标，着力打造工业互联网标杆网络，创新网络应用，规范发展秩序，加快培育网络新技术、新产品、新模式、新业态。到 2020 年，形成相对完善的工业互联网网络顶层设计。

在系统工程理论中，技术过程和管理过程是系统工程相互联系、不可分割的两个层次，技术过程就是从用户的需求变成实际产品的过程，管理过程为技术过程确定了技术、成本、进度三要素相平衡的目标和计划，向技术过程提出要求、提供资源、提供保障，并在实施过程中进行控制。现阶段的工业互联网正是处于技术过程与管理过程互相完善的发展阶段，在技术过程中高带宽、安全性、多源信息集成、实时异构网络是实现工业互联网的关键技术，在理论上已经有所突破。然而在工业互联网系统的建设中，如何让这些技术落地，如何降低工业互联网建设成本，如何确保进度可控这一系列管理过程的难题还有待解决。接下来的两小节正是在系统工程的指导下，综合考虑技术过程与管理过程，提出工控网络信息系统发展的关键科学问题与优先发展方向。

二、关键科学问题

（一）工控网络信息系统的实时性和调度问题

实时性是工控网络信息系统的重要性能指标。随着工控网络信息系统的规模不断扩展，资源受限特征日趋显著，造成信息延迟、系统控制性能降低和资源利用率降低等问题，从而无法有效保证工控网络信息系统的各项指标。因此，工控网络信息系统的实时性和调度问题成为亟待解决的关键科学问题，极有必要采用新的分析方法和新的调度策略对系统的实时性与可用资源进行重新评估，并实现工控网络信息系统的整体优化。系统工程的理论方法为工控网络信息系统实时性问题提供了有效的研究方法。在系统工程的理论方法指导下，采用系统规划、方案设计、理论分析和实验验证相结合的方法，建立工控网络信息系统的网络时延模型，研究工控网络信息系统的调度与控制策略，设计控制回路采样周期自适应实时调整算法，不仅具有重要的理论意义，而且具有广泛的实际应用价值。

（二）工控网络信息系统的开放性

随着经济全球化的发展和科技的进步，许多企业应用了互联网、智能设备和服务器式应用系统及无线通信等新技术。这些新技术和商业过程的应用有利于企业降低生产成本，但也产生了更多的信息"孤岛"。因此，建立开放性的工业互联网网络体系，消除信息"孤岛"尤为重要。为实现这一目标，以系统工程理论作为引领，协同各网络协议标准组织制定趋于统一的现场总线协议，从而使各设备供应商的设备具有互换性。同时，各个厂商应大力发展网络协议转换接口技术，以解决协议转换与实时性的矛盾。此外，通过云计算、大数据等新技术的应用，彻底打破传统物理隔离常规，使得工业终端设备从封闭逐步走向开放，建立一个开放性的工业控制网络体系。这样不仅可以降低企业的管理成本，而且可以提高生产质量带来的巨大的经济效益。

（三）工控网络信息系统的安全性

工控网络作为一种特殊的网络，直接面向生产过程和控制，肩负着工业生产过程的测量与控制信息传输的特殊任务，并产生或引发物质或能量的运动和转化。因此，必须满足高可靠性与安全性、工业现场恶劣环境的适应性、总线供电与本质安全等特殊要求。工控网络攻击具有严组织、高隐蔽、强持续的特点，而且技术手段层出不穷，尤其是国家关键信息基础设施的工控网络和系统，一旦出现问题，将给国家安全和经济社会发展带来巨大威胁。为此，运用系统工程理论，通过网络系统规划、建设、运行、维护四个过程对工控网络安全防护进行建设，从本质安全、技术防护、标准规范、管理制度、运行管控五个方面进行综合考虑。建立综合的网络安全防护体系，持续作用于整个工控网络的安全防护生命周期中，在维护运行效率和安全生产间找到平衡点，保障生产制造活动高效率、高安全、高可靠。

（四）工控网络多源信息集成与边缘计算

工业数据包括设备数据、控制系统数据、业务系统数据、设计数据、工艺数据、质量数据、物料数据和能耗数据等，覆盖从客户需求到销售、订单、计划、研发、设计、工艺、制造、采购、供应、库存、发货和交付、售后服务、运维、报废或回收再制造等整个流程全生命周期各个环节。数据多源异构，规模庞大，给网络传输带来巨大挑战。因此，采用边缘计算与多源信息集成的技术，在系统的底端对数据进行处理，对工控网络的效率提升极为重要。边缘计算处于物理实体和工业连接之间或物理实体的顶端，其应用程序在边缘侧发起需求，产生更快的网络服务响应，满足行业在实时业务、应用智能、安全与隐私保护等方面的基本需求。将多源信息集成的过程分为数据提取、数据转换、数据传输、数据接收、数据控制与管理五个部分，根据系统工程的理论方法，对各部分进行统筹规划，对于提升工控网络的效率、减轻计算中心的负担具有重要意义。

（五）异构工控网络的实时性及容错性

无线网络技术作为当今世界最具活力的新兴技术之一，具有有线网络技术无法取代的优势，并且逐步渗透到工业控制的各个环节。因此，有效融合有线网络与无线网络技术，构建实时异构工控网络是工业控制系统发展的必然趋势。但是在工控网络信息系统中引入无线网络技术，也带来了网络实时性和容错性等方面的挑战。系统工程的理论方法为研究异构网络的实时性和容错性，提供了有效的分析与设计方法。通过对硬实时网络与软实时网络的合理划分，建立不同优先级的通信任务。设计基于优先级的异构网络系统调度算法，并通过理论分析与实验验证进行迭代更新。提高网络实时性和容错性，是实时异构工控网络信息系统发展中必须解决的难题。

三、发展思路与发展方向

（一）高带宽、可扩展的智能 PLC 技术

高带宽、可扩展的智能 PLC 是带有模块化组件的可定制控制过程的小型工业计算机，广泛应用于工控网络信息系统。在工业互联网快速发展的时代背景下，未来工控网络信息系统应该具有更高的实时性和可扩展性。作为工控网络信息系统核心的 PLC 设备若没有足够的带宽、不能灵活扩展，无疑将会大大减弱工控网络信息系统的实时性和可扩展性。因此，亟须发展高带宽、可扩展的智能 PLC 技术。

（二）工控网络信息系统安全技术

工控网络信息系统安全是国家网络和信息安全的重要组成部分，是推动制造业与互联网融合发展的基础保障。工控网络信息系统安全事关经济发展、国家安全和社会稳定。近年来，随着信息化和工业化融合的不断深入，工控系统从单机走向互联，从封闭走向开放，从自动化走向智能化。在生产力显著提高的同时，工控系统面临日益严峻的信息安全威胁。因此，亟须研究并实施工控网络信息系统安全技术，涵盖工控网络信息系统设计、选型、建设、测试、运行、检修和废弃各阶段防护技术，从安全软件选型、访问控

制策略构建、数据安全保护、资产配置管理等方面确保系统安全。

（三）高实时性的工业以太网技术

以太网具有安装快速方便和低成本等特点。在以太网基础上进行改造提升，形成工业以太网来支持工厂现场通信，是工控网络信息系统的重要发展方向。以太网采用 CSMA/CD 通信调度方式，网络中的每个节点通过竞争来取得信息的发送权，这会导致节点所发送的报文在网络上发生碰撞，影响通信的实时性。在工业网络中，许多应用场景对网络实时性要求非常高。因此，研究全双工交换式以太网技术、通信模型优化等高实时性的工业以太网技术，提升工控网络信息系统的实时性和确定性是重要的发展方向。

（四）基于无线传输的工控网络技术

有线局域网以其广泛的适用性和良好的性价比，在工控网络信息系统中获得了成功应用。然而，在有些工业现场难以使用电缆，限制了有线局域网的应用。随着微电子技术的不断发展，无线网络技术成为工控领域的研究热点。人们期望通过无线网络技术，在工厂环境下为各种智能传感器、控制器、执行器及移动机器人之间的通信，提供高带宽的无线数据链路和灵活的网络拓扑结构。无线网络技术在一些特殊工业环境下，有效地弥补了有线网络的不足，进一步完善了工业控制网络的通信性能。但是迄今，工业无线网络技术的规范尚有待完善。无线网络技术在恶劣的工业现场环境中使用时，如何加强抗干扰能力、降低能耗、提高通信实时性等，是工控网络信息系统领域的研究重点。

（五）工控网络信息系统分析与设计

随着计算机网络技术的快速发展，以网络为传输介质的工控网络信息系统成为重要发展方向。工控网络信息系统是一种基于网络的分布式控制系统，与传统点到点的控制系统相比，具有共享信息方便、布线少、易于系统维护和扩展等优点。然而，网络的引入也给控制系统的分析和设计带来了新的挑战。网络带宽的有限性，导致数据在网络传输过程中存在网络时延。受到网络负荷、节点竞争、网络堵塞等诸多表征网络状态的随机因素的影响，网络时延往往呈现出随机性。另外，网络丢包也是工控网络信息系统中难以避免的现象。因此，研究随机时延和网络丢包等条件下的工控网络信息系统稳定性、控制器和观测器设计，是重要的研究方向。

第三节　交通网络系统工程

一、发展现状与发展态势

网络化是交通系统的自然属性，交通基础设施建设与管理、交通系统的运营与服务，以及相关配套的政策与管理体制，对系统网络化都有内在需求。交通网络按照传统的运输方式可划分为道路交通网络、轨道交通网络、航空运输网络、水路运输网络与管道运输网络等。综合交通网络则是由多方式交通设施子网络和衔接不同设施子网络的连续服务网络所构成的，其基本存在形式是复合、异构的多方式设施子网络和人流、非机动车流、机动车流、公交车流和列车流等多行为主体的异质交通流。

交通网络中各元素之间的耦合关系十分复杂，是一个典型的开放、非线性、动态复杂巨系统。交通网络系统工程是指从复杂网络的视角出发，依据系统科学与工程的理论和方法，充分利用先进的信息、通信、控制与计算机等技术，协调有效地组织管理交通系统规划、设计、建设和运营等各个阶段的一门技术。目前的智能交通管理系统，实质上是交通基础设施网络系统同一个交通信息网络系统的整合，交通网络作为一个实体网络，信息网络相对而言是一种虚拟网络，虚实整合产生单一网络无法产生的高一层面的更高综合效率。近年来，交通网络系统工程在物联网、云计算、大数据、人工智能等新技术的驱动下，正在朝着数字化、智能化方向快速发展，并成为"智慧城市"的核心要素。

二、关键科学问题

（一）交通系统复杂网络分析

交通系统复杂网络分析的早期研究集中于利用复杂网络理论构造交通网络的拓扑结构，探讨分析静态交通网络的统计特性。随后围绕动态交通网络的生成与演化机理问题展开研究，并延伸推广至网络上的出行行为，期望发现交通网络运行的动态复杂机理。这既是一个具有挑战性的科学难题，也对实际交通网络系统的规划、设计及组织运营优化具有理论指导作用。

在静态复杂交通网络结构中，通常用网络的节点表示交通流的重要集散点，如综合交通枢纽、机场、车站、公交站点等，网络的边表示集散点之间的连接通道，如道路、轨道线路、航线、公交线路等。图 4-2 为纽约原始交通网络及部分节点拓扑图。在动态复杂交通网络结构中，网络的边通常被赋予某个相应动态变量权重，如交通流量、客流量、服务频率等。

(a) 原始交通网络　　　　　(b) 部分节点拓扑图

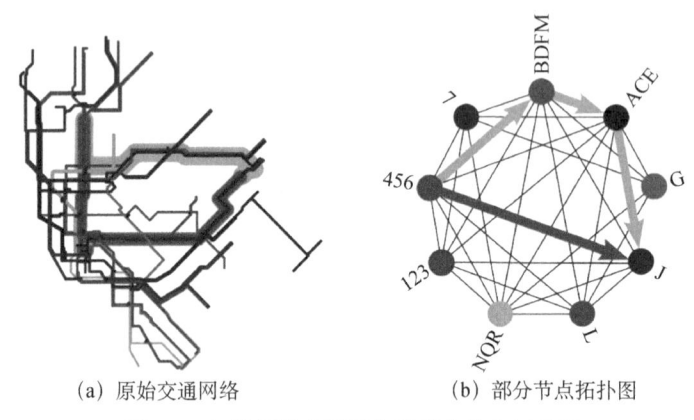

图 4-2　纽约原始交通网络及部分节点拓扑图

下面主要从不同交通方式的角度对相关研究及其中蕴含的科学问题进行论述。

对于城市复杂道路交通网络，将道路交通流、网络交通流模型与复杂网络分析方法相结合，寻找交通网络动力学的规律是一个重要的研究方向。

对于航空复杂网络，研究表明，航空网络具有小世界网络的特性。如果用航班数定义网络边的权重，中国机场网络也具有小世界特性，而且如果考虑飞机机型不同，网络所提供的运输能力将呈现出很大的差异性。

对于轨道交通复杂网络，当前的研究也显示轨道交通网络具有小世界网络特性。对于城市公交复杂网络，有研究表明，地面公交网络拓扑结构一般表现为小世界网络或无标度网络。

（二）交通系统网络化组织运营管理

交通系统网络化组织运营管理是指交通基础设施成网条件下为提高政府管理部门或运营企业工作效率、改善系统运行安全性、提高服务水平所采取的所有运输组织方法与措施的总称。其中的关键科学问题包括在交通基础设施物理结构为复杂网络的条件下，具有目标异性的多博弈主体（政府、运营企业、乘客等）之间如何实现利益平衡或达到帕累托最优等。

在交通基础设施物理网络的布局设计方面，主要应用的工具是利用运筹学中的方法优化建模，然后采用各种启发式算法进行求解。例如对于公交线网设计问题，可以将网络中的公交线路频率问题表述为非线性-非凸混合整数规划问题，然后将其转换为双层规划模型，并采用投影梯度算法或混合人工蜂群算法求解，或将乘客时间成本和运营者效益的加权组合（乘客满意度）作为优化目标建立线网优化模型，或综合考虑公交网络和公共自行车网络设计新的公交系统。也有学者基于"逐条布设、优化成网"的原则，对公交线网以及常规公交与城市轨道交通衔接的网络进行设计，或基于路线的准时指数、站点的偏差指数和站点的均匀度指数，对站点、路线和网络层面的公交服务可靠性进行评估。在轨道交通线网设计方面，可用整数规划模型描述轨道交通系统检查和维护调度的决策过程。

将交通基础设施网络化管理与北斗导航、无线通信、物联网等技术相结合是一个重要的新趋势，也取得了相关标志性成果，例如北斗系统提供的中国高精度位置网及其在交通领域的重大应用，车联网、大数据技术支持的大范围路网交通协同感知与联动控制关键技术及应用。此外，学者们将物联网应用于交通领域，利用生物识别技术进行车辆识别与车辆间互联，在光谱图像中识别交通基础设施目标，将建筑信息模型技术应用于交通基础设施网络化管理，将超网络用于构建车辆间通信模型等。值得指出的是，2014年 3 月我国交通运输部正式启动的全国高速公路电子收费（electronic toll collection，ETC）系统联网工作对交通设施网络化管理具有示范作用。除了对 ETC 相关技术持续研究之外，研发人员还利用联网 ETC 收集到的信息估算动态交通量，建设智能停车管理系统，高精度预测行程时间。

在客流分布时空不均衡以及运力资源有限的情况下，如何提高交通网络运营组织能力、降低乘客出行成本是国内外学者竞相研究的问题。

在网络化运营条件下，运营资源的共享及应急管理不仅能够对有限资源进行充分利用，提高线网协调运行效率，还能降低运营企业的运营成本，提升应急响应速度。对此可以利用交通信息共享技术提高运输服务质量，或建设基于云计算的全路多系统共享云平台，或探讨国铁干线、市域铁路和城市轨道交通融合发展的路径。对于网络的应急管理，研究人员规划和设计了高效轨道交通与公交联动网络，分析了在地铁运营中断且不确定恢复时间的情况下应急替代地面公交系统的最佳启动时间等。

关于近年交通行业涌现出的新业态（如网约车、共享单车、共享汽车等）交通网络，学术界也日益重视其组织和运营优化问题，如利用卷积神经网络对大规模共享单车网络中的站级需求进行预测、共享单车的网点车辆再平衡、共享汽车动态路径的优化、网约车司机和乘客会面点位置的评估等。

（三）交通系统网络化控制与诱导

交通系统网络化控制与诱导技术涉及网络化动态交通信息获取与交互、区域交通信号的网络化控制与智能诱导、交通网络信号控制及动态诱导协同等多个方面。它是大数据、云计算、人工智能等新技术渗透最广泛深入的一个领域，其中知名互联网公司提出的"城市大脑""交通大脑"等理念及其实践在业内产生了很大的影响。

在网络化动态交通信息获取与交互方面，主要集中在多源动态交通信息采集、异构交通的数据融合、交通传感器网络的自组网、网络化多维交通信息可靠交互技术等技术的研发，其目标是构建一个"全景"式的交通信息感知网络。具备一定的自我感知、自我判断、自我调节、自我控制能力的交通信息-物理融合系统是近来的研究热点，并进一步延伸推广到"并行/平行交通系统""数字孪生交通系统"。

在交通信号控制方面，经历了"点控—线控—面控"的过程，而如何实现对较大范围区域内交通网络的时空动态协同优化控制是一个具有挑战性的难题。

在交通动态诱导及信号控制协同优化方面，现有的全局优化协同算法一般基于用户路径决策得到全局优化的控制策略。目前信号控制与诱导协同存在的主要问题是大多数优化算法的求解需要相当大的计算量，需要在实时性、计算精度与优化效果之间进行权衡。研究的路网也相对简单，实际工程中所面对的路网远远超过实验路网规模，如何将实验得到的协同或全局优化策略应用于大范围路网是一个具有挑战性的难题。

三、发展思路与发展方向

（一）综合交通系统建设管理能力有所欠缺

随着我国"交通强国战略"的提出，综合交通体系建设的重要性日益凸显。目前国内外对单一方式交通网络的理论研究和应用成果相对比较丰富，但对具有"个体出行多样、群体行为涌现、多交通方式耦合、网络资源时变"特点的综合交通网络，无论是在指导理论层面还是具体的方法论研究层面都存在明显不足。其中包括"综合交通网络的构造演化机理""城市交通网络供需平衡机理"等科学问题都亟待深入研究。基础理论研究的不足，导致缺乏对综合交通发展战略和体制机制的顶层设计的支撑能力。同时，在综合交通资源协同配置理论和方法体系方面研究的欠缺，也导致出现了主要交通通道运力不足、城际交通效率低下、中心城市交通日益拥堵、综合运输结构失调等问题。

（二）新技术环境下交通网络系统工程的升级改造

首先，随着电动汽车、高速列车、智能船舶、无人机、真空管道磁悬浮系统以及车联网、自动驾驶等技术的快速发展，交通载运工具出现了运行状态全感知、控制方式多元化、能源补充多模式等新特点。随着5G技术的成熟，未来交通互联网与交通能源网也将深度融合，这些都使得未来的交通系统势必出现与当下迥异的一种新生态。这种新生态交通必然对交通组织、管理与控制技术提出新的需求，交通网络系统工程的内涵和外延也需要进行根本性的升级改造。例如，在车联网与车路协同环境下，传统的、由交通基础设施（枢纽、场站、道路、航线等）构成的交通网络节点和边就需要重新定义，具备智能网联功能的移动载运工具与路侧设备都可以作为新型交通网络的节点，并与之前传统定义的网络叠加耦合，共同构成一个由固定设施和移动载运工具杂合而成的超级网络。对这类包含具有自驱动、自组织、自决策能力节点的柔性交通网络及其共享运行机制的研究，也许是交通网络系统工程未来的一个重要研究内容。总而言之，面对新技术环境下的交通系统将出现颠覆性的变革，研究新生态环境下的交通系统组织管理理论方法和技术将成为未来交通网络系统工程发展的重要趋势。

其次，随着新型传感器、大数据、云计算、深度学习等技术的发展，交通信息精准获取与运行态势智能分析能力得到极大提高，交通信息的完备性日益增强。由于更加趋近满足"信息完备"这一假设条件，在交通网络动态配流优化和诱导过程中，Wardrop第一原理强调的"用户均衡"和第二原理强调的"系统最优"应该比之前任何时候都有条件达到更高层次的平衡，而如何在上述超级复杂的交通网络上实现这个目标则是一个具有很大挑战性的科学和技术难题。鉴于此，交通大数据资源治理机制与管理、交通大数据分析方法与支撑技术、交通大数据价值发现与决策等方向也将成为未来交通系统网络系统工程发展的重要趋势。

最后，随着人类脑计划这个大科学计划的开展，将人类脑科学研究的成果应用于交通科学和工程领域的研究势必蓬勃发展。研究交通组织与管理中的人因机理与工程，对出行者心理和生理的感知、交通信息对出行者行为影响的深层机理分析及干预技术等，也可能成为未来交通网络系统工程发展的重要领域。

第四节　社交网络系统工程

一、发展现状与发展态势

社会网络分析（social network analysis，SNA）是一套以人与人之间的社交关系为基础来研究社会结构及功能的规范和方法。社交关系普遍存在于社交媒体、信息传播、商业网络、合作网络、疾病传播、熟人关系等社会活动中，涉及世界政治和经济体系分析、市场决策、营销模式、应急决策、信任机制等研究问题。SNA 将社交关系中的个体抽象为节点，以它们之间的某种交互行为作为连边，从而从网络的角度来研究个体之间以及个体对整个网络的影响。因其所具有的普适性而交叉融合了社会学、人类学、物理、数学、计算机科学、疾病学、经济学等多领域知识，为解决上述问题提供了有效工具。但是，相对于单一领域的理论深度，SNA 在研究实际问题时仍缺乏较为成熟系统的理论支撑。

社交网络结构最早的形式化描述是由社会学家格奥尔格·西梅尔（Georg Simmel）和埃米尔·涂尔干（Émile Durkheim）在 19 世纪末提出的，他们认为个体以及他们之间的互动构成了社会。20 世纪 30 年代，"美国网络分析之父"莫雷诺将图论引入 SNA 中为其奠定了定量分析的基础。

一直到 20 世纪 70 年代，这一领域吸引了大量的社会学家、人类学家、经济学家和语言学家来研究其中的理论与应用的拓展。在这之后的 20 年间，物理学家逐渐出现在社交网络的研究中，并为其带来了巨大的变革。瓦茨和斯特罗加茨的小世界理论，以及巴拉巴西和阿尔伯特的无标度模型将复杂网络的概念与 SNA 结合，从而为其提供了新的研究视角。随着计算机和通信技术的发展，社交网络的研究对象在社交媒体兴起的时代从线下拓展到线上，这使得 SNA 样本的可靠性和细致程度有了大幅提升。尽管我国在该方向的研究相对于国外来说起步稍迟，但同样受到学术界和工业界的高度关注并做出了重要贡献。此外，国家自然科学基金委员会、科技部等均部署了系列相关项目。

SNA 大致可以分为以下四个方面。

（1）社交网络的个体特征。着重研究个体在所占据结构的重要性和突出性。其在未引入网络结构之前就是社会学所关注的重点，然而忽视个体之间的相互影响来探索这一方向并非一种有效的方法。将网络结构加入研究范式中，则可以将个体本身的特征以及他人对其所产生的影响合二为一，使得研究结果能更好地揭示现实问题。

（2）社交网络的社区划分。着重研究个体在网络中的聚集情况。这种特性通常是由于图中边缘分布的全局异质性和局部异质性造成的。

（3）社交网络的结构和功能建模。鉴于网络结构是对各种行为所形成影响的体现，了解网络是如何形成的以及为什么它们可能具有某些特征是很重要的。通过对网络的结构和功能建模可以定量分析并解答以上问题。

（4）社交网络的群体分析。着重研究用户在对自身需求、社会影响和社交网络技术进行综合评估的基础上做出使用社交网络服务的意愿，以及由此引起的各种使用活动。

研究个体的角色以及他们在网络环境中如何互动，旨在理解产生这些网络的社会系统的行为，这通常是此类分析的最终目标。中心性或声望是衡量一个参与者在社交网络整体结构中地位的指标，目前已有很多方法从不同角度给出了各种定义并对其优劣进行了评判。其中，度中心性、中介中心性、接近中心性、k-壳分解（k-shell decomposition）、特征向量中心性（eigenvector centrality，EC）的改进和使用最为广泛。前三个由林顿·克拉克·弗里曼（Linton Clarke Freeman）于1978年提出，但仅适用于无向网络。拉里·佩奇（Larry Page）和谢尔盖·布林（Sergey Brin）在之后对其进行了扩展从而可以应用于有向网络。k-壳分解通过对边缘节点的逐步剥离来获得居于网络中心的节点。EC强调了主要基于谱图理论来划分节点的重要性。值得一提的是，著名的谷歌 PageRank 算法是 EC 在有向网络上的应用。

在社会学领域，社区是一群人在网络上从事公众讨论，经过一段时间，彼此拥有足够的情感之后，所形成的人际关系的网络。社交网络中存在关系不均匀的现象，有些个体之间关系密切，有些关系生疏，从而在常规的社区之上围绕某一个焦点又形成了联系更为密切的社区。社区发现算法可以提供关于网络组织方式的见解。它允许人们关注在网络中具有某种程度自治的区域，有助于根据个体所属社区的角色对个体进行分类。然而，网络中的社区检测，也称为图或网络聚类，是一个定义不清的问题。因此，对于如何评估不同算法的性能以及如何将它们进行比较，并没有明确的指导方针。一方面，这种模糊性给了很大的自由来提出不同的方法去解决问题，而这些方法往往取决于具体的研究问题和（或）研究中的特定系统；另一方面，它给这个领域带来了很多噪声，减缓了进展。

根据社区结构的定义，社区结构可分为不可重叠的社区结构发现和可重叠的社区结构发现。在不重叠的社区结构发现方面，目前被最为广泛关注的是 2004 年由美国密歇根大学的纽曼（Mark E. Newman）等人提出的通过寻找使得社区的模块度最大的网络划分来发现网络社区的算法。2007 年，美国印第安纳大学的福图纳托（Santo Forturato）等人指出，模块度优化方法存在分辨率限制问题，使得基于模块度优化的方法无法识别出一些较小的社区。在可重叠的社区结构发现方面，2005 年匈牙利科学院的帕拉（Gergely Palla）等人提出了一种基于 K-完全子图的重叠社区发现方法，该方法的优点在于能够揭示网络社区间的重叠现象，不足之处在于其参数选择缺乏有效的理论指导。2009 年，美国印第安纳大学的兰斯齐那提（Lancichinetti）等人研究了网络层次化社区的发现问题。

社交网络建模针对社交网络的特性，采用结构和功能建模来研究产生这些特性的机制，以便深刻认识社交网络的内在规律和本质特征。根据其所分析的不同侧重点，可分为结构建模和功能建模。

结构建模主要关注个体及其之间的关系所构成的结构在局部和全局所具有的不同于随机网络的特征，涉及结构分析和演化模型。社交网络结构分析是通过统计分析方法来分析网络中节点度的分布规律、关系紧密程度、相识关系的紧密程度，以及某一个用户对网络中所有其他用户之间传递消息的重要程度等诸多统计特性的。例如，度分布是用来刻画个体在网络中的直接交互关系数的分布情况，平均路径长度通过计算个体之间的平均距离来描述网络全局上个体的关系紧密程度。社交网络的演化模型通过再现真实数据中观察到的统计网络属性来构建。例如，对厚尾度分布的观察产生了关于边缘生成过程的假设，如优先附着。实际上，有几个边缘创建过程均可产生重尾度分布，但并不能分辨究竟哪一种是最为真实的反映。

功能建模主要关注个体在已形成的网络结构之上彼此之间的交互行为特性以及对网络结构产生的影响，涉及博弈和信息传播分析建模。博弈论是许多科学学科背后的统一范式。它是一组分析工具和解决方案概念，在交互式决策环境中，当参与者的目标和偏好可能发生冲突时，这些工具和概念提供了解释与预测能力。它建立了一个抽象模型和隐喻的统一框架，以及一个统一的方法论。在这个框架中，这些问题可以被重新定义和分析。该理论的凝聚力源于其形式的数学结构，它允许实践者抽象出实际生物、社会或经济状况的共同战略本质。因为描述人类互动的实际社交网络具有高度非平凡的拓扑逻辑性质，"网络上的博弈"在性质上不同于在一个混合良好的（平均场）种群中定义的计数。对这些现象进行深入的数学研究，需要对非平衡统计物理的传统工具进行扩展。到目前为止所形成的研究从合作博弈的角度提供了对许多关键现象的全面理解。在格点上，群组交互有效地将属于同一组的玩家连接起来，而这些玩家之间并没有物理上的联系。这使得互动网络的局部特征在很大程度上对进化过程的结果不重要，并引入了策略模仿的确定性极限作为公共合作进化的最优。由于空间格局的形成，战略协同性显著增加了解决方案的复杂性，但所获得的结果为社会科学中几个长期存在的问题提供了合理的解释。例如，经济秩序搭便车问题，以及奖励的稳定性和制度的成功演变，这些都需要对混合的人口进行额外的多重策略才能进行解释。复杂网络和合作演化模型进一步扩展了这一子课题，并就两面性和社会关系的重新连接得出了富有洞察力的结果，所有这些都大大加深了对人类社会提供公共物品的理解。在社交网络信息传播模型方面，已有研究主要集中于传染病模型、网络拓扑图模型以及基于统计推理的信息传播模型等。

用户个体行为是社区中的基本动作，需对其进行建模。在线社交网络上的用户行为包括展示自我、与陌生人建立关系、分享兴趣和信息、发布信息、搜索信息、浏览信息和推送信息；可以围绕各种话题与不同人群进行互动；可以构建兴趣社区、学习社区和娱乐社区，共享知识、学习交流并分享快乐。2003年，希腊雅典经济与商业大学的学者横向比较了万维网服务中提供的个性化行为特征挖掘功能。情感分析是针对主观性信息（支持、反对、中立）进行分析、处理和归纳的过程，主观性信息表现在人们的各种情感色彩和情感倾向在社交网络群体情感建模与行为互动方面。美国密歇根大学的埃里森（Ellison）等发现，在线交互在统计上不但不会隔离离线用户，反而能够支持用户之间的联系，为从众行为的产生提供环境。英国牛津大学的格里茨（Gryc）等提出一种在博客社区上挖掘文本倾向性的方法，该方法以16 741位博主的约280万篇博文作为数据集，分析博文中对选举奥巴马为美国总统的倾向性，并将博客空间的社区划分作为用户倾向性分类的特征之一。

（一）社交网络结构演化机理

在社交网络演化分析方面，学者们从社交网络演化中的统计规律展开研究，并提出了面向不同类型社交网络的演化模型。然而，这些研究多数集中于社交网络统计量，以及从中观和微观的角度来分析网络结构的演化，并未解释网络演化的内生因素。因此，建立有效的模型来解释社交网络演化过程中的兴盛与衰亡有助于指导社交媒体更好地发展，也是社交网络系统工程面临的科学问题之一。

（二）多用户观点的博弈演化

社交网络中，一方面，个体的意见因社交网络中的交互而变化，同时又将这种变化反作用于网络结构使其发生变化；另一方面，此前的研究表明，网络媒体的发展、回音室效应、媒体偏见或虚假信息的传播等也是造成极化的原因。这些表明，对群体的忠诚通常会导致与群体中占多数的观点的一致性，而这种一致性会加强群体内部的社会联系。然而，缺乏理解、量化和预测的理论工具个体意见迁移与观点分化之间的关系。因此，博弈论的模型结合网络结构和功能特性建模来分析该问题可能是有效解决该类问题的一个有效途径，也是社交网络系统工程面临的科学问题之一。

二、发展思路与发展方向

国际上人们对大型社交网络的本质特征和网络信息传播的基本规律的研究仍处在相对初级的阶段，尚未提出完整的 SNA 基础理论和方法，仍然值得进一步研究和突破。下文将对可能存在突破和挑战的地方加以介绍。

（一）意见领袖识别

1. 多社交网络下的意见领袖识别

现实中的社交网络实际上是通过个体之间不同类型的交互相互联系，形成所谓的多层网络。例如，在线社交网络（online social networks，OSNs，如推特）中，OSNs 结构包含用户明显知道的链接和网络交互隐式检测到的链接。这些链接形成了多交互层（社交友谊层、转发交互层、提及交互层）。这些行为使得单一社交网络出现了社交多样性并形成了多层社交结构。然而在之前的研究中均假设个体之间仅存在单一的交互形式，从而简化了真实情况的复杂程度。显然，忽略个体之间的多重交互关系来识别意见领袖会导致关系信息表示的偏移，从而产生不确定的识别结果。因此，为了更好地理解信息扩散过程，准确识别有影响力的传播者，需要考虑用户之间的多种互动方式。此外，同一个体一般会处于多种社交网络之中，如在同一个文化社会中，友谊、亲情、亲情和成员关系构成了一个多层的公共关系社交网络。又如在 OSNs 中，同一用户同时处于新浪微博、微信、知乎等在线社交媒体产生不同的交互关系所构成的多层线上社交网络中。其与之前的单层社交网络不论从关系结构还是传播模式来说均存在很大的差异，如何在具有不同关系模式的多社交网络上识别意见领袖，不仅需要结合重要节点识别中的已有成果，而且需要对具体场景做差异性分析，从而使已有理论适用于其上。

2. 社交网络中的潜在意见领袖识别

社交网络中的潜在意见领袖识别依然处于初步探索阶段，目前在此领域的很多问题还未形成定论。首先，为识别潜在的意见领袖，需要确定其研究重点与其在静态网络中的意见领袖识别有何差异及意义；其次，识别潜在的意见领袖需要梳理其在成长过程中的演变方式，这涉及表征这种特征的网络在时空上的表示形式。如何表示时域网络，一种是以时间片的形式来存储，即为时域网络的多层表示；另一种是将时间作为连边的属性，称为时间相关路径，在研究中如何进行适当的选择也是需要探讨的。还有最为重要的一点就是如何在时域网络中研究节点的重要性，目前在此方面的研究还处于初步阶段，有对时域层指标以及针对运动排名的动态网络打分系统，也有基于高维网络的马尔可夫模型算法，不过这些节点重要性的研究也都未将潜在意见领袖识别作为研究的侧重点。

显然，目前大部分的研究焦点还是集中于静态网络中，但在现实情况下，几乎所有网络中的节点以及连边都会随时间的变化而产生或消失，基于网络结构下的节点重要性也会随之改变，而基于这种变化进行研究即为潜在意见领袖识别的重点。同时，潜在意见领袖识别是通过分析已有意见领袖的成长模式来预测社交网络中可能成为意见领袖的用户，这可为舆情获取和传播、营销推广、价值信息预测等提供有效工具。

（二）社区发现

1. 多社交网络下的社区发现

社区发现在单层网络上已有普遍认同的定义和相对成熟的方法，但在多层社交网络上依然是一个开放的问题。不论所面对的网络结构如何，社区发现主要需要解决的问题是如何定量定义社交网络中的社区。基于对社区特征的不同假设，已有众多社区评价指标来判断所检测到的群落结构。模块度是一个经典的量化社区定义的指标，其通过计算具有社区结构的网络与随机网络之间的差异来判断社区发现算法的优劣。不同于单层网络，在多层网络中社区有可能跨越多个网络层，显然传统模块度的定义并不适用于这种结构。一种新提出的方法考虑了多层网络中各层的排序问题，对第一层采用经典的社区检测算法。对于后续每层，采用一种可以同时优化两个目标函数的社区检测算法，在与前一层相似度最大化的同时，通过优化得到当前段的局部模块度。此外，还从其他不同的角度提出了各种各样的函数来解决社区检测问题。这些函数并不能很好地解释它们与单层网络上的函数间的区别。从本质上说，它们仅是将多层网络视为一个简单的叠加的单层网络，而真实的多层网络的复杂性更多地体现在网络之间与网络内部交互的差别。若能够结合具体的情景，如在上文所提到的多层公共社交关系网络与多层线上社交网络中，对不同层间以及层内的交互关系分析后给出更为切实可行的社区定义将能够得出更为有效的社区发现方法。

2. 社交网络中多属性社区发现

该领域的大多数研究都将网络视为纯拓扑对象、未修饰的节点集及其交互。然而，大多数网络数据伴随着注释或元数据描述属性的节点，如一个人的年龄、性别、种族或社会网络，数据容量或物理位置的节点在互联网上，等等。使用节点元数据作为地面真相的代理源于合理的需求：由于人工网络可能无法代表自然发生的网络，因此社区检测方法还必须面对真实世界的例子，以表明它们在实践中工作良好。如果检测到的社区与元数据相关，那么可以合理地得出这样的结论：元数据涉及或依赖于所观察到的交互的生成。然而，一个方法的科学价值不仅取决于它成功的能力，还取决于它失败的方式。由于元数据总是与基本事实有不确定的关系，因此无法找到与元数据相关的良好划分是一个非常混乱的结果，可能会出现以下几种情况：①出现检测到这些特定的元数据无关的结构网络；②检测到社区和元数据捕获网络结构的不同方面；③不包含网络社区在一个简单的随机图或一个网络充分稀疏，其社区不检测；④社区检测算法表现不佳。可以肯定的是，社交网络中的个体属性确实有助于更精确的社区发现，但如何有效地使用这些信息依然是一个开放的问题。

（三）建模分析

1. 社交网络结构演化机理

在社交网络演化分析方面，学者们对社交网络演化中的统计规律展开研究，并提出了面向不同类型社交网络的演化模型。然而，这些研究多数集中于社交网络统计量，以及从中观和微观的角度来分析网络结构的演化，但并未解释网络演化的内生因素。例如，天涯社区在中国的线上社交网络发展初期占据着重要的地位，如今已经销声匿迹，这一社交网络是在何种因素的影响下逐步从扩展走向消亡的，而新浪微博又是如何在百家争鸣的线上社交媒体浪潮中异军突起的。因此，需要通过建立有效的模型来解释社交网络演化过程中的兴盛与衰亡，而这将有助于指导社交媒体更好地发展。

2. 多用户观点的博弈演化

社交网络中意见是如何形成的？每个人的观点都受到很多因素的影响，如他的朋友、新闻、政治观点、职业等。了解这种互动并预测特定的观点如何在社交网络中传播引发了大量的研究。其中，冲突和协商在社会制度的运作中发挥着重要作用。在政治竞争的背景下，二者表现为互补的过程，一是意见的两极分化，二是就共同的国家利益达成共识的协作。两极分化产生于政治家需要代表选民的意见，而要平衡许多群体的利益则需要合作。

3. 多社交网络中的信息传播模式

当一段信息在网络中从一个个体或社区流向另一个个体或社区时，就发生了信息扩散，也称为信息传播。对信息扩散的分析已经投入了大量的研究，大多数研究都是关于哪些因素会影响信息扩散，哪些信息的传播速度最快，以及信息是如何传播的。利用信息扩散模型等方法可以回答这些问题，这些方法对理解扩散现象具有重要作用。虽然已经看到了社交网络在信息传播方面的优势，但是不知道为什么在社交网络中信息会流向这个方向。如果利用信息扩散模型，可以计算出谁是重要的用户以及哪些因素影响着信息扩散过程，那么就可以更好地理解这一现象。一个良好的绩效模型对于理解如何预测和影响信息扩散非常重要，对于谣言控制、行为分析、民意测评、心理现象研究、公共卫生系统资源配置等多种应用具有重要的参考价值。

可以从社交网络上得知信息在何时何地传播的知识,却无法直接知道信息如何传播以及为什么传播。因此,需要能够捕获和预测潜在扩散机制的模型。据此可以将模型分为解释模型和预测模型。解释模型的目的是在给定一个完整的激活序列的情况下,推断出未剥落的扩散级联。这些模型使追溯一条信息所经过的路径成为可能,并且对于理解信息是如何传播的非常有用。预测模型旨在通过学习过去的扩散轨迹,从时间和/或空间的角度预测特定的扩散过程将如何在给定的网络中展开。不过以上情况均局限于单层网络中对信息扩散的刻画,但在真实的社交关系中,信息的扩散是在多网络之间交替传播的,如何建立有效的模型来刻画多网络,尤其是多社交媒体网络之间的信息传播也是未来研究的一个方向。

(四)社交网络的群体分析

1. 社交网络中用户行为的演变

自巴拉巴西证明收发邮件或普通邮件的间隔时间分布服从幂律分布以来,已有大量关于人类动力学的理论和实证研究。在移动互联网环境下,移动电话、短信、微博的间隔时间分布服从幂律分布。发送即时消息的间隔时间分布和即时消息的总数分布也呈现幂律特征。在个人移动通信领域,科学研究显示,手机用户之间的社会互动会影响他们在移动服务中的交流内容。例如,手机用户的消费习惯会影响他们与邻居,或者其他在社交网络中关系属性较强的个体等之间的语音通话内容。针对具体的实证网络,用户行为因网络组织形式的不同需要具体分析。例如在微博中,微博用户之间的关系是否与他们的行为密切相关?在考虑到微博用户社交网络属性的前提下,微博用户之间的关系有哪些特点?微博用户的社交网络属性与他们的行为有什么关系?社交网络属性可以用来解释微博用户的行为吗?他们的行为的演化与微博的组织形式有何种关系?这些问题均有待进一步解答。

2. 基于短文本和表情的情感分析

情感分析是利用自然语言处理、文本分析和计算技术,自动识别、提取或分类文本中的主观信息的实践。主观信息可以是影评、书评甚至是突发新闻的舆论。情感分析主要集中在带有情感极性的观点,消极的或积极的。情感分析的任务可以分为三个层次:文档层次、句子层次和基于特征的方法层次。

常用的情绪分类方法有基于词汇的方法和基于机器学习的方法。基于词汇的方法依赖于情感词典，是一个包含情感极性信息的单词或短语列表。基于词汇的方法考虑了词语在不同语境下的共现模式，捕捉它们的语义，更新预先分配的语义情感词汇的强度和极性，以获得更合适的情感词典。该模型在推特文本上的性能优于之前最好的感知强度模型。基于词汇的方法通过对文本进行细致的情感判断，可以取得良好的效果。

不过，在分析实时网络平台生成的评论文本时，网络语言的高度流行，导致无法及时更新情感词典以跟上互联网的流行，这使得识别新词的情感更加困难。可以通过研究微博新词，建立适用于微博的情感词典。然而，一个句子可能包含积极和消极的词，或者可能没有一个单一的情感词，但仍然表达主观感受。在一定的语境中，人们会使用积极的词汇来表达讽刺或反对。在这些情况下，如果只使用基于词汇的方法，分析过程将是冗长的，而准确性是有限的。机器学习方法可以分为监督学习和非监督学习。在情绪分类领域，主要采用监督机器学习。在数据量和多样性足够的情况下，该方法可以有效地避免上述问题，与基于词典的方法相比，分析步骤相对简单。在大数据时代，深度学习方法作为机器学习方法的一个分支，在海量数据和强大计算能力的支持下操作更加方便。近年来，利用递归神经网络（recurrent neural network，RNN）可以解决许多与自然语言处理相关的研究，但对于情绪分析的分类问题，卷积神经网络（convolutional neural network，CNN）的分析效果并不逊于RNN。

微博拥有广泛的用户基础和实时信息，这些信息有意无意地、有形或无形地影响着人们的生活、企业发展甚至政府的行动。互联网的虚拟性让人们可以在微博上自由地表达真实的意见和情感。这些都使得分析微博上的用户情感具有重要的价值。然而，微博不仅包含有文本的信息，在这些信息中还掺杂了大量的表情符号，如何结合这两方面的信息分析微博用户的情感取向则需要更有针对性、更高效的方式。

3. 用户线上线下行为交互的分析

评估社交网络对线上和线下行为的影响是一项挑战，因为没有观察到反事实行为，如果用户没有加入社交网络，就无法观察到他们的行为。此外，选择效应使观测数据的因果估计复杂化。例如，社交网络用户可以表现出不同的行为，而什么样的用户会选择加入他们的行为？仅仅在社会的一部分网络中，用户使用应用程序的动力已存在多样性。在很多情况下，所有这些影响同时发生，使得因果识别影响更加困难。一种做法是通过线上的移动健康应用程序来分析用户的真实健康状况。其研究了身体活动跟踪应用程序中的用户参与模式，该应用程序包含 1.15 亿项已记录的活动，超过 100 万个用户在 31 个月内开展了这些活动。在对用户重新参与行为进行建模，并对如何使用通知、建议和游戏化来增加用户参与程度方面给出了建议。然而，这仅是用户线上线下行为交互的一种分析，如何紧密结合用户的线上线下行为，如微博用户的地理位置、职业、兴趣等真实信息与其发文倾向的关联，仍需要倾注大量的研究。

第五节　能源互联网系统工程

一、发展现状与发展态势

近年来，面对化石资源短缺与环境恶化等各种问题，世界各国对能源改革展开了多方面的探索与研究。在能源发展过程中，能源改革已经成为关键所在，其主要表现在能源生产端的清洁能源替代与能源消费端的大规模电能替代[81]。对于能源生产端，可再生能源在能源系统中所占的比重将逐年上升，但与此同时也造成了许多亟待解决的问题，风能、太阳能的非稳定供电对电网造成一定的冲击[82]，风电明显的反调峰供电模式造成了大量的弃风现象等[83]。在能源消费端，大规模的电能替代必然需要大规模的特高压交流与特高压直流网架，并分别用于主网架建设和跨大区送电以及大型能源基地的大容量、远距离电能外送。因此，有效地对冗余电能进行存储，并在需要时进行释放是充分发展利用新能源的重要途径，研究开发或集中或分布的能源互联网相关技术已成为解决能源分配、优化问题的关键。

在常规供电技术面临挑战的情况之下，出现了智能电网[84,85]、微电网[86]、泛能网[87]、分布式能源[88]以及智慧能源[89]等多种能源网络概念。然而以上能源网络的概念或在能量类型方面局限于电力网络，或在覆盖面积方面局限于区域网络，并不能满足多能流、大范围的能源网络与信息网络的交互耦合。因此，综合电、热、气多能源，以结合能源技术与信息技术为特征，实现能源高效双向利用和多种产能形式经济互补的能量对等共享网络，即能源互联网的概念应运而生。

能源互联网信息物理融合的研究开始于电力系统的信息物理融合研究，

提出了电力信息物理融合系统（cyber-physical power system，CPPS）[90, 91]，并开展了相关的研究。管晓宏院士在 CPS 的基础之上与能源系统相结合，提出了能源信息物理融合系统（cyber-physical energy system，CPES）的概念[92]，使能源网络不仅仅局限于电力系统，而且扩展至电、热、气多能流网络，并基于网络概念，建立了包括 N 个节点的 CPES 静态模型，将每个节点的矢量模型分为能量矢量与信息矢量两部分进行描述，通过映射关系完成两者之间的转化，解决了多能流耦合问题及 CPS 之间的关联问题。

很多专家学者对能源互联网及其信息物理融合进行了相关研究，主要包括综合能源系统运行优化、电热气混合潮流计算、信息物理多时间尺度时空异构等多个方面，从单一的电力系统拓展为包含电网、气网、热网，甚至交通网络在内的混合能流互联互换的大型综合能源系统，从单独的信息系统或能源系统拓展为信息能源紧密融合的能源互联网系统。其中文献[93]对综合能源系统的热网进行系统优化，文献[94]将电转气设备引入综合能源系统，对其削峰填谷能力进行探讨研究，在电力系统潮流计算的基础之上，增加传热网络、输气网络物理系统模型，从而完成能源网络的混合潮流计算。基于能源互联网的三层优化结构，同时考虑物理系统与信息系统的时空异构性，建立考虑能源设备多时间尺度能源互联网信息模型。文献[95]从多时间尺度耦合的角度提出了一种信息物理能源系统多层网络之间的联合仿真概念结构，还提出了一种不同网络层之间的耦合方法，分为概念层、语义层、语法层、动态层、技术层，进而进行多时间尺度耦合。文献[96]对能源系统进行信息流与能量流的计算以及信息物理融合的灵活性分析，闭环分层控制系统，对能量流与信息流以及两者之间的耦合传输进行模型搭建，文献[97]介绍了一种考虑配电网可重构能力的综合城市能源系统的最优超前调度方法，在能源集线器的基础之上提出了能源中心的能量转换分析模型。以上文献的研究对象仍以单独的信息系统网络或者能源系统网络为主，很少涉及详细的能量节点设备，更未考虑详细的物理设备接入能源互联网的耦合特性。

除此之外，基于能量系统的信息物理融合研究，国内外人员提出了能量枢纽、能量路由器等多种概念。2007 年，苏黎世联邦理工学院在名为"未来能源愿景"项目中首次提出了能量枢纽的概念，其作为一种多输入多输出的能量设备集合，通过能量转换方程完成电、热、气多能耦合。文献[98]对能量枢纽的概念进行了详细介绍与分析，按照功能将其内部设备划分为输能设备、换能设备与储能设备，提出了电、热、气多能量转换矩阵模型。之后专家学者对能量枢纽进行扩展研究与优化改进，形成了较为完备的基于电、热、天然气三种能流的能量枢纽模型[96,99]。然而此模型仅局限于单一的网络层面的能量分配，而忽略了物理设备层面的具体能量转换过程，且多集中于以电网为基础，进而进行浅层面的热网与天然气网的拓展，从而对能量进行简单分配。对能量枢纽的研究更多地集中于电、热负荷下以电能、天然气为主要能源输入的最优设备能量转换分配，其中设备以热电联产机组、空调机组、燃气轮机为主，辅以相应的储能装置，通过一定的优化算法，得到满足实时负荷下的最优能量分配。但是能量枢纽中设备较为单一，与气网联系并不紧密，不能满足能源互联网多能流互济互补的要求。

二、关键科学问题

（一）能源互联网的信息物理融合建模

传统能源系统模型只考虑物理系统的动静态状态和演变，在能源互联网环境下，通信、控制、安全监控等信息系统是能源互联网的一部分，因此系统建模必须考虑物理与信息的相互影响和信息系统的可靠性、安全性。如何描述能源互联网多能量流之间及能量流与信息流的融合和相互作用，建立描述信息与物理系统融合的动态模型，并定量描述能源供需、转存过程信息与物理系统的相互影响，是新的科学问题。要解决此问题，提出能源互联网综合评价指标及高效仿真方法，就能够为系统规划、安全运行和市场设计奠定基础。

（二）面向能源逆互联网的优化理论

能源互联网供需两侧均具有高不确定性，特别是供应侧具有高不确定的可再生新能源，需求侧同时包含海量的分布式能源供应，相对于传统能源电力系统是全新的问题。能源互联网规划和运行的主要目标是节能减排并保证系统安全性，系统具有多时间尺度的运行控制特点，从水电资源年度调度规划，到一天至数天的短期动态调度，直至实时能量平衡控制的多尺度随机匹配决策特点。对于包含离散与连续决策变量、随机目标函数和动态约束、多个时间尺度、规模巨大的复杂动态系统，如何求解优化资源的规划和配置，求解多能源的随机供需匹配和系统运行的节能优化调度与决策问题，在数学优化理论领域具有重大科学挑战。

（三）多能源关联市场的交易理论

在能源互联网环境下，能源供需一体化，多能源能够互相转换和存储，例如电能在恰当时间区间转换成冰存储，在恰当时间区间供冷，会带来电能供应侧节能减排的重大效益。高不确定可再生新能源的能量交付能力具有不确定性。相对于实践近20年且有丰富经验积累的国际电力市场，如何设计市场，使得关联多能源在市场环境下合理交易和定价，激励供需响应，保证节能减排的总体社会效益；如何优化市场竞标，对多能源市场进行博弈分析和仿真，保证市场公平性，在能源经济学领域具有重大挑战性。

三、发展思路与发展方向

（一）能源互联网"源–网–储–荷"互动与协调

"源–网–储–荷"的全面互动和协调是能源互联网的重要发展趋势之一。从源–源互补、源–网协调、源–网–储–荷互动等不同角度研究实现能源互联网更广泛的互动协调。通过电源、电网、负荷、储能四个方面的协调配合，在供应侧通过包括可再生能源发电、调峰电源等多类型电源的优化组合，形成相对可控的发电出力；通过需求侧管理、需求侧响应措施，配合储能设备的有序充放电，引导用户用电负荷主动追踪发电侧出力。

（二）信息物理融合能源系统

信息物理融合是第四次工业革命的基础，信息物理融合能源系统是信息网络与能源物理系统的高度融合和集成，利用信息获取和处理技术，获取更加准确的能耗、环境、系统状态等节能优化与控制所必需的信息，整体规划和优化运行综合能源系统，通过多种能源的充分配合与协调，达到节能减排的目的。能源互联网是以互联网的理念构建的新型信息与能源高度融合的网络，以多能协同能源网络为物理基础，以信息物理融合能源系统为实现手段，从根本上改变对传统能源利用模式的依赖。

第六节　小　结

网络信息系统工程面向国民经济主战场和国家重大需求，以复杂网络分析与优化控制、复杂巨系统、SNA 控制、信息物理融合等理论和方法为指导，提出了网络结构与行为的分析方法与技术，网络控制技术，网络嵌入与网络表示学习技术，集散控制及现场总线技术，社交网络建模、分析与演化技术，能源互联网规划、运行及交易技术与方法等，解决了复杂网络设计与建模、网络系统控制优化、网络信息系统实时安全调度、网络分析及组织运行机制等关键科学问题，应用于复杂网络系统、工控网络、通信网络、交通网络、社交网络、能源互联网等领域。未来该领域的主要发展方向和思路是复杂网络的系统理论及设计、控制与优化方法，实现网络实时性、可扩展性及安全性目标，通过信息网络与物理网络的深度融合，加强网络系统工程与大数据分析、人工智能技术的联系，促进网络科学与网络信息系统工程协同发展。

本章参考文献

[1] Broido A D，Clauset A. Scale-free networks are rare[J]. Nature Communications，2019，10（1）：1017.

[2] Voitalov I，van der Hoorn P，van der Hofstad R，et al. Scale-free networks well done[J]. Physical Review Research，2019，1（3）：033034.

[3] Newman M E J. Mixing patterns in networks[J]. Physical Review E，2003，67（2）：026126.

[4] Peel L，Delvenne J，Lambiotte R. Multiscale mixing patterns in networks[J]. Proceedings of the National Academy of Sciences，2018，115（16），4057-4062.

[5] Park P S，Blumenstock J E，Macy M W. The strength of long-range ties in population-scale social networks[J]. Science，2018，362（6421）：1410-1413.

[6] Jain D，Patgiri R. Network motifs：a survey[C]. Conference on Advances in Computing and Data Sciences，2019：80-91.

[7] Kovanen L，Kaski K，Kertész J，et al. Temporal motifs reveal homophily，gender-specific patterns，and group talk in call sequences[J]. Proceedings of the National Academy of Sciences，2013，110（45）：18070-18075.

[8] Dey A K，Gel Y R，Poor H V. What network motifs tell us about resilience and reliability of complex networks[J]. Proceedings of the National Academy of Sciences，2019，116（39）：19368-19373.

[9] Chen L, Qu X, Cao M, et al. Identification of breast cancer patients based on human signaling network motifs[J]. Scientific Reports, 2013, 3（1）: 3368.

[10] Kim M S, Kim J R, Kim D, et al. Spatiotemporal network motif reveals the biological traits of developmental gene regulatory networks in Drosophila melanogaster[J]. BMC Systems Biology, 2012, 6（1）: 31.

[11] Newman M E J. Coauthorship networks and patterns of scientific collaboration[J]. Proceedings of the National Academy of Sciences, 2004, 101（1）: 5200-5205.

[12] Borgatti S P, Everett M G. Models of core/periphery structures[J]. Social Networks, 2000, 21（4）: 375-395.

[13] Holme P. Core-periphery organization of complex networks[J]. Physical Review E, 2005, 72（4）: 046111.

[14] Schneider C M, Moreira A A, Andrade J S, et al. Mitigation of malicious attacks on networks[J]. Proceedings of the National Academy of Sciences of the United States of America, 2011, 108（10）: 3838-3841.

[15] Kojaku S, Masuda N. Finding multiple core-periphery pairs in networks[J]. Physical Review E, 2017, 96（5）: 052313.

[16] Elliott A, Chiu A, Bazzi M, et al. Core-periphery structure in directed networks[J]. Proceedings of the Royal Society A, 2020, 476（2241）: 20190783.

[17] Bertolero M A, Yeo B T T, D'Esposito M. The diverse club[J]. Nature Communications, 2017, 8（1）: 1277.

[18] Betzel R F, Medaglia J D, Bassett D S. Diversity of meso-scale architecture in human and non-human connectomes[J]. Nature Communications, 2018, 9（1）: 346.

[19] Bullmore E, Sporns O. The economy of brain network organization[J]. Nature Reviews Neuroscience, 2012, 13（5）: 336-349.

[20] Clune J, Mouret J B, Lipson H. The evolutionary origins of modularity[J]. Proceedings of the Royal Society B: Biological Sciences, 2013, 280（1755）: 20122863.

[21] Palla G, Barabási A L, Vicsek T. Quantifying social group evolution[J]. Nature, 2007, 446（7136）: 664-667.

[22] Verma T, Russmann F, Araújo N A M, et al. Emergence of core-peripheries in networks[J]. Nature Communications, 2016, 7（1）: 10441.

[23] Ugander J, Backstrom L, Marlow C, et al. Structural diversity in social contagion[J]. Proceedings of the National Academy of Sciences, 2012, 109（16）: 5962-5966.

[24] Brockmann D, Hufnagel L, Geisel T. The scaling laws of human travel[J]. Nature,

2006, 439 (7075): 462-465.

[25] Proskurnikov A V, Matveev A S, Cao M. Opinion dynamics in social networks with hostile camps: consensus vs. polarization[J]. IEEE Transactions on Automatic Control, 2015, 61 (6): 1524-1536.

[26] Quattrociocchi W, Caldarelli G, Scala A. Opinion dynamics on interacting networks: media competition and social influence[J]. Scientific Reports, 2014, 4 (1): 4938.

[27] Baumann F, Lorenz-Spreen P, Sokolov I M, et al. Modeling echo chambers and polarization dynamics in social networks[J]. Physical Review Letters, 2020, 124 (4): 048301.

[28] Cinelli M, Morales G D F, Galeazzi A, et al. The echo chamber effect on social media[J]. Proceedings of the National Academy of Sciences of the United States of America, 2021, 118 (9): e2023301118.

[29] Nowak M A, May R M. Evolutionary games and spatial chaos[J]. Nature, 1992, 359 (6398): 826-829.

[30] Ohtsuki H, Hauert C, Lieberman E, et al. A simple rule for the evolution of cooperation on graphs and social networks[J]. Nature, 2006, 441 (7092): 502-505.

[31] Fotouhi B, Momeni N, Allen B, et al. Evolution of cooperation on large networks with community structure[J]. Journal of the Royal Society Interface, 2019, 16 (152): 20180677.

[32] Arenas A, Díaz-Guilera A, Kurths J, et al. Synchronization in complex networks[J]. Physics Reports, 2008, 469 (3): 93-153.

[33] Dörfler F, Bullo F. Synchronization in complex networks of phase oscillators: a survey[J]. Automatica, 2014, 50 (6): 1539-1564.

[34] Shahal S, Wurzberg A, Sibony I, et al. Synchronization of complex human networks[J]. Nature Communications, 2020, 11 (1): 3854.

[35] Fortunato S, Bergstrom C T, Boerner K, et al. Science of science[J]. Science, 2018, 359 (6379): (eaao0185).

[36] Zeng A, Shen Z, Zhou J, et al. The science of science: from the perspective of complex systems[J]. Physics Reports, 2017, 714-715 (16): 1-73.

[37] Barthelemy M. Morphogenesis of Spatial Networks[M]. Cham: Springer International Publishing, 2018.

[38] Alessandretti L, Aslak U, Lehmann S. The scales of human mobility[J]. Nature, 2020, 587 (7834): 402-407.

[39] Battiston S, Caldarelli G, May R M, et al. The price of complexity in financial networks[J]. Proceedings of the National Academy of Sciences of the United States of America, 2016, 113（36）: 10031-10036.

[40] Kosowska-Stamirowska Z. Network effects govern the evolution of maritime trade[J]. Proceedings of the National Academy of Sciences of the United States of America, 2020, 117（23）: 12719-12728.

[41] Mišić B, Sporns O, McIntosh A R. Communication efficiency and congestion of signal traffic in large-scale brain networks[J]. PLoS Computational Biology, 2014, 10（1）: e1003427.

[42] Boccaletti S, Bianconi G, Criado R, et al. The structure and dynamics of multilayer networks[J]. Physics Reports, 2014, 544（1）: 1-122.

[43] Aleta A, Moreno Y. Multilayer networks in a nutshell[J]. Annual Review of Condensed Matter Physics, 2019, 10: 45-62.

[44] Radicchi F, Bianconi G. Redundant interdependencies boost the robustness of multiplex networks[J]. Physical Review X, 2017, 7（1）: 011013.

[45] Shekhtman L M, Shai S, Havlin S. Resilience of networks formed of interdependent modular networks[J]. New Journal of Physics, 2015, 17（12）: 123007.

[46] De Domenico M, Granell C, Porter M A, et al. The physics of spreading processes in multilayer networks[J]. Nature Physics, 2016, 12（10）: 901-906.

[47] Li M, Lü L, Deng Y, et al. History-dependent percolation on multiplex networks[J]. National Science Review, 2020, 7（8）: 1296-1305.

[48] Nicosia V, Skardal P S, Arenas A, et al. Collective phenomena emerging from the interactions between dynamical processes in multiplex networks[J]. Physical Review Letters, 2017, 118（13）: 138302.

[49] Alvarez-Rodriguez U, Battiston F, de Arruda G F, et al. Evolutionary dynamics of higher-order interactions in social networks[J]. Nature Human Behaviour, 2021, 5（5）: 586-595.

[50] Li A, Zhou L, Su Q, et al. Evolution of cooperation on temporal networks[J]. Nature Communications, 2020, 11（1）: 2259.

[51] Benson A R, Gleich D F, Leskovec J. Higher-order organization of complex networks[J]. Science, 2016, 353（6295）: 163-166.

[52] Xu J, Wickramarathne T L, Chawla N V. Representing higher-order dependencies in networks[J]. Science Advances, 2016, 2（5）: e1600028.

[53] Newman M E J. A measure of betweenness centrality based on random walks[J]. Social Networks, 2005, 27（1）: 39-54.

[54] Nagurney A, Qiang Q. A network efficiency measure with application to critical infrastructure networks[J]. Journal of Global Optimization, 2008, 40（1-3）: 261-275.

[55] Kojaku S, Xu M, Xia H, et al. Multiscale core-periphery structure in a global liner shipping network[J]. Scientific Reports, 2019, 9（1）: 404.

[56] Budak C, Agrawal D, El Abbadi A. Limiting the spread of misinformation in social networks[C]. Proceedings of the 20th International Conference on World Wide Web, 2011: 665-674.

[57] Weng L, Menczer F, Ahn Y Y. Virality prediction and community structure in social networks[J]. Scientific Reports, 2013, 3（1）: 2522.

[58] Liben-Nowell D, Kleinberg J. The link-prediction problem for social networks[J]. Journal of the American Society for Information Science and Technology, 2007, 58（7）: 1019-1031.

[59] Lü L, Pan L, Zhou T, et al. Toward link predictability of complex networks[J]. Proceedings of the National Academy of Sciences of the United States of America, 2015, 112（8）: 2325-2330.

[60] Zhou D, Xiao Y, Zhang Y, et al. Causal and structural connectivity of pulse-coupled nonlinear networks[J]. Physical Review Letters, 2013, 111（5）: 054102.

[61] Sipahi R, Porfiri M. Improving on transfer entropy-based network reconstruction using time-delays: approach and validation[J]. Chaos（Woodbury, N.Y.）, 2020, 30（2）: 023125.

[62] Wang W X, Yang R, Lai Y C, et al. Predicting catastrophes in nonlinear dynamical systems by compressive sensing[J]. Physical Review Letters, 2011, 106（15）: 154101.

[63] Shen Z, Wang W X, Fan Y, et al. Reconstructing propagation networks with natural diversity and identifying hidden sources[J]. Nature Communications, 2014, 5: 4323.

[64] Squartini T, Caldarelli G, Cimini G, et al. Reconstruction methods for networks: the case of economic and financial systems[J]. Physics Reports, 2018, 757: 1-47.

[65] Kim J, Jakobsen S T, Natarajan K N, et al. TENET: gene network reconstruction using transfer entropy reveals key regulatory factors from single cell transcriptomic data[J]. Nucleic Acids Research, 2021, 49（1）: e1.

[66] Liu Y Y, Slotine J J, Barabási A L. Controllability of complex networks[J]. Nature, 2011, 473（7346）: 167-173.

[67] Pósfai M, Gao J, Cornelius S P, et al. Controllability of multiplex, multi-time-scale networks[J]. Physical Review E, 2016, 94（3-1）: 032316.

[68] Li A, Cornelius S P, Liu Y Y, et al. The fundamental advantages of temporal networks[J]. Science, 2017, 358（6366）: 1042-1046.

[69] Yan G, Vértes P E, Towlson E K, et al. Network control principles predict neuron function in the Caenorhabditis elegans connectome[J]. Nature, 2017, 550（7677）: 519-523.

[70] Gao J, Barzel B, Barabási A L. Universal resilience patterns in complex networks[J]. Nature, 2016, 530（7590）: 307-312.

[71] Ganin A A, Kitsak M, Marchese D, et al. Resilience and efficiency in transportation networks[J]. Science Advances, 2017, 3（12）: e1701079.

[72] Wang Y J, Yao Y, Tong H H, et al. A brief review of network embedding[J]. Big Data Mining and Analytics, 2018, 2（1）: 35-47.

[73] Xie Y, Li C, Yu B, et al. A survey on dynamic network embedding[J]. ArXiv, 2006.08093, 2020.

[74] Wu Z, Pan S, Chen F, et al. A comprehensive survey on graph neural networks[J]. IEEE Transactions on Neural Networks and Learning Systems, 2021, 32（1）: 4-24.

[75] Ying R, He R, Chen K, et al. Graph convolutional neural networks for web-scale recommender systems[C]. Proceedings of the 24th ACM SIGKDD International Conference on Knowledge Discovery & Data Mining, 2018: 974-983.

[76] Gilmer J, Schoenholz S S, Riley P F, et al. Neural message passing for quantum chemistry[C]. International Conference on Machine Learning, 2017: 1263-1272.

[77] Sugihara G, May R, Ye H, et al. Detecting causality in complex ecosystems[J]. Science, 2012, 338（6106）: 496-500.

[78] Runge J, Nowack P, Kretschmer M, et al. Detecting and quantifying causal associations in large nonlinear time series datasets[J]. Science Advances, 2019, 5（11）: eaau4996.

[79] Stavroglou S K, Pantelous A A, Stanley H E, et al. Unveiling causal interactions in complex systems[J]. Proceedings of the National Academy of Sciences of the United States of America, 2020, 117（14）: 7599-7605.

[80] Stavroglou S K, Pantelous A A, Stanley H E, et al. Hidden interactions in financial markets[J]. Proceedings of the National Academy of Sciences of the United States of America, 2019, 116（22）: 10646-10651.

[81] Zhang X W, Chan S H, Ho H K, et al. Towards a smart energy network: the roles of

[81] fuel/electrolysis cells and technological perspectives[J]. International Journal of Hydrogen Energy，2015，40（21）：6866-6919.

[82] Teodorescu R，Liserre M，Rodriguez P. Grid Converters for Photovoltaic and Wind Power Systems[M]. Chichester：John Wiley and Sons，Inc.，2011.

[83] Ribrant J，Bertling L M. Survey of failures in wind power systems with focus on Swedish wind power plants during 1997−2005[J]. IEEE Transactions on Energy Conversion，2007，22（1）：167-173.

[84] 陈树勇，宋书芳，李兰欣，等. 智能电网技术综述[J]. 电网技术，2009，33（8）：1-7.

[85] Fang X，Misra S，Xue G，et al. Smart grid—the new and improved power grid：a survey[J]. IEEE Communications Surveys & Tutorials，2012，14（4）：944-980.

[86] Lasseter R H，Paigi P. Microgrid：a conceptual solution[C]. IEEE Power Electronics Specialists Conference，2004.

[87] 甘中学，朱晓军，王成等. 泛能网——信息与能量耦合的能源互联网[J]. 中国工程科学，2015，17（9）：98-104.

[88] Akorede M F，Hizam H，Pouresmaeil E. Distributed energy resources and benefits to the environment[J]. Renewable & Sustainable Energy Reviews，2010，14（2）：724-734.

[89] Mets K，Verschueren T，Haerick W，et al. Optimizing smart energy control strategies for plug-in hybrid electric vehicle charging[C]. IEEE/IFIP，Ghent，Belgium，2010.

[90] 刘东，盛万兴，王云，等. 电网信息物理系统的关键技术及其进展[J]. 中国电机工程学报，2015，35（14）：3522-3531.

[91] 颜诚，吴文宣，范元亮，等. 电力 CPS 研究综述[J]. 电气技术，2017，18（6）：1-7，12.

[92] Guan X H，Xu Z B，Jia Q S，et al. Cyber-physical model for efficient and secured operation of CPES or energy Internet[J]. Science China Information Sciences，2018，61（11）：110201.

[93] 顾伟，陆帅，王珺，等. 多区域综合能源系统热网建模及系统运行优化[J]. 中国电机工程学报，2017，37（5）：1305-1315.

[94] 卫志农，张思德，孙国强，等. 计及电转气的电-气互联综合能源系统削峰填谷研究[J]. 中国电机工程学报，2017，37（16）：4601-4609.

[95] Nguyen V H，Besanger Y，Tran-Quoc T，et al. On conceptual structuration and coupling methods of co-simulation frameworks in cyber-physical energy system validation[J]. Energies，2017，10（12）：1977.

[96] Xin S J，Guo Q L，Sun H B，et al. Information-energy flow computation and cyber-

physical sensitivity analysis for power systems[J]. IEEE Journal on Emerging & Selected Topics in Circuits & Systems, 2017, 7 (2): 329-341.

[97] Jin X L, Mu Y F, Jia H J, et al. Optimal day-ahead scheduling of integrated urban energy systems[J]. Applied Energy, 2016, 180: 1-13.

[98] Geidl M, Andersson G. Optimal power flow of multiple energy carriers[J]. IEEE Transactions on Power Systems, 2007, 22: 145-155.

[99] Lin W, Jin X L, Mu Y F, et al. Multi-objective optimal hybrid power flow algorithm for integrated community energy system[J]. Energy Procedia, 2017, 105: 2871-2878.

第五章 制造系统工程

党中央、国务院 2016 年发布的《国家创新驱动发展战略纲要》明确提出，我国科技事业发展的目标是，到 2020 年进入创新型国家行列，到 2030 年跻身创新型国家前列，到 2050 年建成世界科技创新强国。习近平总书记指出："一是紧扣发展，牢牢把握正确方向。要跟踪全球科技发展方向，努力赶超，力争缩小关键领域差距，形成比较优势。要坚持问题导向，从国情出发确定跟进和突破策略，按照主动跟进、精心选择、有所为有所不为的方针，明确我国科技创新主攻方向和突破口。对看准的方向，要超前规划布局，加大投入力度，着力攻克一批关键核心技术，加速赶超甚至引领步伐。"[1]为了实现国家科技发展目标，基于实际需求明确主攻方向是保证各类制造型企业稳定发展的关键。

制造业是国民经济的主体，是立国之本、兴国之器、强国之基。中华人民共和国成立以来，我国制造业得以快速发展，现今，我国已发展成门类齐全、独立完整的制造大国，但我国制造业仍存在大而不强的问题，面临转型升级和跨越发展的艰巨任务。针对这种情况，急需从系统角度出发，统筹规划，凝聚社会共识，对行业涉及的多学科进行协调发展，打通企业壁垒，以产业链为脉络，快速推进制造业转型升级。制造系统是指为达到预定制造目的而构建的物理的组织系统，是由制造所需的工艺过程、硬件、软件等组成的具有特定功能的有机整体。制造系统工程是指以实现系统优化为目的，对系统规划、研究、设计、实施等多个运作阶段中的组织结构、信息流、控制机构等进行分析研究的科学方法和技术。本章依据制造系统加工流程特征，分别对流程型制造系统、离散型制造系统和现代新兴制造系统的系统工程理论与方法进行介绍，结合人工智能、信息物理融合系统、材料科学、精细管理等提升制造系统整体效能的核心技术，提出融合系统工程理论与方法的制造系统纵向集成优化、全过程的制造系统优化、制造系统智能化等制造系统工程发展思路和方向。

制造系统依据加工流程特征可分为流程型制造系统和离散型制造系统。其中，流程型制造系统是一类以化学反应为主，生产过程具有连续或半连续特征的制造系统，如钢铁制造系统、有色金属制造系统、石化制造系统；离散型制造系统是以机械制造为典型代表的生产过程中工件以离散方式进行加工的制造系统，如航空制造系统。在对各类型制造系统工程的研究发展现状进行分析的基础上，提出关键科学问题，并总结出制造系统纵向集成优化、全过程的制造系统优化、制造系统智能化等发展方向。制造系统工程的主要内容如图5-1所示。

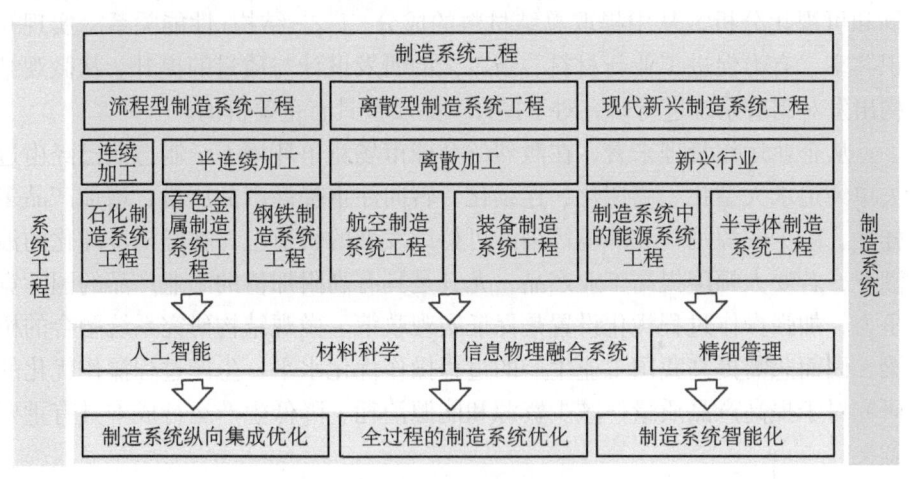

图 5-1　制造系统工程的主要内容

第一节　制造系统工程的科学意义与战略价值

制造业作为国民经济的主体，其稳定健康的发展对国民经济发展具有重要的支撑作用。制造业在全球化竞争、环保约束、资源配置和利润空间缩减的发展环境中，同时面临着客户需求多品种、小批量、高质量等的需求。为了满足客户的需求，制造业深加工工序不断增加。在这种情况下，制造业企业往往包含多个生产阶段，上游生产阶段产品可作为原料供给下游生产阶段；同一阶段包含多个并行机组，从而导致供料关系呈交叉网状，结构复杂。为了提高企业的总体运行效率，降低生产成本，应确保从产业链角度进行系统优化，实现企业内部各生产设备的原料库存水平、库存结构合理可行，生产控制参数优化配置，工艺技术有效保证产品质量。在这种环境下，企业要提高生产效益，增强核心竞争力，必须提高自身的生产运作管理水平，从系统工程的角度对制造系统进行优化，从而消除单一视角、单一工序、单一技术的盲目性，提高工序之间、部门之间的沟通效率，及时地预见生产物流中可能发生的问题。如何应用系统工程核心技术实现生产的精细化、智能化和绿色化，加速转型升级，实现多学科的资源、技术的深度交叉融合协作，成为系统工程工作者的工作重心。

制造系统工程是从系统角度出发，融合材料科学、生产流程、统计、计算机等多个学科，通过计算机技术对生产过程中的海量材料数据进行数据挖掘和可视化分析，从中提取总结材料的成分-工艺-结构-性能关系，实现知识共享，有力促进工业新材料、新工艺的研发设计与质量的提升。从微观结构出发对制造系统进行研究对于提升产品质量具有重要价值。

从企业运作管理来看，在激烈的全球市场竞争环境下，制造业已经由过去单纯追求大型化、高速化、连续化，转向注重提高产品质量、增加产品多样性、减少资源消耗和环境污染的可持续发展的轨道上。在经济全球化的浪潮下，若要大幅度提高工业产品，尤其是具有高附加值的工业产品的国际竞争力，加强操作过程优化设置是保证宏观政策、微观结构研究系统融合的桥梁，因而急需提高我国工业生产的过程操作优化水平。生产过程操作优化的研究对于提高产品质量、减少资源和能源消耗、降低生产运行成本具有重要意义。

以石化、钢铁为代表的流程工业的全方位发展与过程系统工程（process systems engineering，PSE）学科密切相关。PSE 是一门综合性的边缘学科，以处理物料、能量、资金、信息流的过程系统为研究对象，其核心功能是过程系统的组织、计划、协调、设计、控制和管理，广泛用于化学、冶金、制药、建材等过程工业中，目的是总体达到技术及经济上的最优，以符合可持续发展的要求[2]。PSE 在石化工业结构调整、技术创新、降本增效、节能降耗、环境保护、安全生产、科学决策等诸多方面都起到了重要的作用，有效促进了石化工业的科技进步和生产发展，提高了我国石化工业的竞争力[3]。

PSE 已在流程工业的供应链管理、生产计划与调度、操作优化、过程控制以及环境保护、节能、安全、过程模拟、过程和产品设计等诸多领域得到广泛应用。面对流程工业生产全流程复杂过程，PSE 提出了多种流程图模型和数学建模方法，以及针对大规模非线性优化问题的求解算法。通过协调优化石化生产的各个环节，在满足生产需求、能耗限制、环境要求的前提下，实现流程工业制造业企业的整体利润最大化。随着生产过程数字化、智能化程度的不断提升，PSE 技术在流程工业生产过程中的应用越来越重要，先进的 PSE 将为中国石化工业的持续快速发展提供强有力的技术支撑。

PSE 不仅仅是从全流程角度对流程工业计划调度、操作优化进行管理，还包括深入化学反应的不同层次、不同学科的知识进行融合，提升制造系统的总体运行水平，即分子管理。分子管理主要是从原油特征和价值的分子层次上深入认识与加工利用石油的先进技术，关键技术包括分子指纹识别技术（含油品分析和分子表征）、分子组成层次的模拟技术以及基于前两者的过程优化技术等。从分子水平上认识、加工和管理石油资源，实现对石油加工过程的极致精细化管理，推动石油组分实现"宜油则油、宜烯则烯、宜芳则芳"，使石油资源物尽其用，加工过程消耗最低。

随着全球产业调整、技术升级和区域转移向纵深发展，国际装备制造业出现了新的发展趋势，各国争先抢占未来装备制造业制高点。例如，美国先后制定"重振美国制造业框架""先进制造业国家战略计划"，欧盟国家提出"再制造化"，德国推出"工业 4.0 战略"，日本提出"重振制造业"的战略目标，法国先后提出"新工业法国""未来工业"的国家战略。我国围绕装备制造业提质增效这一核心目标，展开了细分行业、重点企业、核心产品等多层级的合作建设。装备制造业战略意义明显，主要体现在政治、经济、社会三个方面。在当前全球化背景下，装备制造系统，尤其是航空、航天等军工装备制造系统面临诸多挑战。装备制造系统，尤其是航空、航天等军工装备制造系统，受制于人直接导致政治博弈筹码不足，国家政治地位低下，国际发言权薄弱；面临提升国际竞争力和避免空心化等多重挑战，经济增长停滞不前，难以实现开放、发展、安全的共赢；全社会整体能效低下，社会稳定难以维持，可持续繁荣发展模式无法践行。

航空发动机和飞机制造业等为国民经济各行业提供技术装备的战略性产业，具有高科技、多学科、高可靠性、高风险、高附加值、周期长、试验昂贵、规模大、系统性强等特性，在经济增长和结构调整中有着不可替代的作用。装备制造业是制造业的核心和脊梁，是工业化发展的重要标志，是为国民经济和国防建设提供技术装备的基础性、战略性产业。以航空发动机制造业为例，航空发动机是在高温、高压、高速、高强度、变负荷等极端条件下工作的复杂大型装备,是集计算流体力学、气体动力学、结构力学、传热、控制、材料、工艺等技术于一身的"工业皇冠明珠",其研制、生产和运维具有难度大、风险高、费用多的特点,航空发动机制造已经成为一门逼近极限的综合性应用学科。发动机对飞机整机的安全性和可靠性有着极为重要的影响,它能否安全、稳定地工作直接影响着飞机的飞行安全。航空发动机的工作环境复杂恶劣,容易导致故障发生,诱发飞行事故,危及飞行安全。在飞机的常规维修中,航空发动机的维修更换费用巨大,使得频繁的检修维护的可行性降低,必须采用相关方法对航空发动机进行故障诊断和预测,这样既可以节省检修维护费用,又能快速准确地定位故障,有利于合理安排维修计划,避免资源浪费,保障飞行安全。

装备制造业的关键保证之一是装备制造系统的高效运转,需从系统工程全局的角度优化制造过程。系统工程是从系统观念出发,以最优化方法求得系统整体最优的综合化的组织、管理、技术和方法的总称。系统工程作为装备制造系统提升的重要学科基础,其发展牢牢制约着我国装备制造业的进一步提升。面向装备制造系统工程领域,针对装备制造过程中的系统问题,以机器设备组成的生产单元、加工系统、装配系统等为研究对象,采用系统分析方法,揭示各因素对装备制造系统的影响机理,打破装备制造过程中各部门联系薄弱的壁垒,探索装备制造系统系统工程关键科学难题,为我国装备制造业实现长远性、整体性、协同性战略发展提供指导意见。装备制造业发展的一系列问题逐渐显现,主要表现为有效供给不足。一方面低端产品过剩,供大于求;另一方面高端产品短缺,供不应求。装备制造业仅从突破先进制造技术角度难以提升装备制造行业水平,进一步提升装备制造行业水平,需要从系统工程角度对装备制造全生命周期进行剖析。应探究装备制造系统各阶段参数对装备质量的影响,解析不同阶段对装备质量的耦合影响。装备制造系统工程旨在从设计、制造、运营等方面的基本原理出发分析各因素的影响及耦合效益,实现装备制造从要素投入增长型向系统创新驱动转变,为中国装备制造系统升级改造提供理论指导。

另一方面,质量是制造系统的核心关键指标,从系统角度对产品故障进行评估是保证产品质量的关键。故障预测与健康管理(prognostics and health management,PHM)技术的目的是预先对飞机发动机或航空动力系统的部件或子系统的健康状态进行评估,确定这些部件或子系统能够正常工作的时间长度或者剩余寿命,以及失效的时间和程度。也就是说,PHM技术中有两个关键点:一是实现对早期故障的预测和准确诊断,二是对部件剩余寿命进行准确预测。航空发动机在运行过程中，伴随故障的发生，必然发生诸如振动、噪声、温度、压力等物理参数的变化。基于机器学习的航空发动机故障预测技术就是依据这些过程参数的变化，使用数据挖掘、大数据分析、深度学习等方法，对航空发动机的工作状态进行在线判定，同时对可能出现的故障进行准确预测，实现对故障的早期预报、识别和报警，做到防患于未然，保障发动机能够安全、稳定、可靠地工作。当前，随着大数据技术的发展，基于发动机运行过程中的数据，利用机器学习等人工智能技术对整个系统的数据进行挖掘和分析，实现对发动机运行过程中的故障进行在线系统预测，从而使得 PHM 能够真正对实际中的不确定性问题进行处理，已经成为 PHM 发展的重大挑战和核心技术之一，受到了国内外学术界和工业界的高度关注[4-7]。

制造系统不仅是生产操作的集成和耦合，还伴随着大量能源消耗。以钢铁制造系统为例，钢铁生产具有长流程、生产工艺复杂、能源消耗量大等特征，在生产过程中消耗多种能源介质的同时，产生大量可回收利用的余热、余能，是典型的高能耗、高污染、高排放的流程工业。一般而言，制造系统生产过程中通常伴随大量复杂的物理化学反应、物质与能量的转换和传递，是一个具有高度非线性、强耦合、大滞后等特点的复杂工艺过程。生产系统与多个能源子系统高度耦合，能源消耗机理未知，只能依赖于实际生产过程中积累的大量数据达到节能降耗的目的。制造系统生产过程的能源消耗主要与生产工艺、设备、控制系统和精细化管理水平四个因素密切相关，因此需要从系统的角度对节能降耗因素进行研究。能源是现代工业生产的基础物资，关系到整个国家的经济发展和国防安全。《2014 年世界能源统计年鉴》显示，2013 年中国仍是全球最大的能源消费国，当年中国能源消费量占全球的 22.4%，占全球净增长量的 49%。我国制造业普遍具有高能耗、低能效的特点，节能减排的总体水平相比于发达国家仍有差距，节能的潜力和经济价值巨大。在我国，节能减排、绿色环保、制造业由耗能企业向节能企业转型发展被列为重点建设内容。随着各种资源的快速消耗和价格上涨，企业正面临巨大挑战，迫切需要从系统角度出发，提升生产过程的工艺和管理总体水平，降低生产成本，提高企业盈利率。

从宏观角度看，大型制造业企业身处产业链中，其中存在多道运作环节，各运作环节之间存在衔接关系，与此同时，产业链上各行业、各运作环节的评价指标不同，生产工艺不同，因此，大型企业生产流程构成企业内部多级生产-库存系统。库存控制是企业内部供应链生产管理中的重要环节，对整个生产过程的协调运作起着至关重要的作用，优化库存结构是保证生产运作效率的关键。通过合理控制库存水平、保证均衡的生产节奏可以消除生产中单一工序生产管理的盲目性，提高工序之间的沟通效率，及时地预见生产物流中可能发生的问题，提高库存周转率，降低库存水平，避免无效库存，减少搬运费用。因此，探讨制造业企业多级库存优化问题十分必要。

从微观角度看，制造系统要实现质量提升，需要打破学科壁垒，从系统工程角度出发，从分子、原子层面出发，研究不同的加工工艺、运作管理水平对微观结构的影响，以及不同微观结构与产品质量的关系。1999年，约翰·罗杰斯（John Rogers）首先提出了材料信息学的概念，材料信息学是采用计算方法对材料科学和工程数据进行处理与分析。

从企业运作管理看，生产调度和能源调度管理都是企业运作管理的核心内容，在实际生产中，二者紧密相关。合理的生产调度方案可以有效降低生产成本、提高产品质量、节能降耗、缩短产品的生产周期。合理的能源调度管理方案可以有效提高能源利用率，减少能源浪费，降低企业生产成本。从系统工程角度，现代制造业在提高产品质量、增加产品多样性的同时，需要向减少资源消耗和环境污染的可持续发展方向转型。因此，在运作管理中，需要考虑生产与能源协调调度优化，综合考虑生产工艺约束、产能约束、客户需求能源发生设备的产能约束和运行指标，以及能源调度过程中的供需、替代、转换、耦合和动态特征，建立生产与能源协调调度模型，探讨有效的求解方法。同时，制定生产调度方案和能源调度方案，有助于进一步扩展企业节能降耗的空间，降低总体运作费用，对促进我国经济社会全面协调可持续发展、合理利用资源、保护和改善环境、提高经济效益、推动技术进步等都具有重要作用。

为了落实国家重大战略需求，贯彻创新驱动发展战略，我国需要以系统工程中的学科交叉融合为立足点，进一步加强应用基础研究和共性关键技术突破，结合工业领域对系统工程学科的需求与挑战，探索系统工程学科改革发展的前进方向和具体措施。

第二节　流程型制造系统工程

流程型制造系统是主要制造过程包含化学/物理变化的、生产过程具有连续特征的制造系统，包括钢铁、有色金属、石化等制造系统，其中，钢铁、石化制造系统前段为连续生产过程，后段具有离散特征，属于半连续的生产过程；石化制造系统为典型的连续生产过程。

一、发展现状与发展态势

（一）钢铁制造系统工程

对钢铁工业系统工程以往的研究大多集中在钢铁单工序的计划调度问题上，综合考虑工序的工艺要求、计划规程进行决策，从系统工程的全局角度对单个工序不同层级的要求进行集成考虑。随着技术的不断完善，钢铁工业系统工程的视角逐渐放大，从供应链的横向集成角度开展工作。供应链管理是近几十年的国际热点研究课题，库存优化是供应链管理的重要组成部分，一直是非常活跃的研究课题。1931年，经济订货量（economic order quantity，EOQ）模型的提出，开启了库存优化决策的先河。随后，库存的研究范畴从简单的单产品单阶段库存模型发展到多产品多阶段库存模型。文献[8]对上述研究成果进行了综述。然而，包括EOQ在内的这些模型均建立在需求给定，采购成本、单位库存成本不随时间变化的确定性环境假设基础之上。在企业的实际运作管理中，这些假设往往很难满足，因此在一定程度上，采用EOQ等确定性库存模型所确定的库存策略难以满足实际需要。库存控制作为最优控制的重要组成部分，可以追溯到20世纪初。1952年，文献[9]针对单产品生产库存问题，将生产率作为控制变量，利用经典控制理论研究生产库存系统的稳定性。自20世纪70年代以来，随着控制理论的不断完善，传统的库存控制理论已经具备非常成熟的理论体系：采用最优控制进行库存建模，利用极大值原理、动态规划等方法进行求解。目前，越来越多的学者开始关注钢铁制造系统的库存优化问题，并已取得一些研究成果。文献[10]分析了钢铁行业库存的特点，提炼出了钢铁行业存在的若干库存计划问题。文献[11]同样研究了冷轧过程中的两阶段库存问题，借助最优控制理论，采用极大化原理来求解该库存控制问题。上述研究均是在所有参数确定的情况下，从宏观角度研究产业链或企业内部供应链上的库存优化问题，较少关注到实际钢铁制造系统的库存控制问题，也忽略了实际生产中普遍存在的随机性给生产与库存计划带来的影响。

从微观角度来看，钢铁企业系统工程将数据科学、材料科学等多个学科进行纵向集成,着力对企业核心关注的产品质量进行探讨,对于钢铁企业,产品质量本质上是由金属材料的成分、分子结构决定的。20世纪,已经有学者利用数据驱动发现现象,再使用物理原理进行合理化修正。首先,确定一种金属在另一种金属中的溶解度趋势的休姆-罗瑟里定则(Hume-Rothery rule)被提出,霍尔-佩奇(Hall-Petch)强度给出了经验晶粒尺寸和机械强度之间的关系,以及基于化学结构的特征预测有机和聚合物材料复杂性能的组贡献方法[12]。2014年及以前,由于明确了机器学习、材料信息学等概念,这个方向正式成为材料学研究的重要组成部分[13-16]。强大而值得信赖的计算机模拟方法和系统综合与表征能力虽然耗时且有时昂贵,却至少提供了有针对性和有组织的方式的途径。使用现有的数据挖掘或学习识别属性之间先前未知的相关性,可以发现定性变量和定量变量之间的关系,用于快速预测材料的属性,这比实验的方法所需的人力、物力都少,很多统计学及机器学习方法也受到关注[17-19]。

操作优化是通过构建并求解操作优化问题,获取优化的操作变量设定值的一种控制优化方法,它也是实现不同层级问题系统优化的一种关键途径。一般来说,操作优化包括建立优化对象模型、建立优化模型和求解优化模型三个步骤。其中,建立优化对象模型可以采用机理建模或者数据建模等方法,只要模型能够表达研究对象的输入输出关系即可。操作优化在化工领域被广泛应用,化工领域的操作优化被称为生产过程中的实时操作优化[20]。实时操作优化于20世纪50年代被提出后,在接下来的30年间,与之相关的优化理论与硬件设施条件也相继得到发展和完善,并于80年代末在乙烯生产过程中得到应用。实时操作优化于乙烯生产过程中得到应用。实时操作优化于1988年应用于加氢裂化器的优化中。后来随着技术水平的提高,到了90年代,这种技术在当时的美国利安德巴塞尔工业公司(Lyondell Basell Industries)炼化厂得以应用,并由原来的以连续二次规划为基础的Opera软件发展为艾斯本技术有限公司(AspenTech Technology, Inc.)等技术公司所开发的支持多种不同优化算法实时操作的软件等。与此同时,其应用范围扩展到裂解、合成氨、蒸馏分馏等相关石化领域,应用成果显示出操作优化在石化领域的巨大应用潜力。由于石化生产过程中的化学反应均有动态与非线性特征,因此,要使生产过程满足要求,必须对过程参数进行优化设定。综上,过程操作优化在化工生产过程中对于提高效率、降低原材料损耗具有重大意义。操作优化问题的研究在钢铁生产领域也取得一些成果,但相比化工领域,其理论研究和实际应用仍有较大发展空间。

（二）有色金属制造系统工程

随着我国有色金属工业的迅猛发展，生产线工艺装备已经达到国际先进水平。熔铸工序广泛采用了先进的熔体净化和均匀化技术，可实现全自动配料、半连续/全连续浇铸；轧制工艺配备了液压加载、液压弯辊、轧辊分段冷却、轧辊凸度控制、自动对中等控制系统，可实现凸度、厚度和板形的自动控制；气垫式连续热处理炉、淬火炉等热处理设备均具备全过程自动化系统，可实现加热特性和温度的精准控制；铣面、精整等单体设备也具备较高的自动化水平。制造执行管理系统、企业资源计划管理系统近年开始在部分规模大、装备水平高的企业应用。

然而，一流的工艺装备并没有带来一流的制造水平和一流的生产效益。在生产过程工艺参数优化方面，关键工序加工过程机理以及工艺参数-产品质量的关系模型难以精确建立，因而难以实现生产过程工艺参数的深度优化。例如，原料成分、熔铸工艺参数对铸锭性能的影响规律，轧制工艺对板带材性能、板形板厚和表面质量的影响规律，热处理工艺参数对产品综合性能的影响规律等，均难以建立精确机理模型，影响工艺参数的深度优化，导致产品质量不稳定。在大规模定制化生产组织方面，无法适应有色金属产品订单多品种、多规格、小批量的结构特征，造成生产过程组织困难。批次切换频繁进一步加剧了产品质量稳定性差、生产效率低、生产成本高等问题。解决以上难题需要工艺机理知识、信息技术知识、管理决策知识等，需要多学科交叉融合，这些实际难题对有色金属工业系统工程理论与方法研究提出了新要求。

在工业领域，目前成功的应用案例主要集中在设备预测维护、产品质量提升、精准营销和客户服务方面，如通用电气（GE）公司为航空公司提供的预防性检修服务的系统分析平台、尼桑公司的智能机器人和高圣公司的智能带锯机床等。有色金属工业过程属于典型的复杂流程工业过程，佐治亚理工学院利用过程数据及融合机理方法进行连铸漏钢预报和带钢轧制重复缺陷根源诊断。英国普锐特冶金技术有限公司采用系统工程技术为全球数千条生产线提供自动化解决方案。国内中国航空工业集团有限公司与国际商业机器公司合作，引入IBM Harmony-SE方法与整套工具体系开展航空系统工程研究。流程工业综合自动化国家重点实验室（东北大学）基于系统工程思想开展流程工业综合自动化领域的基础研究与应用基础研究，以解决实现流程工业综合自动化的关键科学与技术问题，形成了"基础理论研究—技术创新—

研究成果转化"的完整创新体系。轧制技术及连轧自动化国家重点实验室（东北大学）基于系统工程技术进行中厚板轧制负荷高精度预报等成果获得了很好的应用。

在有色金属工业领域，以美国铝业、诺贝丽斯等为代表的铝加工企业，以德国 KME 股份有限公司、德国威琅电气有限公司、美国欧林公司、日本三菱伸铜公司等为代表的铜加工企业，都非常重视系统工程理论和技术在产品设计、制备加工、质量评判、生产组织、客户服务等方面的有效利用。例如，美国铝业公司利用系统工程技术提高铝电解产品的稳定性和操作智能化。日本三菱伸铜公司通过系统工程技术显著提升了用户服务水平。德国 PSI 集团利用系统工程方法实现了先进生产计划与排程系统、质量信息监控与评估系统。

2012 年 9 月，美国国防部所属系统工程研究中心发布了《系统工程知识体系指南》。德国"工业 4.0 实施规划"中将"掌握系统复杂性"列为 8 个未来重要活动领域之一。在国内，工业 4.0、工业互联网等的提出，将智能制造推向了快速发展的新阶段。在新的目标、范围与趋势下，智能制造迫切需要以系统工程方法与技术为支撑，尤其是在实现有色金属产品从设计、研发到生产、运行的端到端集成的转型过程中。充分利用系统工程技术提高制造业的智能制造水平已经成为制造大国和制造强国共同的国家战略。深入发展有色金属工业系统工程理论和技术，提升我国有色金属产品的制造水平，既符合国家的战略需求，又是行业的迫切需要。

（三）石化制造系统工程

自 20 世纪 60 年代形成一门独立学科以来，随着系统工程、信息技术和化学工程的发展，PSE 在深度和广度方面都有了较大的扩展，至今已经历了初创时期（1968～1979 年）、成长时期（1979～2000 年）和扩展时期（2000 年至今）三个时期[3-4]。

1. 1968～1979 年 PSE 初创时期

这一时期的标志是 1968 年戴尔·路德（Dale Rudd）与查尔斯·丘吉尔·沃森（Charles Churchill Watson）出版了 *Strategy of Process Engineering*《过程工程的战略》[5]，1969 年矢木荣和西村肇出版了《化学过程工学》。到 20 世纪 70 年代，一些著名的大学纷纷在化工系开设化工过程的模拟与分析、过程设计、过程控制等课程。在此期间奠定了 PSE 学科的理论基础及研究方法，明确了学科范畴为过程系统的分析、过程综合和过程控制。

2. 1979～2000 年 PSE 成长时期

一方面，计算机技术的长足进步，为系统工程的发展提供了有力手段；另一方面，20 世纪 70 年代石油危机带来的挑战，需要大幅度地节能降耗，石油化工装置的大型化、综合化需求，迫切需要开发新的手段来分析、设计和控制这些复杂的化工系统。这些动因促成了 PSE 的大发展。这一时期的标志是从 1979 年开始 PSE 的国际会议空前活跃，提出了以网络图、数学建模为代表的研究成果[7, 21-24]。20 世纪 80 年代，我国也在高等院校纷纷开设化工系统工程课程，清华大学和天津大学等成立了化工系统工程教研室，并于 1991 年在著名系统工程专家钱学森及其他一些有识之士的推动下，成立了中国系统工程学会过程系统工程专业委员会，成思危当选为第一届主任委员。

在这个时期，PSE 已经由学术理论走向工业应用，并实现了不少重大技术突破，特别值得称道的是，戴夫·卡特勒（Dave Cutler）创造了动态矩阵控制（dynamic matrix control，DMC）方法实现了模型预估控制，这种软件包已在世界各地的石油化工装置上安装应用，达到几千套，创造了可观的经济效益。1988 年美国杜邦公司做过评估，由于采用了先进控制和实时优化，每年可以增加净利润 2 亿～5 亿美元。

3. 2000 年至今的 PSE 扩展时期

这一时期的发展表现为研究范围和研究内容都在扩大。传统的 PSE 研究规模正向两极扩大：微观方面向分子模拟、产品设计扩充（纳米级）[25, 26]；宏观方面向整个公司、整个供应链[27-30]、全球气候变化扩充。在研究内容方面，过去"过程"是指物理—化学制造过程，现在则已扩大到管理业务过程，也就是说，由研究工程决策延伸到研究商务决策。由于现在进入了可持续发展时期，过程优化的判别指标也正在变化，除了传统的经济效益外，还要增加健康、安全和环境影响、可控制性和可维护性等，将来还会增加更多的社会因素，如气候影响、生命周期影响和风险最小化等。因此，原来的单目标优化演变成了多目标优化。

从总体来看，我国 PSE 的理论研究水平与国际水平较为接近，但在成果的应用和商业化方面相差较远，至今还没有出现达到国际先进水平的商业化软件，以及国际知名的从事 PSE 研究开发及推广应用的企业。

二、关键科学问题

（一）钢铁制造系统工程

钢铁制造系统工程的关键科学问题主要是融合现有核心技术，从采矿—炼铁—炼钢—材料—装备学科链出发，实施促进产业价值链从低端向高端迈进的横向集成；对工艺、数据、计算机、管理等多个学科进行纵向融合，将科学、技术、工程分时融合，对能够提升产品质量、运作水平的融合方法和手段进行探讨。主要包括以下几个方面。

1. 面向产业链的钢铁全流程库存控制

钢铁制造系统生产制造过程复杂，包含多个生产阶段，上游生产阶段的产品可作为原料供给下游生产阶段，相邻生产阶段之间建有仓库，用于存放钢铁在制品。库存是平衡各生产阶段需求和生产的缓冲器，优化库存水平和结构是提高制造系统运营效率的关键。通常，较高的库存水平可以降低外界不确定因素造成的生产原料供应压力，有效避免生产源头的停工断产；保证生产的连续性，但也会产生较高的库存成本；较低的库存水平虽然可以加快企业的资金流动，但容易造成因库存品种与生产需求不符、库存量不足所导致的生产断料。因此，钢铁制造系统迫切需要制定科学合理的库存控制方案，优化库存水平，从而保证生产过程的连续稳定，缩短生产周期，增强钢铁企业的核心竞争力。钢铁库存控制指的是综合考虑生产工艺和库存管理要求，同时决定生产设备的生产量，制定库区的库存策略，从而降低生产成本，优化库存水平，保证生产过程稳定运行。

2. 钢铁过程操作优化

操作优化位于控制层以上、计划调度层以下，其研究对象是生产设备的运行过程，其任务是在综合考虑过程信息和装置约束的同时，以最大化生产效益、最小化生产成本和环境代价为目标，来确定参数的最优设定值，以提高生产过程的性能。操作优化在电力、钢铁工业及能源等领域有着广泛的应用前景和价值。生产过程操作优化是在不修改工艺流程和不增加设备投资的情况下，根据生产过程信息，科学地确定生产过程工艺参数（如流量、压力和温度等设定值），使得产品的质量、产量和成本达到所期望的要求。生产过程操作优化可分为稳态操作优化和动态操作优化两种，稳态操作优化问题是指在决策时信息和数据完全可利用的问题，生产过程在一段时间内工艺参数相对稳定；动态操作优化问题是指随着生产进程信息和数据动态可利用的问题，为了适应系统负荷经常变化、产品牌号频繁切换，需要对生产过程工艺参数进行动态调整，使系统适应工况的变化。流程工业生产过程机理复杂兼有物理与化学反应，物料多以高温状态进行连续加工，生产设备大且在生产过程中消耗大量的资源和能源，这些特点进一步增加了流程工业生产过程操作优化与控制的难度。

3. 面向多学科集成的钢铁智能材料科学

材料科学中成分、工艺、微结构和性能之间的关联规律一直是传统材料研究领域的核心工作。在材料人工智能技术的创新研究思路下，基于材料人工智能的关键科学问题包括以下几个方面。

（1）材料微观结构的优化与预测。材料的微观结构决定其宏观性质，其内部分子的构型与排列及原子的堆垛决定了材料的物理性能和化学性能。在新材料发现过程中，通过预测不同工艺条件和不同物质组合下的微观结构，从而达到预测产品组织性能的目的。通常情况下，具有最小自由能的微观结构最为稳定。因此，将材料的微观结构预测问题转化为优化问题，以极小化自由能为优化目标，计算给定条件下最优的微观组织结构。

（2）材料宏微观操作优化与最优控制。在金属冶炼过程中，通过宏观和微观两个视角对冶炼过程进行动态操作优化，可以准确地刻画材料内部的变化过程，并能够科学地分析材料内部的液态成分，进而通过控制外部的操作参数，实现质量成分的改变。结合热力学、数学及材料学的知识，建立温度场、应力场的耦合偏微分模型，进而获得加工工艺（宏观形态）与微观晶粒生长、再结晶过程、相变模型之间的关系。通过分析微观结构与材料性能的关系，揭示加工工艺和材料性能的关系。

（3）材料分子诊断与质量预报。针对材料微观定量解析与宏观性能分析问题，首先将该问题分解为基于图像识别的分子组织分类问题和基于大数据建模的机器学习问题。大部分传统材料研究以试验驱动为主，对图像的统计分析依赖于专家经验。通过建立材料宏观性能与图像特征之间的机器学习模型，可以得到更准确的材料性能曲线。在引入迁移学习方法和统计分析方法后，可以有效解决数据缺失问题，降低实验成本。

（4）基于机器学习的新材料合成与发现。材料的合成与发现主要关注的是组织演变过程，提取相关要素，建立模型，实现材料顶层设计。但是，材料在一定成分的加工工艺过程中组织性能的演变主要依赖于物理和机理模型、计算模型、分子动力学、相图等模型。物理模型推导的复杂，导致无法分析并带入所有相关变量。在保证数据质量的前提下，研究不同的工艺和产品领域，使用机理模型和机器学习的混合建模方式，可以生成海量假想的材料，建立高通量材料基因数据库，从中筛选出值得合成的材料，再通过实验测试这些材料可能拥有的性能，从而实现新材料的合成与发现。

（二）有色金属制造系统工程

有色金属制造系统包括有色金属矿物开采、氧化、电解、铸造、轧制、特殊有色合金加工和回收利用。其中，铸造之前的制造工序可以称为有色金属冶炼，铸造之后的制造工序可以称为有色金属加工。

有色金属冶炼就是把有色金属通过电解反应，以金属液的方式从矿石中冶炼出来，并通过铸造生成相应的有色合金产品。有色金属的电解和铸造都是高能耗工序，电解槽需要大量的电能进行电解反应，铸造过程还需要对电解出的金属液在熔炼炉中进行冶炼，需要保持熔炼炉在高温状态，电解和铸造工序都需要耗费大量的能源。电解槽的生产调度、电解槽中金属液的组合批次进行运输调度都是有色金属电解制造过程中需要优化决策的关键科学问题。当同时考虑电解和铸造两阶段制造过程时，如果电解之后的金属液不能及时运输到铸造工序进行制造，就会带来额外的等待时间，消耗大量的电能且影响制造效率和产品质量。因此，在有色金属制造过程中，还需要把具有相似纯度的金属液组成批次，并在铸造车间进行生产调度。

有色金属加工是将有色金属冶炼的合金产品进一步加工成多种类型产品的过程。铸造的有色金属铸锭通常需要加热后进行轧制操作来制造需要的金属板材。在有色金属热轧之前，经过处理的有色金属铸锭在加热炉开始加热，加热炉加热是热轧制造的一道重要工序，加热的时间取决于加工产品的类型、所需温度、加热炉的容量大小、金属铸锭的位置和每次加热的调整时间等。由于加热时间较长，因此要确保加热的完成时间是轧制的开始时间。轧制的时间主要依赖于要制造的产品长度、硬度和产品类型。在轧制过程中，同一类型的产品要连续加工，按照类型、硬度等一次加工，加工的顺序也依赖于加工的类型、硬度等。有色金属轧制优化调度的目标包括最小化制造周期、总拖期时间、总调整时间和最大化制造利润等。

目前，有色金属制造系统在系统工程层面有待解决的关键科学问题主要集中在冶炼和加工过程中的产品质量稳定性提升及生产组织计划与优化调度。

在产品质量稳定性提升方面，我国有色金属生产装备已达到世界先进水平，但航空、汽车、大规模集成电路等领域用高端产品的质量及其稳定性等仍无法满足国家重大工程和战略性新兴产业发展的需求。大数据技术及机器学习理论的发展，为实现有色金属产品生产数据的有效利用、加速经验积累、提升产品质量稳定性提供了有效手段。利用工业大数据技术提升有色金属产品质量稳定性需要解决以下关键科学问题。

（1）有色金属加工流程大数据获取、建模、存储、检索、分析理论与方法。有色金属工业生产流程是典型的复杂系统，其大数据具有多源异构、质量遗传、数据不精确、时空关系复杂、多变量和强耦合、实时性要求高等特点。实现对全流程工业大数据的有效利用需要解决加工流程的数据获取、建模、存储、检索与分析等一系列关键科学问题，包括：高维动态多时空尺度工业大数据清洗和自动修复理论及方法，多源多模态异构数据集成模型、异构数据智能模式抽取/转换/模式匹配模型和算法，工业大数据分布式存储与计算模型理论及方法，面向大数据的离线自学习批处理计算模型、在线工艺参数优化流处理计算模型、高效图像处理计算模型和深度学习计算模型。

（2）大数据驱动的有色金属加工全流程工艺参数深度优化理论和方法。难以针对工艺过程建立精确机理模型并实现工艺参数的深度优化，是造成产品质量不稳定的主要原因之一。实现加工全流程工艺参数深度优化，需要解决一系列关键科学问题，包括：研究数据驱动和机理模型混合的各工序工艺参数-产品综合性能-质量稳定性关系模型、基于深度学习的全流程工艺参数-产品综合性能-质量稳定性关系模型；基于以上关系模型，研究熔铸过程原料配比及工艺参数优化方法、热轧/冷轧压力加工过程工艺参数多目标优化方法、热处理过程工艺参数的强化学习算法及生产全流程多工序协调优化方法，实现生产全流程工艺参数的深度优化。

在生产组织计划与优化调度方面，目前有色金属制造系统生产调度面临的主要问题是如何根据有色金属制造工艺约束和设备运行情况，确定即将制造的有色金属产品在设备的制造顺序及制造时间上，达到最小化制造期或最大化制造利润等目标，从而实现提高制造效率、降低制造过程资源和能源消耗。

因此，需要基于大数据和机理知识联合驱动的全流程工艺模型库构建理论与方法。针对订单多品种、多规格、小批量的结构特征造成的生产过程批次频繁切换，进而导致产品质量稳定性差、生产效率低、生产成本高的问题，需要解决的一系列关键科学问题包括：研究工艺模型库模块化设计方法，构建适应大规模定制、多工序协同的有色金属生产智能化工艺模型库；

基于智能化工艺模型库，研究大规模定制下有色金属生产全流程工艺逆向优化方法、生产组织过程智慧优化决策理论和方法。

（三）石化制造系统工程

石化生产系统在石化信息物理融合系统、大数据和人工智能技术快速发展的背景下，提炼出石化 PSE 的关键科学问题，包括分子管理、数据采集、数据解析、过程优化和方案实施五个方面。

1. 基于分子管理的石化过程优化

石化分子管理的目标是正确的分子在正确的地方、正确的时间，具有正确的价格。它包括精炼流的分子特征、精炼过程的分子建模和优化，以及在分子水平上集成材料处理系统和实用系统的整体精炼优化。将建模细节提高到分子水平是提高炼油利润率的一个非常有效的办法。

炼油过程中的分子管理的表征模型通过考虑轻馏分和中馏分的同分异构体以及分子的统计分布来增强；将精炼过程在分子水平上进行数学建模，然后进行过程优化，洞察经济效益；针对汽油调和过程，基于调和组分的性质预测和调和过程的非线性，建立汽油调和的分子模型，并将其集成到配方优化；针对柴油加氢过程，建立反应器反应的分子模型。基于分子水平的模型能够更精确地刻画石化生产过程，得到的解决方案更加接近现实情况。

2. 石化信息-物理融合系统的数据感知技术

石化工业生产流程长，生产对象多为高温高压的气态或液态，反应器单体设备大、对密封性和生产环境要求较高。在石化工业工艺参数的检测技术方面，一方面，生产条件的复杂性使得测量工作不易进行；另一方面，现有的检测设备功能难以对测量过程中的干扰、误差和稳定性进行处理。这些特点使得石化生产过程中的工艺参数与性能指标难以通过常规方法获得，需要研究基于图像、光学、红外等多种数据感知技术的石化工业难测工艺参数与性能指标的检测设备和方法。

目前主要从两个方面进行研究。一是传感器和采集方式的革新，包括使用光纤、红外成像仪、结构光测量、射频识别（radio frequency identification，RFID）等非接触式具有无线通信功能的传感器技术；采用无人机、智能移动机器人、工业机械手臂等具有远程遥控或自主探测能力的移动式检测载体，研究新型高灵敏度、高精度、多功能、微小型、能够用于复杂动态生产环境的难测参数检测问题的传感器。二是强化传感数据的智能后处理，研究诸如机理模型、系统辨识和参数估计、超分辨率视觉信号重建、基于机器学习的信号去噪、增强与复原等各种软测量方法，并对数据的有效性与一致性进行研究，还要研究高性能的信号处理方法，从而提出对现场带有系统误差和测量误差的信息进行有效处理的新方法。

3. 石化工业生产过程的数据解析技术

石化工业生产过程在 CPS 环境下，相关的过程变量都会进行实时的采集，但是，由于生产工况的变化以及检测仪表的不精确，CPS 系统在过程数据的检测过程中将会存在大量的测量误差。由于过失误差的存在，在数据协调的过程中，过失误差会分摊到其他原本没有过失误差的数据上，从而使得测量数据协调和未测量变量估计的结果比没有进行协调和估计时的情况更差，造成这组数据协调值和估计值的完全不可信。因此，在石化工业 CPS 进行测量数据协调和未测量变量估计前，必须及时准确地侦破出过失误差的存在，进而识别并剔除含过失误差的测量数据或补偿其影响，以保证和提高协调值及估计值的可信度。数据校正的主要内容就是校正含随机误差的测量数据，侦破和剔除含过失误差的测量数据，估计未测量数据，诊断故障源。

石化工业的生产过程通常连续进行且包含异常复杂的化学变化，是一个多变量、强耦合、非线性的复杂动态过程，难以获得生产过程的严格机理模型。目前，随着石化企业信息化建设的不断推进，特别是在 CPS 系统环境下，复杂石化生产过程的工况数据已经可以实现实时的采集和传输，显然，这些数据中蕴含了与实际生产过程相关的大量信息，它们为基于数据解析的石化生产过程建模奠定了良好的数据基础。传统的数据解析方法通常使用单一的机器学习模型，使得所建立的生产过程模型的精度和泛化能力都存在明显不足，影响了实际应用效果。因此，需要在 CPS 系统环境下，研究针对石化生产过程数据的全新数据解析方法，克服单一机器学习模型在建模和应用上的不足，进而帮助提高石化生产过程优化与控制的精度。

4. 石化工业的过程监测、最优控制和实时优化一体化

在 CPS 系统环境下，生产过程的各种数据可以实现实时的采集与传输，这为基于数据解析的生产过程建模、监测和操作优化的研究奠定了数据基础。石化生产过程监测是指基于生产过程化学反应动力学的机理模型或数据解析模型，通过 CPS 对生产工况的实时感知，实现对产品质量等关键生产指

标的在线实时预报，以及基于数据解析方法对 CPS 实时感知的生产工况进行分析，及时预警不当的操作条件，并且对出现的生产故障进行实时诊断。石化生产过程操作优化是根据 CPS 实时感知得到的生产过程实时数据（流量、压力、温度等），利用生产过程操作参数和质量、产量等技术经济指标的定量关系的机理模型或数据解析模型，以提高产品质量和经济效益等为目标，对生产过程进行优化，得到生产过程各操作变量在当前时刻的最优设定值，使生产过程始终处于优化运行状态。最优控制是根据操作优化设定的生产参数，通过设计使能量、成本等指标最优的控制策略，保证动态生产过程的性能达到所期望的要求。

5. 基于数据的石化企业全流程生产与物流计划一体化优化

石化生产全流程为多阶段、混合生产过程，包括原油储运和混合、炼油生产过程、成品油调和。原油供应保证了炼厂加工原料库存，油品配送则将炼厂产品发往油品库区或最终用户。石油炼制过程，即炼油过程，以原油为原料，经一次物理加工分离和二次、三次化学转化工艺，加工成多种组分油，通过油品调和生产出符合国家标准的燃料油、工业润滑油和化工原料的工业生产过程。炼油过程针对不同的原料组成（馏分结构与分布）进行工艺加工，转化成所需的各种产品，实现整个生产过程的净利润最大化。

石化全流程生产计划问题是依据成品油市场对炼厂产品的需求和原料供应市场的信息，来决策原油购买种类和数量、炼厂装置各生产工况下物料的加工种类和数量、组分油的品质和数量、油品调和方案、成品油品质和数量，目标是最大化炼厂的生产净利润。炼厂的全流程生产与物流系统具有生产流程长，流程与物料关系复杂，生产过程产品收率和质量依赖输入原料、设备的工艺机理和工况，物流过程则受到天气、安全等因素影响具有不确定性等特点。这些特点与系统的实时数据息息相关。

三、发展思路与发展方向

（一）钢铁制造系统工程

1. 钢铁多级库存优化控制

实际钢铁制造系统库存具有多级、多产品、库存供料关系呈现交叉网状的特征，这些复杂特性在传统的库存优化控制中较少考虑。未来，应从实际需求出发，探讨多级库存优化控制问题，使各库区库存量、库存结构能够在保证生产顺行的情况下尽可能地降低库存量，这将对促进企业资金流、信息流、物质流、能量流平稳循环具有重要作用。

2. 钢铁智能材料科学

钢铁材料人工智能未来研究要结合多学科交叉，结合实际工艺的特点，与计算智能、机器学习等各种学科领域深度融合，这样才能向钢铁材料科学智能化发展。在钢铁新型材料研发模式下，可以大致总结出材料基因工程的三种工作模式，即实验驱动、计算驱动和数据驱动。以"数据+人工智能"为标志的数据驱动模式围绕数据产生与数据处理展开，代表了材料基因工程的核心理念与发展方向。实现材料研发由"试错法"向"数据+人工智能"科学"第四范式"的根本转变，将更快、更准、更省地获得成分、结构、工艺、性能间的关系。

3. 融合机理和数据的操作优化

基于机理模型的操作优化主要针对钢铁企业多个实际生产过程，通过机理模型构造操作优化问题，获取优化的操作变量设定值。机理模型就是以物理化学反应为基础，利用能量、质量、动量平衡关系等物理规律推导出工业工程参数之间的关系。针对生产操作优化过程中的机理数学模型未知或者局部未知的情况，以及难以建立准确机理数学模型的复杂情况，采用基于数据解析的方法融合机理建立操作模型，并对其中内部的参数进行优化调整，在获取内部操作解析模型的基础上，采用优化方法最终得到生产过程中的操作参数。

（二）有色金属制造系统工程

随着网络化与智能化时代的到来，有色金属工业领域所涉及的不确定性、多样性和复杂性对系统工程理论和技术的要求急速提高，运作的网络化、功能的多样化、系统的复杂化是有色金属工业系统工程未来发展的主要趋势，将成为有色金属工业系统工程新的研究热点与发展方向。

1. 人工智能驱动的有色金属工业系统工程

人工智能驱动的系统工程将充分发挥自动化科学、人工智能、认知科学和机器人技术等多学科优势，主要应用集中在有色金属工业复杂系统建模与管控两大方面。面向有色金属工业过程，利用工业大数据和物联网对智能协同控制系统、智能优化决策系统进行可视化、远程移动监控、评价动态性能、预报异常工况，使系统尽可能处于优化运行状态。同时，大数据驱动的人工智能技术与系统工程科学和技术结合将推动人工智能驱动的系统工程。

2. 新一代信息技术驱动的有色金属工业系统工程

未来以大数据、物联网、云计算、5G通信、区块链、共享技术等为支撑的新一代网络化、智能化复杂有色金属工业系统工程，能够形成多层次、系统化的有色金属智能工厂解决方案，全面覆盖智能工厂各个层面，从而对内进行资产的优化，对外形成运营优化服务，实现智能工厂各组成模块的跨系统、跨平台互联、互通和互操作，在全局范围内实现信息全面感知、深度分析和科学决策。

3. 面向有色金属工业的新一代人-信息-物理系统工程

新一代智能制造将有效地减少资源与能源的消耗，持续引领制造业绿色与和谐发展，同时，也将给人类社会带来革命性变化。新一代智能制造进一步突出了人的中心地位，在信息物理融合系统的基础上，统筹协调人、信息系统和物理系统成为综合集成大系统，形成新一代人-信息-物理系统。新一代人-信息-物理系统揭示了新一代智能制造的技术机理，能够有效指导新一代智能制造的理论研究和工程实践。显然，新一代人-信息-物理系统必将成为系统工程学科重要的研究课题与发展方向。

新一代人-信息-物理系统的"智慧之源"来自泛在的移动终端设备，来自基于物联网、移动互联网等相关技术的社会计算，来自智能资源的充分掌握和利用，更加来自虚实平行互动、实时反馈、移动可视化的创新管理体系的切实应用。未来的应用将使机器设备和人工操作之间的交互达到一个更高的程度。面向有色金属工业的新一代人-信息-物理系统进一步提升的关键是把有色金属工业复杂性与智能化系统"虚"的和"软"的部分建立起来，利用可以定量实施的计算化、实时化，使之"硬化"，真正用于解决实际问题。通过构建虚拟系统和实际系统组成的闭环反馈，使两者协同发展，并确保系统按照人类期望的目标收敛，从而实现在软件定义的"实验室"中对已发生及可能发生的事件进行试验和计算，为真实系统场景的管理与决策提供可靠支持，这将是技术未来发展的必然选择。

（三）石化制造系统工程

石化工业的发展直接关系到国家的经济发展和社会进步，同时与科技发展关系紧密。在新时期人工智能与大数据蓬勃发展的背景下，石化 PSE 领域提出新的问题和挑战，因此应该抓住发展机遇，全力开展具有创新性和挑战性的研究工作。建议优先发展方向如下。

1. 石化信息物理融合系统的推广与升级

石化智能工厂的 CPS 建设分为三个层级：企业级、单元级及现场级。企业级的 CPS 建设围绕三条主线，全过程一体化生产管控主线针对调度指挥、能流管理及安全管控；全流程一体化优化主线针对企业资源整体优化、生产装置全流程优化及效益评估与测算；全生命周期一体化资产管理主线针对设备风险评估与诊断、设备预知性维修及设备优化运行。单元级的 CPS 应用面向单装置的实时闭环优化、操作优化、用能优化及异常处理。现场级的 CPS 应用面向现场的物联网技术及无线通信技术应用。

2. 基于人工智能技术的石化智能工厂建设

石化智能工厂定位于以卓越运营为目标，覆盖运营管理全过程，是具备高度自动化、数字化、可视化、模型化和集成化的石化工厂。在以机器学习、深度学习为代表的人工智能技术的推动下，发展石化 PSE 技术和业务创新，目标是进一步提升石化企业的感知、预测、协同和分析优化能力，实现石化企业的进一步智能升级，为企业安全、高效、绿色和优化生产提供基础保障。

3. 石化分子水平精细化管理的推行

石化的分子水平管理能够从原料自身挖掘利润空间，实现原油资源的优化利用，适合我国石油化工的发展现状，减少进口原油价格对石油化工企业效益的直接影响。此外，研究分子水平管理能够促进新材料、新工艺的研发，同时为宏观 PSE 的实现提供工艺基础。

第三节 离散型制造系统工程

航空等大型装备制造业的生产过程主要是将零部件进行组装，生产过程具有典型的离散特征,本节将介绍离散型制造系统工程的现状、关键科学问题和发展思路。

一、发展现状与发展态势

18 世纪 60 年代,资本主义的工业革命开始。通过工业革命,资本主义生产方式完成了从工场手工业向机器大工业的过渡,离散型制造业开始进入发展的快速道。19 世纪末期,泰勒模式被发明,美国汽车制造厂基于泰勒模式制定了汽车流水线生产模式,即把原有的汽车制造过程分为若干个子制造过程,各子制造过程相对独立,把汽车放在流水线上组装,工人只需站在流水线两边完成固定操作。这种新兴的制造模式使制造商们能够以低廉的成本生产出大量的产品,改变了传统的工坊式制造过程,大型装备的大规模制造走上历史舞台。随着人们对产品性能要求的不断提高和个性化需求的普及,产品制造商也在不断地完善和改进自己的加工模式。20 世纪中期,生产过程生命周期理论被提出,其中揭示出,从生产结构发展阶段来看,研究总是从单件产品的生产向小批量、大批量生产模式发展。生产结构的完善和发展与生产过程组织关系密切相关,生产过程设备、装置乃至操作步骤的变化将直接影响制造成本、生产能力和产品质量。制造系统发展的最初阶段(即产品生命周期初期),是为了满足人类社会对装置、设备和产品的需求。随着制造系统技术水平的不断发展和产品质量的不断完善,客户对产品的需求量不断攀升,形成了大规模的制造系统。当客户对产品的功能需求趋向于多元化时,制造系统为了满足需求,将逐渐形成工艺复杂的大规模制造系统。伴随着产品生命周期的更迭,离散型制造系统也获得不断发展和自我提升,相关的系统工程理论和方法也将随着研究对象的变化不断进步和改善。20 世纪后半期,自动化和信息化理论技术不断完善,随着信息技术和控制技术的蓬勃发展,系统工程学科逐渐形成了信息论与控制论两个十分重要的研究方向。其中,信息论主要研究系统的通信机制,控制论主要研究系统的反馈机制。这些新兴的系统工程理论和方法在制造系统中的广泛推广,进一步提升了制造系统的运作效率和水平。

在面向多品种、小批量产品需求的制造系统中,产品种类呈现多样化,制造产品的过程具有明显差别,物质流、能源流交错,有限的生产能力导致制造系统为了满足客户需求而合理安排生产计划从而充分挖掘产能。外界需求的多变导致了产业链上的原料采购、生产组织、物流配送具有不确定性。

这些复杂的环境条件促生了利用系统工程理论和方法解决制造系统的生产计划与调度问题。由于设备故障、原料不足、产品质量问题，制造系统的输出具有变动性，为了提升利用制造系统输出产品的质量稳定性，生产过程控制的变动性研究成为制造系统工程的新课题。

通过三次工业革命，当代离散型制造业逐渐实现了大规模、定制化的自动化生产。制造业为了进一步提升运行水平，逐渐将现代的系统工程理论和方法应用于制造系统的管理中，基于制造系统的现代化的底层装置、完善的自动化装置，应用现代系统思维的管理理论和方法，通过计算机和网络设备的辅助，实现企业资源计划的综合管理和企业生产计划、生产调度方案的系统管理，从而进一步提升制造系统的综合水平和整体效益。20 世纪 90 年代，我国提出了计算机集成制造系统（computer integrated manufacturing system，CIMS）的管理模式，即基于现有计算机软硬件，综合运用现代管理技术、制造技术、信息技术、自动化技术、系统工程技术，将制造过程中有关的人、物、技术、管理及其信息有机集成并优化运行的复杂的大系统。CIMS 本质上是多个不同功能的子系统的集成，包括管理信息系统（management information system，MIS）、制造资源计划（material requirement planning，MRP）系统、计算机辅助设计（computer aided design，CAD）系统、计算机辅助制造（computer aided manufacturing，CAM）系统、柔性制造系统（flexible manufacture system，FMS）等。CIMS 根据制造系统的需求，把各种自动化系统通过计算机的信息和功能进行集成。

21 世纪的科学技术在近代科学技术的基础上实现了飞跃式发展。自然科学的空前高速发展为离散型制造系统工程的发展提供了新的机遇。以航空发动机装备制造业为例，航空发动机、飞机等大型装备在制造加工过程中，机床、刀具、工件、夹具构成的工艺系统采用多轴数控加工的制造工艺。国外的数控技术领域主要有两大阵营：一个是以西门子、发那科（FANUC）为代表的数控系统厂商；另一个是以德玛吉（DMG）、山崎马扎克（MAZAK）为代表的大型机床制造商。山崎马扎克基于第 7 代 MAZATROL SmoothX 技术，提出了全新的制造理念，旨在提供高性能、高智能化的产品与生产服务。我国数控技术的研发工作开始于 1958 年，目前已经具有了一定的自主知识技术与生产规模，如北京精雕数控、华中数控与沈阳数控等。虽然国产数控系统在可靠性与功能性上与国外技术相比存在一定的差距，但是近年来我国在多轴联合控制、系统的智能化与开放性等领域取得了一定的成绩。航空工业的数控机床总体朝着高速、高精、高可靠性及功能复合化等方向发展。

美国国家航空航天局（National Aeronautics and Space Administration，NASA）于1991年启动了高性能计算和通信计划（high performance computing and communications program，HPCCP），其中计算航空科学项目的目标是针对航空航天研究领域建立集成、多学科的推进系统设计优化软件和数值模拟系统。欧洲通过实施虚拟发动机项目，推动各发动机公司和研究机构建立了统一的行业标准，搭建了统一的仿真平台。"十五"期间，在航空推进技术验证计划的支持下，由北京航空航天大学数值仿真研究中心完成了中国第一代"航空发动机数值仿真系统"的开发，目前该系统已发展到2.0版本，初步实现了发动机整机、部件、系统、学科等方面若干软件模块的开发和集成，并完成了在部分现役/在研整机及部件中的计算和分析。与传统的设备调试、试运行不同，数值仿真模拟具有方便调试、成本低等优势。

20世纪80年代后期，增材制造问世，这是一种复杂关键部件（复杂型腔）的有效补充技术，实现了从等材、减材到增材的转变。增材制造是以三维CAD设计数据为基础，将材料（包括液体、粉材、线材或块材等）一层层叠加起来成为实体结构的制造方法，是先进制造业的重要组成部分。自问世以来，增材制造作为一种新型的快速成型制造技术引导着世界制造产业的发展。

航空发动机、飞机等都是复杂和精密的重大装备，其装配零部件数量巨大，这需要生产单元具备高度柔性。柔性制造单元（flexible manufacturing cell，FMC）由单台数控车床、加工中心、工件自动输送及更换系统等组成，是实现单工序加工的可变加工单元，单元内的机床在工艺能力上通常是相互补充的，可混流加工不同的零件。面对装备制造业的特征，成组技术被提出。欧美式单元化生产是成组技术理论的一个成功应用，它根据零部件和产品的特征、工艺过程和加工方法，把具有相似性的零部件或产品归为一个零部件族或产品族，加工设备也按其加工的产品进行分组。日本单元式生产，也称"Seru生产"。Seru是一个生产单元，包括几个简单的设备和一个或几个能操作多个设备的工人。日本单元式生产是在力求克服流水线的刚性又尽力维持较高生产效率的思想下，由流水线拆分而成的。航空优良制造中心将企业中的多产品、多机种生产线，按照工业专业门类进行划分，形成企业内既相对独立又不孤立存在的制造单元。2007年至今，西部航空有限责任公司已逐步组建了机匣、叶片、盘轴、精锻、喷管、热处理等"小流水、专业化"的优良制造中心。

飞机和航空发动机零部件数量巨大、品种繁多的特性，导致各种工艺版次、质量问题和质量状态众多。尽管航空制造业不同程度地应用了事后质量检验管理、统计质量管理和全面质量管理等质量管控方法，但仍然存在一些问题，包括：信息化技术为生产系统积累了大量质量数据，但有效的数据挖掘不足；在关键质量特性指标的提取过程中，未充分考虑众多的不确定性因素；统计过程控制（statistical process control，SPC）不适用于多品种小批量的生产模式，质量管理成本高。数据的准确性是进行发动机故障预测的基础，因此国内外许多企业和学者对发动机故障预测中的数据处理方法进行了研究。这些方法主要包括数据冗余度解析方法、数据分析方法、机器学习方法等。

发动机状态监视和诊断主要是对发动机的当前状态进行评估，包括气路监视、振动监视和燃油监视等，一旦发现发动机状态处于异常或有故障发生时，就需要及时报警，并对故障类型进行诊断。基于所使用的模型，可以将当前的发动机状态监测与诊断方法分为基于物理模型的方法、基于数学模型的方法、基于数据解析模型的方法[31]。

1. 基于物理模型的方法

基于物理模型的方法的主要思想是基于发动机的物理机理，建立故障方程，用于发动机状态的监测与故障诊断。美国 NASA 最早对航天载运工具的状态监视、故障诊断做了深入研究，文献[32]和文献[33]提出了基于故障方程的涡轮发动机气路监测与多故障诊断方法。文献[34]针对劳斯莱斯（Rolls-Royce）公司的 RB211 和 V2500 等型号的发动机，建立了不同发动机的故障方程，设计了监测与故障分析系统。文献[35]和文献[36]基于故障方程，提出了发动机故障诊断的主因子分析模型。

2. 基于数学模型的方法

基于数学模型的方法的思想是将对发动机运行状态的最优估计看作一个滤波过程[37]，主要包括卡尔曼滤波和粒子滤波方法，其中卡尔曼滤波是一种针对包含高斯噪声的线性系统的建模方法，粒子滤波是一种能够处理包含非高斯噪声的非线性系统的发动机状态监测建模方法。文献[38]中提出用卡尔曼滤波簇来诊断发动机故障。文献[39]和文献[40]中提出利用改进的卡尔曼滤波模型对发动机进行在线性能检测和故障诊断。文献[41]将卡尔曼滤波器方法应用于航空发动机的传感器故障诊断中，提高了传感器故障检测精度。文献[42]基于改进的卡尔曼滤波模型，提出了针对航空发动机同时存在故障和健康状态退化两种情形下的多故障诊断与定位方法。文献[43]采用卡尔曼滤波器对调整参数向量进行估计，最后通过还原变换得到原健康参数的估计值。文献[44]将卡尔曼滤波与自适应遗传算法相结合，提出了一个针对发动机气路故障监测与诊断的混合方法。文献[45]针对发动机故障的非线性特点，提出了一种基于粒子滤波的故障诊断方法。文献[46]将类电磁机理与粒子滤波相结合，提出了航空发动机气路故障诊断的改进粒子滤波方法。

3. 基于数据解析模型的方法

世界主流发动机公司都开发研究了面向自有产品型号的监控系统，例如，通用电气公司的燃气轮发动机分析系统（system for the analysis of gas turbine engines，SAGE），劳斯莱斯公司开发的软件监测和性能分析系统（condition monitoring and performance analysis software system，COMPASS），以及普拉特·惠特尼（Pratt & Whitney）公司开发的发动机健康管理（engine health management，EHM）系统，这些软件都已记录了各型发动机运行过程中的大量重要的实时性能数据[47]。这些性能趋势数据结合发动机特定的运行环境，使得对状态进行监控和预测成为可能。基于数据解析的方法主要是基于所采集的发动机的运行参数，利用机器学习方法，对发动机的状态进行监测和故障诊断，主要包括人工神经网络、支持向量机、聚类算法等。

美国空军研究实验室（Air Force Research Laboratory）在20世纪90年代后期开发的具有实时诊断功能的发动机健康管理系统，就采用了基于神经网络的诊断技术[48]。针对飞机发动机的定量诊断，文献[49]提出了基于神经元网络的诊断方法，文献[50]提出了基于概率的人工神经网络方法。文献[51]提出了一个改进的自联想神经元网络方法进行飞机发动机的故障诊断。文献[52]利用人工神经网络对高涵道比军用涡扇发动机进行了故障诊断。文献[53]提出了一个动态神经元网络方法用于发动机气路的故障诊断。文献[54]提出了一个基于遗传算法与神经元网络的飞机发动机性能评估和诊断方法，其中神经元网络用于对发动机的健康状态进行评估，遗传算法则用于对传感器偏差进行估计。文献[55]针对飞机发动机中的传感器故障诊断，提出了一种深度置信网络方法，实验结果表明，该方法要优于反向传播神经网络和支持向量机方法。文献[56]将极限学习机用于飞机发动机的故障诊断中，并使用混沌粒子群算法对极限学习机进行优化。文献[57]使用基于核心函数的支持向量机方法对发动机传感器的健康状态进行自动评估与监测。文献[58]使用支持向量机对飞机发动机的早期故障进行识别,并对发动机的运行健康状态进行监测。文献[59]为了处理飞机发动机故障数据较少的情况,提出了一种模糊最小二乘支持向量机方法。文献[60]针对飞机发动机的健康状态监测,提出了一种基于蚁群算法的自适应聚类方法,该方法对于聚类的数量可以不进行预先设定。

随着航空发动机监测点和记录类型的增加,航空发动机健康管理中的数据开始具有类型多、维度大、数据量大、更新频繁、特征耦合性强等特点,也预示着更多的信息隐藏在其中,使得传统的数据处理与分析方法难以适用于这些多源异构数据。因此,世界各国已经开始针对航空大数据的采集、处理、分析和应用进行探索。BAE 系统公司利用数据管理英国皇家空军的台风机队,包括从数据中提取飞机故障模式,进行诊断、维修等。欧洲航空安全局在 2015 年 10 月的第七届欧洲航空日上提出利用大数据使得欧洲航空系统更安全、事故率更低,指出大数据项目是应对国际交通量的增长、航空商业模式演化的必由之路。通用电气公司的 Taleris 项目能够利用飞机的飞机通信寻址与报告(aircraft communications addressing and reporting system,ACARS)数据、快速访问记录器(quick access recorder,QAR)数据等对整机数据进行分析,去预测潜在的故障,从而将计划外维修变成基于预测的计划维修。

因此,针对海量状态监测数据条件下新一代飞机和动力系统的故障预测需求,以及故障预测中人工故障特征提取局限性、故障预测准确度提升问题,结合 PHM 系统能力设计要求,探索采用大数据分析与深度学习方法,开展故障敏感监测参数挖掘、鲁棒特征自主学习以及自主诊断研究,进而构建不同任务剖面下的健康基线,并结合深度学习开展健康评估研究。同时,开展不同工况下机电产品故障预测研究。最后,基于所取得的研究成果,完成案例验证。相关成果将能够为新一代飞机、动力系统的 PHM 系统设计与研制提供支撑,为离散型制造业的发展提供技术支撑。

二、关键科学问题

(一)基于数据解析的运行特性和故障特征提取及难检参数自适应预测方法

由于航空发动机的运行具有动态性、随机性(飞行参数和操控参数的随机性）等特点，而且不同产品族、不同型号在不同的飞行剖面上具有各自的运行特征和参数，因此一个单一的模型难以准确刻画和表征不同即发故障下的动态运行特征。在故障即发情况下，各种运行参数反常态地发生快速改变，既有模型不能充分刻画和表征这种情况下发动机及零部件运行状态的变化，较大的预测误差将导致不良的处理方法，从而加速故障的产生。因此，如何提高发动机运行特征模型在故障预发情况下运行态势表征与预测的准确性，尤其是在极端恶劣的飞行剖面下（高空机动、重启、超限飞行等），如何利用海量历史数据和实时数据来更准确地描述发动机运行特征的动态变化，如何更准确地建立各型故障的特征，更准确地表征工作能力及健康裕度的变化，是需要首先解决的科学问题。这些科学问题的核心是将所建立的飞机飞行、发动机工作特征模型和关键零部件工作特征模型进行综合集成，构建"飞机-发动机-零部件"的混合预测模型；利用数据解析、机器学习、人工智能等技术，实现难检参数自适应预测模型与飞行剖面场景的智能自适应匹配和预测。

（二）大数据和机理相结合的多粒度多剖面稳定预测理论

航空发动机是一个工程性和科学性并重的研究对象。型号数据（包括设计数据、实验数据及工作监控数据）是设计单位最重要的资产。如何充分利用这些数据决定了研制生产单位的能力和水平。基于核心机的产品族数据挖掘与应用为深挖既有经验、避免既有的显性及隐性教训提供了可能。把发动机的热力学、固体力学、气动力学等学科的机理融合进来，能弥补大数据的部分缺失问题。如何把大数据和机理模型有机结合起来，面向发动机整机及其零部件建立"机载在线-离线即时-离线阶段-生命周期"的全工况多剖面健康稳定分析及预测，用于指导故障的预防及延迟，是一个亟待解决的科学难题。

（三）故障发现及寿命预测和运维方案相结合的一体化多目标优化理论

从根源分析上可以看出，寿命和故障紧密结合。不同层次的故障给寿命带来不同程度的影响。如何集成各类故障预测模型，发掘寿命模型的关键因素，从而进行寿命预测，是一项可靠但难度很高的复杂工作。如何把案例推理等各种策略和故障预测模型结合起来，准确预测不同即发故障的时间节点，进而基于"任务能力-时间-经济-备料"等多目标提出故障预处理策略，根据情况的不同智能调整各目标的重要性，同时优化不同维度的运维方案，是一项有意义的研究内容。

三、发展思路与发展方向

（一）基于数据的数据采集与信息集成

面向离散型制造业，开发基于智能自主体的多传感数据采集与信息融合方法，研制面向复杂装配系统的数据采集与信息集成系统；提出基于系统综合重要度的智能传感网络资源优化配置方法，开发脉动生产线传感器位置和数量决策软件。

（二）离散型制造业的故障诊断与预测评估

针对飞机、动力系统等复杂机电产品的产品组成复杂、产品技术复杂、试验维护复杂、项目管理复杂、工作环境复杂，难以快速有效地对装备进行合理正确的故障诊断、预测评估及优化的问题，未来基于"多工况模糊综合预测"的创新性思路，在机理分析的基础上，综合运用敏感监测参数挖掘、鲁棒特征自主学习及自主诊断等技术，研究面向全生命周期的故障预测诊断及健康评估，为航空发动机的 PHM 提供一套有效的解决方案。具体包括：面向对象的故障敏感监测参数挖掘及难检参数预测；基于大数据的典型任务剖面健康基线重生；基于深度学习的故障特征自主学习及寿命预测；多维度典型工况故障预测案例验证。

（三）智能化柔性制造平台

柔性制造也是离散型制造系统智能化的一种体现，开发流程多变的制造企业柔性系统，研究智能化模式的柔性企业大数据分析及因果推断方法，研制多维度大数据驱动的装备制造柔性系统，开发网络协同智能质量控制平台，是实现智能化柔性制造平台的研究思路。

第四节　现代新兴制造系统工程

一方面，随着科学技术的蓬勃发展，一些新兴的制造企业应运而生（如半导体制造系统），并伴随着信息技术的不断发展，成为新兴的核心制造系统；另一方面，传统制造业在经历多次产业革命后，制造环节的生产效率和技术水平得到了全面提升，迫切需要通过从制造系统内的其他运作环节出发，促进制造系统的全面提升。本节以半导体制造系统和制造系统的能源系统为例，对现代新兴制造系统工程进行介绍。

一、发展现状与发展态势

（一）半导体制造系统工程

1904年，英国约翰·安布罗斯·佛莱明（John Ambrose Fleming）首次利用"爱迪生效应"研制出世界上第一支电子管——真空二极管，从此世界进入电子时代，主要应用于通信和无线电领域。1947年，美国著名的贝尔实验室发明了晶体管，这个晶体管是点触式器件，用多晶锗做成，继而硅材料器件同样实现，一场电子技术的革命由此开始。

以硅/锗元素第一代半导体材料为基础的半导体制造迅速发展，包括晶体管、集成电路（integrated circuit，IC）、电荷耦合器件、硅晶太阳电池等，直接推动了信息技术革命。然而，硅材料的带隙较窄、电子迁移率和击穿电场较低，在光电子领域和高频高功率器件方面的应用受到诸多限制。以砷化镓（GaAs）/磷化铟（InP）第二代化合物半导体材料为基础开发的射频电子器件、红外激光器、红外探测器、薄膜太阳电池直接推动了通信技术革命，使半导体材料的应用进入光电子领域。氮化镓（GaN）/碳化硅（SiC）/氧化锌（ZnO）第三代宽禁带半导体材料兴起，开创了白光照明、全色平板显示和5G通信时代。

如图5-2所示，半导体制造系统上游是半导体材料开发、集成电路设计和硅晶圆制造：集成电路设计是按照客户需求设计出电路图；硅晶圆制造是以多晶硅为原料制造硅晶圆。中游的主要任务就是把设计好的集成电路图移植到晶圆上。下游的主要任务是将制备好的晶圆进行集成电路封测和测试。

在市场拉动和政策支持下，我国半导体制造业快速发展，集成电路设计、制造能力与国际先进水平之间的差距不断缩小，封装测试技术逐步接近国际先进水平，早已是全球最大的半导体市场。近十年来，世界半导体制造业规模增速稳定，国内半导体制造业处于快速发展态势。目前，国内半导体市场呈现供需失衡和结构失衡的格局：高端技术、设备与产品严重依赖进口；国内公司扎堆中低端市场，核心技术鲜有布局。在这种情况下，如何应

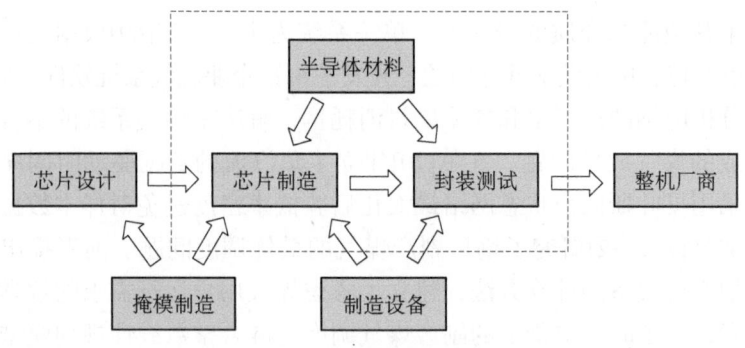

图 5-2 半导体制造流程

用系统工程理论和方法对半导体制造系统进行科学布局、流程优化成为半导体行业发展的重中之重。

(二) 制造系统中的能源系统工程

文献中对能源系统的系统优化研究成果较少。文献[61]讨论了日本的能源密集型工业生产过程中如何梯级利用余能降低区域能源消耗，建立了热流级联模型，优化钢铁、水泥、纸浆、乙烯等工业联盟的能源流程，最大限度地减少蒸汽锅炉的用油量。文献[62]以印度一家小型钢铁厂为研究对象，在用电高峰时期对电力负荷进行调度，实现了降低企业成本的目的。文献[63]研究了炼钢厂电力负荷跟踪的调度方法，工厂根据生产计划和电力供应商的供电计划制定出相应的电力使用期望曲线，实际消耗偏离曲线需要支付额外的罚金。文献[64]建立了电力调度的连续时间整数线性规划模型，并提出了一种替代的连续时间模型，模型极大地减少了变量、约束的数量，从而产生了比混合整数规划模型更有效的解决方案。文献[65]研究了与时间相关的带有能源约束的连续生产调度问题，采用了离散和连续两种时间策略建模。结果表明，连续时间模型能够更有效地反映时间变化效应，与手工调度相比，所提出的调度方法可节省电力20%。在此基础上研究了电价可变条件下的连续生产工厂的调度问题[66]，基于资源-任务网络表示方法，以总耗电量最小化为目标，建立了离散和连续时间模型。文献[67]建立了一个适用于不锈钢厂熔化车间改善运营成本的模型，该模型考虑了时变电价，对电量最佳售出和购买进行决策，提出了一种双启发式算法解决工业规模的实例，通过优化生产计划减少用电成本。文献[68]研究了峰值能源消耗约束下的流水车间调度问题，提出了数学规划方法和组合优化方法，并以铸铁板制造过程为实例对该方法进行了测试。

对于其他能源介质的研究也以单一系统为主，文献[69]根据钢铁企业燃气调度不合理、用气效率低等问题，开发了钢铁企业燃气系统软件，利用 E-P 分析法分析吨钢的产气率和气体燃料消耗量，解决了燃气系统的不合理分配问题造成的煤气放散问题。文献[70]建立了蒸汽流的数据驱动时间序列预测模型，采用贝叶斯回声状态网络最大化后验概率密度避免对样本数据的过度拟合。文献[71，72]研究了钢厂副产煤气的最优调度问题。前者提出了煤气柜和锅炉产能关系的计算方法，建立了考虑煤气用户运行需求的数学规划模型。后者建立了时变电价下的副产煤气调度的混合整数线性规划模型，采用帕累托最优性和模糊集来平衡煤气柜稳定性与电力成本最小化之间的冲突关系。文献[73]在生产调度中考虑了能源约束，由于车间调度会直接影响能源的消耗量，因此工厂的能源效率可作为评价调度策略有效性的依据。以柔性作业车间调度问题为背景，建立了包括最小化总完工时间、最大化系统可用性及最小化生产和设备维护的总能源成本的优化模型，提出了一种带有全局准则的多目标进化算法。

综上，已有的研究多以生产为主，能源仅作为一个特征或约束，对工业能源本身的研究停留在单一子系统，未能综合考虑不同子系统之间、生产与能源系统之间的关联和耦合。在问题建模方面，多表达为静态问题，模型中的变量、参数在优化区间内保持常数，不可避免地偏离工业生产中的实际情况。

在钢铁制造系统中，多个能源子系统之间、生产与能源系统之间由能源转换、生产与能源的耦合导致的高度关联关系，需要从系统工程的角度探讨能源制造系统的总体优化。从能源系统自身出发，基于数据对钢铁制造过程中各个环节的能源消耗进行数据解析与优化研究，探讨能源消耗的科学准确的计量、诊断和预测，揭示不同制造过程中的能源消耗规律。从生产与能源的耦合系统出发，研究生产与能源系统协调优化问题，同时决策生产量、生产调度和能源优化配置方案，同时最小化生产费用和能源费用，帮助企业提高生产过程的安全性和稳定性，提高产品质量，降低能源消耗，提高生产效率。

二、关键科学问题

（一）半导体制造系统工程

半导体制造系统在大数据和人工智能技术快速发展的背景下，提炼出半导体制造系统工程的关键科学问题，包括半导体材料性能预测与优化、半导体集成电路设计优化、半导体制造过程数据解析和调度优化四个方面。

1. 半导体材料性能预测与优化

半导体材料有着固有的特性参数，包括禁带宽度、电阻率、载流子迁移率、非平衡载流子寿命、位错密度。这些特性参数用来反映各种半导体材料之间甚至同一种材料在不同情况下特性上的量的差别。在半导体制造过程中，选用的半导体材料不同，由其固有特性所制备的半导体器件所表现出来的性能和用途会存在很大差异。因此，半导体材料性能的预测和优化，对于半导体制造起着至关重要的作用。基于大数据分析和预测新型半导体材料可能存在的独有特性，并应用优化的策略搜寻同时满足多个性能指标下的最优参数，不仅能研究目前实验上仍无法实现的实验条件下材料的物性和行为，又能超前于实验设计结构新颖和性能优异的新型半导体器件。

2. 半导体集成电路设计优化

半导体集成电路设计优化包括布图规划设计问题、引脚分配问题。其中，布图规划设计问题是在考虑总线长度的情况下，根据模块的尺寸来决策模块的位置，优化一个有效的布图结构，此问题可归结为一个二维装箱的问题，布图规划中长互连线可能会增加信号的传播延迟，尽管可以通过增加新的布线轨道来完成布线，但是会增加芯片尺寸和制造代价；引脚分配问题是在引脚分配中，最大化线网的可布性和最小化寄生参数，降低元胞之间的拥塞度和互连线长度，此问题可以归结为一个指派问题。

3. 半导体制造过程数据解析

半导体器件制造过程的数据解析包括故障诊断、生产预测问题。故障诊断是半导体器件制造过程在 CPS 环境下，相关的过程变量都会实时采集，但是由于生产制造过程中生产工况参数的变动和检测仪表的不准确，CPS 系统在采集数据过程中存在测量误差，包括系统误差、随机误差和粗大误差三种。误差是累积量，半导体工艺又较为复杂且烦琐，这将会严重影响测量数据精度。因此，利用数据结构解决此类问题可以大大增加数据可信度和准确度。首先使用已有正确数据对现有数据进行分析预测，当发现预测结果与期望值有较大偏差时，对测量数据进行协调，将数据分析后识别可能包含的数据误差类型，然后将错误的数据及时进行处理并补偿其对整体系统的影响，并给出可能造成数据异常的原因，进而诊断故障源。半导体制造由于工艺路线长、生产工艺复杂，出产结果总是存在不确定性，生产预测指利用已有生产数据预测产品各环节生产时间与成品率，并及时将测试数据预测到的残次品处理，防止其流入下一个生产工艺环节，这将大大提高生产效率，节约人力成本和物力成本。

4. 半导体制造过程调度优化

半导体制造过程的特点是多品种、小批量，工序规程组合复杂，涉及频繁的工艺设计变更和订单变更等，相对比较复杂，技术要求比较高。半导体工厂每个月将生产多少晶圆片，采用什么设计规则和工艺技术路线，以及安排何种级别的生产线最终生产，这些决策都将对最终的生产结果造成影响。半导体制造属于高技术密集型产业，生产设备多、工艺复杂，每个器件从晶圆到产出都将经历漫长的流片过程。随着新冠疫情的发生，全球都陷入了缺"芯"的问题，如汽车工厂因芯片停产、电子产品由于芯片产量不足而大幅涨价等。由于半导体产线从硬件上升级改造将会造成停产，这势必会对改造期的产量造成较大影响，因此利用现有的产线基础，应用大数据、人工智能等软件手段对生产数据进行分析，通过最优调度等理论方法，提高生产效率是当今的热点研究方向，也是解决当前面临的缺"芯"问题最快和最优的解决方案。

（二）制造系统中的能源系统工程

钢铁能源制造系统工程的关键科学问题主要是融合前沿的数据解析技术和优化技术，从能源的发生、消耗、再生环节构成的供应网络出发，融合工艺、数据、计算机、管理等多个学科，探讨能够提升能源利用率、节能降耗的方法和手段的一类问题，主要包括以下几个方面。

1. 钢铁企业能源数据解析问题

钢铁企业中的能源消耗没有明确的解析模型，而且高温生产环境导致计量点的设置受限，计量设备无法长期稳定地提供数据。因此，研究能源数据解析技术，可采用卡尔曼滤波与黑盒的混合方法，建立能源消耗模型。针对钢铁企业生产环节多且能源消耗结构各不相同、能源消耗和回收并存等复杂情况，可充分利用先验信息和样本数据，采用贝叶斯理论，实现对钢铁企业能源消耗的准确预测。

2. 考虑供需随机特征的多能源系统协调优化问题

在能源供应侧，考虑生产工况的变化导致的二次能源品质的波动和外购能源的价格波动；在能源需求侧，考虑合同的临时变更、产品质量问题和设备的突发故障等导致的能源需求改变。综合考虑上述随机特性，以及多能源系统协调优化过程中的能源介质发生、转换和消耗关系，建立该问题的随机优化模型，设计动态优化算法。通过对实际生产过程中的随机情况的有效模拟和采样，基于机器学习方法的迭代学习，获得各类动态情况下的解决方案。

3. 全流程生产与多能源系统协调优化问题

考虑生产系统中多个工序的生产节奏、产能、工艺规程等约束，以及多能源系统的能源发生、存储、运输、转换和供应约束，协调生产系统的目标和能源系统的经济性、环境和安全等目标。针对该问题模型决策变量和工艺约束多、耦合性强、目标之间存在冲突等特点，采用近似动态规划算法求解，并设计基于状态变量属性合并的降维策略；针对值函数迭代过程中出现的非单调性波动，提出基于单调性检验的值函数更新的方式的修正策略，以加速算法的收敛速度，提高算法在解决工业规模问题方面的效率。

三、发展思路与发展方向

（一）半导体制造系统工程

半导体制造系统工程领域面临新的问题和挑战，建议优先发展方向如下。

1. 基于人工智能技术的半导体智能制造转型

半导体智能制造以提高产品质量和产量、提升设备和资源利用率为目标，利用大数据、图像处理、数字孪生等人工智能技术，使得半导体制造具有高度自动化、数字化、可视化、模型化和集成化，提升半导体企业的核心竞争力。

2. 半导体制造生产精细化管理推广

半导体制造生产精细化管理旨在实现半导体制造过程中生产、计划、调度、仓储、质检、设备等数据共享，建立各部门之间的协同机制，提高生产加工的流转速度，最终提升半导体制造的整体效率。

（二）制造系统中的能源系统工程

能源作为支撑钢铁企业生产发展的重要因素，对其进行有效管理有助于提高钢铁企业的效益，促进钢铁企业的长远发展。目前国内所有钢铁企业都已设立智能能源管理中心，随着互联网技术、信息技术、大数据技术、自动化技术的快速发展，将人工智能融入钢铁行业能源管理系统中，从大量的能源数据中挖掘有价值的信息进行能源规律解析与优化研究，这已成为实现制造业智能化转型的大趋势，具体内容如下。

1. 基于数据的能源精细化管理

智慧能源管控中心是以物联网实现的企业信息-物理融合系统为载体，利用传感器通过网络收集现场感知的数据。能源精细化管理根据获得的数据信息，结合统计、机器学习、计算机学、运筹学等技术对生产过程数据进行计量、诊断和预报，挖掘数据中所包含的有价值的规律，在此基础上对生产计划、调度、操作和控制进行优化决策，实现工厂的智慧能力。

2. 多能源系统供需智能匹配

多能源系统供需智能匹配是以能耗解析为基础，在考虑一次能源和二次能源、能源转换和替代方案的条件下，对给定的展望期内不同时间单元的能源介质进行分配，满足各生产工序对不同能源介质的需求，实现包括能源投入成本、外销能源收益、外购能源成本、放散成本、能源转换成本和能源存储成本在内的总能耗成本最小化。

3. 生产与多能源系统的多目标协调优化

研究钢铁生产与各能源系统之间的协调优化问题，在保证生产能源需求的前提下优化二次能源、余热、余能的综合利用，减少能源外购量，实现经济价值的最大化。研究工业烟粉尘排放、碳足迹，充分挖掘多介质之间的转换关系控制放散量，达到环境负荷的最小化。考虑气体和液体介质的管道运输过程中的压力、流量、流速、存储能力，保证能源供应和消耗过程的绝对安全性。由于要同时优化经济、生态和安全等多个目标，传统的优化方法很难在有限的时间内对问题进行有效求解，因此应将生产与能源协调优化问题建模为一个多目标优化问题。该模型表现为决策变量和工艺约束多、耦合性强、目标之间存在冲突等，研究计算智能求解方法多目标问题的帕累托解集，为决策者提供可根据不同目标偏好水平选择的一系列优化方案。

第五节 小　　结

制造系统工程面向国民经济主战场和国家重大需求，主要以 PSE 理论、信息物理融合等理论和方法技术为指导，研究流程型制造系统、离散型制造系统、现代新兴制造系统等领域的系统规划设计和运行管理问题，提出全流程库存控制及操作优化、故障诊断与预测评估、半导体材料性能预测与集成电路设计优化等理论和方法，应用于钢铁、有色金属、石化、大型装备制造、半导体制造等行业的流程管理、故障诊断、运行优化等方面。未来该领域的主要发展方向和思路是融合机理与数据的操作优化，形成人-信息-物理系统深度融合、实现生产系统与多能源系统协调优化等目标，加强制造系统工程与人工智能驱动技术、数字孪生技术的联系，加速赶超甚至引领该领域基础理论和关键技术的研究。

本章参考文献

[1] 习近平主持召开中央财经领导小组第七次会议强调加快实施创新驱动发展战略[N]. 中国青年报，2014-08-19（01版）.

[2] 成思危，杨友麒. 过程系统工程的发展和面临的挑战[J]. 现代化工，2007，27（4）：1-6，8.

[3] 王基铭. 过程系统工程技术与中国石化可持续发展[J]. 化工学报，2007，58（10）：2421-2426.

[4] 成思危，杨友麒. 过程系统工程的昨天、今天和明天[J]. 天津大学学报，2007，40（3）：321-328.

[5] Sargent R. Introduction：25 years of progress in process systems engineering[J]. Computers & Chemical Engineering，2004，28（4）：437-439.

[6] Rudd D F，Watson C C. Strategy of Process Engineering[M]. New York：Wiley，1968.

[7] Wellons M C，Reklaitis G V. Scheduling of multipurpose batch chemical plants. 1.

Formation of single-product campaigns[J]. Industrial & Engineering Chemistry Research, 1991, 30（4）: 671-688.

[8] Zipkin P H. Foundations of Inventory Management[M]. Boston: McGraw-Hill, 2000.

[9] Simon H A. On the application of servomechanism theory in the study of production control[J]. Econometrica: Journal of the Econometric Society, 1952, 20（2）: 247-268.

[10] Wenbo S U. Measures to improve the inventory of steel industry in supply chain environment[J]. Management Science and Engineering, 2013, 7（3）: 90-98.

[11] Xu W J, Cheng C, Yang B Y. Optimal control approach to two-stage inventory system in steel cold rolling production[C]. 2014 IEEE International Conference on System Science and Engineering（ICSSE）, 2014: 255-260.

[12] Van Krevelen D W, Te Nijenhuis K. Properties of Polymers: Their Correlation with Chemical Structure; Their Numerical Estimation and Prediction from Additive Group Contributions[M]. Amsterdam; Boston: Elsevier, 2009.

[13] Mueller T, Kusne A G, Ramprasad R. Machine learning in materials science: recent progress and emerging applications[J]. Reviews in Computational Chemistry, 2016, 29: 186-273.

[14] Ward L, Wolverton C. Atomistic calculations and materials informatics: a review[J]. Current Opinion in Solid State and Materials Science, 2017, 21（3）: 167-176.

[15] Green M L, Choi C L, Hattrick-Simpers J R, et al. Fulfilling the promise of the materials genome initiative with high-throughput experimental methodologies[J]. Applied Physics Reviews, 2017, 4（1）: 011105.

[16] Hattrick-Simpers J R, Gregoire J M, Kusne A G. Perspective: composition-structure-property mapping in high-throughput experiments: turning data into knowledge[J]. APL Materials, 2016, 4（5）: 053211.

[17] Bishop C M. Pattern Recognition and Machine Learning[M]. New York: Springer, 2006.

[18] Theodoridis S. Machine Learning: A Bayesian and Optimization Perspective[M]. London; San Diego: Elsevier Academic Press, 2015.

[19] Hastie T, Tibshirani R, Friedman J. The Elements of Statistical Learning: Data Mining, Inference, and Prediction[M]. California: Springer Science & Business Media, 2008.

[20] Yu Y, Saxén H. Experimental and DEM study of segregation of ternary size particles in a blast furnace top bunker model[J]. Chemical Engineering Science, 2010, 65（18）: 5237-5250.

[21] Kondili E, Pantelides C C, Sargent R W H. A general algorithm for short-term scheduling of batch operations—Ⅰ. MILP formulation[J]. Computers & Chemical Engineering, 1993, 17（2）: 211-227.

[22] Zhang X, Sargent R W H. The optimal operation of mixed production facilities—a general formulation and some approaches for the solution[J]. Computers & Chemical Engineering, 1996, 20（6-7）: 897-904.

[23] Papageorgiou L G, Pantelides C C. Optimal campaign planning/scheduling of multipurpose batch/semicontinuous plants. 1. Mathematical formulation[J]. Industrial & Engineering Chemistry Research, 1996, 35（2）: 488-529.

[24] Ierapetritou M G, Floudas C A. Effective continuous-time formulation for short-term scheduling. 1. Multipurpose batch processes[J]. Industrial & Engineering Chemistry Research, 1998, 37（11）: 4360-4374.

[25] Stefanovic T, Pantelides C C. Towards tighter integration of molecular dynamics within process and product design computations[C]. 5th International Conference on Chemical Process Design, 1999.

[26] Fermeglia M, Pricl S. Multiscale molecular modeling in nanostructured material design and process system engineering[J]. Computers & Chemical Engineering, 2009, 33（10）: 1701-1710.

[27] Floudas C A, Lin X X N. Mixed integer linear programming in process scheduling: modeling, algorithms, and applications[J]. Annals of Operations Research, 2005, 139（1）: 131-162.

[28] Méndez C A, Cerdá J, Grossmann I E, et al. State-of-the-art review of optimization methods for short-term scheduling of batch processes[J]. Computers & Chemical Engineering, 2006, 30（6-7）: 913-946.

[29] Grossmann I E. Advances in mathematical programming models for enterprise-wide optimization[J]. Computers & Chemical Engineering, 2012, 47: 2-18.

[30] Wang J. Theoretical research and application of petrochemical cyber-physical systems[J]. Frontiers of Engineering Management, 2017, 4（3）: 242-255.

[31] 柳迎春, 李洪伟, 李明. 军用航空发动机状态监控与故障诊断技术[M]. 北京: 国防工业出版社, 2015.

[32] Urban L A. Gas path analysis applied to turbine engine condition monitoring[J]. Journal of Aircraft, 1973, 10（7）: 400-406.

[33] Urban L A. Parameter selection for multiple fault diagnostics of gas turbine engines[J].

Journal of Engineering for Power，1975，97（2）：225-230.

[34] Provost M J. COMPASS：a generalized ground-based monitoring system[M]//Rao Raj BKN，Hope A D. COMADEM 89 International. Boston：Springer，1989：74-87.

[35] 范作民，孙春林，林兆福. 发动机故障诊断的主因子模型[J]. 航空学报，1993，14（12）：B588-B595.

[36] 范作民，孙春林，白杰. 航空发动机故障诊断导论[M]. 北京：科学出版社，2004.

[37] Kalman R E. A new approach to linear filtering and prediction problems[J]. Journal of Basic Engineering，1960，82：35-45.

[38] Kobayashi T，Simon D L. Hybrid Kalman filter approach for aircraft engine in-flight diagnostics：sensor fault detection case[J]. Journal of Engine Gas Turbines Power，2007，129（3）：745-755.

[39] Dewallef P，Le'onard O. On-line performance monitoring and engine diagnostic using robust Kalman filtering techniques[C]. Turbo Expo：Power for Land，Sea，and Air，2003：395-403.

[40] Dewallef P，Le'onard O，Mathioudakis K. On-line aircraft engine diagnostic using a soft-constrained Kalman filter[C]. Turbo Expo：Power for Land，Sea，and Air，2004：585-594.

[41] Kobayashi T，Simon D L. Evaluation of an enhanced bank of Kalman filters for in-flight aircraft engine sensor fault diagnostics[C]. Turbo Expo：Power for Land，Sea，and Air，2004：635-645.

[42] Yuan Y，Liu X，Ding S，et al. Fault detection and location system for diagnosis of multiple faults in aeroengines[J]. IEEE Access，2017，5：17671-17677.

[43] 杨征山，俞刚，庄锡明，等. 基于参数线性组合的航空发动机气路健康参数估计[J]. 推进技术，2014，35（3）：408-412.

[44] Lu F，Wang Y F，Huang J Q，et al. A comparison of hybrid approaches for turbofan engine gas path fault diagnosis[J]. International Journal of Turbo & Jet-Engines，2016，33（3）：253-264.

[45] Yang B，Zhang C. Turbofan engine fault diagnosis using particle filter technique[J]. Failure Analysis and Prevention，2016，11（6）：340-343.

[46] Wang Q H，Huang J Q，Lu F. An improved particle filtering algorithm for aircraft engine gas-path fault diagnosis[J]. Advances in Mechanical Engineering，2016，8（7）：doi：10.1177/1687814016659602.

[47] Wang S B，Chen X F，Tong C W，et al. Matching synchrosqueezing wavelet

transform and application to aeroengine vibration monitoring[J]. IEEE Transactions on Instrumentation and Measurement, 2017, 66 (2): 360-372.

[48] Jaw L C. Recent advancements in aircraft engine health management (EHM) technologies and recommendations for the next step[C]. Turbo Expo: Power for Land, Sea, and Air, 2005: 683-695.

[49] Ogaji S O T, Singh R. Advanced engine diagnostics using artificial neural networks[J]. Applied Soft Computing, 2003, 3 (3): 259-271.

[50] Bin S, Jin Z, Shaoji Z. An investigation of artificial neural network (ANN) in quantitative fault diagnosis for turbofan engine[C]. Turbo Expo: Power for Land, Sea, and Air, 2000.

[51] Zedda M, Singh R. Fault diagnosis of a turbofan engine using neural networks-a quantitative approach[C]. 34th AIAA/ASME/SAE/ASEE Joint Propulsion Conference and Exhibit, 1998: 3602.

[52] Joly R B, Ogaji S O T, Singh R, et al. Gas-turbine diagnostics using artificial neural-networks for a high bypass ratio military turbofan engine[J]. Applied Energy, 2004, 78 (4): 397-418.

[53] Mohammadi R, Naderi E, Khorasani K, et al. Fault diagnosis of gas turbine engines by using dynamic neural networks[C]. 2011 IEEE 5th International Midwest Symposium on Circuits and Systems, 2011: 365-376.

[54] Kobayashi T, Simon D L. Hybrid neural-network genetic-algorithm technique for aircraft engine performance diagnostics[J]. Journal of Propulsion and Power, 2005, 21 (4): 751-758.

[55] Guo C, Zheng X, Yao B. The fault detection of aero-engine sensor based on deep belief networks[C]//2016 7th International Conference on Mechatronics, Control and Materials (ICMCM 2016). Atlantis Press, 2016: 85-92.

[56] Yang X Y, Pang S, Shen W, et al. Aero engine fault diagnosis using an optimized extreme learning machine[J]. International Journal of Aerospace Engineering, 2016: 1-10.

[57] Diez-Olivan A, Pagan J A, Khoa N L D, et al. Kernel-based support vector machines for automated health status assessment in monitoring sensor data[J]. The International Journal of Advanced Manufacturing Technology, 2018, 95: 327-340.

[58] Wang Z, Fan J. Fault early recognition and health monitoring on aeroengine rotor system[J]. Journal of Aerospace Engineering, 2015, 28 (2): 04014065.

[59] Qu H C, Ding X B. Civil aeroengine fault diagnosis based on fuzzy least square support vector machine[C]. International Conference on Mechanical and Electronics Engineering, 2011.

[60] Zhang C C. Health condition monitoring of aeroengine with unknown clustering number based on ant colony algorithm[C]. 2011 IEEE International Conference on Cloud Computing and Intelligence Systems, 2011: 510-514.

[61] Hayajawam N, Wakazono Y, Kato T, et al. Minimizing energy consumption in industries by cascade use of waste energy[J]. IEEE Transactions on Energy Conversion, 1999, 14(3): 795-801.

[62] Ashok S. Peak-load management in steel plants[J]. Applied Energy, 2006, 83(5): 413-424.

[63] Nolde K, Morari M. Electrical load tracking scheduling of a steel plant[J]. Computers & Chemical Engineering, 2010, 34(11): 1899-1903.

[64] Hait A, Artigues C. On electrical load tracking scheduling for a steel plant[J]. Computers & Chemical Engineering, 2011, 35(12): 3044-3047.

[65] Castro P M, Harjunkoski I, Grossmann I E. Optimal scheduling of continuous plants with energy constraints[J]. Computers & Chemical Engineering, 2011, 35(2): 372-387.

[66] Castro P M, Harjunkoski I, Grossmann I E. New continuous-time scheduling formulation for continuous plants under variable electricity cost[J]. Industrial & Engineering Chemistry Research, 2009, 48(14): 6701-6714.

[67] Hadera H, Harjunkoski I, Sand G, et al. Optimization of steel production scheduling with complex time-sensitive electricity cost[J]. Computers & Chemical Engineering, 2015, 76: 117-136.

[68] Fang K, Uhan N A, Zhao F, et al. Flow shop scheduling with peak power consumption constraints[J]. Annals of Operations Research, 2013, 206(1): 115-145.

[69] Yang J H, Sun W Q, Cai J J, et al. Development of supply-demand balance and distribution software of gas system for iron and steel industry[J]. Procedia Engineering, 2011, 15: 5143-5147.

[70] Liu Y, Liu Q L, Wang W, et al. Data-driven based model for flow prediction of steam system in steel industry[J]. Information Sciences, 2012, 193: 104-114.

[71] Yang J H, Cai J J, Sun W Q, et al. Optimal allocation of surplus gas and suitable capacity for buffer users in steel plant[J]. Applied Thermal Engineering, 2017, 115:

586-596.

[72] Zhao X C, Bai H, Shi Q, et al. Optimal scheduling of a byproduct gas system in a steel plant considering time-of-use electricity pricing[J]. Applied Energy, 2017, 195: 100-113.

[73] Mokhtari H, Hasani A. An energy-efficient multi-objective optimization for flexible job-shop scheduling problem[J]. Computers & Chemical Engineering, 2017, 104: 339-352.

第六章 航空航天航海系统工程

航空航天航海系统与国防安全密切相关，是国家高精尖技术的集中体现，其系统设计、研发、制造、集成、验证及运营的复杂性，使其成为系统工程学科发展和工程应用实践的关键驱动力之一，也无可置疑地成为系统工程最佳实践经验的主要来源。航空航天航海系统工程内容相对较多，覆盖范围广，因此本章首先阐述航空航天航海系统工程的科学意义与战略价值，然后分别讨论航空系统工程、航天系统工程、航海系统工程的发展现状与发展态势、需求挑战及关键科学问题、发展思路与发展方向。具体研究框架如图 6-1 所示。

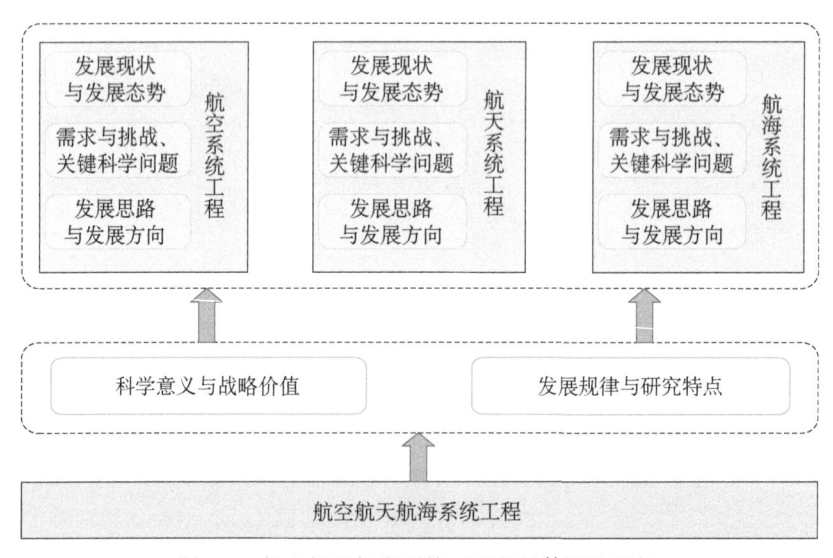

图 6-1 航空航天航海系统工程的整体研究框架

第一节　航空航天航海系统工程的科学意义与战略价值

航空航天航海系统工程是按照系统科学的思想，应用运筹学、信息论、控制论的理论，并以信息技术为工具，组织和管理航空航天航海系统的规划、研究、设计、制造、试验和应用的技术。航空航天航海系统工程涉及飞机等航空器、人造卫星等航天器以及水下航行器的研究、设计、开发、建造和测试，是系统科学学科的一个分支。航空、航天和航海系统的特点是规模庞大、技术复杂、质量可靠性要求高、耗资大、研制周期长、社会和经济效益显著。一些典型的系统，如"人造地球卫星1号"工程、"阿波罗计划"、美国航天飞机工程、商用飞机工程等都是现代典型的大工程系统。

航空航天航海系统的发展经历了从机械到电子、软件等多学科高度综合的过程，其体系也经历了从分立式到联合式、综合式、高度综合式的发展历程，涉及总体、结构、气动、强度、机械、电子、电气、软件等诸多学科技术运用和集成优化，涵盖了载体、动力、电子系统、导航/制导/控制系统、武器系统等多种系统/部件的开发与综合，融合了可靠性、维护性、保障性、适航性等多类工程专业要求的切入和开展，其系统内部体系结构及与外部背景环境的相互交联中充分体现了SoS的本质属性。

在系统体系的演变历程中，系统功能的互操作由独立向基于共享资源的交互演进，接口定义由功能性的聚合、松耦合向高度综合、紧耦合的方向发展，集成工作由简单功能向更加复杂的功能发展，系统的互联由离散向高度网络化的互联发展，系统失效模式由透明化的简单行为向不透明的复杂综合行为发展。系统工程是成功研制航空航天航海产品的一种跨学科方法和工具，该领域的信息化建设将会大力推动产品从跟随到创新和超越。

长期以来，美、德等工业发达国家的制造业以信息技术创新应用为核心，运用系统工程方法论，采用基于模型的设计、制造、服务和管理等先进技术，以构建基于模型的企业为目标，不断地促进开发模式转型和企业架构重构，持续地提升复杂装备产品的协同开发能力。随着新一轮工业革命的到来，中国航空工业集团有限公司以德国工业4.0等为标杆，导入CPS技术，引发虚拟产品生命周期与现实生产生命周期的集成，以及将自优化、自重构、自诊断和对人的认知与智能支持等思想融合到产业的架构开发中，为构建信息技术和制造技术深度融合、支持高度柔性生产方式的国防产业提供示范指导。

信息、网络、自动化和嵌入式技术应用比例的不断扩大，使得航空航天航海系统产品的研制活动从单纯组装型向系统集成型转变，并且产品不再由单一企业完成，而是依靠多个企业或企业联盟共同实现。因此，具有统一的系统概念也成为对现代制造企业最基本的要求。架构作为解决系统复杂性的通用方法，针对围绕信息技术应用而构建的包含战略、业务、信息技术等多元要素于一体的复杂企业/系统，必须使用架构的方法对其整体结构和相互关系，以及这些关系之间的变化规则进行多层面、多角度的构建和描述，以指导信息技术在复杂企业/系统内的实施，确保与产业业务战略的一致。

研究航空航天航海系统工程发展对国家的影响主要体现在以下几个方面。

一、引领技术发展

航空、航天、航海科技作为当代高技术群体中重要的组成部分，具备当代科学技术带头学科的特征和条件，在高技术的发展中具有不可替代的地位和作用。

由于航空航天航海系统是国家技术实力的最高体现，其所处的工作环境极为恶劣、所执行的任务极其复杂，其高精度和高可靠性要求也非常严苛，可以说航空航天航海技术的发展，带动了现代科技领域几乎最前沿的计算、设计、试验、加工、测试技术和最先进的管理思想的发展。这些科学技术和管理思想推广到国民经济各领域之后，促进了技术创新、管理改善、生产发展，推动了人类社会的发展和进步。

据统计，自20世纪60年代以来，相关领域出现的新产品、新工艺达12 000多种。将这些新产品和新工艺演化、衍生、修改、移植，获得的创新项目不下数万种，其中有许多属于当代高新技术范畴。

（1）电子计算机技术。世界上第一台电子计算机"埃尼阿克"（ENIAC）是1946年为满足美国计算导弹弹道设计的。在美国军方的大力支持下，宾夕法尼亚大学的研制小组，经过3年的努力，终于在1946年2月10日研制出世界上第一台电子计算机，从此揭开了电子计算机发展和应用的序幕。从那时开始一直到现在，巨型计算机都是首先为了满足航天、导弹等大型军事工程需要发展出来的。

（2）半导体和集成电路技术。1947年12月23日，美国贝尔实验室发明了点接触型晶体管，标志着半导体晶体管已研制成功。半导体晶体管的发明，引发了电子技术的重大变革，同时促进了物理学的发展。在晶体管基础上发展起来的大规模集成电路，使电子器件的成本逐年急剧下降。20 世纪 70 年代初，晶体管在导弹上已经过时，由集成电路取代，集成电路于 1960 年在美国投产。1962 年美国生产的集成电路产品全部被军方采购。后来美国军方投资研制大规模集成电路，并在导弹和航天产品中大量使用，航天应用推动了半导体和集成电路的迅速发展。

（3）新材料技术。制造航空航天航海器械的材料，往往需要在超高温、超低温、高真空、高应力、强腐蚀等极端条件下工作，有的受到重量和容纳空间的限制，需要以最小的体积和质量，发挥在通常情况下等效的功能；有的需要在大气层中、外层空间或深海侵蚀条件下长期运行。不同的工作环境要求材料具有不同的特性，航空航天和航海科技的发展，推动了诸如超高强高韧钢、复合材料、工程陶瓷材料、高低温极限材料、微晶及非晶材料、轻比重高温材料，以及高临界超导、形状记忆、微波及红外吸收材料，特殊声、光、磁等材料的研制和生产。

二、带动产业升级

航空航天航海科技除了可以直接拉动国民经济以外，还对科学技术的结构性变革和其他先进技术的发展起着某种先导作用或带动作用，并向社会推广相关技术，促进传统产业的技术创新，从而产生巨大的间接效益。科技的先导性和高度综合性，带动了计算机、光电子、精密制造、自动控制、新材料和新能源等众多技术的发展，极大地推动了高技术及相关产业的发展。

一方面，带动系统集成、元器件及分系统、原材料等相关配套产业的发展；另一方面，科技及应用需要机械、电子、材料、能源、通信、信息等产业发展的支持，通过技术发展的"需求效应"，对上述行业形成强烈的、有效的激励和带动作用。

三、辐射经济社会

航空航天航海科技对国民经济的发展具有巨大的促进作用，主要包括两个方面：一是产业自身的发展，二是产业对国民经济其他行业的影响。

20 世纪 70 年代以来，随着科技和社会经济的发展，航空航天航海科技已经从主要为军事和政府部门服务，逐步转向为国民经济、大众消费者和国家安全服务，并逐渐实现了产业化。当前，产业发展与国民经济其他行业日渐融合，航空航天航海产业自身已经成为国民经济不可缺少、不可分割的重要组成部分。

除了直接效益外，航空航天航海科技还能产生巨大的间接效益，主要包括三个方面：①科技对相关技术产业的需求与投资带来的效益，以及科技发展引起其他新兴产业与市场的效益；②航空航天航海科技发展向传统产业扩散与转移的经济效益；③航空航天航海科技发展为基础科学和应用科学的发展提供了前所未有的条件，为知识的生产、传播和应用创造了新的技术手段，航空航天航海科技系统实际上是知识经济的一个支撑体系。

航空航天航海科技是诸多科技领域的高度综合与集成，集中了当今世界上科学技术的众多成果和各个专业的人才，任何其他产业部门的综合性都难以与之相比。航空航天航海科技对信息服务业、制造业、金融和保险业、运输和仓储业、采矿业、农林牧渔业等十多个国民经济行业具有直接的带动作用，还可以对国民经济的总体发展产生间接影响和衍生影响。

四、提升军事水平

在传统意义上的地面战争之外，空、天、海共同构成了未来军事战场的必争之地，具有战略地位突出、战场空间复杂、技术体系先进、作战运用特殊、军民融合紧密等显著特点，已经成为维护国家安全和发展利益、提升军事实力和联合作战能力的重要力量。

（1）维护国家安全和发展利益。航空航天航海科技与国家战略利益紧密相关，集中体现国家政治、经济、科技实力和综合竞争力，空、天、海的战略优势始终是大国地位的象征。苏联发射的第一颗人造地球卫星，美国的"阿波罗计划"、六代机发展、航母群压制，我国的深海探测等，都对本国国际地位和威望的提高发挥了极其重要的作用。发展航空航天航海科技，特别是军事技术，对于巩固和提高国家在世界政治、经济、外交舞台的影响力具有重要作用。

（2）提升军事实力和联合作战能力。当前，在世界军事领域已兴起一场以信息化为核心的新军事变革。发展军事技术，是推进新军事变革的必然选择，是提升军事实力的有效手段。军事技术力量通过侦察预警、导航通信等信息服务，提高了战争的信息化程度，使战争形态发生巨大变化，使得"非接触""非线性"等信息化作战样式得以实现,直接催生了新的作战理论,如制天权理论、太空威慑理论、太空攻防作战理论等,引起了武装力量结构和编制的调整与改革。开展整个军队信息化建设,加快实现陆、海、空、天信息系统融合,跨越式提升军队信息支援保障和诸军兵种联合作战能力,已经成为一体化联合作战的"黏合剂"和提高军事力量效能的"倍增器",在构建陆、海、空、天一体化战场信息网格方面发挥着核心和纽带作用。

第二节 航空系统工程

一、发展现状与发展态势

(一)发展现状分析

20世纪90年代初,在波音公司、洛克希德·马丁公司等知名的航空航天和防务公司的大力倡导下,致力于开发系统工程学科和流程集、旨在提升系统工程使命和应用能力的全球性非营利会员组织——国际系统工程协会创立,其积极推进系统工程在学术界、工业界的技术水平和实践能力提升。通过促进跨学科、可扩展和可剪裁的方法持续为工程领域提供系统工程解决方案,以满足产业和产品趋向高度复杂度的发展方向,同时积极推动全球范围内系统工程工业标准的协调。

美国NASA是系统工程的成功实践者,形成了完整成熟的系统工程实践。NASA系统工程的通用过程包括系统设计、产品实现和技术管理,并提供相应的过程、要求与方法[1]。

(1)系统设计过程。对系统设计,采用自顶向下、循环递归的设计方法。系统设计内容可概括为:①定义利益攸关方期望并建立期望基线,即确定用户的使用要求,建立可行的系统方案;②确定完成任务的最终方案,形成系统技术要求并建立要求基线,即将使用要求转换为系统的技术要求;③根据技术要求,设计出能满足利益攸关方期望的设计解决方案。

(2)产品实现过程。对产品实现,按产品层次采用自底向上递进的实现方法。产品实现过程包括产品制造、产品总装、产品验证、产品确认和产品交付五个子过程。其中,产品制造有购买、生产制造/编程、重新使用等形式;产品总装是产品生产的最后一道工序,是产品最终完成的关键环节,总装线的基本原理是将产品的各个部件进行组装,实现产品的完整性;产品验证是指通过提供客观证据证实规定的要求已达到；产品确认是指通过提供客观证据证实预定的使用和应用要求已达到；产品交付是指生产出的产品通过各种渠道和方式交付给用户的过程，在产品开发和生产中，交付是一个至关重要的环节，直接影响产品质量和用户满意度。

（3）技术管理过程。技术管理过程包括技术策划、技术控制、技术评估和技术决策分析四个子过程。其中，技术控制包括要求管理、技术状态管理、接口管理、风险管理、数据管理五个方面。

为解决传统系统工程中存在的问题，出现了基于模型的系统工程方法论。2007 年，国际系统工程协会在"系统工程 2020 年愿景"中给出了 MBSE 的定义，并开始积极推广。近十几年来，国际领先的制造企业，尤其是航空企业都在积极推行和实践 MBSE。空中客车公司将 MBSE 全面应用于 A350 系列飞机的开发中；罗克韦尔-柯林斯公司应用 MBSE 方法覆盖旗下的航电领域所有产品的系统定义和测试；洛克希德·马丁公司应用 MBSE 进行需求和系统架构模型的统一管理，并向后延续形成了完整的基于 MBSE 的航空、防务产品开发环境；波音公司构建了以用户需求定义、功能和逻辑集成、功能和逻辑架构设计为核心的覆盖产品全生命周期的 MBSE 过程；美国 NASA 作为 MBSE 应用的先行者，在多个项目上成功实施了 MBSE 方法，在经济性可承受、时间可控制、质量提高等方面获得了显著收益。

国内系统工程的研究和应用开始于 20 世纪 60 年代，以钱学森为首的众多专家组成的专家组将其应用于导弹的开发与设计中。1978 年起，由钱学森等多位学者共同组织在全国范围内推广系统工程技术。MBSE 方法论从 2008 年引入国内，国内相关研究机构和院所开始探索适用于我国航空工业发展和产品研制的 MBSE 流程和方法[2]。MBSE 的广泛推行需要一套完整的与之相适应的项目管理体制、行政管理机制和工具链的配合，虽然国内的高校和部分研究院也在进行 MBSE 工具链和相关软件的开发，但仍然不够成熟，离工程的应用尚有距离。所以，国内并未将 MBSE 广泛应用于型号研制的实际工程上，而是还在理论研究、工具链建设和仅在一些试点单位和试点项目上实施。

（二）发展态势分析

从国内外发展现状可知，目前我国航空领域的系统工程应用的主要现状与发展趋势可以总结为以下几点。

（1）当前航空领域的系统工程技术随着飞机及配套系统复杂性的增加而

逐渐发展，航空系统工程已经得到工业界、学术界和政府的广泛认可，但在不同行业、组织、学科和不同类型的系统中对系统工程的应用和理解仍有较大的差异。

（2）系统工程的应用仍然是基于经验进行启发和探索，但其理论基础已经逐渐建立起来。

（3）跨系统、跨行业和跨学科的综合交叉已经缓慢而稳定地开展起来，对系统综合的需求已经超出了系统工程本身的发展，跨学科、跨专业的集成是系统工程的一个重要挑战。

（4）新型作战平台、新式空中武器系统、新的作战模式的快速发展给航空技术提出了一系列新的需求和挑战，强烈的技术需求极大地牵引了航空技术朝智能化、一体化、网络化和集群化方向发展[3]。

二、需求与挑战及关键科学问题

（一）需求与挑战

目前，我国航空领域系统工程应用的需求与挑战可以总结为以下几点。

（1）现阶段的军民领域对航空系统的需求日益多元化和复杂化，需要具备高智能、高自主、可持续、高资源效率、绿色环保、鲁棒和安全可靠等多方面需求，同时要面向更残酷的竞争环境，如何将这些复杂的设计需求分解到全系统设计过程中是迫切需要解决的问题。

（2）航空系统的规模和复杂程度已经大大增加，执行任务的复杂性也在飞速增长，导致系统复杂性增长的速度超过了设计和管理它的能力，规范不充分和验证不完整将会大大增加任务风险。

（3）目前很多航空系统设计是自底向上产生的，而不是从需求和架构中自顶向下进行设计的，导致系统脆弱、难以测试、操作复杂且成本高，最终产品偏离预期。

（4）对航空系统各子系统的设计，目前已经积累了丰富的设计经验和设计流程，但涉及跨系统、跨专业、跨学科的综合设计，如面向全机的飞行器管理物理和功能综合、智能自主无人机系统综合、复杂的空中交通管理等，缺乏足够的管理和设计依据。

（5）航空领域近年来持续地应用和推广了大量的创新型技术，对系统性能提升显著，但同时对新技术采用带来的风险没有匹配足够的防范措施，基于风险的项目决策不能有效发挥作用，可能导致不可预期的事故发生，降低系统的可靠性和安全性。

（6）技术和投资方没有在项目全生命周期各阶段参与并发挥作用，导致开发成本增加和设计问题不能在最开始时充分暴露，造成设计迭代次数、开发周期和成本大大增加。

（7）对识别和处理风险考虑不足。历史上"挑战者号""哥伦比亚号"航天飞机失事等重大灾难大多是由未能识别和处理风险造成的，引入"独立技术机构"来分析、识别和处理风险是非常必要的。

（8）人才方面需要培养一支不断发展、多样化的设计队伍，以及相应的设计开发和管理工具，从而保持持续创新并应对竞争压力。

（二）关键科学问题

从现状可以看出，目前制约我国航空技术发展的主要因素是缺乏跨学科、跨系统、跨行业的综合设计与优化能力，前期依托部分型号、大型系统积累了很多经验和工具，但仍存在较大差距。

从系统工程角度出发，建议以大型、跨学科、跨系统和跨专业的复杂航空综合技术项目为依托，如面向全机性能需求的飞行器控制一体化、智能自主无人机系统综合、复杂的空中交通管理等，开展适合我国国情的航空系统工程项目研发，并给出相应的设计理念、设计手册、工具和人才培养方案。

目前，航空系统工程技术领域的关键科学问题包括以下两个方面。

（1）面向航空系统高度综合化、智能化、自主化的系统综合设计模式。面向航空系统对系统综合的需求，发展跨系统、跨专业、跨学科的复杂航空综合技术，突破飞行器控制一体化、空中交通管理等关键技术，实现航空系统高度综合化、智能化、自主化，以满足航空系统高性能、复杂任务的需求，积累航空系统工程领域的设计经验。

（2）基于系统工程思想的航空系统协调与整体优化。探索系统工程方法论在典型航空系统的应用，通过多学科优化协调飞行器总体、航电、任务设备、动力装置及武器系统等多系统间的关系，达到系统总体最优，使基于模型的航空系统工程成为飞行器系统及子系统的研发设计的重要理论和工具之一。

三、发展思路与发展方向

（一）飞行器控制一体化技术

下一代战斗机、无人作战飞机、大型飞机和空天飞行器的外形、结构、气动布局和飞行控制技术都有较大的发展，使得飞行器的性能产生了飞跃。新的作战模式也加速了现代空中作战平台向信息化、综合化、智能化和无人化的趋势发展。

早期飞机的飞行控制系统与其他系统（如推进系统、航空电子系统、机载公用设备系统等）通常采用各系统独立设计的方式，不考虑系统间的交联耦合作用，各系统之间只进行一些简单的信息交互。现代飞机高性能、多任务的需求使得飞机系统的复杂程度不断增加，各系统之间的耦合作用也大大加强，传统上将各系统独立设计的方式在一定程度上限制了飞机整体性能的充分发挥，无法满足现代先进飞机设计的需要。

系统工程方法的应用所带来的理念是形成飞机系统的全局观念，目的是提升飞机整体性能，而不仅仅是考虑各系统本身。基于系统工程的思想，现代飞机的飞行控制与发动机、航空电子、燃油系统等朝高度综合化的方向发展，逐渐形成了飞行器控制一体化技术。它以提高飞机整体性能为目的，对多个关键系统进行综合控制与管理，实现分系统协调、资源共享、功能合理分配，使得飞机的整体性能得以优化，并可减轻驾驶员的工作负担。

近年来，系统工程理论在各行各业得到越来越多的重视，正在航空工业这类大型复杂系统中广泛应用。飞行器控制一体化涉及多个复杂系统的综合，具有跨学科、跨专业的特点，具体包括飞行器系统综合管理、面向新型飞行器高性能需求的飞行，推进一体化控制技术、智能感知与控制一体化等分支。

1. 飞行器系统综合管理技术

飞行器系统综合管理技术（integrated aircraft systems management technology）是一种涵盖多个方面的技术领域，旨在提高飞行器的性能、安全和效率。其中，飞行器管理系统（vehicle management system，VMS）是飞行器系统综合管理技术的主要概念，也是现代航空技术发展的必然趋势。高度综合VMS已经广泛应用于各种先进战斗机和新型民用飞机[4]，综合化程度显著提高。VMS通过物理综合、功能综合，使战斗机的机动能力、操纵能力、作战能力得以提升；使民用飞机噪声更小、耗油更少、推力更大、重量更轻，实现了低成本、经济飞行。对于VMS技术，需重点开展VMS系统体系架构、飞/推一体化、主动重心控制等方面的研究。

2. 面向新型飞行器高性能需求的飞行/推进一体化控制技术

飞行、推进作为飞机最重要的子系统，在提高新型飞行器机动性能、安全性能和经济性能中起到至关重要的作用。发展飞行/推进一体化控制技术，形成飞行、推进关键功能系统的综合方法、设计思路和技术途径，以实现高度综合的飞行/推进综合控制功能，改善系统性能、提升能量及寿命等多方面指标，并实现对失速迎角、过载等飞行限制条件的扩展。对于飞行/推进一体化控制，需重点开展性能参数估计、高效的性能寻优优化计算方法等方面的研究。

3. 飞行器智能感知、决策与控制一体化技术

未来信息化、综合化和体系化协同作战模式对信息化环境下的飞行器感知、决策与控制一体化技术提出了明确的需求，人工智能技术的迅速发展也牵引着该技术朝智能化发展。在该领域需重点开展未来信息化环境下战术任务管理与驾驶员智能辅助决策、智能感知与控制一体化技术、智能自主飞行控制与高度综合管理、集群智能控制等方面的研究，以适应未来高动态、信息化、网络化的作战环境，提升下一代飞行器的智能化水平。

（二）基于 MBSE 的无人机系统设计技术

现代无人机的型号研制是一项典型的系统工程。人机应用领域不断扩大，其自身的复杂程度逐渐增加，无人机研制中涉及的技术领域也越来越多。现代无人机系统设计需要组织和协调飞机设计、航电设计、任务设备、动力装置及武器系统等各个系统间的关系，进行多学科优化，努力做到系统总体最优。

（1）用系统工程指导无人机型号研制。以系统工程学中的分析建模、系统仿真、系统评价和决策分析等研究方法和手段指导无人机型号研制[5]。

（2）MBSE 在无人机系统架构设计中的应用[6]。无人机组成的无人机作战系统是复杂的系统工程，涉及多个领域的设计人员，易造成沟通困难和产品的反复迭代修改。采用 MBSE 方法可在不同的场景条件下对系统进行功能分析，建立系统的活动、交互及状态的模型，产生对应的功能需求、运行场景、功能接口和逻辑架构。具体包括需求分析、功能分析和设计综合三个阶段。通过 SysML 建立无人机作战系统的用例图、活动图、序列图、状态机图、模块定义图和内部模块图，为需求分析、功能分析和架构设计工作提供指导。

（三）空中交通管理系统技术

空中交通管理是一套保证空中及地面飞机往来流动安全、高效的程序。

目前空管系统在有效保障空中飞行安全和有序的同时正发生着翻天覆地的变化。亟须通过新技术和新概念改变现有空中交通运行方式，包括网络信息互联、空域一体化、交通管理协同、基于轨迹的飞行、基于性能的导航等综合技术发展，从而实现更安全、有序、高效和绿色的空中飞行[7]。

新一代空管系统运行概念及发展趋势包括[8]以下几个方面。

1. 一体化空域流量管理

以为用户提供实时、准确、完整统一的流量和空域信息服务为目的，构建一体化空域流量管理模式，建立空管部门、航空公司和机场间有效的协调方法与机制。

2. 协同式空中交通管理

针对空域用户独立的运行需求和使用要求，采用协同式空中交通管理支持不同用户，通过自动化工具及系统级信息交换能力，对短期和长期局势做出正确决策。

3. 基于航迹的空域及其运行

基于航迹的空域及其运行旨在精确预测每个航空器的飞行剖面和时间，即航迹的四维轨迹，提前预测潜在问题并做好预案，在确保航空器飞行安全的前提下缩短间隔、提高效率、增加空域容量。

为了支撑空中交通管理的发展，需要发展的关键技术包括全系统信息管理技术、空域灵活使用与精细化管理技术、流量协同决策技术、星基导航增强技术、机场协同运行技术，确保大数据在交通管理的应用等[8, 9]。

第三节　航天系统工程

一、发展现状与发展态势

（一）发展现状分析

航天技术是现代科学技术的结晶，它以基础科学和技术科学为基础，汇集了力学、热力学、材料学、医学、电子技术、光电技术、自动控制、喷气推进、计算机、真空技术、低温技术、半导体技术、制造工艺学等许多工程技术新成就[10]。这些科学技术在航天应用中互相交叉和渗透，产生了一些新学科，使航天科学技术形成了完整的体系。航天技术不断提出的新要求，又促进了科学技术的进步。航天系统工程的发展经历了以下四个阶段[11]。

1. 第一阶段：积极探索，形成中国航天系统工程管理的雏形

从1956年到1970年初，是中国航天事业的起步阶段，同时是航天系统工程管理的探索和初创阶段。

与国外一样，中国航天也是从研制导弹发展而来的。1956年，第一个航天研究机构——国防部第五研究院成立，在其内部组建了运载、导弹总体设计部，发动机研制和控制系统研制两个专业院，并于1961年9月研究制定了《国防部第五研究院暂行工作条例（草案）》，这就是我国航天系统工程的开端。在总结我国导弹运载研制试验成功和失败的基础上，修订了暂行工作条例，后被称为"70条"。在保留总体设计部的前提下，将"专业院"调整为"型号院"，并建立了相应配套的专业所、厂；建立了总设计师制度，加强了技术指挥系统和行政指挥调度系统；提炼出了预研一代—研制一代—生产一代的产品发展路线，建立了航天工程型号研制的质量保障体系。

2. 第二阶段：不断改进，基本形成中国航天系统工程管理的理论和方法

从20世纪70年代初到90年代初，中国发射第一颗卫星到1990年中国"长征"运载火箭成功发射"亚星一号"，是中国航天系统工程管理不断改进、形成体系的阶段。

这一时期，中国航天实现了从小到大、从封闭到开放的跨越式发展。伴随着我国系统工程的推广与应用出现新局面，我国的系统工程形成了完整的理论体系。1978年，钱学森发表了论文《组织管理的技术——系统工程》，对系统工程的概念、内容、在中国的发展、理论基础及应用前景等进行了深刻的阐述。这篇文章被誉为系统工程在中国发展的一个里程碑。1979年，钱学森提出了建立系统学的任务。1980年，中国系统工程学会成立，标志着系统工程的推广应用进入一个新的阶段。1982年，《论系统工程》一书出版，同年5月航天工业部成立了从事系统工程理论与应用研究的研究所。1990年，钱学森将20世纪80年代初"经验和专家判断力相结合的半经验半理论的方法"加以提高和系统化，提出"从定性的到定量的综合集成法"，使中

国航天系统工程理论进入最活跃、成果最丰富的时期。

3. 第三阶段：整体提升，深入应用中国航天系统工程管理的理论和方法

20世纪90年代初至今，是中国航天系统工程管理的理论和方法整体提升、深入应用的阶段。

1996年的两次发射失利，使中国航天工业陷入非常困难的境地。在这种情况下，融入市场经济意识，对原有的系统工程管理方法进行总结、调整和创新，在原来的"70条"基础上，制定了《强化航天科研生产管理的若干意见》和《强化型号质量管理的若干要求》（即"72条"和"28条"）；制定了"技术归零"和"管理归零"的"双五条"标准，体现了系统工程管理理念和方法与市场经济的有机结合，更加有力地推动了航天事业在市场经济下的健康发展。经过上述的调整和改进，中国航天再次实现了高速发展和大踏步跨越。

4. 第四阶段：中国航天系统工程管理的理论和方法的未来发展

为实现未来的发展目标，我国航天的系统工程管理进入了创新发展、不断完善提高的新阶段。我国将继续开展载人航天、探月工程等重大航天活动，这些工程的实施难度和复杂程度更大，对航天系统工程管理要求更高[12]。同时，科技的发展促使新理论、新方法不断出现。航天系统工程需在已有的基础上加强创新，不断丰富完善航天系统工程管理理论，加强新方法、新手段的应用，使航天型号工程的管理适应时代发展潮流和趋势，不断发展，不断完善。

（二）发展态势分析

鉴于航天技术的重要科学意义和战略价值，近年来世界主要国家在军事作战需求牵引下稳步发展航天装备与技术，逐步实现技术突破达到技术节点，发展趋势罗列如下。

（1）主要国家加强航天领域顶层谋划。美国、俄罗斯、日本等国家分别出台多项航天政策和发展战略，加强航天装备与技术发展的顶层谋划[13]。

（2）航天运载器加快更新换代，关键技术取得重大突破。主要国家新一代主力运载火箭研制进入新阶段，可重复使用运载器取得重要突破，美国"猎鹰"9运载火箭首次实现一子级重复使用。同时，3D打印技术在发动机

及其部件制造的应用有效改进了火箭制造流程,可大幅缩短研制周期和降低成本。

(3)天基信息系统谋求更加安全可靠的信息支持能力。主要国家部署新型军事卫星,加强天基信息系统作战支援能力;美国空军相继发布两项信息征询书,寻求调整导弹预警和安全卫星通信等重点军事卫星系统架构。卫星技术及其应用的创新发展极大提升了天基信息支援能力。

(4)空间对抗装备及技术日趋成熟。在空间态势感知技术持续发展的同时,在轨机器人、机载激光反卫、空间碎片移除等空间攻防技术取得重要突破。

二、需求与挑战及关键科学问题

(一)需求与挑战

中国航天经历了近 70 年的发展历程,形成了良好的研究基础,在"两弹一星"、载人航天、月球探测等领域取得了一定成就,但在技术发展规划上,始终处于学习和追赶状态,缺少原创性项目、理论与方法,具体表现在以下几个方面。

(1)虽然提出了很多创新理念和理论,但研究的持续性投入不足,研究深度有限,成果转化机制不健全,最后导致研究目标没有落地。我国航天专家杨嘉墀等于 20 世纪 90 年代就已撰文对航天器智能自主提出了构想,30 年后的今天,我国的智能自主水平却仍与当年的构想有较大差距。

(2)相关学科发展不均衡、不匹配,一个领域的重大进步若缺少其他领域的跟进,很难形成学科交叉、互相促进发展的良性循环。例如,智能材料、智能随动结构的出现,对传统航天器控制系统的设计和验证理论方法来说既是机遇也是挑战,缺少控制参与的智能材料发展也受到了制约,因此,材料、结构、传感、控制一体化的趋势日益明显。

(3)没有形成稳定的研究目标与基础合作模式,各自为战,重复研究、重复建设现象普遍,缺乏战略层面的顶层统筹、融合与布局。

(4)航天工程在智能材料、智能通信、智能控制、智能计算、智能规划与决策等领域进行了独立研究,但学科系统性研究较少。随着信息时代的到来,上述学科研究领域和高度亟须补充与提升,学科间亟须开展交叉融合。与领先国家相比,我国这些学科的成果转化效率和效果仍有较大差距。

（二）关键科学问题

航天技术具有重要的国防和商业价值。航天器是遂行航天任务和保障国防安全的重要载体，航天智能技术是保障国家安全的核心技术。结合未来航天发展需求，当前在航天系统工程技术领域的关键科学问题包括：发展面向未来的智能化、系统化航天工程技术，发展多学科融合发展的航天工程技术系统。

（1）发展面向未来的智能化、系统化航天工程技术。未来航天飞行器将以高可靠、高精度、强适应、自主飞行为特征，具备快速任务响应、应急返回和故障飞行的能力，能够满足未来空间作战、天地往返复杂飞行任务的需求。依托航天型号任务，统筹总体、控制、动力等多个专业领域，开展智能故障在线识别与管理、智能轨迹重构与控制重构等关键技术攻关，实施智能化改造，建立智能天地镜像系统。航天控制技术具备离线和在线轨迹规划、智能控制、控制重构能力，把智能自主领域的前沿和创新技术应用于航天任务，实现自主、快速规划、发射，实现自主、快速、可靠、低成本进入太空。

（2）发展多学科融合发展的航天工程技术系统。航天技术将航天学理论应用于航天器研究、设计、制造、试验、发射、运行及返回等工程中，是现代科学技术的结晶，它以基础科学和技术科学为基础，汇集了20世纪许多工程技术的新成就。应继续强化力学、热力学、材料学、电子技术、光电技术、自动控制、喷气推进、计算机、真空技术、低温技术、半导体技术、制造工艺学等多学科技术在航天领域的发展与应用，不断促进学科间互相交叉和渗透，不断融合发展新学科和新技术，使航天技术形成完整的科学体系。

三、发展思路与发展方向

（一）低成本、高可靠航天运输

经过60多年的不懈努力，我国的运载火箭得到了长足的发展，独立自主地研制了17种不同型号的"长征"系列运载火箭，具备发射近地轨道、太阳同步轨道、地球同步转移轨道等多种轨道有效载荷的运载能力，入轨精度达到国际先进水平。虽然我国运载火箭已取得举世瞩目的成就，已在世界商用航天发射市场占有一席之地，并且通过了高密度发射的考核，相关技术得到了充分验证，但是与国外先进的航天运载技术相比，还存在一些不足，总结如下。

1. 运载火箭应对故障的能力不足

由非灾难性故障导致发射任务难以顺利完成或失败，而这些故障往往可以通过理论方法来克服，需要具备能够采用诊断和预测的方法进行系统故障的监控、检测、隔离，能够评估系统故障的影响并为任务调整提供决策支持的能力，对设备的维护和更换提供指导性建议。

2. 火箭发射的成本和经济性有待进一步提升

我国运载火箭与国外相比，入轨精度处于同一个量级甚至更高，但现役运载火箭的价格优势正在逐步丧失，同时暴露出运载能力不足、发射准备周期长、任务适应性差的缺点，难以满足高效率、多样化的航天发射和空间运输需求。

3. 火箭对任务的适应能力存在不足

火箭对发射零时的要求较高，现有方法不具备对发射时间敏感任务的适应性。

低成本航天运输是解决传统火箭应对故障能力不足、发射成本和经济性相对较差、任务适应能力不高的有效途径，主要通过研制模式和理论方法的智能化革新，来提高未来运载火箭的可靠性、经济性、适应性。

本领域未来的发展方向包括：智能故障在线识别与管理、智能轨迹重构与控制重构、智能检测与验证、可重复使用运载火箭智能控制技术。

（二）智能化、系统化空间设施

当前，我国空间设施建设有了长足的发展。可以预见的是，未来的卫星星座及空间基础设施，仍然是比较重要的需求发展方向。中国在太阳同步轨道将以发展大型卫星和中型卫星为主，包括现在的通信卫星也都在该轨道之上。近几年，小型卫星发射呈现井喷发展的态势。

当前，我国提出建设信息化网络，计划到 2025 年完成 300 多颗卫星发射任务，建成全球低轨移动通信、宽带通信、航空航海监视和北斗增强卫星星座。美国的 Space X 星链计划部署近 1.2 万颗地球轨道卫星，以达到覆盖全球高速网络的目标。此外，美国、中国、欧洲国家、日本都将开展数万吨级的太阳能电站建设规划。对于未来我国空间设施的建设需求，在以下方面能力仍有不足。

1. 大规模星座通信能力存在不足

传统的系统分工导致整个飞行器所获取的信息不能充分分享，信息的融合度和利用率不高。面向智能通信需求，突出可靠、高安全和强实时特点，需要研究新体制高可靠高性能信息传输技术、智能自组网通信技术、大容量高速率实时信息处理技术、新型高效加密传输，包括复杂条件下高动态自适应传输、信道接入与分配、网络融合算法等。

2. 天基数据处理分析能力较弱

传统空间设施对大数据、物联网、网络控制等先进技术和方法的应用不够，系统集成度不高，导致成本和代价较大。需要结合智能计算领域，进行多平台、多信息源的智能融合，基于大数据的健康监测与故障诊断，复杂与未知环境下的自演化计算等应用研究。

3. 多航天器间协同飞行能力有待开发

多航天器协同技术面临复杂空间环境约束、模型信息不精确、通信拓扑动态随机变换、异构构型等难题，更存在多任务目标、多指标约束等特点，这给多航天器协同/博弈技术的发展带来了严峻挑战。

本领域未来的发展方向包括：空间设施抗干扰/安全组网，天基大数据的分析与处理，航天器群体智能的学习、涌现，多航天器间协同技术。

（三）空间科学统筹规划、持续投入

空间科学以发现新现象、探索自然奥秘为目标，是国际航天活动中十分活跃的领域并占有相当大的比重。全世界已经发射的约6000个空间飞行器中，空间科学领域约占15%，经费约占20%。

空间科学取得大量重要发现。进入太空开展科学研究，极大地拓宽了人类的视野和活动疆域。空间科学孕育着新的重大突破。国际上正在实施和酝酿一系列先进的空间科学计划，集中力量研究最具挑战性的前沿问题，包括可能引发物理学革命的暗物质和暗能量本质，宇宙极端环境下的物质运动规律和新物态，太阳系和地球的形成演化规律，地外生命及生存环境探索，检验广义相对论、量子理论和基本粒子物理理论等，这些都值得高度关注。

对于未来我国空间科学领域的建设需求，在以下方面能力仍有不足。

1. 空间科学活动需要加强

据科学家联盟网站的统计，2014 年初在轨运行的 937 颗卫星中（含美国 502 颗、俄罗斯 118 颗、中国 116 颗等）有 92 颗科学卫星，约占 10%。在"和平号"空间站、美国天空实验室和航天飞机以及国际空间站上，美国、俄罗斯、欧洲国家、日本等 20 多个国家共完成了 5000 项以上的空间科学实验。2016 年，我国成功发射"墨子号"量子科学实验卫星，该卫星是我国自主研制的世界上首颗空间量子科学实验卫星；2017 年，"慧眼"号——硬 X 射线调制望远镜卫星升空，实现直接且非常可靠地测量宇宙中的最强磁场。2021 年以来，我国航天员接力在空间站长期驻留，开展各项空间科学研究。近年来，我国空间科学研究活动取得很多突破，起到积极带动作用，未来还需要继续加强空间科学的研究，探索更多原创发现，实现从空间科学的"追赶者"到"领跑者"的跨越。

2. 空间科学经费投入少

美国 NASA 空间科学预算年均 60.8 亿美元，欧洲空间局（European Space Agency，ESA）年均 22.7 亿美元，俄罗斯国家航天集团公司（Roscosmos）近 7 年年均 8.2 亿美元，日本宇宙航空研究开发机构（Japan Aerospace Exploration Agency，JAXA）年均 4 亿美元。国外航天局用于空间科学的预算比例，美国 NASA 为 31.8%，ESA 为 46.1%，俄罗斯为 21.7%，JAXA 约为 30%（含地球科学），加拿大标准协会（Canadian Standards Association，CSA）为 20.8%。我国载人航天和探月工程中空间科学经费比例则低于 5%。近年来，我国空间科学研究得到重视，相继发射了"悟空号""墨子号"等研究卫星，但是整体科研经费占比相较而言仍然偏低。

3. 全局统筹和顶层规划不够

空间科学是前沿科学与空间技术的高度结合，技术复杂，投入较大，周期较长。高水平的空间科学项目从科学思想提出、技术攻关到工程实施和科学产出，需要艰苦细致的工作过程，大型项目甚至长达十几年，需要国家统筹，进行长期谋划和强有力的管理。综观世界各空间大国和经济体，均无一例外地建立了国家（地区）级航天局，不断更新的空间科学规划、稳定的国家财政支持成为空间科学持续高水平发展的保障。

我国相应机构在空间科学方面的职能不够明确，没有空间科学专门预算，无法制定和执行完整长期的国家空间科学规划。国内有关部门（包括中国科学院）分别制定了空间科学规划或路线图，但没有国家层面的优化整合和决策落实，致使项目立项困难，渠道不畅，科学卫星项目只能向中央领导上书"一事一议"；经费和资源分配渠道分散，缺乏预见性和稳定支持；重大专项中的空间科学任务处于从属地位；预研和地面实验支持不足、条件保障不配套等，影响了我国空间科学和航天技术向更高水平发展。

在我国实施科技驱动发展战略、加强科技体制改革的形势下，我国航天和空间科学更加需要加强顶层谋划，全面部署，协调发展。

（四）临近空间理论创新、工程突破

临近空间飞行器具备卫星、导弹和飞机的特性，是航空航天技术的融合。临近空间飞行器具有多任务、多工作模式、大范围高速机动等特点，其控制问题是国内外相关研究机构和学者关注的热点领域之一，是我国一种未曾实现过的制导控制模式，其理论和方法需进一步完善、创新和发展，这对我国控制技术提出了新的需求和挑战。

1. 航天器变轨与返回

大部分航天器仅具备轨道平面内的机动能力，异面变轨需要消耗相当大的速度冲量，超出航天器本身的能力。如能够利用空天飞行器升力体外形，通过降低轨道高度，利用稀薄气动力进行辅助变轨，同时采用发动机弥补阻力损失，将极大提高飞行器轨道机动能力。国外20世纪80年代就开始了研究，并试图开展试验验证。

2. 对理论和方法的挑战

传统导弹、飞船的控制方法已经不能够完全满足现有需求，需要针对空天飞行器的特点，进一步完善、创新和发展制导与控制的基础支撑理论及方法，如混合异类多执行机构的控制与稳定性分析、抗失控敏感控制的理论和方法等。

3. 对工程技术的挑战

全自主飞行、长时间工作、设备可重用、满足多种任务、适应多种载荷的要求，对控制技术提出了前所未有的挑战。需解决多约束制导、强适应姿态控制、长时间工作条件下的高可靠设计等技术。

临近空间飞行器将以强适应、自主飞行为特征，具备快速任务响应、应急返回和故障飞行的能力，能够满足未来空间作战、天地往返复杂飞行任务的需求。

第四节　航海系统工程

一、发展现状与发展态势

无人水下航行器（unmanned underwater vehicle，UUV）是经略海洋、实现"海洋保护、海洋开发、海洋利用"的核心装备。下面将围绕 UUV 介绍航海系统工程技术的发展及其在水下航行器中的应用。

（一）发展现状分析

近年来，世界各主要海军大国都加快了 UUV 的研究步伐，并取得了重要进展。随着新材料、新能源、人工智能等技术的不断进步，单个 UUV 技术已基本解决，正在向多 UUV 自主集群协同及海陆空集群协同发展，即体系化、集群化、对新概念水下航行器探索成为其显著特点[14]。另外，UUV 是现代海军装备的重要组成部分，是海军装备中新概念、新技术应用最为广泛的领域。

2000 年，美国海军综合考虑未来 50 年的需求情况制定了一个中、远期发展规划，即《无人水下航行器（UUV）总体规划》，确定了未来 UUV 优先发展的 4 个特征能力：潜艇跟踪和追猎、海事侦察、水下搜索和调查、通信和导航援助。2004 年，美国海军对该规划进行了修订，将 UUV 的任务最终调整为 9 项，包括情报/监视/侦察、反水雷战、反潜战、检查与识别、海洋调查、通信/导航网络节点、负载投送、信息作战、时敏打击，并提出了多 UUV 的概念。之后，美国海军未单独针对 UUV 再次发布规划，而是由美国国防部对陆、海、空各类无人系统进行统筹规划。2007 年，美国国防部发布了《2007～2032 年无人系统发展路线图》，首次提出了地面、水下、空中统一的无人系统总体发展战略规划，并表示未来 25 年美国将逐步建立一支完善而先进的无人作战部队。2009 年、2011 年、2013 年美国国防部又先后对无人系统发展路线图进行了修订，进一步强调了陆、海、空各无人系统的协同工作能力。2016 年 10 月，美国国防科学委员会发布了《下一代水下无人系统》报告，对于美国国防部在下一个10年及以后如何维持水下优势提出了重要建议[15]。

从美国制定的系列发展规划可以看出，UUV正由单个系统朝集群化趋势发展，并与其他无人系统组网协同，通过网络化无人平台的分布式态势感知和信息共享，提高作战效能。具体体现在以下几个方面

1. UUV向体系化发展

美国海军空间和海战系统司令部（Space and Naval Warfare Systems Command，SPAWAR）的先进无人搜索系统（advanced unmanned search system，AUSS），最大潜深6000米，一次充电可在深海进行10小时的搜索活动，携带的水声通信设备可保证在6000米的水下向水面传送电荷耦合器件（charge coupled device，CCD）电视或侧扫声呐数据。

美国在研发水下航行器的过程中，还特别注重体系化发展，比如由伍兹霍尔海洋研究所设计的远程环境监视系统（remote environmental monitoring units，REMUS）系列化水下航行器。

该系列具体包括REMUS100、REMUS600、REMUS3000、REMUS6000等型号（图6-2），可用于反水雷、航道侦察、港口警戒、地形测绘、深水取样等任务，目前有超过150艘REMUS水下航行器在北约国家中使用[16]。该系列水下航行器的主要技术参数参见表6-1。

(a) REMUS100　　(b) REMUS600　　(c) REMUS6000

图6-2 REMUS系列化无人水下航行器

表6-1 REMUS系列化水下航行器的主要技术参数

型号	长度/米	直径/米	重量/千克	最大工作深度/米	续航力/小时
REMUS100	1.32	0.190	37	100	15（5.556千米/小时速度下）
REMUS600	3.25	0.324	240	600	70（9.26千米/小时速度下）

续表

型号	长度/米	直径/米	重量/千克	最大工作深度/米	续航力/小时
REMUS3000	3.70	0.356	335	3000	44（7.408千米/小时速度下）
REMUS6000	3.84	0.71	864	6000	22（7.408千米/小时速度下）

2. 新概念型水下航行器研究

美国新一代水下航行器"曼塔"（Manta）主要用于新概念及新技术的试验[17]。该航行器采用非常规的扁平外形设计，悬挂在潜艇外部，由潜艇释放自主执行任务。"曼塔"采用模块化结构设计，可根据任务需要携载不同的传感器、武器及对抗设备，执行情报搜集、侦察、监测、反水雷及反潜等多种任务，完成任务后返回，可重复使用。"曼塔"的研制分2期进行，近期排水量56.9吨，长15米，宽5.8米，高1.7米；远期排水量91.7吨，航程2000千米。

新一代翼身融合水下滑翔机（X-Ray）由华盛顿大学应用物理实验室在美国海军研究办公室（Office of Naval Research，ONR）资助研发[18]。该滑翔机创造性地采用翼身融合布局外形，在为能源和有效载荷提供足够空间的同时，还能实现高升阻比和大滑翔比。X-Ray翼展6.1米，用于探测和跟踪浅水域的安静型潜艇。Z-Ray是X-Ray的下一代产品（图6-3），具有更好的水动力性能，其所有子系统在2010年3月进行了不同深度（最大深度300米）的海洋试验，试验结果十分理想。

(a) X-Ray　　　　　(b) Z-Ray

图6-3 翼身融合水下滑翔机

"深海浮沉载荷"（upward falling payloads，UFP）是由美国国防部高级研究计划局（Defense Advanced Research Projects Agency，DARPA）提出的一种水下预置无人系统。该系统为在4000米深海布置的密封吊舱，内置传感器、无人机、导弹等有效载荷，潜伏期长达数年，并在需要时远程遥控激活，吊舱浮出水面，释放有效载荷，执行军事任务。UFP 项目研究分为 3 个阶段：概念测试阶段（2013 年）、样机开发阶段（2014 年）、演示验证阶段（2015～2016 年）。

3. UUV 的集群化发展

随着各类水下航行器潜深、航程越来越大，功能越来越多样化，UUV 集群也取得了突飞猛进的发展。美国先后开发了多型海、陆、空联合作战网络体系，利用 UUV 作为水下移动节点，与其他固定/移动节点构成水下预警系统，实现海洋数据采集、军事侦察及信息对抗等任务[19]。

美国海军自 1998 年起多次进行广域海网（seaweb）的海底水声通信试验，旨在提升未来海军作战能力。广域海网是一种典型的海底水声传感器网络，通过水声通信链路将固定节点、移动节点和网关节点连接成网。美国在 2001 年的广域海网演习中共布设了 40 个通信节点，并利用潜艇"USS Dolphin"号在布网区域现场进行有关网络性能的测试。

可部署自主分布式系统（deployable autonomous distributed system，DADS）是美国 ONR 和 SPAWAR 联合研发的未来海军濒海防雷反潜项目。美国海军在 2001 年 6 月进行了 DADS 应用的舰队作战试验。该试验系统由 14 个固定节点及数个移动节点组成，包括 2 个传感器节点、2 个浮标网关节点和 10 个遥控声呐中继节点，UUV 作为移动节点加入网络，网络服务器部署在岸基指挥中心。

水下持续监视网（persistent littoral underwater surveillance network，PLUSnet）于 2006 年开始研制，它以巡航导弹核潜艇为母节点，以核潜艇携带的 UUV 为移动子节点，以水下潜标、浮标、水声探测阵为固定子节点，构成一种潜布式海底固定加机动的水下网络。该系统可获取海洋环境信息，探测水下目标，为水下作战提供支撑，已于 2015 年形成作战能力。美国电船公司基于巡航导弹核潜艇，已经为 PLUSnet 开发了一种新型搭载系统进行隐蔽布放。

除上述以美国为代表的 UUV 技术外，国内针对单 UUV 技术的研究也取得了突出进展，中国科学院沈阳自动化研究所、哈尔滨工程大学、西北工业大学、天津大学、上海交通大学等单位都在该领域进行了大量研究。

中国科学院沈阳自动化研究所研制的系列化水下航行器，包括"探索者"号航行器、"CR01"航行器、"CR02"航行器、"潜龙一号"航行器和

"潜龙二号"航行器等（图6-4）。其中"潜龙二号"航行器在"潜龙一号"航行器的基础上，在机动性、避碰能力、快速3D地形地貌成图、浮力材料国产化方面均有较大提高，为我国海底地形地貌勘探、热液异常探测、磁力探测提供了高效、精细、综合的先进手段。

(a) "潜龙一号" 航行器　　(b) "潜龙二号" 航行器

图6-4 "潜龙"系列水下航行器

哈尔滨工程大学在"十二五"国家高技术研究发展计划（863计划）的支持下，完成了300千克级小型自主水下航行器（智水-Ⅳ）的开发，在蓬莱海域实现了自主连续航行110千米和自主布放等多项功能演示，最大潜深达1000米。研制的大型航行器HSU001（图6-5）参加了新中国成立70周年阅兵仪式，其具有自主远程航行和战场环境信息侦察等能力。

图6-5 HSU001水下航行器

西北工业大学在"十一五""十二五"期间分别研制了"300米航深、300千米航程""500米航深、500千米航程"远程智能水下航行器，突破了航行器低速横向平移与回旋、水下悬停矢量推进与操纵、新型稀土永磁推进电机等关键技术，具有航路自主规划、安全布放回收能力。除此之外，西北工业大学还研制了50千克级便携式水下航行器，航程50千米，最大工作水深 200 米，具有安全可靠、便于操作、易于维护等优点，可快速灵活扩展功能模块，满足海洋环境探测和水下观测的需求。研制的开放式架构水下航行器，最大工作深度 1500 米，续航时间 24 小时，可搭载多种任务模块，具备精确探测、侦察、攻击、搜救能力。

天津大学研制的"海燕"号水下滑翔机，采用变浮力滑翔、螺旋桨推进的混合运动模式，在南海北部水深大于 1500 米海域不间断工作 30 天，最大航程超过 1000 千米，创造了中国水下滑翔机无故障航程最远、时间最长、剖面运动最多、工作深度最大等诸多纪录。2020 年 7 月 17 日，天津大学与青岛海洋科学与技术试点国家实验室共同研发的万米级"海燕-X"水下滑翔机，在某海域最大下潜深度达 10 619 米，创造了最新世界纪录，标志着我国万米级水下滑翔机关键技术取得新突破（图 6-6）。

图 6-6 水下滑翔机执行立体综合观测任务

（二）发展趋势分析

综合分析国内外 UUV 的发展现状，未来 UUV 的发展将朝集成化、系统化、空海一体化方向发展，重点集中在以下几个方面。

（1）朝网络化、协同化和集群化方向发展。UUV 尺寸小、航速低，单位时间机动范围小，探测和水声通信距离短，单 UUV 的作战和作业范围非常有限。多 UUV 组成一体化侦察、探测、打击网络，协同作战和作业，这是提高其作战能力和作业效率的有效手段，也是 UUV 的必然发展趋势。目前，使用多 UUV 协同探雷、探潜、测量海洋环境参数和探测水下目标等已经成为研究的热点。

（2）建设集群移动式 UUV+固定式水下装备信息体系，发挥水下预警探测能力。水下预警探测装备体系效能的发挥，除了基于大量布放于海底的水下传感器对自水下的威胁目标和武器进行早期发现、跟踪外，更重要的是能够对水下目标进行快速识别，为组织对抗行动提供依据。

（3）任务领域朝探测、反潜方向扩展。UUV 目标小、隐蔽性强、可连续工作，非常适合执行探测和攻击舰艇、潜艇等任务，在较长时间里，由于动力、自主及通信等技术的限制，UUV 只能用于海洋调查、反水雷这类相对简单的任务。随着续航力、自主化、智能化程度的提高和水下通信能力的进步，UUV 逐渐具备了执行更复杂任务的能力。

（4）灵活轻便和大型多功能并举。在潜载 UUV 方面，为了提高单 UUV 设备的任务能力，增大 UUV 的航程，美国在经历了单任务潜载 UUV、多任务小型潜载 UUV 的失败后决定发展大直径多功能 UUV，该 UUV 属于大型 UUV，是未来潜载 UUV 的发展方向。在舰载 UUV 方面，主要集中发展便携式和重型两类。

（5）变革通信方式，创新通信能力建设。水下通信技术是 UUV 系统与平台之间信息交互的关键。目前，UUV 水下通信主要采用声学通信系统、光纤电缆等，未来可大力发展多维平台间高品质的光-声通信，在数据被传送之前，首先进行预处理，压缩数据以减少传送的数据总量，提高声通信的数据传输率，降低误码率。当 UUV 在经过某个节点通信基阵点时，采用快速通信可大大提高传输率，当 UUV 上浮水面进行充电时，可与水面通信局域网、全球定位系统（global positioning system，GPS）等进行数据交换，从而实现五维一体的通信方式。

（6）发展独立的组合导航系统。在 UUV 上要建立惯性导航、地磁匹配导航、地形匹配导航、多普勒导航等独立组合导航系统。因航行器搭载的传感器存在固有误差，惯性导航系统实际上不能完全满足所有 UUV 的导航要求，但通过建立 GPS 接收机来提供理想的精确定位修正值，则需要航行器浮至水面进行定位校正，这样易暴露 UUV 的行踪，同时减少了 UUV 执行任务的时间。因此，未来的 UUV 必须发展自己的独立导航系统，减少对外界的依赖（如 GPS）。

（7）开发从大数据中获取有用信号的处理技术。未来 UUV 将大幅度改进信号处理技术，通过合成孔径声呐、声呐阵列、水下水文探测、目标识别所获得的各种数据分析，从大数据中提取各种特征的声学数据，以进行水下目标定位与探测，提高空间增益和图像分辨率，使从声呐中获得的影像更为清晰，提高 UUV 在水下复杂环境下执行任务的能力。

二、需求与挑战及关键科学问题

（一）需求与挑战

作为网络、海洋、太空、极地四大"全球公地"之一，海洋的开发、控制关乎我国经济社会长远发展和国家安全的大局。党的十八大明确提出了"建设海洋强国"的战略目标，发展海洋工程与技术是国家实施海洋强国战略的基础和重要支撑。围绕国家重大战略需求，需要重视航海系统工程，加快自主创新成果转化应用，掌握关键核心技术，在创新发展过程中面临的需求和挑战有如下几个方面。

1. 自主创新能力亟待提升

海洋工程与技术行业具有产品要求可靠性高、技术门槛高、资本密集程度高等特点。我国生产的海洋工程产品技术含量低，相关配套设备附加值低；国外厂商掌握关键设备和技术并垄断高端配套设备。现阶段，我国现有技术主要集中在海岸和部分近海工程装备设计制造领域，在深水海洋工程装备的设计开发存在技术空白，不具备相关的核心技术研发能力。

2. 配套产业亟待升级

我国在海洋工程与技术设备配套产业上距离海洋强国仍有较大差距，高技术海工产品的关键核心设备和配套仍受制于国外垄断厂商，高技术海洋工程设备配套产业领域的国产化和本土化问题呼吁多年但没有根本性解决。

3. 欠缺高端专业技术人才

海洋工程与技术装备研发缺乏自主创新，而高端且充足的智力支撑是创新能力提升的前提。发展海洋工程与技术需要大量的高端人才，包括设计、经营、管理等，甚至包括有关法律方面的人才。

4. 相关技术领域规划滞后

应尽快召集国内相关技术优势单位，在充分调研的基础上，分类制定我国海洋工程与技术的发展路线图，指导海岸过程、船舶制造、水下无人装备、水面无人装备等相关技术领域研究。

（二）关键科学问题

水下航行器是多学科交叉、融合的综合系统，蕴含着大量的基础科学和前沿技术，是一个庞大的系统工程。围绕解决水下航行器自主性、互操作、数据链、多平台协同等核心问题，需要突破的关键技术包括以下几个方面。

1. 自主航行技术

为了确保水下航行器能够在复杂海洋环境中自主协同地完成各项任务，必须解决环境自适应、自主对接与回收、编队协同控制、协同导航与定位等技术问题。

2. 水下数据链通信技术

为了实现 UUV 多平台间的数据共享，必须解决水下远程高速动态通信、水下网络与空中网络互联等技术问题。

3. 能源技术

由于工作环境特殊，UUV 的能源应满足能量比高、能量密度大、安全性好、可靠性高、易控制、价格低廉、耐低温、耐高压、耐腐蚀且环境污染小（无环境污染）等条件。燃料电池技术将成熟并广泛装备在军用巨型 UUV 平台上，未来将重点突破燃油重整器和高功率密度技术。

4. 任务载荷技术

UUV 的任务负载系统主要是针对不同使命任务而配备的水声、电子或光学设备，其中声呐设备是 UUV 的关键负载，对精度、重量和体积有很高要求。未来合成孔径声呐的发展方向是利用光纤水听器等技术，提高作用距离、降低自重。

三、发展思路与发展方向

（一）大尺寸耐压壳体设计、制造与材料一体化技术

我国近年来在深海耐压方面取得了长足的进步，初步具备 4500 米水

深、直径 2.1 米球型耐压壳体的加工制造能力，但是尚不能满足深海浮沉有效载荷的实际需求。为此，需要开展大尺寸耐压壳体设计、制造与材料一体化技术研究，同时开展耐压壳体大深度长期潜伏试验，以掌握大深度长期耐压情况下壳体变形随时间变化的规律，实现深海耐压密封。

（二）大深度敞开式轻质-承载-耐压结构整体设计技术

敞开式结构是大深度水下无人装备发展的一个重要方向。在现有设计模式下，敞开式水下无人装备的承载框架构型、载荷布局和组部件耐压的设计工作分别开展，忽视了三者作为整体系统在承载和耐压方面的耦合作用，这不仅给结构减重带来了很大的困难，而且使产品综合性能难以突破瓶颈，甚至导致了结构质量重—浮力材料多—外形体积大—阻力高—能源多—结构质量重的恶性循环。为此，急需开展海洋装备轻质-承载-耐压结构整体设计技术研究，大幅降低结构重量。

（三）高精度仿生外形快速设计技术

通过外形设计使水下无人装备具有像水生动物一样的运动能力，具备高速、高效、灵活、低噪的运动特点，一直是水下无人装备发展的主要目标。现有的外形设计方法大多采用基于代理模型的全局优化技术，不但设计速度很慢，难以获得全局最优解，而且设计能力、设计精度和设计通用性有限，难以适应水下无人装备新型仿生外形高精度设计的需求。为此，急需开展高精度仿生外形快速设计技术研究，基于自由变形技术、网格变形技术、多保真度优化技术和伴随矩阵技术，发展一种能够适用于任意仿生外形，尤其是外形自身存在大变形（宽度急速收缩、厚度急速增大、外表骤然凸凹、翼面大范围扭转等）时的高精度快速设计方法，使水下无人装备外形的设计效率提高 80%以上，设计精度提高 5%~10%。

（四）高效低噪复合材料自适应推进器技术

复合材料推进器相较于传统金属（锰镍铝铜合金或镍铝铜合金）推进器具有质量轻、耐腐蚀、噪声低、效率高、空化性能好和结构自适应等优点。利用各向异性复合材料的弯扭效应和结构自适应的特性，开展高效低噪复合材料自适应推进器技术研究，通过设计特定的叶片结构，使推进器在设计点和非设计点同时保持高效率。

（五）水下能源组网供电技术

能源是实现深海装备长时间水下连续工作的关键问题，是实现深海装备"下得去、待得住"的核心关键。特别是为了实现海洋探测、海洋环境监测，需要采用大量的探测与通信设备，虽然在设计传感器时要求低功耗，但仅使用自带能源无法满足长时间持续工作（数年或更长）的需要，故迫切需要研究新型能源技术以满足水下武器装备对能源的需求。水下能源组网供电技术包括水下能源组网发电和水下非接触式电能传输两个方面。

水下能源组网发电的主要构想是综合利用海流能发电、海底微生物发电、海洋热液口温差发电等新型海洋能源发电技术，形成水下多形式、多机组的协同发电网络，在海底建立能源可持续的水下发电站，为水下武器装备提供能源补给。为满足水下隐蔽性要求，发电网络需置于海底，发电环境不同于常规近水面海洋能发电情况，因此，水下能源组网发电需要突破以下技术难点：深海低流速海流能高效发电技术、深海低频微振动能源收集发电技术、高强度高抗污热电功能材料制备技术、深海微生物发电大型化电堆设计技术、发电机组阵列优化布局及协同发电技术。

水下非接触式电能传输的主要构想是在水下发电站设立充电坞站，水下装备进入坞内进行能源补给。通过磁共振、磁耦合等方式，实现电能的非接触式传输，可有效避免深海环境中的高压、高腐蚀等弊端，保证水下充电坞站和水下武器装备的正常工作寿命。水下非接触式电能传输需突破以下技术难点：大功率电磁耦合器优化设计技术、电能发射端高频交流电产生技术、电能接收端主动调谐及抗扰动技术。

（六）水下防腐抗污技术

1. 仿荷叶表面结构及组成与表面行为研究

研究揭示仿荷叶低表面能表面的表面组成、表面性能、形貌结构及特殊表面纹理对材料的润湿、吸附及滑动、滚动等表面行为的作用机理以及对水流边界层状态的影响。

2. 仿荷叶表面的制备及构筑研究

研究仿荷叶低表面能表面的制备和构筑方法，探讨具备不同表面性能、形貌及结构（致密、多孔、微纳米纹理双重结构）低表面能材料的制备技术及构筑机理。

3. 仿荷叶表面水下航行器防腐抗污机理与实验研究

研究海生物胶质与涂层相界面间的接触角及液相与胶质间的表面张力、表面组成及组织结构等对不同种类污损物在其表面上黏附、异质形核及沉积的作用机理，揭示防腐抗污的作用机理。

第五节 小 结

航空航天航海系统工程面向国家和军事的重大需求，主要以运筹学、信息论、控制论等理论和方法技术为指导，以信息技术为工具，组织和管理航空航天航海系统的规划、研究、设计、制造、试验和应用，提出了系统顶层设计、产品制造、技术管理等一系列的航空航天航海系统工程管理的技术与方法，解决了综合化、智能化、自主化的系统综合设计，航空航天航海系统协调与整体优化，水下通信等关键问题，应用于航空航天航海的装备制造、组织管理、系统优化等领域。未来该领域的主要发展方向和思路是飞行器控制一体化、无人设备、智能化与系统化设计及优化、先进航空航天航海材料研发等，通过多学科的深入交叉融合，不断提高智能化与系统化水平，推动航空航天航海技术的快速发展。

本章参考文献

[1] 朱明新，刁伟明. NASA 系统工程过程概要分析[J]. 航天标准化，2010（4）：23-27，42.

[2] 徐营赞，郄永军，朱伟杰. 基于模型的需求-功能-逻辑-物理系统工程方法在航空系统设计中的应用[C]. 第八届中国航空学会青年科技论坛，2018.

[3] 吕金虎，谭少林. 复杂网络上的博弈及其演化动力学[M]. 北京：高等教育出版社，2019.

[4] AGARD. Integrated Vehicle Management Systems[R]. North Atlantic Treaty Organization Report. Canada Communication Group, 1996.

[5] 马晓平. 系统工程学在无人机研制中的应用[J]. 航空科学技术，2003（4）：30-31.

[6] 丁亚，周皓宇，余雄庆. MBSE 在无人机作战系统架构设计中的应用[J]. 江苏航空，

第一节　能源与资源系统工程的科学意义与战略价值

一、能源系统工程的科学意义与战略价值

电力行业作为关系国家命脉且消耗一次能源的基础产业，是转变整个社会经济发展方式的重中之重。目前世界能源格局正在经历着一场深刻的变革，而电力又处于这场变革的中心位置。一方面，利用化石燃料燃烧生产电能的火力发电由于其在经济性、环保性和可持续性上的缺陷饱受诟病；另一方面，水电、风电、太阳能、生物质能、海潮能等清洁能源异军突起，蓬勃发展。输配电网系统在这场能源变革中承担着保障国家能源电力安全、优化能源资源配置的重要任务。

火力发电行业作为电力行业的最主要构成部分，对经济社会发展的速度、规模和质量具有重要作用。因此，只有火电企业实现了可持续发展，电力行业才能实现整体结构的优化，从而为社会经济的健康稳定发展提供保障。由于我国大力推行电力行业的节能减排目标项目和循环经济，在鼓励和扶持水电、风电和核能等清洁能源发电产业的同时加大了关停小火电机组的力度，火电发电机组装机容量占比逐渐下降。虽然占比下降与同比增速低于其他发电形式，但是其完成的发电量依然是电力行业的最主要部分。火力发电是我国能源体系中的重要支柱，火电行业仍处于大有可为的重要战略机遇期。加快火力发电的可持续发展，对我国整个能源产业的发展具有十分重要的意义。

《能源发展战略行动计划（2014—2020年）》明确提出到2030年要实现非化石能源在能源消费总量中占比20%的发展目标[6]。水电资源具有清洁、可再生和开发量大等优点，成为可再生能源结构中的一个重要组成部分，相对于其他发电方式亦有其独特的优势：①与风电相比，水电受风季、气候等影响小，稳定性更高，同时成本更低；②与核电相比，水电更为清洁，成本更低，且核电发展受限于原材料储量；③与火电相比，水电成本低、能效高、排放少；④与光电相比，水电上网电价更低，且转化率更高[7]。因此，水电在我国得到了快速发展，截至2018年底，中国水电总装机容量约3.5亿千瓦，水力发电量为1.1万亿千瓦时[8]。我国不仅是当今世界上水电装机第一大国，而且是世界上水电在建规模最大、发展速度最快的国家。伴随着水电的发展，我国水电工程勘察设计和施工技术、大型水轮发电机组制造、远距

离输电技术等已位居世界先进水平。开发西部丰富的水力资源是西部大开发的重要组成部分，实施"西电东送"有利于我国能源资源的优化配置及西部地区的经济发展。因此，加快水力发电系统建设是能源产业发展与结构升级的要求，是国土资源利用与区域经济振兴的要求，对国家生态环境保护与经济可持续发展具有十分重要的意义。

核能是一种清洁、低碳、供能稳定、高能量密度的新能源，是目前唯一能够大规模替代化石能源的基荷能源形式，为我国国民经济的可持续发展提供了重要保障。另外，核电能量密度高，适合承担电力基荷，有利于改善能源与负荷分布的空间结构，形成更为安全的电网结构，更好地促进风、光等新能源消纳，对优化能源整体布局、保障能源供应安全具有重要意义[9]。核电技术的发展还能提升我国核技术和设备的研发与制造水平。因此，核电的发展是未来重要新能源的发展方向之一，也是未来全球在新能源技术竞争中战略必争的高新科技领域。

加快清洁能源发展、推进能源变革转型是解决当前能源问题的根本出路。综合能源系统的战略价值主要体现在如下几个方面。

（1）保障国家能源安全。大力建设综合能源网络有利于缓解其他国家对我国石油进口的限制与威胁，保障国家能源安全。此外，综合能源网络还能将分散的可再生能源与储能单元互联起来，逐渐减少能源进口，最终实现能源的自给自足，甚至可以将过剩的电力进行出口。

（2）优化能源结构。综合能源系统是能源产业发展的新形态，它可以打破原先相对独立的不同类型能源的界限，通过实施开放式互联和能源调度优化，为能源的综合发展以及能源梯级利用和共享提供条件，大大提高能源利用效率[10]。

（3）助力可持续发展。多能互补能源系统可以支持可再生能源的大规模接入和消纳[11]，缓解和补充化石能源的不足，有助于实现能源消费与环境保护的双赢，推进经济、社会和环境保护的可持续发展。

（4）改善民生。在综合能源系统中，普通消费者也能够参与能源的交易，使得能源消费过程合理化、人性化，提高人民的参与感和幸福感。能源的供应方可以将剩余产出能源进行售卖，产生相应的社会效益。

二、资源系统工程的科学意义与战略价值

我国的煤炭储量排名世界第二，仅次于美国，也是煤炭第一大生产与消

费国。煤矿的生产过程有别于其他行业，其本身是一个大系统。煤矿系统工程是依据煤矿生产的内在规律，利用系统工程的一般理论和方法，研究和解决煤炭企业规划、设计、施工、生产中的问题，使其在总体上达到优化的科学技术。它注重研究煤矿系统的行为与功能，协调系统与子系统、系统与大系统之间的关系。引入系统工程方法，能够推进高产高效煤矿建设，推进企业节能降耗，保护矿区生态环境，促进煤炭工业的可持续发展。对于这样一个复杂系统，必须从整体、长远和可行性角度，运用系统工程理论和方法，制定切实可行的发展规划，并有效实施。由于煤炭生产建设技术愈加复杂，生产建设的社会化使协作关系更加复杂，采用旧的管理方法无法满足需求，因此采用先进的系统工程技术，改进煤炭行业管理，提高经济效益，更好地为煤炭生产建设服务，是煤炭生产建设的重要问题。煤炭工业的生产机械化、自动化程度日益提高，各种工艺系统的复杂性和系统内部的相互联系、相互制约也随之增加，要求有先进的设计方法和科学的管理方法。因此，系统工程在煤炭工业的应用是时代发展的必然。大力发展和广泛应用煤矿系统工程，对提高我国煤炭企业经营管理水平、改善企业经济效益至关重要。

我国是一个地形地质复杂、能源十分丰富的国家，还拥有大量不可再生资源，为了满足社会生产和经济发展而大量使用化石能源带来的气候与环境污染问题，给可持续发展带来了不小的挑战。可燃气作为一种新型能源，总量十分庞大，我国经济水平的不断提高有效推动了可燃气行业的迅速兴起，逐渐受到人们的关注和喜爱，并得到十分广泛的应用。主要的可燃气包括天然气、页岩气、氢气等。天然气作为一种新型能源，总量十分庞大，其不仅可以大大减少有毒气体的排放量，同时对周围环境起到了一定的保护作用[1]。页岩气是指从富有机质黑色页岩中开采的天然气，或自生自储、在页岩纳米级孔隙中连续聚集的天然气。作为新能源之一，页岩气既是常规天然气的潜在替代能源，也是清洁环保能源。页岩气的开发在北美等国家已经起步，页岩气逐渐成为一种重要的替代能源，广泛应用于化工、汽车等行业[2]。氢气作为自然界最轻的气体，在工业领域用途广泛，与各学科紧密交叉。目前，氢气广泛应用于燃料电池、分布式发电、应急电源、化石能源清洁利用、油品质量升级等领域。

水资源和能源作为生产与生活的最重要资源，不但可满足人们生产生活的基本需要，而且对环境保护具有重要的意义[3]。能源-水资源耦合系统的优化可以整合资源，使得资源的利用效率大幅度提高。以单一资源为中心的资源整合研究，不仅无法满足以"多资源问题治理"为导向的资源治理需求，而且难以有效应对生态环境、经济和人口的变化[4]。在我国，基于区域和行业开展能源-水资源协同优化，构建区域和行业能源-水资源耦合模型，开展区域和行业能源-水资源动态协调战略研究，对指导地区资源综合管理、促进资源可持续利用具有非常重要的科学意义和战略价值。

有色金属是我国国民经济和国防军工发展的重要基础原材料与战略物资，广泛应用于机械、电子、化工、建材、航天航空、国防军工等行业，在经济建设、社会发展和国家安全保障中具有不可替代的重要战略地位。有色金属是国家参与国际经济竞争的支柱性产业，更是支撑国家安全和国家重大战略工程的关键材料，有色金属工业发展水平已经成为衡量一个国家和地区工业现代化水平的重要标志[5]。

第二节 煤炭系统工程

一、发展现状与发展态势

20世纪60年代初期，运筹学和计算机被广泛引入矿业领域标志着煤矿系统工程的形成。从60年代初期形成到70年代的应用拓展和80年代的深入发展，煤矿系统工程逐步趋于成熟。我国的煤矿系统工程始于20世纪70年代末，1980年在中国矿业大学北京研究生部举办了第一期系统工程与运筹学培训班。1986年中国煤炭学会成立煤矿系统工程专业委员会，并于1986～2017年先后多次组织召开全国矿山系统工程学术会议，深入交流地质矿床建模与资源评价、矿山设计规划、矿业信息化与可视化技术、矿山监测控制与管理信息系统、项目管理与信息系统、矿山通风与安全系统工程、矿山可持续发展与物流工程等系统工程理论的应用，寻求提升煤炭企业经济效益和价值的系统工程新技术。

目前，世界上技术先进的产煤国家广泛应用系统工程方法解决煤炭工业的各种实际问题。美国大型露天矿设计、地下开采生产过程的组建，已采用系统工程综合优化设计。我国积极推进基于煤矿信息化、数字化和智能化开采技术的智慧矿山建设，于2020年实现采—掘—运主要环节单个系统、单项技术的智能化决策和自动化运行，实现工作面内无人操作、有人巡视、远程监控的自动化生产，并拟定于2035年全面实现煤矿智能化和现代化，构建煤矿及矿区多产业链、多系统集成的智慧煤矿系统，全面实现生产和管理信息的数字化，主要生产环节的智能决策和自动化运行，达到全矿井一线作业、安控和应急救援的机器人化、无人化作业。

二、关键科学问题

（一）煤炭企业综合评价和战略目标确定

针对煤炭企业，采用基于数理统计的综合评价方法，通过构建综合评价公式，计算煤炭企业的综合评价指标值，全面衡量经济运行状态。确定煤炭战略目标是一个多层次、多因素相互影响的复杂系统决策问题，难以用单一数值判定。为了使战略目标具体化，必须根据煤炭企业的生产特点，确定具体的指标或指标体系。

（二）煤炭企业设计计划实施

煤炭企业在设计过程中，要考虑六个方面：①采煤系统，包括回采工作面和采区范围的通风、运输、供电等；②准备巷道掘进过程；③干线运输与井筒提升；④矿井通风系统；⑤地面生产工艺系统；⑥矿井组织管理。根据研究问题的需要，按各组成部分的目标及其与整个系统目标一致的原则灵活划分。这些分系统之间的相互联系包括工艺、信息联系和参数关系。

（三）煤炭生产的可靠性分析

应用系统工程的思想和方法对煤炭企业的生产进行系统分析。在统计数据基础上，通过应用可靠性理论方法，对系统运营过程中的七大系统——采煤、掘进、机电、运输、通风、排水和安全监测进行可靠性分析。

（四）煤炭的人-机-环境安全系统工程

相比于其他传统工业过程，煤矿作业过程中的生产安全具有显著重要地位，直接影响煤炭企业的经济效益和社会效益。为确保煤炭生产的长治久安，要求煤矿必须达到本质安全要求。煤炭系统的安全生产关系企业的正常运行和人员的生命安全，是保障煤炭企业可持续发展的迫切任务。虽然煤矿重大事故在近几年有所降低，但是还存在事故隐患，需要从人-机-环境的角度综合考虑安全生产形势，采取安全分析、安全评价和安全技术措施。

（五）煤炭联运调度系统

我国煤炭调运格局主要由供需地在地理上的不一致性导致，煤炭运输存在"北煤南运""西煤东运"现象。实现上述煤炭运输格局，主要依赖铁路运输、铁水联运及进口煤炭构成的不同多式联运模式。为获得基于煤炭定价的最佳煤炭调运路径，须考虑坑口价格、容量限制、运输成本以及煤炭生产地和消费地等制约因素，制定合理的煤炭调运方案。

三、发展思路与发展方向

为进一步提高煤炭生产效能，把控和合理评价煤炭开采风险与安全性，降低人员和设备导致安全事故的风险，确保环境的可持续利用，煤炭系统工程中的诸多问题研究对保障国民经济稳步发展具有显著的战略指导意义。国内外对煤炭系统工程的研究工作虽然突出重视对煤炭生产具有直接影响的人-机-环境安全系统工程，但是与铁路交通、煤-电-气联产、需求侧分析等关联领域的研究不是很完善，缺乏煤炭企业之间和煤炭与其他能源系统之间的协调利用与综合管控管理。据此，对煤炭系统工程的发展有如下几点建议。

（1）从安全系统工程角度，考虑到煤炭长期开采，综合调整安全资源消耗及储备量，确定资源冗余水平，实现煤矿生产系统安全资源优化配置与决策。

（2）从物流系统角度，综合考虑影响运输路径选择的费用、时间、可靠性、安全性等影响因素，根据多式联运下的不同定价机制，优化我国煤炭调运模式，缩短转运距离，降低煤炭物流成本。

（3）遵循系统工程理论，推进智慧煤矿与智能化开采，实现感知、分析、决策、管理、开采、运输全生产周期的智慧化一体化管理，构建煤矿智能生态体系。

第三节　可燃气系统工程

一、发展现状与发展态势

（一）天然气

预计 2030 年前，天然气将在一次能源消费中与煤和石油并驾齐驱；到

2040年，天然气的比例将与石油持平；到2050年，世界能源需求将增加60%。但煤炭和石油消费将处于逐步下降趋势，天然气的高峰期持续时间较长，非常规天然气的出现和大发展必将支撑天然气继续快速发展，最终超过石油，成为世界第一大消费能源[12]。

（二）页岩气

中国近年的页岩气热潮始于2005年。2005年以来，开展了中国陆上页岩气形成地质条件和资源潜力评价，在页岩气远景区进行地质浅井、参数井和地震勘探，获取页岩气评价关键参数，评价优选有利页岩气区带，钻探页岩气评价井，实现了中国页岩气勘探的初步突破，证实了中国富有机质页岩，具有较好的页岩气勘探前景[13]。

（三）氢气

我国一直将氢气放在能源发展的重要位置，早在2006年就将氢能及燃料电池写入《国家中长期科学和技术发展规划纲要（2006—2020年）》中，随着技术产业不断完善，我国相继颁发《节能与新能源汽车产业发展规划（2012—2020）》《2016—2020年新能源汽车推广应用财政支持政策》等进行推广发展。

二、关键科学问题

（一）天然气

（1）管网的优化。对天然气运输管道的建设必须要跟上经济发展的步伐，这对管道网络化的优化设计和建设意义重大[14]。

（2）管道的防腐蚀问题。要阻止管道被相关物质腐蚀，方法之一就是阻止腐蚀性物质与管壁的直接接触，对管壁上防腐蚀物质的研究颇具前景[15]。

（3）天然气集输井站的安全保护。为了保证整个天然气集输系统的安全运行，正确设置天然气集输井站安全系统、做好事前的防范措施十分重要。

（二）页岩气

在页岩气开采过程中，主要技术难点有以下几点[16]。

（1）井壁稳定性差。在开采中，岩层中的水转换为自由水，导致岩层内部压力上升，如果岩层内部压力超过钻井液的压力，将极大影响钻井液的性能发挥。

（2）井眼轨迹控制难。页岩气的钻井深度浅，倾斜度较大，井壁的稳定性差，而且由于井径的变化差异较大，因此扭矩设计也随之有着较大的变化，规律性不强。

（3）套管技术难题。页岩气开采井的倾斜度大，长度长，井径多变，因此套管在下入的过程中容易遇到钻井过程中留在井壁上的一些台阶，这些台阶给套管的下入增加了阻力，极容易出现粘卡现象。

（三）氢气

本着"制氢是基础、储运是关键、应用是核心、推广是动力"的氢能产业发展理念，目前氢能产业的发展主要聚焦于制氢、储运、用氢技术三大关键技术领域。

1. 多元化分布式制氢技术

发展天然气制氢技术及制氢、纯化等核心装备，以及电解水制氢技术及装备；研究可再生能源发电与质子交换膜/固体氧化物电池电解水制氢一体化技术，突破高效催化剂、聚合物膜、膜电极和双极板等材料与部件核心技术。

2. 高能效氢储运技术

开发高压存储材料与储氢罐设备、氢气高压和液态氢的存储、运输技术和装备；研发成本低、循环稳定性好、使用温度接近燃料电池操作温度的轻质元素储氢材料[17]；实现特殊场合高安全、高效、高密度固态存储和运输[18]；加氢站现场制氢、储氢、加注一体化模式的标准化和推广应用[19]。

3. 以燃料电池为核心的氢能应用技术

以氢燃料电池为突破口，解决新能源动力电源的重大需求。突破氢燃料电池电堆关键技术，开展催化剂、质子交换膜、膜电极、双极板等核心技术研究，提高电堆产品的性能和寿命，降低成本[20]。

三、发展思路与发展方向

（一）天然气

（1）深入推进油气勘查开采体制改革，提高国内资源供应保障能力。完善并有序放开油气勘查开采体制，实行区块竞争出让制度，加强安全环保等资质管理，提高规模开发效益。

（2）加强天然气国际合作，增强境外天然气资源供应安全。加快构建双边、多边油气合作安全保障机制，特别是天然气过境运输安全保障及应急机制，增强境外资源供应安全[21]。

（3）加强天然气基础设施建设，深化改革，提高集约输送和公平服务能力。加强综合储气调峰和应急保障体系建设，明确天然气销售企业、基础设施运营企业、城镇燃气企业的调峰供应和应急保障责任。

（4）强化科技攻关与创新，持续降低天然气开发和利用成本。推进深层油气地质理论创新，加强深部地震勘探等关键技术攻关，形成万米级深层油气规模效益开发技术体系。

（5）深化价格机制改革，强化市场监管，完善天然气市场交易体系。逐步全面放开井口、门站、终端价格管制，形成市场化定价机制。强化上游区块投入、安全环保等监管[22]。

（6）加大政策支持力度，完善支持方式，促进天然气可持续发展。加大对"三低"（低渗、低压、低丰度）气田、边际气田、老气田的财税和金融扶持政策力度，减免深水油气开发资源税等；支持深水风险勘探；强化环保节约和高效利用政策导向，提高天然气竞争力。

（二）页岩气

页岩气的勘探开发方法多种多样，目前，水平井加多级压裂技术是主流发展方向，优先发展建议如下[23]。

（1）提高压裂技术的工作效率。为了提高压裂技术的工作效率，需要防止出现一些无用的压裂进程，从而避免无用功，降低成本，节约时间，提高压裂技术的开采效率。

（2）对页岩气的渗流条件加以改善。在压裂过程中，由于需要添加大量的支撑剂，在储层地应力的作用下，裂缝的导流能力会产生一系列的改变，会因此造成一些影响。

（3）改善页岩气开采对环境和资源的影响。在对页岩气的勘探开发中，会使用到很大一部分水，由此会造成相当程度的水资源短缺现象。必须在大力发展压裂技术的同时，降低页岩气压裂过程中对环境造成的影响。

（三）氢气

把握全球氢能技术变革与市场化临界点的战略机遇，紧跟全球氢能产业发展前沿，以产业培育与市场应用双向突破为主线，以区域试点示范为引领，加强关键核心技术攻关与科技成果转化。具体发展建议如下。

（1）加快培育制氢、储（输）氢、加氢装备产业。发展石化装置副产氢装置，70兆帕以上高压存储材料与储氢罐设备，高压氢气和液态氢的存储、运输装备，现场制氢、储氢、加注一体化装置及系统等装备。

（2）积极拓展氢能应用领域。创新氢燃料电池作为动力在航空航天装备、船舶、国防军工等领域的应用。

（3）完善基础设施建设，加快推进加氢、储（输）氢、制氢等设施建设与运营，优先在产业基础好、氢气资源丰富、推广运营有潜力的地区建设加氢站。

第四节　水资源系统工程

一、发展现状与发展态势

水与能源问题引起全球关注，目前国内外对于水与能源的研究更多地集中在能源开发过程中水资源的利用情况，包括传统能源的开发和新能源的开发，水资源开发利用过程中的能源消耗情况，以及水资源与能源协同及耦合关系的研究。

（一）能源-水复杂系统分析

1. 能源-水复杂系统的观点

现有研究表明，将能源与水作为一个整体系统进行研究，增进二者的协同，提升系统整体利用效率，才能有效支撑决策方案的制定与执行，应对生态环境、经济和社会的变化，满足以"多资源问题治理"为导向的资源治理需求，更加有助于区域或行业可持续发展的实现。水资源和能源之间的相关性与矛盾性决定了应当将"能源-水"看作一个整体的复杂系统进行研究，研究在人类活动影响下能源与水资源的协同发展策略，寻求能源与水资源协同利用的演变规律，为从宏观调控政策的角度探讨解决方案提供支撑。

2. 能源-水复杂系统的层次结构

在社会经济和生态环境大系统中运行的能源-水资源复杂系统具有层次性，可以概括为微观、中观和宏观三个层面。在微观层面，能源子系统和水资源子系统按照各自的规律运行，同时又存在相互耦合，产生相互依赖、约束与矛盾的关系；在中观层面，对能源与水资源的纽带关系进行深入的探析，研究如何通过技术措施、经济措施等协调二者的矛盾，减轻二者耦合产生的环境负外部性，如水污染和碳排放；在宏观层面，需要站在国家层面分析水与能源的宏观调控政策的复杂交互机理，研究政策的目标性、一致性、相关性等，分析水与能源政策对水资源子系统、能源子系统以及国家宏观经济的影响。

（二）能源-水关系的单向研究

1. 水在能源生产中的价值

全球约15%的水资源用于能源生产。根据现有文献，已有研究围绕能源生产侧中水系统的边界问题，主要开展两个方面的工作：一是用于能源生产的直接和间接用水[24]；二是能源生产的取水和用水量。这两个因素都是评估能源部门用水特别是发电的关键指标[25]。

2. 水资源开发利用中的能源投入

水系统分为取水、处理、输送、分配、供应、再处理及排放等阶段。由于不同水源的质量不同，水在生产、处理及输送过程中所消耗的能量也不同[26]。

（三）水资源与能源协同关系和耦合效应

目前能源-水资源关系的单向研究较为集中，而能源-水资源关系的协同研究较少，未来需要强化对能源和水问题的基础性研究，建立国内用能用水的分重点区域和重点行业的数据信息系统，研究能源-水资源关系的影响途径和适应机制，探索能源-水资源关系的相互影响及其评价体系与方法，解决我国生态文明建设过程中的能源和水资源问题[27]。

（四）能源-水-碳耦合研究

能源-水-碳关联密切，单一环境要素的变化会引起其他环境要素联动。目前有关能源-水-碳耦合的研究相对较少，且主要分为两类：单一行业的能源-水-碳耦合，以及城市系统的多部门能源-水-碳耦合[28]。

二、关键科学问题

（一）能源-水系统耦合机理建模

在社会、经济、环境系统中进一步刻画能源-水资源之间的复杂关联关系，实现跨部门多资源的预测评估与协同管理。

（二）基于水资源空间异质性的能源系统研究

构建一个反映空间网格数据与宏观投入产出模型相结合的、多目标优化投入产出模型，梳理以能源子系统为核心、水资源子系统为约束的资源耦合机理，研究水约束下的能源子系统需求和供给的互动关系。

（三）基于能源空间异质性的水资源系统研究

揭示变化环境下的水资源演变规律及需水量预测；评价现阶段水资源安全态势，并绘制区域水安全风险图，给出区域水资源安全状况；建立水资源配置评价模型，提出供需双侧下水资源合理配置方案。

（四）能源-水中长期动态演化趋势与政策分析

从能源、水资源两个角度模拟分析不同政策对全国及区域宏观经济的影响。

三、发展思路与发展方向

能源与水协同安全是我国经济社会发展的基础性、战略性问题[29]。对未来能源-水系统的优先发展方向建议如下。

（1）流域梯级风、光、水多能互补运行的优化调度方式。基于区块链技术实现我国风、光、水能互济协同格局，优化我国能源结构。国家电网公司在城市能源协调发展转型过程中提出了"再电气化战略"，明确了电力与冷、热、气的系统优化及多品种能源的深度融合及协调发展[30]。

（2）减碳目标约束下发展清洁能源对火电的影响。清洁能源发电中水电的利用最为广泛，具有能耗小、发电成本低、环境污染小等优点。在减碳目标约束下，增加清洁能源在我国能源结构中的比重是必由之路，由此对传统火电将带来巨大影响。如何评估这种影响，实现水能-电能互惠机制，是需要研究的问题。

（3）基于碳交易市场的水电资源外送补偿研究[31]。若将外送水电纳入碳排放交易，外送水电给受电地区带来的减排效益补偿可通过碳交易市场进行合理量化，达到双赢的效果。作为送电区，既可以将清洁能源作为经济发展的动力，为送电区社会发展提供资金支持，又可为受电地区提供清洁、优质的电力资源。

（4）区域水-能互惠机制能源政策研究。党的十九大报告提出"建设生态文明是中华民族永续发展的千年大计"，强调要"推动形成人与自然和谐发展现代化建设新格局"。研究变化环境下的水与能源宏观调控政策对经济社会的长期综合影响，促进建立区域水-能互惠机制和多主体参与治理的适应性能源治理体系。

（5）行业完全水-能-环境效率耦合研究。水资源利用、能源利用与碳排放环境问题密切相关。对这些问题的研究，需要在一个统一的框架下，在给定的环境和经济条件下，考虑行业差异、国际国内贸易及其结构和行业产业链全过程水资源和能源消耗总量及时空演变规律，实现行业最大经济产出[32]。

第五节　有色金属系统工程

一、发展现状与发展态势

（一）有色金属资源的特点

有色金属资源生产属于典型的复杂流程工业，具有市场需求、原料供给不确定性及生产过程在层次结构、时间尺度、空间分布上的复杂性和随机性等特点[33]。有色金属资源国际市场行情复杂，受全球经济形势影响，国际市场供求行情复杂，一方面，我国原生矿产资源严重不足，依赖进口，矿产资源价格变化大，导致我国有色金属资源生产企业进口资源成分日趋复杂，生产工况波动大[34]；另一方面，有色金属的市场需求波动频繁，复杂、海量的生产工况和纷繁复杂的市场信息使决策管理面临巨大的挑战。

（二）有色金属资源生产面临严峻形势

近年来，我国有色金属产业结构深度调整，在国家产业政策的引导和新一代信息技术的赋能下，有色金属资源生产面临新的发展机遇和重大挑战。

1. 企业节能、降耗、减排任务艰巨

我国有色金属矿产资源存在贫矿多、富矿少，难采、难选、难冶矿多，易采、易选、易冶矿少等特点，优质资源枯竭，资源利用率低，资源保障基础薄弱。

2. 企业提质、提产、提效目标紧迫

我国有色金属企业先进制造和装备技术落后，不仅工艺技术方面存在较大提升空间，许多装备精度差、效率低，而且很多工作仍然依靠人工完成，劳动强度高，操作误差大，劳动生产率低。

3. 少人化与智能化需求旺盛

有色金属采掘和冶炼通常需要在高温、强磁、多尘、高海拔等环境中作业，工人劳动强度大，职业健康问题多，安全隐患大。加之近年来我国人口红利逐渐减少和就业渠道增加，导致有色金属行业从业人员逐年下降，"用工荒"问题凸显。无人化、少人化解决方案促进减员增效，显得比任何时候都更加重要。

（三）国内外发展趋势

针对有色金属资源生产的典型特点和有色企业提质增效、转型升级的紧迫形势，以及第四次工业革命席卷全球的契机，国内外政府发布了一系列关于制造业与互联网结合的政策文件。同时，以有色金属行业为基础，国内外研究机构和相关企业结合大数据、云计算、边缘计算、人工智能等新一代信息技术，开展了一系列相关研究，并取得了一定的成果。

二、关键科学问题

（一）有色金属资源多源异构数据融合与处理技术

有色金属工业数据主要来源于企业或产业链内部多个应用系统中的信息

化数据、生产过程数据和外部数据，数据的形式包括时间序列、图像、文本等多样化存储格式。同时，各系统之间数据管理通常相互独立，各自为战，信息共享程度低。因此，针对有色金属资源多源异构数据融合与处理这一关键科学技术问题，需要开展一系列研究。

（二）有色金属资源生产过程建模技术

有色金属资源生产过程常用的过程建模方法主要有基于机理模型的建模方法[35,36]、基于数据驱动的建模方法[37]以及基于智能集成的建模方法[38,39]等。机理模型可以表达有色金属资源生产过程的基本动态特性，智能模型可以补充机理模型因参数不确定性等问题造成的模型不准确，将机理模型和基于数据的智能模型有机结合的智能集成混合建模方法能综合不同模型的优点，有效改善过程模型的性能。

（三）有色金属资源生产过程在线检测技术

在有色金属资源生产过程检测技术方面，电化学分析法、光谱分析法、X荧光分析等检测方法为化学成分的分析提供了强有力的手段。但高温、高压、强酸、强碱等恶劣生产环境和物料本身的性质特点使得金属含量、流量、粒度、pH值等一些关键参数在线实时检测难以实现。

（四）有色金属资源生产过程优化控制技术

有色金属资源生产过程气、液、固三相共存，多相交互作用下会发生物理化学反应，生产过程机理复杂、边界条件动态变化，长流程、多工序、多模型、多目标、不确定等因素给有色金属资源生产优化控制带来了很大的困难。传统的以迭代计算为本质的优化方法过于依赖精确的数学模型，如最速下降法、共轭梯度法、牛顿法等，难以用于复杂的有色金属资源生产过程优化。

（五）有色金属工业信息安全技术

有色金属工业信息安全涉及有色金属领域各个环节，包括有色工控安全、工业大数据安全、工业互联网平台安全等，需适应有色金属工业环境下系统和设备的实时性、高可靠性和工业协议众多等行业特征。因此，传统的信息安全技术不能直接应用于有色金属工业信息安全领域，使得有色金属工业信息安全技术的研究意义重大[40]。

三、发展思路与发展方向

（一）有色金属资源生产过程智能感知与先进装备

针对有色金属资源生产企业中部分劳动作业强度大、作业环境恶劣、人员安全风险大等问题，研发应用工业机器人、智能天车、数字电解槽、自动开堵口机、筑炉机器人、自动剥板机等先进装备，实现最大限度的机械化替人、自动化减人，提高生产作业效率。

（二）有色金属资源生产过程智能优化与控制

有色金属资源生产过程通常会产生大量的设备运行数据、在线监测数据等时间序列数据，以及部分图像、文本等非结构化数据，这些海量数据是有色金属工业领域知识的隐形表达方式，将工业数据表达为知识对实现有色金属资源生产过程智能控制至关重要。

（三）基于数字孪生的有色金属资源生产过程虚拟仿真

重点研究多场多相反应体系下有色金属资源生产过程的物质转换与能量传递机理，以及大数据环境下融合机理、数据和经验知识的多场多相反应体系建模方法、复杂冶金过程多尺度耦合计算方法、多相多场数据的可视化理论与方法及可视化的实现和分析技术、全流程虚拟生产系统的构建和实现。

（四）基于大数据的有色金属供应链协同优化

建立供应链协同优化模型，保障企业资源和经营运行安全，实现供应链预警调度、对标分析、决策整改、措施考评等供应链协同的目标。主要研究内容包括：配料过程原料品位与杂质含量优化、有色金属实时库存监控、不确定性条件下的原料采购需求预测、多期采购计划协同优化、高维供应商选择与订单分配等。

（五）有色金属工业互联网平台构建与应用

物联网、互联网与过程控制网络为有色金属工业生产和管理提供了海量的数据、信息及知识，对这些来自不同企业或者企业内不同部门间的各个系统、工序、设备的资源进行集中管理、整合共享与高效利用，是实现有色金属资源生产全流程优化的基础。

第六节 火电系统工程

一、发展现状与发展态势

近年来,国内火电企业意识到火力发电释放二氧化硫、氮氧化物等污染环境,政府开始实施相应的措施进行节能减排,其中最主要的是对二氧化硫的排放进行控制,降耗增效,向着火电与环境和谐发展的方向前进以及加快风能、太阳能等清洁能源的发展。在未来较长时间内,大量压减散煤利用、降低煤炭在终端分散利用比例、大幅提高电煤在煤炭消费中的比重是我国煤炭利用转型的主要方向,协调好煤电与气电、煤电与可再生能源的关系,在推进电力市场化改革过程中确保电力工业清洁低碳发展。

从世界范围来看,发达国家早在 20 世纪六七十年代就采取了一系列政策与措施,安装脱硫设备和出台相应的处罚政策,较大程度上控制二氧化硫等污染物的排放。如今发达国家在火力发电上主要提高煤炭利用效率,降低燃料的含硫量,开发新技术。除此之外,一些国家着手调整电力结构,大力发展核电、光伏等产业。

二、关键科学问题

(一)节能降耗问题

节能降耗是指火力发电厂在技术上、经济上存在诸多不合理的地方,过多的能源消耗和污染物的排放给环境带来损坏,需要从能源生产到消费的各个环节,降低消耗,减少损失和污染物的排放,有效合理利用能源。具体包含以下几个方面的问题:首先,火力发电机组组合不尽合理,机组启停带来大量的能源消耗远高于火力机组最优组合时的能源消耗;其次,小火力机组所占比例较高,效率低,在脱硫、粉尘去除方面技术落后,导致单位发电量的能耗高、污染大;最后,发电机组的负荷分配不合理,是影响单位功率耗煤的主要因素,存在部分区域能源过剩或者短缺的情况,导致电能的浪费和不合理分配。

（二）发电调峰瓶颈

随着电网的快速发展，个别地区的用电负荷峰谷差不断增大，用电负荷率逐渐下降，发电调峰困难已成为电网发展瓶颈。发电调峰瓶颈主要体现在以下几个方面：随着地区经济的发展，电网峰谷差率急剧扩大及调峰容量不足；从经济方面考虑，随着能源价格的不断上涨，燃料费用极大增加火电企业的生产成本，并且调峰机组需要消耗大量的助燃油，发电厂的经济性降低；供暖期的风火矛盾尤为突出，风力资源最好的时期正值冬季供暖期，加之部分地区热电机组占比过高、其他类别调峰电源相对匮乏，不断增长的供热需求和持续增加的清洁能源装机，造成调峰空间非常有限。

三、发展思路与发展方向

（一）实施多能协调

最大限度地利用各类资源进行调峰互补，依托火电调峰的基础托底保障，深入推动多能互补协调控制技术的研究应用，分季节、分时段、分类型构建区域内一体化联调的最佳安全经济运行的调峰策略和运营模式，提升调峰能力，增加调峰容量，协同带动更多类型的清洁能源并行输出。

（二）优化节能降耗

根据机组所能载荷，调整煤的锅炉燃烧配比方式，把优质煤和低质煤混合燃烧，最大限度地发挥燃煤的效能，同时实行耗差分析管理，在运行中监视并分析机组的主要经济指标，及时调整，不断提高机组效率。积极进行脱硫脱硝、烟气除尘等技术推广，火电企业降低能耗应当充分发挥"节能合同管理"这一市场化运作机制的作用，与节能公司积极合作，开展乏汽供热、低压省煤器等节能降耗改造，降低能耗水平。

（三）优选技术创新

推进产学研融合，建立电网调峰灵活性和火电灵活性改造的技术联盟。技术路线要尽可能兼顾深度调峰和节能效率，在安全和环保的基础上，形成对不同区域、不同机组的改造方法，避免各自为政、盲目实施，最大限度地降低对机组能耗、效率、寿命周期的影响，推动整个火电行业可持续发展。同时，要充分考虑多种储能装置及储能技术快速发展的现实，未来强大的电力、热力储能技术对可再生能源的就地储存和有序消纳，以及电网容纳和承载清洁能源能力的提升。

第七节　水电系统工程

一、发展现状与发展态势

近年来，全球水电总装机容量持续增加，但年度增量呈下降趋势。2014~2017 年全球水电总装机容量由 103 600 万千瓦增至 126 700 万千瓦，但 2017 年新增水电装机容量仅为 2190 万千瓦，增幅为近 3 年最低[6]。从各区域发展看，东亚及环太平洋地区水电总装机容量以 46 833 万千瓦位列第一，欧洲总装机容量以 24 856 万千瓦位列第二，其他地区水电总装机容量依次为：北美洲 20 305 万千瓦、南美 16 696 万千瓦、中亚和南亚 14 471 万千瓦，非洲水电总装机容量最少，为 3534 万千瓦。2017 年，东亚及环太平洋地区新增装机容量最大，为 1085.8 万千瓦，北美洲新增装机容量最小，仅为 50.6 万千瓦。在水能利用方面，具有代表性的一些国家的水电发展概况如下。

2017 年底，美国的水电装机总容量约为 1.09 亿千瓦，全年发电总量约为 0.3 万亿千瓦时，在全美电力总装机和发电量的占比分别为 7.4%和 7.5%。近年来，美国能源部投入 440 万美元支持利用先进材料和制造技术开发下一代水电技术，用以开发低成本的集成水电涡轮发动机装置，能在低水头位置生产出有价格竞争力的电力。

挪威的水电年发电量已达 1430 亿千瓦时，全国电力供应 99.8%来自水力发电，是世界上水电比重最高的国家，还有少量的风力发电和热力机组。清洁的水电对挪威的经济可持续和生态环境保护起到了很好的作用。

巴西的水电开发潜能仅次于俄罗斯和中国，巴西水电占国家电力总装机的 64%，2017 年巴西政府计划吸引私营企业参与投资，并从支持大型水电项目转向支持分布式可再生能源项目。

我国拥有世界第一的水电能源储备，达到 6.76 亿千瓦，其中可开发的水电能源的装机容量为 5.4 亿千瓦，年发电量 24 740 亿千瓦时。我国约 80%的水资源分布在西南地区，水电能源基地主要集中在长江上游等特定的流域，装机容量约占 3 亿千瓦。水资源的集中有利于梯级水电站群的联动开发、大型水电能源基地的建成、水资源规模效益的充分发挥和"西电东送"的实施。尽管目前我国水电装机容量已高居全球第一，但与发达国家相比，水电开发程度较低（我国仅56%，远低于法国的88%），未来还有很大的提升空间。

总体来看，全球水电总装机容量将持续增加，但年度增量呈下降趋势，水电发展速度将逐步放缓。随着大数据、云计算、物联网等新兴技术的快速发展，以及信息技术、通信技术、民用航空技术、工业制造技术的进步，水电勘测设计、建设运行、维护管理将朝着可视化、精准化、数据化、智能化方向发展，水电大坝及配套发电设施的清淤维护、更新升级将是水电工程可持续发展的新方向。

二、关键科学问题

（一）优化调度问题

随着水电的大规模发展，以往的电量与容量不足问题已转变为电量过剩、容量缺乏调峰问题，这使得流域梯级水电系统群在许多方面都面临巨大的挑战，包括系统规模、运行要求、利用需求以及调度方式等[6]。在水电系统群的优化运行问题中，由于受到流域径流天然来水的随机性、负荷预报的不确定性、水电站的工程条件限制、水库的综合利用要求，以及电力系统内水、火电站的联合运行方式等因素的影响，梯级水电站群的优化运行问题不仅存在电力方面的联系，还存在水力方面的联系。模型多维度、非线性特性明显，约束条件多，目标函数复杂，导致优化运行问题数学模型和计算方法的复杂化。目前，还没有一套理论上严谨且实用的数学模型和计算方法用于解决这类问题。因此，研究流域梯级水电系统群联合运行的优化方法，开发智能水电调度信息管理云平台，解决流域梯级水电系统群的快速发展给水电系统联合优化运行带来的困难，实现大规模水电系统的优化调度，对提高流域梯级水电系统群运行控制水平，科学有效地利用流域水电资源具有重要意义[41]。

（二）稳定性问题

水电系统规模不断扩大对水电系统的安全稳定运行亦提出了更高的要求。水电机组设备作为水力发电的关键枢纽，其运行状态对生产发电效率、经济效益、设备安全发挥着重要作用。水电是电网调峰、调频的骨干电源，故水电机组的工作状态不仅影响水电系统的运行效率，而且会对其他行业乃至整个社会秩序造成重大影响，严重时会造成其他工业生产停产，对国民经济造成重大损失，甚至导致机毁人亡的事故，因而探讨和研究水电机组状态监测与故障诊断技术尤为重要。水电机组属于低速的大型旋转机械，其振动故障是由水力、机械、电磁三种振源耦合作用而引起的，过流部件内的动水压力、发电机电磁干扰和机组固有动力学响应均对机组振动产生影响[42]，各个因素间产生多维耦合关系，异常复杂，这使得机组安全稳定运行的保障与维持愈发困难[43]。研究如何从复杂的振动信号中提取特征，并有效识别其中所潜藏的信息，确保水电机组稳定运行，对整个水电系统的安全运行，提高水电厂经济效益，保障电力系统稳定运行，都有着重大的意义。

三、发展思路与发展方向

（一）多能互补协同优化

提高可再生能源供能的稳定性及能源利用率，最大限度地利用风、光、水、生物质等多种可再生能源之间的时空差异性及先进能源利用技术（如冷热电联供系统），深入研究多能互补协同优化技术，建立分区域、分时段、分类型的协同优化运行体系，实现不同能源间的互补互济，平抑可再生能源波动性，不仅能够有效提高可再生能源供给可靠性及能源利用率，还能大幅降低运行成本。

（二）智能控制系统

数字化水电站，包括控制系统和区域网络工程是保证与优化水电系统管理及运行的新兴工业趋势。例如，智能化水电系统可以实现水电与其他可再生能源协作，提供更具灵活性的电能来提升系统的辅助服务能力（频率控制、平衡服务等）。智能控制系统的其他功能包括信息安全、电站和流域优化、断电管理、条件监测和能源预警，综合数据汇总提供给水电站资产管理者，可总体提升水电系统的运行效率，降低运行成本。

（三）健全评价体系

水电系统的开发需要综合考虑经济、生态等效益，既需要考虑发电效益，同时亦关注流域生态用水甚至农业灌溉用水等因素，而目前仍多以经济性为主，忽略了其生态价值。随着评估手段的不断完善，评估机制在评价水电站发电能力方面起着重要的作用。同时，这一趋势也要求更具互补性的金融衍生工具进入实际应用，来确保评估质量管理的进一步提升。

第八节　核能系统工程

一、发展现状与发展态势

核电起步于20世纪50年代，在60多年的发展历程中，核电技术经历了原型堆、一代、二代、二代改进型等不同技术发展阶段，三代核电逐步成为当今及今后一段时间内的主力军。同时，高温气冷堆、快堆等具有四代特征的核电技术正在中国示范建设，国际社会也正在组织对核聚变技术进行合作攻关，核电为人类解决未来能源大规模安全稳定供给问题提供了长远的解决思路。

截至2018年底，全球有24%左右的电能是核电站提供的，接近用电总量的1/4。同时，目前国际核电发展动态呈现出技术控制特点，发达的工业化国家拥有技术优势，且发展态势、发展基础良好[44]。2018年，核发电量在本国总发电量中的份额超过10%的国家共有20个，其中法国最高，达71.7%，其次为斯洛伐克和乌克兰，分别为55%和53%。

我国是世界上少数几个拥有完整核燃料循环体系的国家，经过30多年持续不断的发展，中国核电从无到有、从小到大，自主建设和引进消化吸收再创新同步进行，随着先进非能动压水堆（advanced passive PWR，AP100）、欧洲压水反应堆（European Pressurized Reactor，EPR）在内的三代核电技术在中国建成投运，以及"华龙一号"全球首堆福清5号建设的顺利推进，实现了三代核电技术设计自主化、重要关键设备国家产化，并进入四代核电工程示范建设阶段。

目前全球核电有四个趋势值得关注：首先，作为清洁能源，核电是全球减碳的主要贡献者，未来可发挥更大作用；其次，人类要有效应对能源需求、气候变化、环境保护挑战，核电份额须稳步提升；再次，从核电发展地域和技术看，世界核电发展的中心正从欧洲、北美向亚洲转移；最后，核电持续发展需要各国综合性的政策支持。尽管核电发展面临安全、资源利用率等诸多挑战，但从长远看，随着科技进步，核电会为人类社会提供更加安全稳定的能源供应，核电的未来与人类社会和谐发展紧密相关。

二、关键科学问题

（一）核燃料循环问题

目前，国际上主要采用的是热核堆燃料"一次通过"循环方式，循环内容包括铀矿开采、水冶、铀浓缩、燃料组件的设计和制造、发电、中间存放、乏燃料封存和乏燃料填埋。首先，这种方式的铀资源利用率不到1%，无法充分利用铀资源，致使核电的资源转换效率不理想，从而不能够达到核能可持续发展的目的[45]；其次，这种循环方式不能充分减少核废料及其毒性，致使核原料在持续裂变、聚变后，剩余废料仍具有高放射性、成分复杂性和放热性，成为危害生物圈的潜在因素。因此，核燃料循环方案的研究对核能可持续发展有着重要意义。

（二）运行安全性问题

安全是核电站运行中最重要的问题之一。其中最常见的是核电厂运行系统失效情况，不仅后果严重，而且会产生联合反应，对社会经济、环境以及生命安全产生严重威胁。但目前商用核电站的数字化仪控双系统及相关设施对异常识别能力有限，而操作员支持技术也面临故障诊断的准确性和可信度较低的问题。另外，核电机组硬件防护水平以及自然灾害等都是影响核电安全性的关键因素[46]。因此，提高核电机组故障诊断水平、增强核电机组安全壳性能等，是保障核电站安全运行必须面对的问题。

三、发展思路与发展方向

（一）发展安全环保核电

安全是核电工程需要面对的首要问题之一。国际上都在进行提高核电的安全性研究，主要有从设计上实际消除大规模放射性释放，保持安全壳完整性，预防和缓解严重事故，研究耐事故燃料。为了发展绿色核电，核电行业主要采取的措施包括：第一，推广使用钚铀混合氧化物燃料（mixed oxide fuel，MOX），EPR、CAP1400等均具备MOX装载能力；第二，增加燃料燃耗、延长换料周期；第三，通过设计优化降低堆芯周围的放射性剂量；第四，研究开发更优的乏燃料及中低放废物处理方案，减少核废料的数量和体积；第五，建设快堆等能够分离嬗变长寿命放射性核素的堆型，实现核废料最小化。

（二）发展智能核电体系

智能时代的来临预示着智能技术会在各个方面和层面对社会经济与产业进行冲击及改变，核电工业也不例外。发展以平行核电为核心理念的虚实一体化的核电工业新形态与系统架构，以及核能智能网、核电工业区块链、大规模协同演进技术等核电新一代核心技术，实现核能产业的数据化、知识化、智能化，为进一步提高核电系统的安全运行水平、降低事故发生率、解决核电复杂系统难以精确数模模型的难题，提供了新的方法理论体系。

（三）持续提高核电经济性

进一步降低核电建设成本，提高核电的经济性，使得核能发电成为有竞争力的清洁能源。为了降低成本，AP1000、CAP1400采取简化安全系统配置的理念，减少安全系统的支持系统，取消了安全级应急柴油机系统及大部分能动安全及设备，并由此产生了公益布置简化、施工量减少等效应。同时，大量采用模块化制造和施工技术，以缩短建造周期。提升机组利用率和寿期也是提高核电经济性的重要手段。此外，新建核电项目还采取了设计/管理标准化、集中采购设备、优化融资成本等措施，以进一步降低建设成本，提升经济性。

（四）开发多用途中小型反应堆

国际原子能机构推动成立了"革新型核反应堆"协作研究项目，成员总数至今已达到30个。国际上对中小型反应堆进行了大量的研发工作，美国、俄罗斯、中国和韩国等都在积极开展小堆的研发与商业化推动工作，并取得了一定成果。可以预测，在核电发展的未来，中小型反应堆将会以众多独特的优势在世界核电领域拥有举足轻重的地位。

第九节　新能源发电系统工程

一、发展现状与发展态势

为进一步优化能源结构，充分发挥新能源的优势，提高能源利用效率及加强环境保护，国内外政府、电力企业及学术界提出了将更多先进通信技术、计算机技术与控制技术融入电网系统中，构建一个智能电网环境，保证电力系统更加安全可靠、经济高效、绿色环保。在欧洲，2006年制定了智能电网战略研究议程，用于指导欧盟各国开展相关项目。美国政府在2007年的《能源独立与安全法案》和2009年的《美国恢复和再投资法案》[47]中，以法律形式确立了智能电网发展的国家战略地位。在我国，2010年政府工作报告中明确提出关于加强智能电网建设的内容，智能电网建设已成为国家发展战略的重要内容之一[48]。

配电网作为电力系统的重要组成部分，其智能化也是智能电网建设的核心内容之一。近年来，针对配电网系统，其智能化研究与建设受到广泛关注与重视。2008年，美国能源部拨款5500万美元建设9个示范项目，研究智能配电网接纳可再生能源、分布式发电和储能以及需求侧响应等问题[49]。在欧洲，许多欧盟国家投入大量资金开展了配电网技术研究及示范工程建设工作[50, 51]。在我国，2013年，国家能源局向北京交通大学、许继集团有限公司、国网北京市电力公司等单位联合成立的国家能源主动配电网技术研发中心授牌，以应对大规模分布式电源和电动汽车接入配电网所带来的技术挑战。2014年4月，上海电力公司、国网电力科学研究院等单位启动了国家科技支撑计划课题——"以大规模可再生能源利用为特征的智能电网综合示范工程"（崇明智能电网综合示范工程），其中一项重要建设内容是，从配电网层面建设智能配电系统，实现风、光、生物质和大型储能等分布式能源的友好接入和就地消纳。

二、关键科学问题

（一）输电网侧集中式新能源接入的关键技术问题

1. 大规模集中式风力发电消纳

与欧洲等国家以分布式、小规模、低电压并网为主的开发模式不同，我国的风电以大规模集中式开发、高电压等级接入、远距离输送为主。截至2023年12月底，我国累计风电装机容量约4.4亿千瓦[52]，在已建成的九大风电基地中，除江苏、山东外，其他均面临当地负荷水平低、本地消纳能力不足问题，需研究风电远距离外送至中东部负荷中心的相关问题。

2. 大规模集中式太阳能发电消纳

与风电发展不同，我国太阳能发电的发展呈现大规模集中式开发和小规模分散式开发并举的格局。截至 2023 年，我国太阳能发电装机容量为 6 亿千瓦，已经超过了 2020 年预测的 5000 万千瓦，其中大规模地面电站的装机容量也已显著增加，并且装机容量的地理分布可能有所变化，但仍以西北部地区为主，包括青海、甘肃、新疆、西藏、宁夏和内蒙古等地区[53]。可见，集中式接入的光伏发电系统也面临本地消纳能力不足的问题，需深入研究本地多种形式能源互补消纳技术及远距离外送方案。

3. 大规模新能源集中接入的调度策略

大规模间歇式新能源接入电网后，需要建立相应的调度自动化系统实现调度管理和运行控制功能。面向新能源的电网调度自动化系统首先要考虑系统平台的选择，通常有两种方式[54, 55]：一种是独立系统，即在原有的能量管理系统之外，构建独立的新能源调度自动化系统，实现数据采集和调度控制等功能；另一种是一体化系统，即在原有的能量管理系统之上，通过应用功能扩展，实现新能源的数据采集和调度控制。前者具有相对独立性好、设计开发简单的优点，但数据共享难、不易于常规电源与新能源协调优化等高级应用功能的实现。相对于独立系统而言，一体化系统虽然具有一体化支撑和扩展能力强的优点，但是系统设计开发复杂，还有诸多问题有待解决。

（二）配电网侧分布式新能源接入的关键技术问题

1. 配电网的多时空尺度动力学建模

相比于传统配电网，含分布式新能源的配电网规模更加庞大，结构更加复杂，且具有显著的多时空尺度特性。另外，随着越来越多的信息技术被广泛应用，配电网系统呈现出电力网与信息网相互耦合的复杂特征[29, 56, 57]。针对配电网的上述复杂特征，需综合考虑多源不确定性、多时空尺度、信息与电力融合等特性，开展动力学建模问题研究。

2. 配电网的数据采集、传输与分析

配电网具有地域分布广、电网规模大、设备种类多、运行方式多变等鲜明特点。特别是，大量分布式电源接入配电网，加上数据采集终端设备多样，配电网系统的数据规模庞大异构，且在时间与空间上存在不完整性[58]。

现有的配电网数据采集、传输与分析技术方法还难以应对上述困难和挑战，需研究针对不完备数据的协同估计方法，开发面向配电网海量数据的高效安全传输技术，以及基于大数据分析技术的智能监测技术。

3. 配电网的协调控制

配电网系统规模大，可调资源种类与数量众多且分布广，系统的潮流具有双向性，导致系统运行点多变[59]。另外，信息与电力融合，系统运行还会受到信息系统不确定性的影响。并且，接入配电网的分布式电源、储能、柔性负荷等设备的工作模态存在随机性，使得配电网的动态特性更加复杂。可见，配电网的协调控制设计与实现难度更大。

4. 配电网的故障诊断与自愈

与传统配电网不同，含分布式能源接入的配电网具有大规模新能源、柔性负荷广泛接入以及信息与电力深度融合等特征，其系统结构和动态特性更为复杂、故障之间的关联耦合性更强、故障诊断与协调自愈的难度更大。因此，需考虑配电网上述复杂系统特征，制定出可靠的关联故障认知方法以及高效的自愈协调策略。

5. 配电网信息与物理系统安全防御

配电网的安全防御策略不仅要考虑物理电网和信息网的安全性[60, 61]，还要考虑防御措施的经济性；不仅要满足接纳更多绿色能源、减少用户停电等约束，还要考虑物理电网和信息网的耦合关联性，且各约束、各目标之间相互制约。因此，有待充分考虑大规模分布式能源、柔性负荷和储能装置接入以及信息与电力深度融合等特征，深入开展配电网安全防御与调控的研究工作。

三、发展思路与发展方向

改革开放40多年来，我国经济取得了举世瞩目的成绩，但是与发达国家相比还有较大差距，单位国内生产总值（gross domestic product，GDP）能耗仍然处在高位。长期以来，发展中国家在应对全球气候变暖的碳排放博弈中一直处于劣势[62]。我国在节能减排方面依然面临巨大的压力和挑战，为此必须实施符合我国国情的能源发展战略，其中电网的建设与发展扮演着关键性角色。对于未来我国输配电系统的发展方向，给出如下几点建议。

（1）在发输电方面，优先发展大型水电、火电、核电，着力提高可再生能源比例，继续推进以特高压交直流电网为骨干网架、各级电网协调发展的坚强电网建设。

（2）在配用电方面，建设高效灵活又兼容各种分布式设备的智能配电网，全面开展需求侧的智能管理与服务，以提高用户的能源利用效率和用电体验。

（3）在先进技术应用方面，广泛开展大数据分析、物联网、云存储与云计算、人工智能、智能控制以及5G通信等先进技术在电力系统中的应用，实现向用户提供更加安全可靠、经济环保、智慧便捷的电力服务目标。

（4）在电网发展战略方面，落实国家电网公司提出的"三型两网"发展战略部署，即打造"枢纽型、平台型、共享型"企业，建设运营好"坚强智能电网、泛在电力物联网"。

第十节 综合能源系统工程

一、发展现状与发展态势

在能源危机和环境问题益趋严峻的今天，构建清洁低碳、安全高效的新一代综合能源系统，以实现最大限度地开发利用可再生能源、最高程度地提高各类能源的利用效率，已成为当今能源系统转型的战略目标，是第三次工业革命的核心[63]。综合能源系统作为当前国内外一个全新的研究热点，已经开展了相关研究工作，并取得了一定的成果。综合能源系统的发展概况如下。

（1）美国在综合能源系统领域的研究注重相关理论与技术的研发。2001年，为提高清洁能源供应与利用比重，美国能源部提出了综合能源系统发展计划，重点促进对分布式能源和冷热电联供技术进步与推广应用。2008年，美国自然科学基金组织在北卡罗纳州建立了未来可再生能源传输与管理系统，旨在设计一种构建在分布式可再生能源发电和储能设备基础上的新型能源网络结构——能源互联网[64, 65]。

（2）欧盟成员国针对综合能源系统开展了相关研究。英国曼彻斯特大学最早于当地区域综合能源系统开发了电、热、气系统与用户交互平台。瑞士苏黎世联邦理工学院提出了能源集线器的概念[66]，指出了能源集线器是综合能源系统中不同形式的能源之间相互转换的关键，负责实现能源的转化、存储、分配。德国对综合能源系统的探索更侧重于能源系统和通信信息系统间的集成。欧盟资助的智能电网综合研究计划 ELECTRA 致力于 2030 年实现可再生能源系统的协同运行，利用自治网单元实现分布式多能源互联[67]。

（3）日本在 2010 年成立了智能社区联盟[68]，致力于智能社区技术的研究与综合能源系统示范，实现能源与交通、供水、信息及医疗系统的集成。东京燃气公司针对氢能供应网络在未来能源系统中的应用进行了探索[69]，提出在传统电力、燃气、热力等综合供能基础上建设覆盖全社会的氢能供应网络，同时在能源网络的终端，融合不同能源转换、存储和利用设备共同构成终端综合能源系统。

（4）我国对综合能源网络的研究和实施仍处于初步探索阶段。在综合能源系统研究实践中，广州明珠工业区结合城市电网未来发展方向和技术需求，通过冷、热、电、气系统提高综合能源利用率，积极打造可再生能源大规模就地消纳智能工业示范园区。雄安新区多能互补工程的特点在于对地热能的梯级利用，以中深层地热为主，浅层地热、再生水余热、垃圾发电余热为辅，提出了考虑燃气等能源为补充的"地热+"多能互补方案[70]。张家口风光热储输多能互补示范是国家电网公司建设坚强智能电网首批重点工程，综合运用多种储能和光热发电技术，开创了规模化多能互补发电的先例。

二、关键科学问题

（一）综合能源系统混合建模

随着多能互补网络的发展，未来能源系统将包括多种能源供应形式，如电力、天然气、热能，系统内部的能量传输、转换、存储和分布等特性已经发生变化，能源输入与输出关系变得更为复杂，导致传统单一能源系统模型已不再满足综合能源系统，需要对综合能源系统进行混合建模。混合建模作为多能互补系统的统一描述是集成优化和其他关键技术的基础。

（二）综合能源系统联合规划

要实现最大化多种能源系统之间的集成效益，对多能互补能量单元进行科学合理的系统规划和设计尤为重要。在规划和设计过程中，既要考虑综合能源系统内产能、换能、储能和用能等各环节之间的相互依赖关系，又要考虑冷、热、电等多元能源流的互动与耦合[71]。另外，还需要综合考虑自然和经济资源、能源与环保政策、安全可靠性和可操作性等约束条件，对综合能源系统的结构设计（能流结构和设备类型）、设备配置（设备容量与数量）进行规划，实现经济、节能环保等最优目标。

（三）综合能源系统协同控制

随着小型分布式发电设备的普及，综合能源系统逐渐朝分布式方向发展。与此同时，多代理系统越来越多地应用于多能互补控制架构中，这种控制系统主要基于多智能体，利用信息通信技术来实现综合能源系统内各分布式设备之间的协同合作，以及对可控能源进行协同调度，实现系统的安全稳定运行[72]。

（四）综合能源系统多能潮流计算

综合能源系统多能潮流计算是实现异质能源协同规划、多能互补的重要前提[73]。在综合能源系统规划中，不仅要考虑综合能源系统内部异质能源的供需平衡，还需关注各耦合系统之间以及内部的网络约束问题[74]，提高综合能源利用效率，并保障综合能源系统长期高效稳定运行[75,76]。研发复杂大型综合能源系统潮流分析优化算法，是保障综合能源系统高效稳定运行的重要手段。

（五）综合能源市场交易机制

为了保证能源市场的稳定发展，需要制定合理的市场交易机制。现阶段综合能源市场交易机制主要集中于电、气、热等异质能源的交易方式以及运行机制。市场交易方式主要有双边交易和集中交易两种，运行机制由价格、供求、竞争、结算和激励等机制构成[77]。

（六）综合能源系统的不确定性

随着综合能源系统的进一步发展，可再生能源的占比将逐年升高，个性化的能源利用方式日益复杂。可再生能源的随机性、间歇性给综合能源系统带来了诸多挑战。因此，由可再生能源的随机性、间歇性及用户能源需求的波动性引起的双边扰动，将成为综合能源系统调度的瓶颈问题。

（七）综合能源系统储能技术

具有波动性的可再生能源使得储能成为未来能源系统结构的重要组成成分。其中，电力、热力以及天然气的储存对综合能源系统来说至关重要，因为它有助于以热能、化学能、机械能或中间能量形式应对当地能量需求和供应之间的不稳定性[78]。

（八）综合能源系统信息安全性

随着综合能源系统通信基础设施的发展和网络安全问题的日益突出，在网络安全的背景下出现了许多新的问题，如恶意行为入侵防御、信息安全传输、隐私保护等。

三、发展思路与发展方向

鉴于国内对综合能源系统的研究工作尚处于初步阶段，因此在提高综合能源效率和促进各种资源的协调利用方面，还需要进一步研究。据此，对未来综合能源系统的发展有如下几点建议。

（一）以用户为中心的发展理念

综合负荷聚集商应提供经济高效的综合用能方案，引导用户"绿色需求"，树立社会服务意识，高质量满足用户用能需求，提供多方位保障服务，促进能源的梯级利用，提高能源利用效率并实现社会整体节能运行。

（二）考虑供需双方动态演化进行联合规划

综合能源系统中能量耦合场景的多样性和复杂交互对其建模与算法简化提出了挑战。未来综合能源系统的研究应充分考虑供需双方的动态演化特征，进行联合规划设计，构建集中式/分布式、扁平式一体化的能源供应体系结构。

（三）考虑多时间尺度和动态差异的最优控制方法

在综合能源系统中，不同的能量流在物理结构、能量供应特性等方面具有显著的多时间尺度差异。为了满足综合能源系统安全稳定运行的要求，需要对多能量耦合和交互机制及优化管理方法进行深入研究，以提出多能源协同优化运行方法和安全控制技术。

(四) 考虑"源-负荷"不确定性的能量交易模式分析

随着各种能源供应源和多源负荷之间的深层融合,含有多种能源形式的综合能源系统中源端和负载之间具有不确定性,预测难度高,并且多个能源系统之间存在贸易效率和信息障碍的问题。

(五) 考虑综合能源用户需求侧响应能力

随着智能楼宇、工业园区,以及大规模电动汽车等用户的能源消费的智能化发展,需求侧响应成为不可忽视的潜在资源,应充分发挥用户侧广义弹性负荷以及与可转移负荷的需求侧响应潜力,实现综合能源的优化配置。

第十一节 小 结

能源与资源系统工程面向国民经济主战场和国家重大需求,主要以运筹学、信息论、控制论等理论和方法与技术为指导,研究煤炭、可燃气、水资源、有色金属等资源的开采利用,以及火电、水电、核能、新能源等多种能源介质的转化、传输、利用等问题。提出了资源开发、综合利用、环境恢复、清洁发电、新能源消纳、能源综合高效利用等方法与技术,解决了煤炭生产高效性与安全性、可燃气开采运输、能源-水耦合机理与协同、有色金属生产过程建模及优化、节能降耗、高比例新能源消纳、综合能源系统规划运行等关键问题,应用于资源开采与利用、清洁高效发电、综合能源利用等领域。未来该领域的主要发展方向和思路是把控与合理评价资源开采风险及安全性,降低人员和设备导致安全事故的风险,确保环境的可持续利用,实施多能协调互补,优化节能降耗,提升清洁能源占比,构建以新能源为主体的新型能源电力系统。

本章参考文献

[1] 辛泽满. 天然气对生活的重要性及其未来发展趋势[J]. 经济技术协作信息, 2015 (4): 44.

[2] 钱伯章，朱建芳.页岩气开发的现状与前景[J].天然气技术，2010，4（2）：11-13，77.

[3] World Economic Forum. Global Risks 2011 Report[R]. 2011.

[4] Muller M. The nexus as a step back towards a more coherent water resource management paradigm[J]. Water Alternatives，2015，8（1）：675-694.

[5] 黄伯云.我国有色金属材料现状及发展战略[J].中国有色金属学报，2004，14（1）：122-127.

[6] IHA. 2018 Hydropower Status Report[R]. London：International Hydropower Association，2018.

[7] 汤鑫华.论水力发电比较优势[J].中国科技论坛，2011（10）：63-68.

[8] 易跃春."十三五"我国水电及新能源发展路径[J].中国电力企业管理，2017（7）：27-30.

[9] 汤新发.中国电力资源替代优化理论及机制建设研究[D].北京：华北电力大学，2014.

[10] Suh Y，Choi J，Seo C，et al. A study on energy savings potential of data network equipment for a green Internet[C]. International Conference on Advanced Communication Technology，2014.

[11] Ciuciu I G，Meersman R，Dillon T. Social network of smart-metered homes and SMEs for grid-based renewable energy exchange[C]. IEEE International Conference on Digital Ecosystems Technologies，2012.

[12] 曾妍.全球天然气产需增长强劲[J].天然气与石油，2019，37（4）：45.

[13] 邹才能，董大忠，王社教，等.中国页岩气形成机理、地质特征及资源潜力[J].石油勘探与开发，2010，37（6）：641-653.

[14] 关中原.我国油气储运相关技术研究新进展[J].油气储运，2012，31（1）：1-7

[15] 刘世锦.天然气市场悄然生变——解读《中国天然气发展战略研究》[J].中国经贸导刊，2016（7）：47-48.

[16] 贺鑫.页岩气钻井关键技术及难点研究[J].石化技术，2019，26（9）：70-71.

[17] 郑津洋，李静媛，黄强华，等.车用高压燃料气瓶技术发展趋势和我国面临的挑战[J].压力容器，2014，31（2）：43-51.

[18] 郑津洋，陈瑞，李磊，等.多功能全多层高压氢气储罐[J].压力容器，2005，22（12）：25-28，47.

[19] 全国氢能标准化技术委员会.氢能国家标准汇编[M].北京：中国标准出版社，2013.

[20] 侯明，衣宝廉.燃料电池技术发展现状与展望[J].电化学，2012，18（1）：1-13.

[21] 康建国.全球天然气市场变化与中国天然气发展策略思考[J].天然气工业，2012，32（2）：5-10.

[22] 贾承造，张永峰，赵霞. 中国天然气工业发展前景与挑战[J]. 天然气工业，2014，34（2）：1-11.

[23] 舟丹. 中国正迎来页岩气革命[J]. 中外能源，2019，24（1）：61.

[24] Okadera T，Geng Y，Fujita T，et al. Evaluating the water footprint of the energy supply of Liaoning Province，China：a regional input-output analysis approach[J]. Energy Policy，2015，78：148-157.

[25] Kenny J F，Barber N L，Hutson S S，et al. Estimated use of water in the United States in 2005[R]. U.S. Geological Survey，2009.

[26] Stillwell A S，King C W，Webber M E，et al. The energy-water nexus in Texas[J]. Ecology & Society，2011，16（1）：209-225.

[27] 顾阿伦，姜冬梅，张月. 能源-水关系研究现状及对我国的启示[J]. 生态经济，2016，32（7）：20-23，28.

[28] 杨雪莼. 基于不同视角的城市产业能源-水-碳耦合分析框架及应用研究——以北京上海为例[D]. 济南：山东大学，2019.

[29] Celli G，Pegoraro P A，Pilo F，et al. DMS cyber-physical simulation for assessing the impact of state estimation and communication media in smart grid operation[J]. IEEE Transactions on Power Systems，2014，29（5）：2436-2446.

[30] 鲍淑君，贾仰文，高学睿，等. 水资源与能源纽带关系国际动态及启示[J]. 中国水利，2015（11）：6-9.

[31] 陈强，刘艳，黄炜斌，等. 基于碳交易市场的四川水电资源外送补偿研究[J]. 水力发电，2016，42（1）：78-80，110.

[32] 钟晓阳. 中国建筑业虚拟水-隐含能核算及效率研究[D]. 重庆：重庆大学，2018.

[33] 桂卫华，阳春华. 复杂有色冶金生产过程智能建模、控制与优化[M]. 北京：科学出版社，2010.

[34] 陈晓方. 面向流程企业的原料供应规划模型智能决策及其应用[D]. 长沙：中南大学，2004.

[35] Zhang B，Yang C H，Zhu H Q，et al. Kinetic modeling and parameter estimation for competing reactions in copper removal process from zinc sulfate solution[J]. Industrial & Engineering Chemistry Research，2013，52（48）：17074-17086.

[36] 伍铁斌，朱红求，孙备，等. PLS-LSSVM模型在锌净化中的应用[J]. 计算机工程，2012，38（10）：212-214.

[37] Sun B，He M F，Wang Y L，et al. A data-driven optimal control approach for solution purification process[J]. Journal of Process Control，2018，68：171-185.

[38] 胡广浩. 湿法冶金浸出过程建模与优化[D]. 沈阳：东北大学，2011.

[39] 陈晓方，桂卫华，王雅琳，等. 基于智能集成策略的烧结块残硫软测量模型[J]. 控制理论与应用，2004，21（1）：75-80.

[40] 刘冬，程曦，杨帅锋，等. 加强我国工业信息安全的思考[J]. 信息安全与通信保密，2019（8）：24-35.

[41] 李英海. 梯级水电站群联合优化调度及其决策方法[D]. 武汉：华中科技大学，2009.

[42] 肖剑. 水电机组状态评估及智能诊断方法研究[D]. 武汉：华中科技大学，2014.

[43] Inayat-Hussain J. I. Chaos via torus breakdown in the vibration response of a rigid rotor supported by active magnetic bearings[J]. Chaos Solitons & Fractals, 2007, 31（4）: 912-927.

[44] 张红军. 世界核电技术发展新趋势探讨[J]. 中国核工业，2016（8）：44-45.

[45] 高海洋. 国际核电发展动态及我国核电发展的思考[J]. 科技创新导报，2019，16（11）：226-227.

[46] 徐砥中. 中国核电发展的风险管控分析[D]. 兰州：兰州大学，2016.

[47] 李立理，张义斌，葛旭波. 美国智能电网发展模式的系统分析[J]. 能源技术经济，2011，23（2）：27-35.

[48] 张刚. 促进我国智能电网发展的政策体系研究[J]. 国家电网，2011（9）：26-28.

[49] US Department of Energy. Enhancing the smart grid: integrating clean distributed and renewable generation [R]. RDSI Fact Sheet, 2009.

[50] Repo S, Maki K, Jarventausta P, et al. ADINE-EU demonstration project of active distribution network[C]. CIRED Seminar 2008: Smart Grids for Distribution, 2008.

[51] 尤毅，刘东，于文鹏，等. 主动配电网技术及其进展[J]. 电力系统自动化，2012，36（18）：10-16.

[52] 国家电网公司. 促进风电发展白皮书[R]. 2011.

[53] 国家发展改革委. 可再生能源发展"十三五"规划[R]. 2016.

[54] 高宗和，滕贤亮，张小白. 互联电网CPS标准下的自动发电控制策略[J]. 电力系统自动化，2005，29（19）：40-44.

[55] 滕贤亮，高宗和，张小白. 有功调度超前控制和在线水火电协调控制策略[J]. 电力系统自动化，2008，32（22）：16-20.

[56] Gong J, Zhou S, Niu Z S. Optimal power allocation for energy harvesting and power grid coexisting wireless communication systems[J]. IEEE Transactions on Communications, 2013, 61（7）: 3040-3049.

[57] Yang Q, Barria J A, Green T C. Communication infrastructures for distributed control of

power distribution networks[J]. IEEE Transactions on Industrial Informatics, 2011, 7 (2): 316-327.

[58] 王金丽, 盛万兴, 王金宇, 等. 中低压配电网统一数据采集与监控系统设计和实现[J]. 电力系统自动化, 2012, 36 (18): 72-76, 81.

[59] 王成山, 王守相. 分布式发电供能系统若干问题研究[J]. 电力系统自动化, 2008, 32 (20): 1-4, 31.

[60] Zonouz S, Rogers K M, Berthier R, et al. SCPSE: security-oriented cyber-physical state estimation for power grid critical infrastructures[J]. IEEE Transactions on Smart Grid, 2012, 3 (4): 1790-1799.

[61] Yu W J, Xue Y S, Luo J B, et al. An UHV grid security and stability defense system: considering the risk of power system communication[J]. IEEE Transactions on Smart Grid, 2015, 7 (1): 491-500.

[62] Wang W, Lu Z. Cyber security in the smart grid: survey and challenges[J]. Computer Networks, 2013, 57 (5): 1344-1371.

[63] Rifkin J. The Third Industrial Revolution: How Lateral Power is Transforming Energy, the Economy, and the World[M]. New York: Palgrave Macmillan, 2011.

[64] Huang A Q, Crow M L, Heydt G T, et al. The future renewable electric energy delivery and management (FREEDM) system: the energy internet[J]. Proceedings of the IEEE, 2011, 99 (1): 133-148.

[65] Huang A. FREEDM system-a vision for the future grid[C]. IEEE PES General Meeting, 2010.

[66] Geidl M, Andersson G. A modeling and optimization approach for multiple energy carrier power flow[C]. Power Tech, 2005 IEEE Russia, 2005.

[67] Martini L. Trends of smart grids development as fostered by European research coordination: The contribution by the EERA JP on smart grids and the ELECTRA IRP[C]. IEEE International Conference on Power Engineering Energy and Electrical Drives, 2015.

[68] Gao W J, Fan L Y, Ushifusa Y, et al. Possibility and challenge of smart community in Japan[J]. Procedia-Social and Behavioral Sciences, 2016, 216: 109-118.

[69] 任洪波, 杨涛, 吴琼, 等. 日本分布式能源互联网应用现状及其对中国的启示[J]. 中外能源, 2017, 22 (12): 15-23.

[70] 庞忠和, 孔彦龙, 庞菊梅, 等. 雄安新区地热资源与开发利用研究[J]. 中国科学院院

刊，2017，32（11）：1224-1230.

[71] 程林，张靖，黄仁乐，等. 基于多能互补的综合能源系统多场景规划案例分析[J]. 电力自动化设备，2017，37（6）：282-287.

[72] 孙秋野，滕菲，张化光. 能源互联网及其关键控制问题[J]. 自动化学报，2017，43（2）：176-194.

[73] 黎静华，黄玉金，张鹏，等. 综合能源系统多能流潮流计算模型与方法综述[J]. 电力建设，2018，39（3）：1-11.

[74] 胡源，别朝红，李更丰，等. 天然气网络和电源、电网联合规划的方法研究[J]. 中国电机工程学报，2017，37（1）：45-53.

[75] Shahidehpour M，Fu Y，Wiedman T. Impact of natural gas infrastructure on electric power systems[J]. Proceedings of the IEEE，2005，93（5）：1042-1056.

[76] 杨自娟，高赐威，赵明. 电力—天然气网络耦合系统研究综述[J]. 电力系统自动化，2018，42（16）：21-31，56.

[77] 刘凡，别朝红，刘诗雨，等. 能源互联网市场体系设计、交易机制和关键问题[J]. 电力系统自动化，2018，42（13）：108-117.

[78] Strbac G. Demand side management：benefits and challenges[J]. Energy Policy，2008，36（12）：4419-4426.

第八章 交通物流系统工程

交通系统由多方式交通运输系统通过彼此间的不同衔接和设施集成而成，物流系统则是依托交通运输系统实现物资运输、仓储、包装、搬运、流通、配送和管理的服务性系统。交通系统和物流系统在业务服务上既有密切的联系，在特性和功能上又有明显的区别。因此，本章将分别分析和讨论交通系统工程与物流系统工程的科学意义与战略价值、发展现状与发展态势以及发展思路与发展方向（图8-1）。

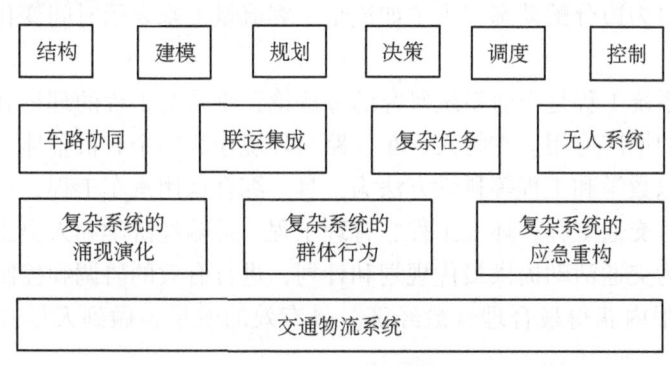

图8-1 交通物流系统工程的整体研究框架

第一节 交通物流系统工程的科学意义与战略价值

在系统工程学科发展过程中，交通系统与物流系统一直是被人们关注的重点领域之一。交通与物流系统工程学科的建设和发展，有效丰富了系统工程学科的理论体系，产生了一批新的理论方法、关键技术和系统应用，具有重要的理论价值和应用前景。

一、交通系统工程的科学意义与战略价值

交通系统按照传统的运输方式可划分为道路运输系统、轨道运输系统、航空运输系统、水路运输系统及管道运输系统等。综合交通系统则由上述多方式的交通运输系统通过彼此间的不同衔接和设施集成而成，其基本存在形式是复合、异构的运输方式的综合集成[1]。

交通系统是典型的复杂大系统，具有复杂大系统应有的最基本特征[2,3]。交通系统包括人、物、运载工具和环境因素等，组元数量巨大、类型繁多，具备自组织特性，且存在密切的耦合关系，需要采用系统工程的诸多方法进行分析与优化。

交通系统也是一个网络化的复杂大系统[4,5]。小世界网络和无标度网络等可以比较贴近地描述城市路网、轨道线路、飞机航线和公交线路等结构化的交通系统[6]。静态交通系统网络通过将关键交通枢纽（如机场、车站）设为节点，将连接这些枢纽的道路或航线设为网络的边来构建。动态交通系统网络则通过为边分配动态权重（如流量、客流量）来表示时间变化下的交通流动。

交通系统工程是交通系统研究的方法论，是系统工程的理论和方法在交通系统中的推广应用。它将人、车、路、环境作为一个有机整体，从系统观点出发，以数学和工程等科学方法为工具，综合运用汽车工程、运输工程、道路工程、交通工程、环境工程、管理工程、运输经济学和人类工效学等基本理论，为交通活动提供最优规划和计划，进行有效的协调和控制，并使之在一定期限内获得最合理、最经济、最有效的效果，做到人尽其才，物尽其用。

二、物流系统工程的科学意义与战略价值

物流系统是依托在交通运输系统上实现物资运输、仓储、包装、搬运、流通、配送和管理的服务性系统，通常由物流作业系统和支持物流作业的物流信息系统组成，其各元素之间的耦合关系复杂，优化目标繁多，是一个典

型的开放、非线性、动态复杂巨系统。

与交通系统相同，物流系统也是一个典型的复杂大系统，具备复杂大系统最基本特征的分析基础和条件。物流系统是人、物、运载工具、环境因素和物流调度管理等巨大组元的集合，其组元数量巨大、类型繁多，自组织特性明显，耦合关系密切和复杂，必须采用系统工程的相关方法进行分析与优化，才能满足问题的求解和实现。同时，物流系统复杂性分析的过程必须考虑其是一个不断运动、存在随机变化的大系统的特点，明确其所有的因素、组元处于不停变动之中，其动态和随机属性突出，引入系统科学的分析方法实现复杂性分析是必然选择。此外，物流系统微观层次的个体行为、中观层次的局部状态与宏观层次的群体涌现存在既相互独立又相互依赖的密切联系，再一次有效诠释了系统工程关于层次之间的辩证关系的观点。因此，同样地可以确认，物流系统也是复杂大系统的一类典型的应用案例，为复杂系统的演化与发展理论提供了启示和验证。

同理，物流系统也是一个网络化的复杂大系统。采用小世界网络和无标度网络等描述物流过程密不可分的城市路网、轨道线路、飞机航线和公交线路等，行之有效且贴近结构化的交通系统，通常也用来描述物资运输、流通、配送和管理等的物流系统。物流系统的网络结构通常是通过用网络的节点表示物流的重要集散点（如综合交通枢纽、机场、车站、公交站点等）、用网络的边表示集散点之间的连接通道（如道路、轨道线路、航线、公交线路等）来实现的，动态物流系统的网络结构则通常通过对网络的边赋予某个相应动态变量权重来实现，如物流量、运输成本和服务频率等（图8-2）。在此基础上则可以实现物流系统的复杂性分析，其目标是希望将复杂网络理论应用于物流系统的规划、设计、建设与运营等各个阶段。因此，网络化的物流系统复杂性分析的核心问题是探索不同交通网络拓扑结构与物流配送优化管理、网络承载力、可靠性之间的动态耦合及匹配关系等。

交通系统工程与物流系统工程除在上述方面存在不同之外，还在以下方面具有共同之处。

交通系统和物流系统更体现了系统工程学科需要重点发展的内容。近年来，基于新一代互联网和传感器网络技术，在21世纪初产生了一批诸如车路协同、车联网、网联车等新概念，形成了智能网联的交通与物流超大系统新格局[7]。由此引发了交通系统与物流系统在系统结构、技术路线和实现途径等方面的革命性变化与认识，也正在从根本上改变着传统交通系统与物流系统的发展模式[7]。随着智能网联技术在交通系统与物流系统中的推广应

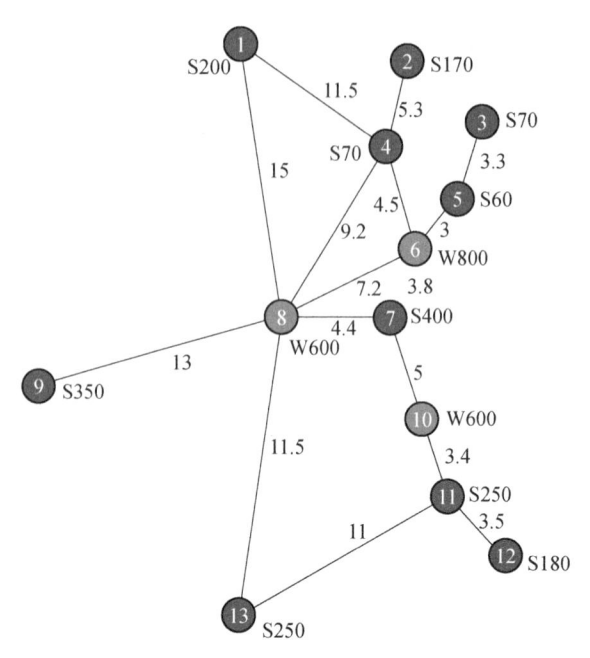

图 8-2 物流配送关系图（节点 6、8、10 为库房，其余节点为客户）

用，交通系统与物流系统凸显了复杂系统的网络化特性，并进一步强化了大系统的复杂性。在智能网联的车路协同环境下，交通系统与物流系统产生了具有无主次之分、无统一目标和无边缘的系统结构，构成了前所未有的开放的复杂网络结构，需要面向复杂任务的多目标规划与调度，研究群体智能协同决策与优化管理理论与方法。

换言之，交通系统与物流系统工程就是用系统工程的观点和方法来研究和分析交通系统与物流系统。所谓系统工程观点，归纳起来即全局（整体）观点、层次（渐进）观点、动态（变化）观点、信息（反馈）观点、价值（数量）观点、策略（灵活）观点；所谓系统工程方法，包括系统分析法、系统建模法、系统综合法和系统控制法。

智能交通与物流系统的研究和应用对系统工程学科的发展起到了重要的作用。以新型复杂混合道路交通系统为例[8]，在新构建的智能网络协同环境下，任何时间、任何地点的任何交通主体，均可实现信息的实时交互，从根本上改变传统交通系统主要只拥有断面信息的现状，使传统交通系统的结构实现重构成为可能。同时，全时空交通信息的获取及其蕴含的行为涌现，凸显了交通系统的自组织、网络化、非线性、强耦合、泛随机、异粒度等特征，需要从复杂网络化系统的角度，重新探究新型交通系统中复杂混合交通群体的行为涌现、群体决策、协同优化和复杂性等机理性问题（图 8-3）。

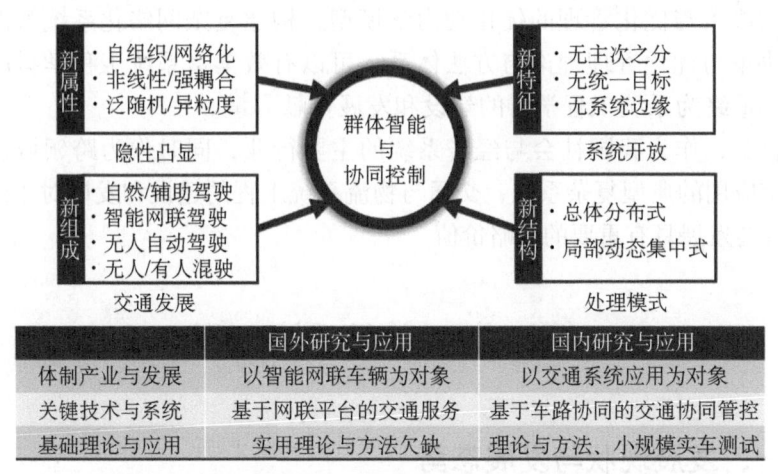

	国外研究与应用	国内研究与应用
体制产业与发展	以智能网联车辆为对象	以交通系统应用为对象
关键技术与系统	基于网联平台的交通服务	基于车路协同的交通协同管控
基础理论与应用	实用理论与方法欠缺	理论与方法、小规模实车测试

图 8-3　网络化复杂交通系统群体智能特征与解决方案

　　物流系统工程是指在物流管理中，从物流系统整体出发，把物流和信息流融为一体，看作一个系统，把生产、流通和消费全过程看成一个整体，运用系统工程的方法进行物流系统的规划、管理和控制，选择最优方案，以低的物流费用、高的物流效率和好的顾客服务水平，达到提高社会经济效益和企业经济效益目的的综合性组织管理活动。物流系统是交通系统运输功能的重要体现，与交通系统密切相关。物流系统工程是在交通系统工程学科建设和发展的基础上，同时形成的系统工程的新分支。近半个世纪以来，随着信息技术、通信技术和计算机技术的广泛应用，物流系统的建设和发展发生了根本性的变化。物流基础设施建设初具规模，现代信息技术得到广泛应用，互联网和电子数据交互平台深入日常生活，为全社会提供了较为完整的多功能、多方位的物流服务，出现了以顺丰、中通等为代表的一大批具有自动化、集成化、智能化的物流运输企业，使现代化的物流运输和服务成为人们生活中不可分割的重要部分。随着经济全球化趋势的进一步增强，统一开放的全球市场将得到进一步发展和完善，形成的物流系统工程学科将得到进一步的丰富和提升，现代物流产业已经成为我国和全球经济发展的重要热点。

　　近年来，按照国家《交通强国建设纲要》《新一代人工智能发展规划》等战略布局要求，针对研究对象从简单系统发展到复杂系统，以及正在过渡到具有协同功能的智能系统的发展过程，以智能交通与物流系统为依托，开展智能网联环境下复杂交通与物流系统群体智能协同决策、优化管理理论方法与关键技术的研究，依托新提出的诸如基于博弈切换的智能群体协同决策与优化管理的优化动力学模型，构建复杂网络化系统智能群体协同决策与优化管理理论与方法体系，可以有效丰富系统工程学科的知识体系，最终为系统工程学科的建设和发展贡献力量。

总之，作为我国社会与经济系统的主要行业，同时作为跨领域、跨平台、跨应用的典型复杂系统，交通与物流系统工程的建设和发展对于国民经济与社会发展具有重要的战略价值。

第二节　交通系统工程

一、发展现状与发展态势

智能交通系统（intelligent transportation system，ITS）产生于20世纪50年代后期，从起步发展至今已有60多年的历史，虽然国外并没有设置交通系统工程学科，但伴随智能交通系统发展，我国与交通系统工程的相关理论和方法也得到了相应的发展[9-11]。

半个世纪以来，随着我国交通运输行业的迅猛发展，在各单一运输模式上已取得了举世瞩目的成果。截至2019年底，我国高速公路建设总里程已达到15.2万公里，位居世界高速公路总里程数第一，并局部实现了高速公路管理的智能化。经过10年发展，我国高铁营业里程已达3.5万公里，超过世界高铁总里程的2/3，成为世界上高铁里程最长、运输密度最高、成网运营场景最复杂的国家；中国民航全行业完成运输总周转量1292.7亿吨公里、旅客运输量6.6亿人次、货邮运输量752.6万吨，国内千万级机场建设完成39个，民航与综合交通运输深度融合，民航旅客周转量在综合交通运输体系中的占比达32.8%。我国交通系统的快速发展，为交通系统工程学科的建立和完善创造了坚实的发展环境和条件。

交通系统工程是交通系统研究的方法论，是系统工程的理论和方法在交通系统中的推广应用[12]。我国交通系统工程学科的建立和发展，得益于钱学森系统科学思想的影响，在其系统科学理论方法体系的指导下，20世纪70年代末以北京交通大学张国武教授为代表的一批交通系统专家创建了我国的交通系统工程学科，随后十余年的研究与开发初步形成了交通系统工程学科的理论体系与方法。尤其是随着我国交通基础设施、交通系统和运载工具的建设力度与规模的不断加大，到21世纪初，在多学科领域广大专家和学者的共同努力下，通过不断的学习、研究和创新，完成了交通系统工程学科的建立，形成了体系化的学科理论与方法，广泛应用于铁路、公路、水路、管道、航空等多种运输方式的工程设计、系统建设和服务管理中。这些理论、方法和关键技术为我国近40年来交通行业的快速发展发挥了至关重要的作用，使得以高速公路、高铁、港珠澳大桥为代表的一大批应用成果成为标志中国交通行业发展里程碑的一张张世界瞩目的"中国名片"。

自交通系统工程学科在我国建立以来，经过40年的研究和发展，在交通系统工程结构、系统规划与设计、系统建模与分析、优化决策与控制以及运营组织与管理等方面形成了较为完善的体系化理论和方法，相关关键技术和应用方案也得到了充分研究与发展。在交通运输基础设施的建设和系统运营管理过程中，交通系统工程的观点得到了充分贯彻，有效地指导了相关工程的建设和发展。交通系统工程学科的理论方法和关键技术得到了充分应用，为国家交通运输行业的发展发挥了重要作用，支撑了我国交通运输从单一模式的交通运输营运与管理向多式联运、智能协同、复杂多目标优化管理的过渡与发展。

伴随着新一代信息技术、通信技术和人工智能技术的广泛应用，交通运输行业将发生重大的变革，有以下发展趋势。

（一）交通系统全域发展格局

利用智能网联车路协同技术，通过人、车、路和环境的全时空交通信息交互，借助未来人工智能技术的深度应用，城市道路不再是交通运输的主要载体，交通运输将延伸至水域和航空，从而构建"道路-轨道-航空-水域"覆盖的交通海陆空全域发展格局。

（二）综合交通智能化协同与服务

结合多式交通联营的发展模式和便捷出行的要求，未来信息共享和智能化服务技术将有效支持多种运输方式间的信息交互服务，从而实现综合交通协同与高效服务。

（三）交通系统安全运行智能化保障

运输系统安全运行的智能化保障是未来智能交通发展的重要方向，需在大数据的支持下分析事故成因、演化规律、管控策略,并设计主动安全技术和管理方法,基于人车路的协同实现交通安全运行防控一体化。

(四)基于车路协同的交通系统与自动驾驶

基于车路协同技术,采用先进的无线通信、互联网和智能控制等技术,全方位实现人车路的实时信息交互,开展车辆行驶协同安全和道路管理协同控制,从而形成安全、高效和环保的道路交通系统。同时,基于车路协同平台,构建基于智能车、智能路和智能交通相结合的新的自动驾驶技术路线。

(五)智能交通产业生态圈跨界融合

新技术的发展和应用,将为出行者提供更加精细、准确、完善和智能的服务,成为交通系统面向公众服务的重要发展方向,同时也将加速交通产业生态圈的跨界融合,未来汽车制造业、汽车服务业、交通运营服务、互联网信息服务等行业与交通系统的融合发展是大势所趋。

然而,相对信息技术、通信技术和人工智能技术在交通系统中的快速应用,基于智能网联车路协同的新一代交通系统的理论方法研究和关键技术开发,尤其是新型混合交通系统中存在的交通群体协同决策与多目标优化管理的基础性科学问题,尚未引起广泛的关注和重视,相应的研究还主要集中在以单交通主体为中心的交通环境感知、决策控制和优化管理,智能网联环境下交通群体协同决策以及多目标优化管理理论与方法的研究展开有限。

二、关键科学问题

随着交通物流系统的发展,以及现代通信技术、信息技术、人工智能技术在交通物流系统中的广泛应用,新一代交通物流系统发展成为前所未有的网络化复杂大系统,由此也产生出一批新的、亟待解决的关键科学问题,带来了一系列的挑战。

(一)复杂系统结构和功能的涌现机制及其演化、进化规律

涌现是系统科学复杂性问题研究的核心议题之一。复杂交通系统结构和功能的涌现机制研究体现的是系统科学的基本思想,即整体大于部分之和,同时研究如何由此而产生新的与更高层次的结构和功能,以及系统基于此涌现机制的演化和进化规律,进而形成对复杂交通系统结构、功能和运行机理

的普遍认识，并建立具有通用性的演化和进化模型，以揭示交通系统与物流系统的复杂性、系统性和协同性。本科学问题需要研究的主要内容包括（但不限于）：①涌现的基本规律和演化机制；②新层次的产生、形成和稳定发展的机制；③涌现和演化过程的管理、引导和控制；④不同类型交通系统的具体涌现现象研究。

（二）复杂群体系统的行为机制建模、模拟与调控

交通系统的运动都可看成是由个体组成的群体所展现的整体行为，研究群体行为的机理、模拟及调控，已成为系统工程学科的一个重要课题。交通的群体系统是一类典型的复杂系统，需要用系统科学的方法，对交通总的群体运动和变化建立群体行为及其相互影响和作用的数学模型，并研究在智能网联环境下如何对这些群体实施有效的协同控制和多目标优化，以保证群体涌现出对复杂系统运营管理所期望获得的行为和效果。本科学问题需要研究的主要内容包括（但不限于）：①群体行为的建模和支撑理论的探索；②智能网联环境下群体协同决策与优化控制机制；③典型场景下群体协同决策与优化控制的理论和方法；④模拟群体行为的大型且高效的软件与平台；⑤群体行为与协同管控的测试技术与验证平台。

（三）复杂系统网络的结构、功能性质及其应用

交通系统是具有复杂拓扑结构和复杂节点行为的网络系统。在智能网联环境下，交通网络系统是现实世界中存在的规模最大、无主次之分、无统一目标和无系统边缘的网络化系统。采用复杂网络理论探究交通系统的网络结构与其功能之间的内在关系，从调整系统网络结构的角度分析和改善系统网络性能，并将复杂网络应用研究的理论成果用于实际的交通系统的分析与性能改进。本科学问题需要研究的主要内容包括（但不限于）：①复杂交通网络的基本结构性质及其度量方法；②复杂交通网络结构的产生机理及其建模；③复杂交通网络结构与功能之间的关系以及改善网络功能的有效方法；④复杂网络理论在交通系统中的典型应用。

（四）多式联运交通集成系统的体系结构与优化管理

多式联运条件下的交通集成系统代表着现代交通系统的发展方向，也是系统科学和交通与物流系统工程领域的重要学科研究内容，在智能网联环境下可以形成无主次之分、无统一目标和无系统边缘的大型系统工程。针对这

一类依托网络和通信技术集结而成的"结构松散、联系紧密"的"系统的系统工程",需要研究多式联运条件下交通与物流集成系统的体系结构框架、体系结构设计、人与系统的集成、系统互操作性和集成体系结构评价等。本科学问题需要研究的主要内容包括(但不限于):①集成系统体系结构框架;②集成系统体系结构设计;③人与系统的集成方法;④系统互操作性分析;⑤集成系统体系结构评价。

(五)面向交通复杂任务的多目标规划、调度与决策的理论与方法

交通系统需要解决诸多复杂任务的规划、调度与决策问题。这类问题通常是多目标、多约束、多阶段和多主体的,具有很强的动态性、模糊性、随机性和耦合性。面向交通系统需要完成的复杂任务,需要研究和解决安全行驶、高效通行、减少排放和降低能耗的多目标优化问题。本科学问题需要研究的主要内容包括(但不限于):①对于大规模、非线性、含不确定性、多目标、机理不明等特征的复杂任务的知识识别、挖掘、获取与知识表征、决策理论方法;②对于大规模、非线性、含不确定性、多目标、机理不明等特征的复杂任务的冲突消解、复杂约束建模、耦合变量处理及综合分析与优化方法;③对于含结构化/半结构化、定性与定量信息共存、多特征的复杂任务综合决策理论与方法;④对于大规模复杂任务的分层、递阶结构分解及群体决策理论与方法;⑤对连续决策复杂任务的规划、动态调度、动态决策及临机重调度理论与方法。

(六)系统应急重构的理论与方法

突发事件下对交通系统进行合理的应急重构关系到人民群众的生命财产安全和社会稳定。交通系统的应急重构需要结合大数据、人工智能、系统动力学、交通运输网络优化与效率评价、应急网点选址优化等理论和方法,重点关注交通系统的脆弱性分析和动态重构,为应急保障方案的选取、应急物资的调度和整个交通系统效率的提升提供理论与方法支持。本科学问题需要研究的主要内容包括(但不限于):①系统脆弱性分析和预警机制构建;②系统应急预案管理;③系统优化重构;④系统动态调整;⑤系统效率评价。

三、发展思路与发展方向

基于上述分析,结合国内外交通系统的发展趋势,以及目前面临的问题

与挑战，有必要探讨当前优先发展的研究方向和内容。下面就交通系统工程学科的建设，以及涉及工程应用实践的需要，分别介绍需要优先发展的方向与内容。

交通系统工程的未来重点发展方向和内容包括交通需求与感知、协同控制与优化和现代交通流理论三类（图 8-4）。

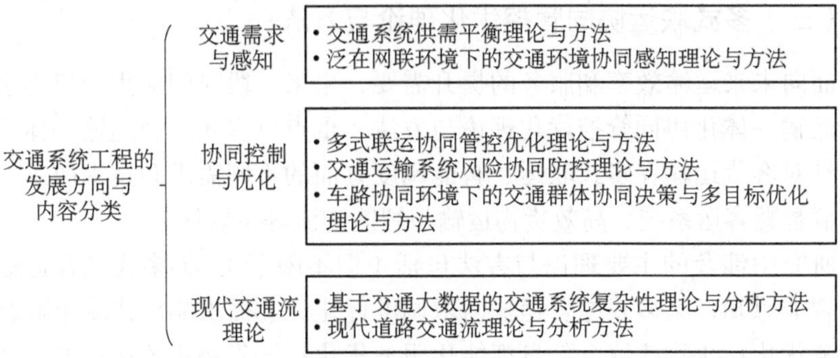

```
                           ┌ 交通需求    • 交通系统供需平衡理论与方法
                           │   与感知    • 泛在网联环境下的交通环境协同感知理论与方法
                           │
交通系统工程的              │ 协同控制    • 多式联运协同管控优化理论与方法
  发展方向与        ───────┤   与优化    • 交通运输系统风险协同防控理论与方法
  内容分类                  │             • 车路协同环境下的交通群体协同决策与多目标优化
                           │               理论与方法
                           │
                           │ 现代交通流  • 基于交通大数据的交通系统复杂性理论与分析方法
                           └   理论      • 现代道路交通流理论与分析方法
```

图 8-4　交通系统工程重点研究方向与内容分类

（一）交通系统供需平衡理论与方法

随着我国大城市和超大城市的不断发展，以及交通设施与需求之间的矛盾日益突出，城市群的交通系统供需平衡问题成为需要解决的科学问题。未来一段时间需要集中研究城市（群）交通需求形成与交通运输耦合机理。重点突破多模式交通运输网络承载能力分析、多模式交通供需平衡与动态协同、综合交通运输网络集成分析与资源配置优化等理论和技术方法，为大幅度提高城市（群）综合交通系统主动控制能力和协同运行效能提供理论依据，为多模式交通运输系统运行监管与协调控制效率提升提供方法支撑。

研究中涉及的主要理论与方法包括（但不限于）：①多模式交通供需平衡与动态协同理论；②城市群综合交通供需平衡与网络协同理论；③综合交通运输网络集成分析理论与资源配置方法。

（二）泛在网联环境下的交通环境协同感知理论与方法

针对智能交通与物流系统的网络化快速升级和规模化应用，需要在泛在网联环境下提升交通环境感知能力和效果。依托智能网联环境下的各类信息的实时交互和多种传感器的应用，可实现交通环境的协同感知，以突破不良条件下交通环境感知的难题。泛在网联环境下的交通环境协同感知，需要探究基于智能网联技术、协同感知一体化定位空间的协同式交通环境感知机理与方法。

研究中涉及的主要场景和推荐包括（但不限于）：①同类/异类传感器协同感知；②同构/异构传感器协同感知；③视距与超视距协同感知；④移动与静止传感器协同感知；⑤车端与路侧传感器协同感知；⑥多车协同集成感知。

（三）多式联运协同管控优化理论与方法

面向未来运输效率和服务的提升需要，未来一段时间应集中研究多方式综合运输一体化协同管控优化理论与方法。重点以多式综合运输一体化为方向，针对客货运输在多式联运、智能调度方面的不同需求和技术瓶颈，完成城市群智慧客运系统、高效货物运输与智能物流等主要任务。

研究中涉及的主要理论与方法包括（但不限于）：①多式综合运输需求动态智能感知；②多式综合运输需求调度优化；③需求响应式城市群客运协同服务优化；④物流综合信息智能化服务优化；⑤货物集疏运智能化系列系统与技术；⑥多式联运标准体系规范。

（四）交通运输系统风险协同防控理论与方法

为保证在提高交通与物流系统效率的同时，有效提升系统安全保障能力，针对大交通与物流系统风险防控的需要，借助人工智能和智能协同技术，未来一段时间应集中研究综合交通运输系统风险分析及防控方法与技术。重点研究综合交通运输网络运行风险辨识与防控技术，以及区域交通与城市安全风险智慧协同防控技术。

研究中涉及的主要理论与方法包括（但不限于）：①综合交通运输网络运行安全评估；②综合交通运输网络运行安全防控决策；③区域交通与城市安全交互机理及智慧协同；④主干交通运输网络运行风险全息感知及立体防控；⑤交通大数据及社会感知数据的全域感知和协同处理；⑥基于多源数据的城市安全风险态势定量评估和应对决策系统。

（五）车路协同环境下的交通群体协同决策与多目标优化理论与方法

车路协同环境下的新一代智能交通系统，由于其自组织、个体智能和群体协同关系的存在与凸显，系统结构呈现无主次之分、无统一目标和无系统边缘的重大变化，智能交通系统群体协同决策与优化管控成为焦点，传统的决策与优化理论和方法难以有效解决新出现的复杂性问题。在未来的一段时间内，应集中研究新型交通系统运营管理的多目标优化策略，并构建道路交通安全和高效通行典型场景下的应用模型。

研究中涉及的主要理论与方法包括（但不限于）：①新型混合交通系统群体系统决策与智能控制机制；②协同决策与多目标优化普适模型；③典型交通场景多目标优化协同决策方法与实现。

（六）基于交通大数据的交通系统复杂性理论与分析方法

交通系统复杂性分析的实现，将成为一般系统理论和复杂性分析方法在现代工程实践中具有代表性的应用，开创系统科学和系统工程理论与方法在实际工程中的应用典范。基于智能网联环境获取的交通大数据，以交通系统中实际存在的复杂性问题为依托，与揭示系统复杂性及其演变规律的耗散结构理论、协同论、突变理论、混沌理论和超循环理论等相结合，可以重新认识这些理论的科学和应用价值。交通系统复杂性分析需要重点研究复杂系统建模方法、复杂系统特性提取方法、复杂系统耦合关系分析方法、复杂系统演化机理、复杂系统协同控制与决策方法以及复杂系统优化管理策略等。

研究中涉及的主要理论与方法包括（但不限于）：①复杂系统定义的拓展与实用化；②交通复杂系统方法论；③交通系统复杂性分析理论与方法体系；④交通复杂系统协同控制与决策理论和方法。

（七）现代道路交通流理论与分析方法

在智能网联车路协同环境下，任何时间、任何地点的任何交通主体，均可实现信息的实时交互，改变了传统交通系统主要只拥有断面信息的现状，全时空交通信息的获取，凸显了交通系统的自组织、网络化、非线性、强耦合、泛随机和异粒度的特征，为全面和深入分析交通系统中各主体的特性、运动和行为提供了手段，也为创建现代道路交通流理论与分析方法提供了平台，使传统交通流理论的升级成为可能。在获取的全时空、完备交通数据的基础上，可以分别建立交通流的微观随机模型、中观分布模型和宏观统计模型，并实现各类模型间的转换，形成层次化的交通流模型关联关系。

研究中涉及的主要理论与方法包括（但不限于）：①微观交通流随机模型与分析方法；②中观交通流分布模型与分析方法；③宏观交通流统计模型与分析方法；④层次化交通流模型关联关系与分析。

第三节 物流系统工程

一、发展现状与发展态势

美国是发展物流系统最早的国家之一。约翰·F. 格鲁威尔（John F. Growell）的美国政府报告《农产品流通产业委员会报告》中，第一次论述了农产品流通过程中的各种物流因素和费用问题。1963 年，美国物流管理协会成立，从管理角度定义物流，即分销物流，这一概念逐渐被世界各国接受。从 20 世纪 80 年代中期开始，分销物流概念逐渐被现代物流所取代，这是后来被正式采用的适应所有企业的集成化、信息化、一体化的物流学概念。近年来，美国经济的增长点主要是物流服务业，跨国公司急速扩张，推进了在世界范围内的资源整合，促使物流产业朝着信息化、自动化和决策上的智能化方向快速发展。时任美国运输部部长的罗德尼·斯莱特（R. E. Slater）在《美国运输部 1997～2000 财务年度战略规划》中提出，美国应建立一个国际性的以多式联运为主要形式、以智能为特征并将环境包含在内的物流运输系统。

日本是物流产业的积极推进者。日本物流在发展历程中，非常重视利润因素和成本因素。20 世纪 70 年代，日本侧重于从市场营销角度研究如何降低物流成本，追求综合效益；80 年代，日本面临经济结构的重大变革，提出了对物流业的新要求，即从集约化向多频度、少量化、短时化物流发展；1997 年 4 月，日本政府制定了具有重大影响力的《综合物流施策大纲》，提出"综合物流管理"观点，即将生产以及生产以前的过程、物理性的流通过程、售后服务、销毁回收等作为全过程进行综合管理。在信息化快速发展的今天，日本倡导从消费者角度优化物流，针对物流发展中遇到的问题研究相关优化理论与改进措施，如物流战略创新和分销渠道改进等。

从 20 世纪 60 年代开始，欧洲物流系统与技术的研究，经历了从侧重于以较低成本和快捷方式实现管理与控制货运流程，到采用先进的信息技术优化物流管理和配送并降低成本等的发展过程。20 世纪 90 年代，欧洲企业充分利用全球资源，纷纷在原材料丰富、劳动力低廉的亚洲设立生产基地，推动了物流行业的全球化发展过程，由此推进了在供应链管理上的集成模式，实现了供应方和运输方通过交易寻求合作伙伴的途径。

随着我国智能运输系统的快速发展，我国物流系统也走过了从规划到建设、再到快速发展和提升的历程[13]。物流系统中具有代表性的电子商务交易总额从 2012 年的 8.11 万亿元增加到了 2019 年的 34.81 万亿元，从中可以看出我国物流行业的快速发展过程（图 8-5）。另外，2013 年我国的物流总额已达 198 万亿元。我国社会物流总额经过 2013～2015 年的平稳增速后，国家加大了对物流行业的扶持力度，保证了社会物流总额的快速增长，中国物流与采购联合会于 2019 年 3 月发布的《2018 年全国物流运行情况通报》统计数据显示，2018 年我国社会物流总额达 283.1 万亿元，按可比价格计算，较 2017 年增长 6.4%。

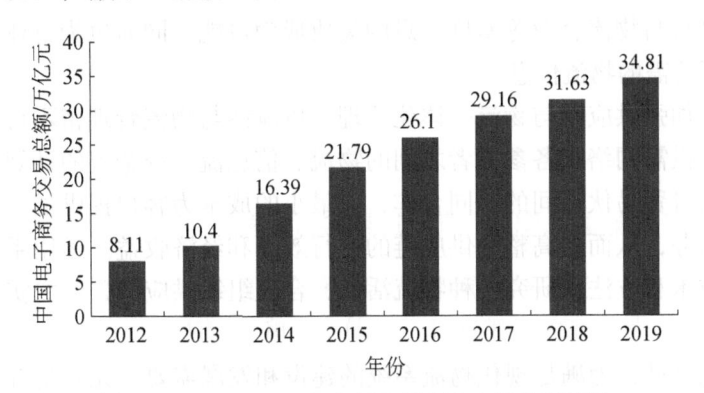

图 8-5　2012～2019 年中国电子商务交易总额统计

我国物流系统的发展可以总结为如下四个阶段。

第一阶段，自动化物流。在物流系统中广泛地采用自动化的物流设备，如搬运机器人、物流检测系统等，自动运输系统和自动搬运系统加快了物流速度，大大提高了物流效率。

第二阶段，集成物流。将从原材料采购到生产安排、订单处理、存货管理、运输仓储，最后到销售和售后服务的全过程信息集成起来，统一规划管理，使得从物流计划、物流调度及物流输送各个过程的信息通过网络相互沟通。

第三阶段，智能物流。在集成物流系统中运用人工智能的方法，合理整合资源和科学组织物流活动，使物流系统能在某种程度上自动适应环境和需求的变化，能够根据客户需要，自动生成物流计划；根据信息变化，自动进行物流调度；根据环境的变化，自动寻求最佳路线等。

第四阶段，协同物流。结合新一代交通系统的构建和实施，借助智能网联环境下的全域信息支撑和服务，在交通系统的多式联运协同优化管理的基研究中涉及的主要理论与方法包括（但不限于）：①物流系统脆弱性分析和预警机制；②物流系统应急物资需求预测理论与方法；③物流系统应急预案管理理论与方法；④物流系统优化重构理论与方法；⑤物流系统动态调整理论与方法；⑥物流系统应急效率评价理论与方法。

（四）大数据驱动的智能物流系统协同优化、决策与控制

围绕智能物流系统的运行管控，研究物流 CPS 系统自组织运行及协同优化控制方法，建立覆盖物流系统感知、运行、重构和决策等过程的复杂物流 CPS 系统动态模型；研究物流 CPS 系统融合计算方法和可信度量方法，支持多时空尺度模型的统一计算求解，实现物流系统运行过程的自主感知、运行优化、智能决策和动态重构。针对复杂多维度人机物协同、CPS 虚实协同问题，研究分布式网络化协同决策和控制方法，建立物流系统中人机物的虚实融合与动态调度机制，实现人机共融智能交互，为实现智慧无人仓、智能无人工厂、无人码头等智能物流系统提供理论指导。

研究中涉及的主要理论与方法包括（但不限于）：①物流 CPS 系统自组织运行及协同优化控制理论；②多维度、多时空尺度智能物流系统数据耦合分析及数据挖掘方法；③大数据驱动的物流 CPS 系统融合计算和可信度量方法；④智能物流系统复杂多维度分布式网络化协同决策及控制方法；⑤基于大数据与在线学习的动态物流系统优化运行和协同控制；⑥智能物流系统中人机物虚实融合及协同动态调度策略。

（五）数据驱动的智能仓配一体化运作管理

线上订单式销售的快速发展和新零售概念的诞生驱动电子商务及物流公司由传统仓配模式向仓配一体化的物流模式转型。大数据和人工智能技术的快速发展能够有效解决传统仓配模式配送效率低、运输成本高等问题。针对数据驱动的智能仓配一体化研究将是未来物流系统工程研究的焦点，需要重点关注仓配一体化系统构建、运作模式设计、基于数据驱动的业务优化调度和运作效率评价等问题，从而实现物流供应链的全周期管理。

研究中涉及的主要理论与方法包括（但不限于）：①智能仓配一体化运作模式设计；②基于数据驱动的智能仓储业务优化调度；③基于数据驱动的配送业务优化调度；④仓配协同优化理论与方法；⑤智能仓配一体化运作效率评价与优化。

（六）数据驱动的物流服务动态定价及价格定制研究

随着近年来物流市场的竞争加剧，物流服务的定价开始呈现多样化和动态化趋势。如何结合物流服务商海量的运营数据，探索科学、合理的物流服务动态定价机制，将成为提高企业收益和客户满意度的关键。基于数据驱动的物流服务动态定价及价格机制研究，将成为未来物流系统工程领域的重要研究方向，需要重点关注如何通过大数据与人工智能技术对一些典型场景下的物流服务进行动态定价。

研究中涉及的主要理论与方法包括（但不限于）：①面向数据驱动的动态定价理论与方法；②不确定环境下的物流服务动态定价；③竞争环境下的物流服务动态定价；④面向策略性客户的物流服务动态定价；⑤新型物流服务定价与广告联合决策；⑥面向物流服务组合的动态定价；⑦生产控制与物流服务动态定价联合决策；⑧资源集散点选址与物流服务动态定价联合决策。

（七）需求不确定环境下的动态物流配送调度及优化

随着社会经济的飞速发展，客户需求的多样性和不确定性大大增加，物流企业静态的配送方案难以适应客户需求的动态变化。为保证企业配送效率和提高客户满意度，借助大数据分析、人工智能和运筹优化方法，可实现需求不确定环境下的动态物流配送调度及优化，需要重点研究基于数据驱动的问题建模、大规模复杂问题分解和鲁棒优化求解算法。

研究中涉及的主要理论与方法包括（但不限于）：①基于数据驱动的物流配送调度建模；②大规模物流配送问题的分解和协调优化；③基于机器学习的多目标任务指派；④不确定环境下物流配送车辆的鲁棒调度；⑤并行优化方法设计。

（八）需求不确定环境下的动态多级库存优化与控制

需求不确定性会影响企业的库存控制，并借助牛鞭效应从供应链的下游逐级向上传播，造成供应链上游供应商的需求信息严重失真。在多级库存系统逐渐成为企业库存管理主流运作模式的背景下，考虑需求不确定的动态多级库存优化与控制应是未来物流系统工程的主要研究方向，需要重点关注需求不确定环境下的库存控制模型、策略和优化方法，从而实现对动态多级供应链库存系统全局性的优化和控制。

研究中涉及的主要理论与方法包括（但不限于）：①需求预测理论与方法；②动态多级库存联合控制策略；③动态多级库存模型和优化方法；④动态多级库存协调和动态流程设计。

（九）零散运力和零散需求供需匹配机制与方法研究

由于市场需求和供给的高度分散化，零担物流基本上趋向于完全竞争的市场，单一的零担企业相对于买方的议价能力较弱，导致行业利润水平较低，资源浪费程度较高。基于互联网技术搭建物流信息共享平台或形成友好合作的零散物流联盟，有助于将静态及动态的零散运力和零散需求进行匹配，有效地整合已有资源以获取规模经济效益，这应是未来物流系统工程的重点研究方向。零散运力和需求供需匹配研究主要关注供需匹配的运作流程、运作机理、运营模式和效率评价。

研究中涉及的主要理论与方法包括（但不限于）：①零散物流供需匹配交易双方偏好模型；②静态零散物流供需匹配理论和方法；③动态零散物流供需匹配理论和方法；④零散物流供需匹配机制效率评价与优化。

（十）基于数字孪生的复杂物流系统建模与仿真方法

针对智慧工厂、智能港口、电商配送中心、智慧无人仓等典型复杂物流系统，研究复杂物流系统在虚拟空间的同步建模与重组方法，建立多任务虚拟场景中物流对象的分层动态重构、虚拟仿真和可信性度量方法；构建大数据驱动的物流系统数字孪生仿真平台。

研究中涉及的主要理论与方法包括（但不限于）：①多任务虚拟场景中物流对象的分层动态重构及建模方法；②基于数字孪生的复杂物流系统建模及重组方法；③面向复杂物流系统数字孪生的可信计算及度量方法；④大数据驱动的复杂物流系统数字孪生仿真平台。

（十一）物流复杂网络的构建和优化

随着经济全球化和区域物流一体化的不断深入，基于多层次多主体多品类的复杂物流网络正逐渐成为物流系统工程领域的研究热点。面对物流系统研究对象的多样性、物流系统的动态性和复杂性，可运用复杂自适应理论、系统动力学理论、复杂网络理论进行物流网络系统的复杂性研究、物流复杂网络系统的结构研究和物流复杂网络系统的优化模型及算法研究。

研究中涉及的主要理论与方法包括（但不限于）：①复杂自适应理论；②复杂网络演化理论；③系统动力学理论；④物流复杂网络构建方法；⑤物流复杂网络优化模型及算法；⑥物流复杂网络评价模型。

（十二）复杂物流系统的理论及应用研究

针对物流系统的复杂性问题，包括物流系统存在大量的异构性和不确定性信息、系统的复杂网络结构及其高度动态性等，研究和分析物流系统复杂性的构成和原因。

研究中涉及的主要理论与方法包括（但不限于）：①物流系统信息不确定性研究；②物流系统的网络复杂性研究；③物流系统的动力学分析方法研究；④物流系统应急与干扰管理问题研究。

第四节 小　　结

交通物流系统工程面向国民经济主战场和国家重大需求，主要以运筹学、信息论、控制论等理论和方法技术为指导，通过研究交通系统工程学科的理论体系与方法、物流系统工程优化理论等问题，在交通系统结构、规划与设计、建模与分析、优化决策以及物流系统高效优化管理和运营组织等方面形成了较为完善的体系化理论与方法，解决了复杂系统结构和功能的涌现与演化机制，复杂群体系统的行为建模、模拟与调控，交通集成系统的体系结构与优化管理和调度决策等关键问题，应用于新一代交通系统、现代物流系统等领域。未来该领域的主要发展方向和思路是重点突破多模式交通运输网络承载能力分析、多模式交通供需平衡与动态协同、综合交通运输网络集成分析与资源配置优化等理论和技术方法，实现交通环境的协同感知，完成城市群智慧客运系统、高效货物运输与智能物流等主要任务。

本章参考文献

[1] "10000个科学难题"交通运输科学编委会. 10000个科学难题：交通运输科学卷[M]. 北京：科学出版社，2018.

[2] 系统科学与系统工程学科发展战略调研报告编写组. 系统科学与系统工程学科发展战

略调研报告[R]. 系统工程理论与实践，2008，（增刊）：1-9.

[3] 陈禹. 系统科学的新发展与交通系统工程[J]. 交通运输系统工程与信息，2001（1）：47-49.

[4] Rosvall M，Trusina A，Minnhagen P，et al. Networks and cities：an information perspective[J]. Physical Review Letters，2005，94（2）：028701.

[5] Jiang B，Claramunt C. Topological analysis of urban street networks[J]. Environment and Planning B：Planning and design，2004，31（1）：151-162.

[6] 高自友，赵小梅，黄海军，等. 复杂网络理论与城市交通系统复杂性问题的相关研究[J]. 交通运输系统工程与信息，2006，6（3）：41-47.

[7] 张毅，姚丹亚. 基于车路协同的智能交通系统体系框架[M]. 北京：电子工业出版社，2015.

[8] 张毅，等.《车路协同环境下车辆群体智能控制与测试验证》技术报告[R]. 2020.

[9] 王笑京. 转变发展方式 自主发展中国智能交通系统[J]. 城市交通，2011，9（6）：2-3.

[10] 美国运输部. 智能交通系统战略研究计划：2010-2014[EB/OL]. http://www.its.dot.gov/strategic_plan2010_2014/2010[2012-10-30].

[11]《中国智能运输系统框架》专题组. 中国智能运输系统体系框架[M]. 北京：人民交通出版社，2002.

[12] 冯树民. 交通系统工程[M]. 北京：知识产权出版社，2009.

[13] 田振中，丁玉书. 物流系统工程[M]. 北京：清华大学出版社，2012.

[14] Su Q，McAvoy A，Wang L，et al. Evolutionary dynamics with game transitions[J]. Proceedings of the National Academy of Sciences，2019，116（51）：25398-25404.

[15] 王红卫，谢勇，王小平，等. 物流系统仿真[M]. 北京：清华大学出版社，2009.

[16] Speranza M G. Trends in transportation and logistics[J]. European Journal of Operational Research，2018，264（3）：830-836.

[17] 吕程. 国内外物流研究现状、热点与趋势——文献计量与理论综述[J]. 中国流通经济，2017，31（12）：33-40.

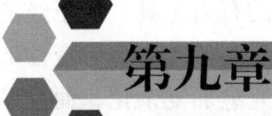

第九章 经济社会与服务系统工程

第一节 经济社会与服务系统工程的科学意义与战略价值

经济社会与服务系统工程是一个涵盖面非常广的领域，由于篇幅的限制，本章仅挑选未来一段时间若干具有重要影响力的学科方向进行介绍，分别阐述其科学意义与战略价值。具体包括复杂经济系统建模与仿真模拟、计算实验金融方法、金融网络建模与分析方法、金融系统性风险建模与分析方法、人类合作与冲突的博弈分析方法、全球供应链建模和分析方法、城市生态环境管理系统工程、农业系统工程，从这八个子问题的角度具体阐述经济社会与服务系统工程的科学意义和战略价值。整体研究框架见图 9-1 所示。

图 9-1 经济社会与服务系统工程的科学意义与战略价值的整体研究框架

一、复杂经济系统建模与仿真模拟

复杂经济系统建模与仿真是经济分析和经济决策的有力工具。由于经济社会关系的复杂程度加剧、经济信息传递速度加快、经济关系的易变性加强,以及不同经济体之间的关联性更加紧密使得其研究愈加复杂化,而且经济运行过程中的各类经济主体对经济仿真系统所分析出来结果的准确性、时效性要求更高,经济系统建模与仿真研究面临很多新挑战,同时也孕育着新的契机。其学术意义体现在以下几个方面。

(1)新背景下社会经济系统建模需要重新梳理经济变量之间的关系,包括变量之间的关联程度、传导时差和传导路径等,能够加深对经济运行规律的揭示。

(2)大数据的使用使得可以从微观层面考察经济系统的涌现,但同时也给经济分析带来各种"噪声",在经济量化和仿真研究中如何"降噪"或"去噪"是一项重要的科学研究问题。

(3)从复杂系统的视角建立量化模型和仿真系统,可以将经济学的诸多问题置于同一框架下进行考察,从而提高问题之间的逻辑一致性。

其实践价值体现于:①通过经济系统建模与仿真研究结论对现有的经济理论进行实践检验,发现经济理论的逻辑基础、适用条件与范围,便于决策人员更加准确地理解、掌握和运用经济理论分析方法和解决实际问题;②通过建模、仿真、验证的反复实践过程,可有效对经济政策进行政策制定与实施前的仿真模拟,从而提高经济政策的针对性、前瞻性和有效性;③可利用经济系统仿真模型开展经济监测预测研究,经济监测预测是不同经济主体开展各类经济活动的依据。

二、计算实验金融方法

自 20 世纪 50 年代开始,随着马科维茨(Markowitz)的投资组合理论、夏普(Sharp)的资本资产定价模型、法玛(Fama)的有效市场假说等一系列经典金融理论的发展,现代金融经济学理论体系逐步完善。在经典理论模型中,市场均匀信息结构、完全理性个体与无摩擦完美市场等假设得到了广泛应用。然而,在现实金融实践中,类似长期反转、动态效应、一月效应等种种金融异象,屡屡对经典金融理论发出挑战,而为了应对这些挑战,诸多

"新金融"理论应运而生。例如，制度金融学放松了原有的有效市场中"无摩擦"的假设，研究交易成本和交易制度的演进；行为金融学放松了完全理性人的假设，通过引入个体偏好和心理偏差等因素，构建了基于有限理性个体的资产定价模型，对过度反应、羊群效应、股权溢价等金融异象给出了解释。

与许多其他学科发展过程相似，人类对真实金融系统本质的科学认知过程也遵循由浅至深、由简单系统思维逐步向复杂系统思维过渡的趋势。尽管金融经济学研究不断对经典资产定价理论进行深化改进，并逐步扩展到行为金融学、市场微观结构理论等，但由于数理建模工具的局限和可靠微观数据缺乏的限制，在解释现实金融系统中的复杂性现象（如金融风险事件的扩散、危机的产生等）时依然面临困难和挑战。金融系统在本质上并不是一个简单系统，而是由大量具有适应性并相互交互的个体组成的、系统结构具有内生演化性的复杂系统。市场交易个体不仅是有限理性的，而且具有自适应和复杂交互的能力，对于这些特性的描述，仅运用传统解析建模方法，将使得数理模型的构建变得异常复杂，而且很可能最终无法得到可行解。伴随着计算能力和信息技术的快速发展，进行计算的单位成本大大降低，人类具有了前所未有的计算能力，计算实验方法成为与实验、实证、数理分析并驾齐驱的第四种科学研究手段。基于主体的计算金融学（agent-based computational finance，ACF），是将金融市场视为包含多个异质主体的系统，应用信息技术来模拟实际金融市场（如股票市场、外汇市场、期货市场等），在既定的市场结构下，通过市场微观层次 Agent 的行为来揭示市场动态特性及其成因的一门金融学分支。

在某种程度上，计算实验方法可以说是实验经济学的一种发展和补充，它们具有类似的科学思想和研究范式，即都是采用实验的方法，通过对实验环境进行控制来研究金融经济学问题。然而计算实验也并非简单地将实验经济学中的真人参与者换成了 Agent，它有其独立于实验经济学的特定建模方法和研究思想。经济学的计算研究就是通过构建可计算的实验室，在计算机的虚拟环境中设置各种情景，进而考察 Agent 的反应和行为及市场表现。

三、金融网络建模与分析方法

全球经济、金融活动已经成为一个普遍联系的整体，牵一发而动全身。典型的例子之一就是 2007 年 2 月美国爆发的次贷危机使得日本、俄罗斯、印度、巴西等国家的股票指数在短短一年内暴跌了40%以上，并最终演变成了全球经济危机。因此，如何预防局部动荡在金融系统中的扩散显得极为关键。施韦泽（F. Schweitzer）等在《科学》上发表了题为"经济网络新挑战"的学术论文，提出经济系统中的网络分析将是今后学界研究的主要方向[1]。

金融网络系统是将金融市场中的每个主体定义为节点，将各主体间的相互联系定义为边，通过建立金融系统的复杂网络结构，在此基础上考量市场主体行为的不同影响，充分把握整个金融系统的体系特征。对于金融网络分析而言，它具有如下特征：第一，复杂性。金融网络系统的复杂性主要表现为巨大的资本规模、动态开放的系统，并且含有人的主体行为这个不确定性因素的影响。第二，高风险性。由于金融市场的交易品种和交易规模逐年扩大，其产生的金融风险也随之变得越来越高。第三，周期性。金融网络系统的演化往往呈现周期性，即实体经济快速增长、经济泡沫形成、经济泡沫破灭、实体经济减速或负增长等。金融网络系统的周期性并不是简单的循环，而是呈现螺旋式推进。因此，通过利用系统科学的方法构建金融网络并进行分析，为监管部门防范系统性风险提供策略支持，促进金融市场平稳运行，保证宏观经济健康发展，具有重要的科学意义与战略价值。

四、金融系统性风险建模与分析方法

2017年，党的十九大报告强调，要"守住不发生系统性金融风险的底线"。同年年底召开的中央经济工作会议指出，要重点抓好决胜全面建成小康社会的防范化解重大风险、精准脱贫、污染防治三大攻坚战。打好防范化解重大风险攻坚战，重点是防控金融风险。2019年7月，习近平总书记在中共中央政治局第十三次集体学习时指出，防范化解金融风险特别是防止发生系统性金融风险，是金融工作的根本性任务。因此，系统性金融风险成为中国面临的重要问题之一。从理论层面来说，系统性金融风险是指在面临内部或者外部冲击时，资产价格波动、债务违约、金融机构倒闭等风险通过各种途径传导至整个金融系统，从而导致金融系统瘫痪、功能丧失，并给实体经济和社会财富带来严重的负外部性。

根据定义可知，系统性金融风险包括以下三个特征。第一，系统性金融风险的触发具有不可预测性，企业违约、资产价格波动、政策调整或者政治事件等均可能导致风险的爆发。第二，系统性金融风险具有复杂性。银行机构、金融市场、实体企业和政府部门通过金融业务紧密地联系在一起，具有系统复杂性。其中一个环节出现问题就会借助风险传染导致整个系统出现波动，甚至带来系统性金融风险的爆发。由此可见，从系统工程的角度出发研究系统性金融风险的形成机理，具有天然的优势和重要的科学意义。第三，系统性金融风险具有严重的负外部性。系统性金融风险的爆发不仅会波及金融机构、金融市场，而且会影响整个社会的经济稳定、政治稳定等。这些问题反过来会进一步强化系统性金融风险，形成循环强化效应。因此，利用系统工程思维对中国金融风险的本质和规律进行研究，事关国家安全、发展安全和人民财产安全，具有重要的战略价值。

五、人类合作与冲突的博弈分析方法

《科学》杂志在创刊125周年之际，公布了今后1/4世纪亟待解决的125个重大科学问题。合作的演化，特别是人类社会中合作的产生和维持是其中最为重要的25个问题之一。近十几年来，大量关于合作的研究发表在《自然》《科学》《美国国家科学院院报》《美国经济评论》等自然科学和经管学科的顶级刊物上。2000年至今，这4个顶级期刊上发表的题目中包含合作的文章超过200篇。

合作行为在人类社会中广泛存在，它既是人类生存的基础，也是人类进步的驱动力。尽管其他物种之间也会彼此进行一定程度的合作，但是远没有像人类这样，具有如此灵活性和复杂性，并可以在大量不相识的个体之间展开。人类正是依靠合作，通过集体的力量抵御自然界的威胁，才从弱小走向强大，最终跃居食物链顶端，成为地球的主宰。

当今时代，随着经济的发展和人口的增加，整个社会逐渐形成了复杂的分工体系。在工业、商业、农业和交通运输业等各个领域中，个体间、组织间和国家间的分工协作越来越普遍。然而由于不同参与者可能有各自不同的目标，个体利益常常与集体利益发生冲突。如何促进群体合作并维持合作的稳定是经济学和管理学中的核心问题。

六、全球供应链建模和分析方法

英国著名物流专家马丁·克里斯托弗（Martin Christopher）教授在《物流与供应链管理》一书中对供应链进行了如下定义：供应链是指涉及将产品或服务提供给最终消费者的过程和活动的上游及下游企业组织所构成的网

络[2]。从全球化视野来看，供应链管理已成为企业参与全球市场竞争的主要战略，供应链系统运作也成为深刻影响人类社会生存与发展的关键问题，具体体现在三个层面。一是经济层面，通过全球化的协同运作降低采购、生产和运营成本；通过提高产品和服务提供的准时性与可靠性提升客户体验；通过资金流的合理规划增加利润杠杆、减少固定资产并增加现金流量。二是社会层面，通过促进全球化商品流通和社会化分工，提高人类的生活质量和生命健康水平，创造就业机会，同时也间接促进了人类精神文化自由和发展。三是环境层面，通过全球资源的优化配置与可持续运作，减少了能源使用和环境污染的机会。因此，对供应链系统运作问题的研究有利于推进全球经济、社会、环境的协调发展，具有重要的理论价值和实践意义。

我国对发展供应链十分重视。2016年印发了《中华人民共和国国民经济和社会发展第十三个五年规划纲要》，要求"牢固树立和贯彻落实创新、协调、绿色、开放、共享的新发展理念"；要求"以提高发展质量和效益为中心"；要求"以供给侧结构性改革为主线，扩大有效供给，满足有效需求，加快形成引领经济发展新常态的体制机制和发展方式"。作为一类重要的复杂经济管理系统，供应链成为新常态下供给侧结构性改革的重要组成部分，不仅是国家宏观经济政策的重要规制对象，而且是现代企业管理的先进理念与重要模式。中国企业的供应链运作方式近些年有着长足的进步，涌现出一批以互联网经济为特色的供应链企业，如阿里巴巴、京东等。中国本土的供应链管理研究需求十分强劲，我国供应链管理研究也取得很大进步，但科学技术日新月异、市场拉式生产变革、供应链整合趋势等因素不断增加供应链系统复杂性，这无疑是对现有供应链管理体系的严峻挑战。我国作为世界制造业中心，需要为供应链主导企业整合与创新供应链的通用模式提供具有实际或启示意义的研究探索，为互联网时代的供应链管理体系重构和发展提供一个更为完整的理论框架。

七、城市生态环境管理系统工程

城镇化进程促进了我国经济的持续增长和综合国力的大幅提升，同时也带来了诸多生态环境问题，制约着社会经济的可持续发展和人民健康与福祉[3,4]。城市作为一个多元复合系统，其生态环境问题与经济社会要素存在交织和耦合的复杂性特征，需要多学科和领域的交叉研究与实践。实践表明，实现城市生态文明建设与高质量发展必须结合生态环境科学原理和管理学方法，运用系统工程手段协调生态环境和社会经济活动的耦合关系，增强城市韧性，减少城市建设的生态环境负外部性，推动实现智能化生态环境管理和人与自然高度和谐的创新型城镇化建设目标。

城市生态环境管理是公共管理的核心内容之一，与生态学、环境科学、公共管理学、经济学、系统科学等学科之间关系紧密，对各学科发展都有促进和补充作用。发展城市生态环境管理不仅契合国内外绿色可持续发展主题，对促进其他学科和技术发展、服务国民经济和社会稳定也具有重要意义。城市生态环境管理涉及科技发展战略多个重点领域和优先主题，具有突出的发展战略价值。在国家需求中，国务院印发的《国家新型城镇化规划（2014—2020年）》中指出了城市生态环境管理不足引发的一系列问题。在研究实践中，健全协同化、智能化生态环境管理体制，将提高城市生态建设能力；提升城市监管和污染物协同治理水平，将有效解决城市大气、水、土壤等环境污染问题。综上所述，现代化的城市生态环境管理体系，是新时代我国城市发展转型和高质量发展的必要条件，也是经济增长、社会安全和国家稳定的重要保障。

八、农业系统工程

农业系统工程是系统工程的理论和方法在农业中的应用。它是以系统思想为指导，定性和定量相结合，各种理论、方法与技术综合集成，以总体最优为目标来研究农业系统的规划、设计、开发、生产、组织、管理、调整、控制与评价等问题的一门交叉学科，即

农业系统工程 $\triangleq$ 系统科学 $\cap$ 农业科学 $\cap$ 生态学 $\cap$ 经济学管理学 $\cap$ 工程技术

它包含现代科学的系统论、信息论与控制论，并借助电子计算机对农业系统进行数据处理、预测、建立与选择优化方案。

农业系统工程的研究对象主要是农业，进而也会扩展到农村。农业是一个生态经济系统，农村是一个生态-社会-经济的复合系统。因此，对农业农村系统问题的研究缺少不了系统的思考与系统工程的方法。

农业系统工程的科学意义在于它能科学地认识、分析和开发农业系统，还在于它在此过程中能够丰富系统工程的理论与方法。农业生产是依靠生物群体来生成产品，生物种群之间相互依存和制约。农业生产又离不开水、土、光、热、气等。人类在利用生物相关属性的同时，还要对其进行控制和改造，这就要涉及水利、肥料、土壤改良、良种繁育、田间管理以及使用农

业机械等一系列技术措施，农业生产还要受到社会经济条件的影响。可见，农业系统是一个包含农业技术、农业生态与社会经济的多层次的大系统，具有大型性、复杂性、多学科性、开放性、风险性等基本特征。对农业系统要做到有效控制，必须运用系统论的观点和系统工程方法，这样才能揭示农业内部的本质规律和特征，做出符合自然规律和经济规律的正确决策；才能更有效地协调、平衡这些生物与非生物的因素，开发、利用、管理有限的农业资源，以取得农业系统的最佳经济、生态与社会效益。

农业系统工程的战略价值取决于农业作为国民经济基础的战略地位，以及农村在建设小康社会和我国现代化发展中的战略地位。用系统工程研究农业农村问题，是助力农业农村现代化的必然要求。

第二节 复杂经济系统建模与仿真模拟

复杂经济系统建模与仿真是随着经济理论、经济实践以及计算机技术发展而逐步发展起来的。经济系统建模研究起源于经济变量之间关系的实证研究，伴随经济理论的发展，以及经济运行过程中对经济变量之间关系不断反复的理解与再认识，大型经济系统的建模和实施自20世纪30年代便逐渐开展起来，从宏观经济的联立方程模型（simultaneous equation model）、行业间的投入产出模型（input-output model，I-O模型）到系统动力学模型（system dynamics model）、经济控制论模型（economical cybernetics model）、可计算一般均衡模型（computable general equilibrium model，CGE模型）、动态随机一般均衡模型（dynamic stochastic general equilibrium model，DSGE模型）等，经济系统的建模与仿真是一个从小型到大型，从线性机制到复杂机理的建模过程。这一过程中，体现出经济学、数学、统计学和计算机等多学科交叉、数据丰富性和计算技术的不断进步，以及经济理论与经济实践结合更为日益紧密等特点。复杂经济系统建模与仿真模拟整体框架如图9-2所示。

一、发展现状与发展态势

（一）经济系统建模与仿真的主要模型

经济系统建模与仿真的主要技术是对宏观经济系统进行定量分析和实现

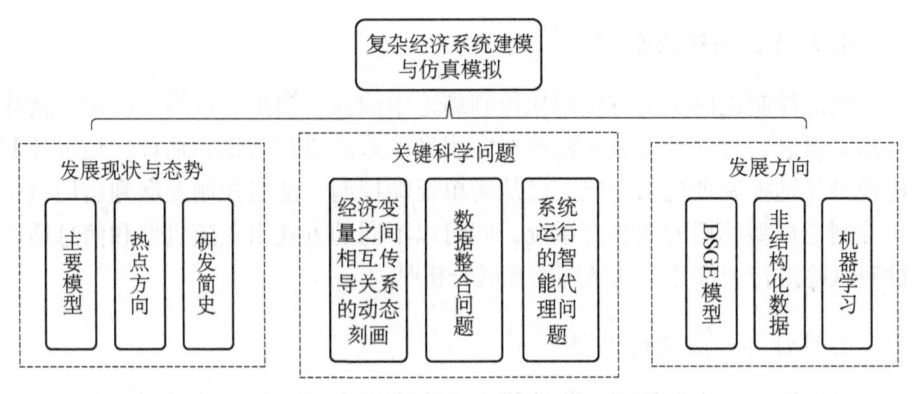

图 9-2　复杂经济系统建模与仿真模拟整体框架

最优控制，并将其作为一个系统进行建设，是以经济系统内部经济变量之间相互关系的机理、传导路径以及结构变化研究作为其建设的主要思想。现有以下模型。

1. 联立方程模型。

这是简·丁伯根（Jan Tinbergen）于 1938 年以荷兰和美国经济为研究对象建立的宏观计量经济模型，其核心思想就是基于经济理论和数学演绎揭示经济系统中各组成部分、各要素之间的数量关系。劳伦斯·克莱因（Lawrence Klein）所建立起来的 Link-模型[5]是联立方程模型中最具代表性的模型。

2. 投入产出模型

投入产出模型的核心思想是把投入作为一项活动的消耗，产出作为一项活动的结果，该模型则是研究经济系统中各个部门间表现为投入与产出的相互依存关系的一组经济变量关系的数量方程。投入产出模型可对基于结构变化的经济系统进行未来趋势预测，还可通过设定各类经济结构变化的情景假设对未来经济走势可能出现的不同结果做出预估，并给出国民经济各部门间投入与产出的相互依存关系和再生产的比例关系。

3. 系统动力学模型

系统动力学模型是根据系统论、控制论和信息论的原理所提出的处理高阶、非线性和多重反馈的复杂时变系统的仿真模型，利用 DYNAMO 仿真语言在计算机上实现对真实系统的模拟实验，从而研究系统结构、功能和行为之间的动态关系。

4. 经济控制论模型

经济控制论模型是应用现代控制理论中输入、输出、反馈、协调、优化等基本概念，建立经济数学模型对宏观经济系统进行辨识和估计。经济控制论模型伴随控制理论的发展，已从简单反馈控制、随机控制发展到运用自适应控制论模型模拟宏观经济系统，同时以不同的方式引入随机性和信息适应性对风险进行调整并对其敏感性开展分析[6]。

5. 可计算一般均衡模型

可计算一般均衡模型是借鉴投入产出模型中相互依存关系所建立的经济变量的数量方程，通过商品和要素数量与价格的调整建立的瓦尔拉斯（Walras）一般均衡理论的供需均衡模型，因此可计算一般均衡模型就是实现瓦尔拉斯一般均衡理论的计算过程。

6. 动态随机一般均衡模型

动态随机一般均衡模型的基本思想是它认为经济主体的行为是在一定的资源和技术等约束条件下，努力实现其自身利益最大化，在数学上为其对应目标函数最大化，这些经济主体包括居民、厂商、金融机构、政府和对外部门等[7]。

（二）经济系统建模与仿真的热点方向

经济系统在社会发展过程中从来就不是一个独立系统，从长期来看，经济增长与社会、自然环境密不可分，经济、生态与社会保持良好的协调关系才能促进经济社会可持续发展。正因为如此，近年来学术界对经济-生态-社会大系统研究给予较高热情，对其相互关系及其机理研究尤为关注。

大数据记录了经济人的各种活动，依据数据特征重新审视经济运行机理，即从大规模数据中有望发现以往忽略或未观察到的经济现象和经济特征。受数据和技术条件等因素限制，过去经济系统建模与仿真较少考虑系统外部因素对考察对象的影响。互联网环境下获取数据的便利性和数据管理技术的提高，可将经济系统内生变量和外部因素数据融合在同一系统框架内。

日益强大的计算能力，使得人工市场和平行计算成为可能。通过对异质性微观个体的行为设定，并进一步在微观大数据的基础上对微观个体的行为参数进行动态校准，从而实现从微观到宏观的涌现，为认知系统演变机理和政策调控效果的评估提供新的途径。

（三）我国经济系统建模与仿真研发简史

我国经济系统建模与仿真研发始于20世纪80年代末，最早应用于区域发展规划。大连理工大学、山西省自动化研究所和国际应用系统分析研究所合作完成了"山西省整体发展规划决策支持系统"（简称 DSS）[8]。20世纪90年代初，西安交通大学完成了"陕西省科技经济社会协调发展宏观决策支持系统 SXSES-DSS"的研制[9]。21世纪初，中国科学院农业政策研究中心与 IIASA 等单位在欧盟 INCO 项目的资助下，开展了"全球化和中国可持续发展决策支持系统"的开发。吉林大学与东北财经大学长期致力于宏观经济监测预警研究，研制的"中国经济景气指数"和"中国宏观经济预警信号灯系统"被国家若干经济管理部门所采用[10]，中国科学院预测科学研究中心为国家发展和改革委员会、中国人民银行等开发了一系列经济监测和政策模型系统。

二、关键科学问题

经济系统建模与仿真是一个集经济理论、数学模型、数据分析、计算机技术和管理工程等学科于一体的系统工程，其关键问题如下。

（一）经济变量之间相互传导关系的动态刻画

复杂经济系统的仿真系统中，有着大量各种经济指标与数据，而且这些经济变量之间的关系一直处于演化之中。经济系统的仿真模型不同于工程系统的仿真模型，其最大的难点在于经济变量之间作为系统模型既应能体现不同时期经济结构的变化，还应将这些变化作为新的经济关系引入系统模型。

（二）数据融合问题

在大数据背景下，经济社会数据日益丰富，获取途径十分便捷，特别是共享资源的扩大使得经济社会领域数据更是浩如烟海。丰富的数据在为经济系统建模和实证分析提供便利的同时，也使得数据更加复杂化，如数据形式多样化、数据结构的差异性增大和数据变异性加快，不同形式、不同结构与不同频度的数据如何融合是经济系统建模与仿真的另一关键问题。

（三）系统运行的智能代理问题

在现有的众多决策支持系统中，由于经济系统的仿真系统数据量大、应用面广、数据更新频繁，因此较少采取由数据驱动业务问题。当系统数据库中的数据发生变化时，如何利用数据触发器，系统自动推送新数据到应用模块中，而且对用户发出系统数据更新的提示信号，实现数据实时更新计算，提高数据驱动业务的能力，是另外一个关键问题。

三、发展思路与发展方向

2008年全球金融危机爆发后，越来越多的学者开始关注到DSGE，其开放性的系统模型框架可以引入多种不完全市场结构和摩擦（或扭曲）。国内学者开展了一些学术研究，如利用DSGE研究中国货币政策效应与传导机制[7]、财政政策效应与传导机制[11,12]等，但尚未形成具有一定可重用性的应用系统。

在经济研究中，运用结构化经济数据对经济问题的量化研究或定量分析越来越成熟，应用也越来越广泛。但是，目前关于经济非结构化数据的研究和分析较为少见，例如，如何利用网络舆情关于公众对经济预期进行识别和判断研究较少，因此在经济系统仿真系统研发中可将非结构化数据研究作为重要研究方向。

机器学习具有获取新知识和重新组织知识结构并使之能够不断完善的技能[13,14]。从数据发现角度可将机器学习作为经济仿真系统中一个重要的数据分析方法，将此方法与经济机理分析结合起来，有助于对经济运行特征和趋势变化进行把握。

第三节　计算实验金融方法

计算实验金融方法的整体研究框架如图9-3所示。

一、发展现状与发展态势

在讨论计算实验金融的思想和发展过程中，文献[15]对计算实验在经济和金融中的应用情况进行了详细的综述与评价。在二十余年的发展过程中，

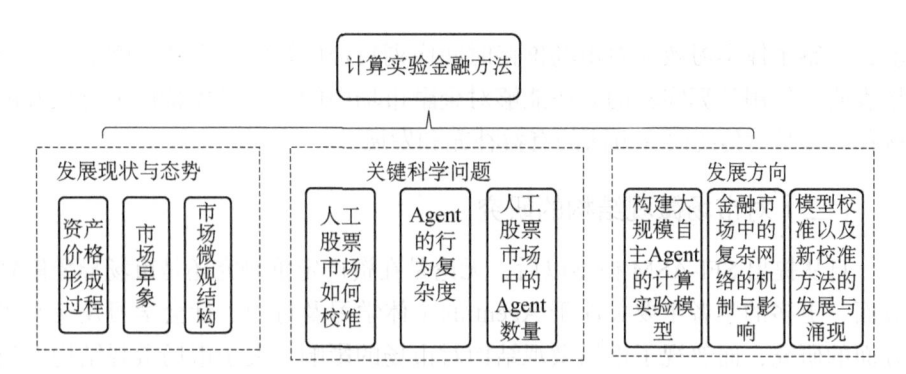

图 9-3 计算实验金融方法的整体研究框架

产生了众多的人工股票市场模型，对于计算实验的研究概括来说可分为以下几个方向。

（一）对资产价格形成过程的探求

对理性预期均衡的讨论是直接导致人工股票市场产生的重要研究需求。最初的人工股票市场应该是 1989 年美国圣塔菲研究所开发的人工股票市场（Santa Fe institute-artificial stock market，SFI-ASM）模型。建立人工股票市场模型的初衷是，关于自适应 Agent 是否能够实现市场中的理性预期均衡的讨论。亚瑟（W. B. Arthur）等学者[16]利用 SFI-ASM 平台对资产定价及价格的时间序列特性进行研究。其后利维（M. Levy）等学者在其开发的计算实验平台上同样进行了类似的研究[17]。以上的这些研究中构建的平台，在今天看来也许并不复杂，却给研究者提供了一个跨越传统金融经济学研究范式的新视角。

（二）对市场异象的解释

20 世纪 80 年代以来，众多学者在研究市场价格序列的过程中，发现了尖峰厚尾、过度被动、波动聚集等市场异象。在对这些异象的解释过程中，计算实验与行为金融学相结合，借鉴行为金融学的研究成果对 Agent 的行为进行构建，并观察 Agent 的学习、偏好、信念等因素是否能够对市场中的这些异象进行解释。例如，勒克斯（T. Lux）[18]通过计算实验的方法，研究了羊群效应、泡沫等市场异象特征的形成，并通过构建一个具有异质交互 Agent 的人工股票市场，对收益率的后尾分布现象进行了研究。勒巴隆（B. LeBaron）等学者[19]利用 SFI-ASM 平台，通过改变 Agent 遗传算法的学习速

（1）构建大规模自主 Agent 的计算实验模型，研究金融系统复杂演化规律。由于设备运算能力和研究者建模技术的限制，运行在桌面系统上的 ACF 模型中自主性 Agent 的数量比较有限，种群的形成和网络的演化特性并不显著。即便是已有种群和网络演化的研究，也常常需要研究者"外生地""先验地"设定一些种群的类型和指定复杂网络的类型。在设备运算能力不断增长、建模手段日益增强的条件下，将种群和网络内生性演化规律等因素也纳入计算实验金融研究的分析框架将可能是未来研究的重要趋势和热点前沿。

（2）金融市场中复杂网络的机制与影响。在互联网时代背景下，股票论坛、财经博客、微博等新型沟通方式的出现与普及使个体间的信息交换变得更加快捷，但同时也使股票市场的信息扩散网络结构变得更加复杂。互联网已经给股票市场信息扩散过程带来了根本性变革。另外，随着金融创新的不断深化，各大金融机构之间通过相互持股、借贷等资金联系构建起的复杂资金网络已经变得日益复杂和密切，但与此同时，金融系统的脆弱性也与日俱增。在复杂金融系统中，复杂网络往往并不是单独发挥作用的，它们之间也存在着相互影响的关系。金融市场中的信息与资金之间是密不可分的。因此，如何将复杂信息和资金网络"有机地交织在一起"，将二者纳入同一个分析框架，研究信息扩散与资金交互网络对资产定价的影响，将是本领域未来研究的一个重要方向。

（3）模型校准以及新校准方法的发展与涌现。要建立如此大规模且复杂的计算实验模型，模型的校准显然是一个十分关键的问题。目前针对模型校准问题的研究和思考尚未提出非常完善的解决方案，这成为制约 ACF 领域进一步发展的因素，也是该领域目前面临的主要问题之一。这就需要以创新性的校准思想、原理与方法来推动领域走向成熟。然而，近年来随着金融物理学研究的进一步活跃，使得在数据分析层面更加关注对数据本质特征的挖掘，而其建立的大量非线性数据处理工具也为计算实验模型的校准提供了一种新的研究思路。

第四节 金融网络建模与分析方法

金融网络建模与分析方法的整体研究框架如图 9-4 所示。

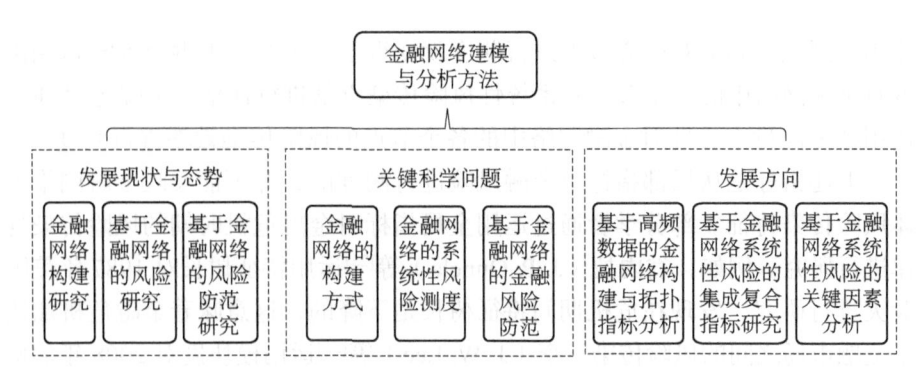

图 9-4 金融网络建模与分析方法的整体框架

一、发展现状与发展态势

现实的经济金融系统往往具有巨大且复杂的网络结构，近年来，越来越多的实证研究表明实际构建的经济金融网络节点度往往服从幂律分布，整体网络具有典型的异质性，运用网络方法可以较好地刻画系统的关联网络特征、分析金融市场的动态变化、洞悉风险演化规律并构建相应的风险防范策略，进而提高金融风险管理水平。

（一）金融网络构建研究

目前，对于金融网络的构建方式主要有三个视角。第一个视角是把每一个金融市场看作金融网络的节点，利用它们价格之间的关联性构建得到金融网络。通常来说，运用价格之间的关联性构建得到的金融网络有四种形式：无向无权的网络、无向加权的网络、有向无权的网络、有向加权的网络。

第二个视角是根据金融主体资金（贸易）往来关系构建金融网络，如金融衍生工具网络、贸易网络、交叉持股网络、全球移民汇款网络。

第三个视角是根据银行的资产-负债表，运用最大熵法或者最小密度法构建金融网络。

（二）基于金融网络的风险研究

根据图论有关知识，金融网络的拓扑结构大致可以分为四种，即规则网络、随机网络、小世界网络和无标度网络。在现实的金融网络中，前三种类型比较少，大多为无标度网络。在无标度网络中，绝大多数节点拥有较少连边，少数节点拥有边的数目较多。网络中的中心节点对风险传染起到决定性

三、发展思路与发展方向

金融活动的跨国化、证券化、杠杆化，以及交易手段的电子化，加速了信息的融合与传递，致使现代金融市场呈现紧耦合性、巨系统性、强关联性和高智能性等典型复杂网络特征。金融网络分析方法是利用系统科学与系统工程的方法论，从复杂网络的视角研究金融市场的动态特征与演化规律，是一门深度融合金融学、系统科学、网络科学、信息科学等产生的综合性交叉学科。针对金融网络建模与分析方法，以下提出几个值得考虑的优先发展方向。

（1）基于高频数据的金融网络构建与拓扑指标分析。目前运用金融资产价格的关联性、资金往来关系以及资产-负债表数据构建金融网络时，大多基于日度、月度或者年度的低频数据。金融市场是瞬息万变的，低频数据不能很好地刻画金融市场的剧烈波动。目前，越来越多的学者认识到，频率为小时、分钟甚至更短的高频数据包含了丰富的资产价格信息，在应用金融风险管理中得到了广泛的研究。此外，利用资产价格之间的关联关系构建网络是以市场有效为前提。根据上市公司是否存在投资关系建立的交叉持股网络时，是从投资视角对金融市场进行分析，不能很好地反映金融市场关联性全貌。根据银行资产-负债表构建银行同业拆借网络，但无法刻画银行与非银行之间的关联关系。将不同类型的数据所构建的金融网络结合起来，建立金融网络并分析所构建的网络拓扑指标将是未来研究的方向。

（2）基于金融网络系统性风险的集成复合指标研究。已有研究大多选取单一网络拓扑特征指标对金融网络系统风险进行分析，如度中心性、中介中心性、接近度中心性及特征向量中心性等网络的中心性指标；K-核、传染轮次等网络的层次性指标；网页级别值、意见领袖值等网络节点之间相互作用的指标。不同指标有各自的优势，也有各自的缺陷。只有少数学者利用其中个别网络拓扑特征指标对金融网络系统性风险测度的合理性进行了深入探讨。在选取恰当的单一指标基础上，构建复合指标可能是未来研究的方向。

（3）基于金融网络系统性风险的关键因素分析。金融市场受到宏观经济、市场因素、投资者行为等众多因素影响，价格波动较大且比较复杂。不同学者选取如汇率、利率、国债收益率等宏观经济指标，市值、换手率、账面市值比、杠杆、成交量和每股收益等财务指标，从东方财富股吧论坛、雪球网论坛以及新浪股票博客等投资者交流市场信息的重要平台挖掘相关信息，构建投资者情绪指标等来分析金融网络系统性风险的关键因素。但是，在实际问题分析中，因素影响并非考虑得越多越好，如何评价并科学筛选关键的影响因素，目前尚缺乏形成统一的研究框架。因此，找到合理方法筛选金融网络系统性风险的关键因素可能成为未来的一个重要研究方向。

第五节　金融系统性风险建模与分析方法

金融系统性建模与分析方法的整体框架如图 9-5 所示。

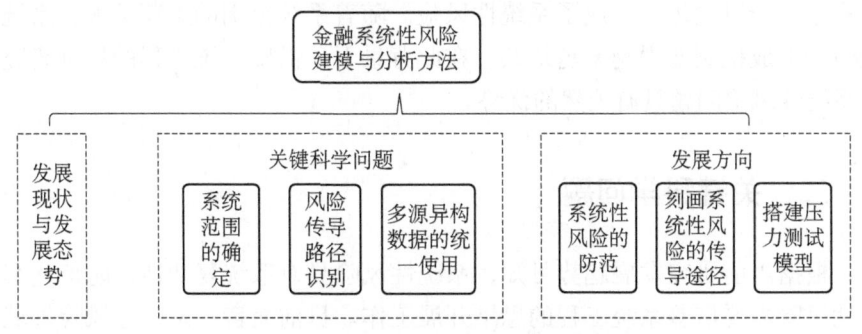

图 9-5　金融系统性建模与分析方法整体框架

一、发展现状与发展态势

早期文献以直接关联为基础构建银行间资产负债违约模型研究系统性风险[31, 32]，即以银行间直接债权债务关系为基础构建直接关联网络，然后给定外生冲击——某一家银行机构破产。此时，破产银行无法偿还贷款导致其交易对手面临同业损失。如果同业损失过大导致资本金耗尽，则会出现新的破产银行。以此类推，直接关联性导致银行机构破产风险在银行系统内部传染，增加了银行业系统性风险。

上述研究存在一定的不足，原因在于：一是，现实世界中银行机构出现破产的概率相对较小，以银行破产为设定的外生冲击过于严苛；二是，现实中银行危机爆发的概率相对较低，因此即使存在破产银行，也不一定会引发银行业系统性风险的快速上升。

在此基础上，部分学者对这一理论进行了改进，提出了更加贴近现实的理论。具体而言，银行机构的负债包括两部分，以居民、非金融部门存款为

- 275 -

代表的负债和以金融机构债权为代表的负债。前者是银行负债的主要来源，记为核心负债；后者以满足流动性需求为主，记为非核心负债[33, 34]。

间接关联性在系统性风险中具有重要的作用，具体原因包括两个方面：客观方面，银行机构追求利润最大化所带来的资产相似性；主观方面，银行机构存在"抱团取暖"的道德风险[35, 36]。在"抱团取暖"的动机下，银行机构通常乐于持有相似的资产组合。

系统性风险的本质在于跨机构、跨市场的风险传染效应。具体而言，银行机构之间相互作用形成银行系统，金融机构、金融市场之间相互作用形成金融系统，金融系统与实体经济相互作用形成宏观金融系统。系统内部各个要素之间的风险传染形成了系统性风险。随着系统范围的不断扩大，系统性风险的形成机制变得越来越复杂。在此背景下，借鉴系统工程的思维研究分析系统性风险问题具有天然的优势。

二、关键科学问题

根据当前研究发展趋势可知，系统性风险具有系统复杂性，防范化解系统性风险需要借鉴系统工程的思维开展工作。目前而言，系统性风险领域的关键科学问题主要包括以下三个方面。

（一）系统范围的确定

根据系统性风险的研究成果，银行部门是一个系统，整个金融市场组成范围较大的系统，金融市场和实体经济组合成更大的系统。不同范围的系统性风险具有不同的风险形成机理。因此，在研究系统性风险时，需要首先确定具体的研究对象。另外，不同子系统对整体系统的影响程度并不相同。具体而言，子系统的分类重点包括两种：系统重要性和系统脆弱性。系统重要性是指该子系统对整体的系统性风险具有重要的影响作用，是系统性风险防范的关注重点。系统脆弱性是指整体系统性风险对该子系统的影响作用最显著，是系统性风险化解的关注重点。因此，系统范围的确定是开展科学研究的关键问题之一。

（二）风险传导路径的识别

系统性风险的本质在于系统性，即机构、行业或者子系统之间通过经济金融活动具有紧密的关联。此时，某一地方出现风险，则可以通过多种途径进行风险的跨机构、跨行业或者跨系统的传导，最终表现为系统性风险的上升，因此风险传导路径的识别至关重要。该关键科学问题决定了人们对系统性风险的认知程度以及防范化解系统性风险时如何采取措施有效应对。

（三）多源异构数据的统一使用

用于刻画、识别系统性风险的数据复杂多样，既包括资产负债表数据、股票价格数据等微观层面的数据，也包括行业发展增速、利率水平、货币供应量和经济增长等宏观层面的数据。不同类型的数据在数据来源、数据频率和度量方式等方面具有显著的差异，如何从全局角度出发，利用多源异构数据搭建系统性风险的防范化解框架，以更高的站位、更宽的视野、更深的洞察来透过现象看本质，是系统性风险相关研究的关键科学问题。

三、发展思路与发展方向

基于上述对系统性风险的思考，未来系统性风险的相关研究应从以下三个方面进行优先发展。

（1）继续深挖系统性风险的形成机理，做好系统性风险的防范工作。目前，中国的系统性金融风险整体上得到了有效控制。但是，这并不意味着可以停止相关研究。在金融供给侧结构性改革的背景下，金融学者需要帮助监管部门解决"头痛医头、脚痛医脚"的政策实施反复波动问题，在系统性金融风险领域做出更加精细、更加具有前瞻性的研究，最终搭建中国金融风险监管措施的整体性、长期性框架，帮助中国金融体系更加稳定地发展，为金融服务实体经济发展提供坚实的基础。

学者们还需要从金融周期的角度出发，深化系统性风险的研究层次，提出逆周期、前瞻性的风险防范框架，尽量降低系统性风险爆发的救助成本是最有效的监管调控工作。当然这对学界和业界提出了更加严格的要求。

（2）综合结构模型和简化模型准确刻画系统性风险的传导途径。理论而言，不同于单家金融机构的个体风险，系统性风险的本质在于金融机构之间通过各种业务关联渠道进行风险的溢出和放大，导致多数金融机构或者金融市场普遍出现风险上升。因此，防范化解银行业系统性风险，需要从根本入手厘清银行体系的风险生成机理，确定关键的风险溢出途径，方能做到有的放矢、精准发力，在消除潜在风险源的同时，保证银行体系服务实体经济发展的根本要务，找到防风险与促发展的平衡点。

（3）在理论研究基础上搭建中国情境下的压力测试模型。防范和化解系统性风险的重要原则是，力求把风险和损失控制在最低层级、最窄范围、最低程度。但令人遗憾的是，现实问题永远比理论知识更加复杂、隐蔽。此时，采用压力测试的方式检验中国金融系统的稳健性，以及刻画特定冲击下系统性金融风险的爆发特征，不失为一种防范化解风险的有效措施。

当前，在国际上，我国面临中美贸易摩擦、欧美国家因经济缓慢而实施的宽松货币政策、中东国家的政治冲突等外部冲击；在国内，面临经济结构性调整、非金融企业金融化、债务问题严重等内部冲击。因此，中国金融系统所面临的冲击来源和种类与欧美国家存在着较大差异，欧美国家的压力测试模型仅能为中国防范化解系统性风险提供参考，无法成为中国金融系统的压力测试框架。如何结合我国的具体国情，合理构建中国基准的压力测试模型，是目前亟待解决的问题。

第六节　人类合作与冲突的博弈分析方法

人类合作与冲突的博弈分析方法的整体研究框架如图 9-6 所示。

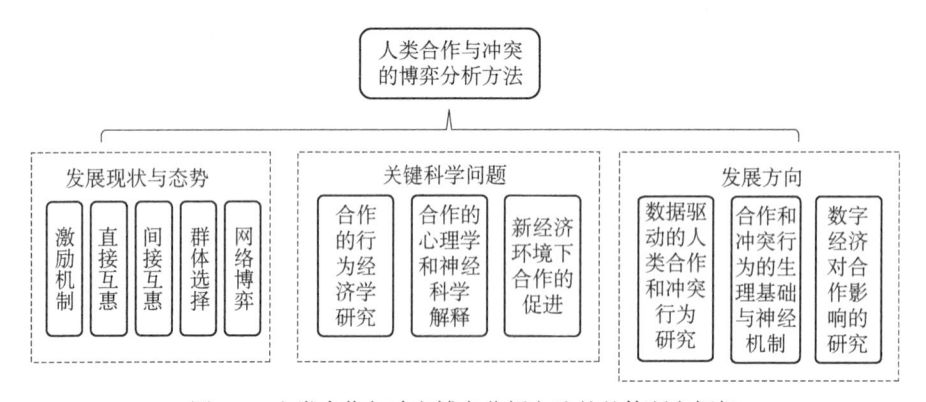

图 9-6　人类合作与冲突博弈分析方法的整体研究框架

一、发展现状与发展态势

在经济学和管理学界，对合作和冲突的研究一般采用博弈论方法。两人合作问题的经典研究范式是囚徒困境博弈。囚徒困境描述了个体利益和整体利益的冲突。从整体角度来说，选择合作对双方最为有利，但是从个人角度，不论对方如何选择，自己选择不合作都更为有利。另一方面，研究多人合作问题的一个经典范式是公共品博弈。它唯一的纳什均衡是所有参与者都不合作，这将导致社会整体收益最小化。近年来，囚徒困境博弈和公共品博弈被广泛地用于分析军备竞赛、核裁军、合作减排、商业谈判等问题，并对国际关系、经济、社会发展产生了深远的影响。其他研究合作和冲突问题的博弈模型包括雪堆博弈、猎鹿博弈、信任博弈等。

在人类社会中，最为常见的维持合作的方式是引入激励机制，奖励合作者，惩罚不合作者。除了外部激励，诺瓦克（M. A. Nowak）于2006年发表在《科学》上的综述文章系统地总结了5种能够促进合作的内生机制，分别是直接互惠、间接互惠、亲缘选择、群体选择和网络博弈。其中，直接互惠指重复博弈的参与者之间互相帮助；间接互惠指参与者根据对手的历史行为选择是否合作；亲缘选择指参与者之间存在血缘关系，博弈参与者倾向于选择具有亲缘关系的其他人进行合作；群体选择指博弈参与者面临其他群体的竞争；网络博弈指参与者之间存在特定的社会关系或经济关系网络。对这些机制的研究有助于理解合作行为如何在群体中产生和维持，并为促进社会合作提供科学指导。

（一）激励机制

如何设计合理的激励机制以提升群体合作水平一直是经济学和管理学领域的重要问题，并吸引了众多顶级经济学家的兴趣，代表性人物包括埃里克·马斯金（Eric Maskin）、罗杰·迈尔森（Roger Myerson）、埃莉诺·奥斯特罗姆（Elinor Ostrom）、埃尔文·罗斯（Alvin Roth）、让·梯若尔（Jean Tirole）、本特·霍姆斯特罗姆（Bengt Holmstrom）等诺贝尔经济学奖获得者。实际生活中，激励机制设计的理论研究对促进国家间和企业间合作产生了重要帮助，如世界贸易组织（World Trade Organization，WTO）、气候协定等都是经典的成功案例。

根据实施激励的主体不同，激励机制一般可以分为个体间激励和制度性激励。个体间激励是指博弈参与者互相之间进行奖励与惩罚。大量研究指出，基于个体间激励的奖励和惩罚可以促进合作[37]。然而个体使用激励时会导致自身收益下降，因此高收益的个体一般使用激励较少。另外，当整体合作水平较低时，惩罚的代价较高，此时参与者们往往不再愿意进行惩罚。这意味着个体间激励难以长期稳定地维持合作。

制度性激励是指通过第三方机构实施奖励和惩罚来维持群体中的合作行为。机构基于一个已定的规则运行，可以有效地解决个体间激励中参与者们没有动力实施奖励或惩罚的问题。但是与个体间激励相比，制度性激励需要额外费用来维持机构运行，从而导致整体收益下降。需要注意的是，尽管制度性激励的效率可能低于个体间激励，但是近期的研究发现，通过合理的机制设计[38]，大多数参与者还是愿意支付费用选择可以稳定维持合作的制度性激励。

（二）直接互惠

直接互惠研究指出，当博弈能够在参与者间多次重复时，可以通过使用针对性的策略，引导或迫使对手选择合作。早期对直接互惠的研究主要基于重复囚徒困境博弈。其中最为经典的策略是"以牙还牙"（tit for tat，TFT），即以首轮选择合作，并从第二轮开始严格模仿对手上一轮的选择。TFT 在无差错重复囚徒困境博弈中被证明是成功的，不仅能够获得较高的收益，还能够在博弈参与者间建立起稳定的合作[39]。但是当策略使用可能发生差错时，使用 TFT 会导致双方展开循环报复，此时比 TFT 更好的策略是"宽容的以牙还牙"（generous tit for tat，GTFT）。此策略要求当对手背叛时，下一回合仍要以一定概率合作。这种宽容有助于从由偶然发生的差错导致的循环报复中复原。基于演化博弈的研究指出，当参与人在重复囚徒困境博弈中可以记忆上一轮的信息时，"赢留输变"（win stay lose shift，WSLS）策略能够比 GTFT 更好地维持合作。WSLS 是一种试错学习策略，获得较高收益时保持之前的选择，收益低于预期时则改变选择。后续研究指出，即使参与者有更长的记忆长度，WSLS 类似的策略仍然能够有效维持合作。最新的研究发现了一类"零行列式"（zero-determinant）策略，能够在重复囚徒困境博弈中单方面决定对手的绝对收益或两人的相对收益[40]。使用这类策略，参与者可以迫使对手选择合作，并能保证在合作中获得比对手更高的收益。

在重复公共品博弈实验中，大多数参与者会在首轮投入近一半的资金到公共库，并且参与者们的平均贡献会随着轮次逐渐下降。另外，参与者们的合作倾向往往会随着其他人贡献水平的增加而提高，这种特征被称为"条件合作"（conditional cooperation）。最近的研究发现，重复公共品博弈实验中的大多数参与者既非完全条件合作，也非完全不合作，而是不完全条件合作。不完全条件合作者决策时会综合考虑个体利益和他人行为，他们的贡献值会略低于其他参与者的平均贡献。公共品博弈中的条件合作策略可以看作重复囚徒困境中的 TFT 策略的一个推广。重复囚徒困境中的其他经典策略（如 GTFT、WSLS 和零行列式等）也可以推广到重复公共品博弈中，并能够在特定条件下有效促进群体合作。

（三）间接互惠

与直接互惠相比，间接互惠着重于解释如何在陌生人间建立合作。在间接互惠框架下，博弈参与者在决策时能够获知对手的历史行为，并与使用合作行为较多的对手合作。换句话说，间接互惠建立起了一个声誉体系，保持良好的声誉有助于在未来获得更多的合作机会[41, 42]。理论和实验研究证实，提供对手的信息能够有效地促进合作。例如在囚徒困境博弈中，一个促进合作的简单的间接互惠策略是对参与者们的历史行为打分（image scoring），合作越多得分越高，并且参与者们在博弈中只与得分较高的个体合作。

在间接互惠框架下，维持合作的关键是如何根据对手的历史行为评估其声誉。一般来说，合理评估对手的声誉需要获取一阶信息和二阶信息。研究发现，在二阶信息情况下，有 8 种声誉评估规则能够促进合作。这些规则有一个共同点，与好人合作会有好的声誉，而背叛一个好人会带来坏的声誉。最新的理论研究发现，基于二阶信息建立评估规则就足以维持稳定的合作，更多的信息和更复杂的声誉评估规则对合作的帮助有限。

（四）群体选择

群体选择在 19 世纪一直是合作演化的主流理论。人们开展了广泛的合作，是因为合作有利于群体是有利的，只有通过集体的力量抵御自然界的威胁，人类才能够在生存竞争中存活。但是这个理论存在的不足，是难以解释在一个群体内部，个体利益和集体利益存在冲突时，合作是如何维持的。近年来，群体选择理论重新引起了学者们的关注，并发展出了多重选择理论[43]。这一理论的核心思想是外部压力能够促进内部团结。当多个群体之间存在竞争，并且收益较低的群体会被淘汰或被解散时，外部竞争能够促使群体内部达成稳定的合作，因为群体内的背叛会导致群体间竞争的失败。

（五）网络博弈

随着互联网的飞速发展，尤其是各种在线社交平台的普及，网络已经对人们的生活和社会经济发展产生了巨大的影响。复杂网络科学将个体抽象为网络的节点，用节点之间的连边表示个体间的交互作用关系。真实世界中的网络结构可以大致分为规则网络、随机网络、小世界网络和自由尺度网络四类，而人类社会中的网络结构更多地表现出小世界和自由尺度特征[44]。

大量理论研究指出，网络会对群体的合作行为产生显著影响。这是由于网络的存在能够帮助合作者聚集在一起，并逐渐孤立背叛者，进而引导群体走向合作。另外，通过改变某些网络指标（如平均邻居数、邻居分布异质性和连接的强弱等），也能够帮助提升网络博弈中的合作水平[45]。然而到目前为止，理论和实验之间仍然存在差距，特别是对固定结构的网络能否在真实环境下有效促进合作仍然存在争议。

二、关键科学问题

（一）合作的行为经济学研究

传统对合作和冲突的研究一般采用经典博弈论方法，假设个体完全理性。但是在现实中，由于信息不对称和认知能力有限等，个体的行为往往会背离纳什均衡。近年来，利用行为经济学方法研究合作和冲突已经成为经济学的主流方向之一，多位行为经济学家获得了诺贝尔经济学奖。目前最具挑战的问题是如何基于实际数据建立能够描述真实个体和群体行为的决策模型，然后以此为依据分析和评估不同机制对合作的促进作用。

（二）合作的心理学和神经科学解释

心理学研究指出，合作是理性思考和直觉等共同作用的结果，人们的合作行为受利他偏好、不公平厌恶、共情、社会规范、情绪等多方面的影响。如何解释亲社会偏好的产生，以及如何对这些偏好进行量化评估，是目前的研究难点。另外，神经科学的发展可以更好地帮助了解大脑如何感知和影响行为。借助于脑成像等神经科学技术，研究人类的决策机制，能够帮助建立决策的神经基础，揭示合作行为的本质原因。未来的一个研究方向，是通过心理学、神经科学、经济学交叉结合的方式，进一步揭示合作行为的生理基础和脑机制，并建立相应的个体决策模型，量化评估不同因素对合作的影响。

（三）新经济环境下合作的促进

随着科技的发展和社会的进步，信息技术革命带动的网络经济、共享经济、平台经济得到了蓬勃的发展。经济发展也带来了新的问题，如行为和生活方式的改变、环境污染、社会矛盾加剧、人口流动性增加等。这些因素如何影响社会合作，以及如何设计合理的管理和监督机制，是当前面临的具有挑战性的问题。因此，有必要系统分析社会、经济和信息网络如何影响个体与群体的行为，以及如何设计合理的机制维持合作稳定和缓解社会冲突。

三、发展思路与发展方向

目前，人类合作和冲突的国际前沿研究主要包括以下三个方向。

（一）数据驱动的人类合作和冲突行为研究

近年来，从实验和实证数据出发，综合博弈论与行为经济学方法研究人类的合作和竞争已经成为经济学及管理学的主流方向之一，2017年和2019年的诺贝尔经济学奖均授予了行为和实验经济学家。此外，世界各国政府也高度重视数据驱动的人类行为研究。例如，美国国防部2015年将"基于社交网络的人类行为的计算模型研究"列入未来重点关注的六大颠覆性基础研究领域之一。合作和冲突研究中最具挑战的问题是如何基于实际数据，结合经济学和计算科学方法，建立能够准确描述真实个体和群体行为的模型，然后以此为依据分析和评估不同机制对合作的效果。

（二）合作和冲突行为的生理基础与神经机制

合作是与人类共存的基础性行为，已经写进了基因，形成了意志。合作行为具有普遍的多样性，单一的研究模式难以奏效，需要采用多方面研究手段的综合。当前的一个关键科学问题是通过经济学、心理学、神经科学、演化生物学等交叉结合的方式，揭示影响人类合作的生理基础和神经机制。基于交叉学科的研究指出，合作是理性思考和直觉等共同作用的结果。人们在决策时不仅会计算得失，而且会受到个体偏好、共情、社会规范、情绪等的影响。近年来，学者们已经开始借助脑成像等神经科学技术，研究人类合作行为的神经机制，并探索影响合作行为相关的脑区。

（三）数字经济对合作影响的研究

随着科技的进步，数字经济已经成为引领经济社会发展的先导力量。从全球来看，数字经济被公认是拉动经济增长的一个重要引擎，数字经济发展的规模和质量已成为衡量各国竞争力的重要标志。通过互联网对资源实现有效配置，符合创新、协调、绿色、开放、共享的新发展理念，有利于促进经济社会发展。如何准确刻画网络经济、共享经济、平台经济等新经济对社会合作的影响，并设计合理的管理和监督机制，是当前经济学和管理学研究中最为前沿和最受关注的问题之一。

第七节　全球供应链建模和分析方法

全球供应链建模和分析方法的整体研究框架如图 9-7 所示。

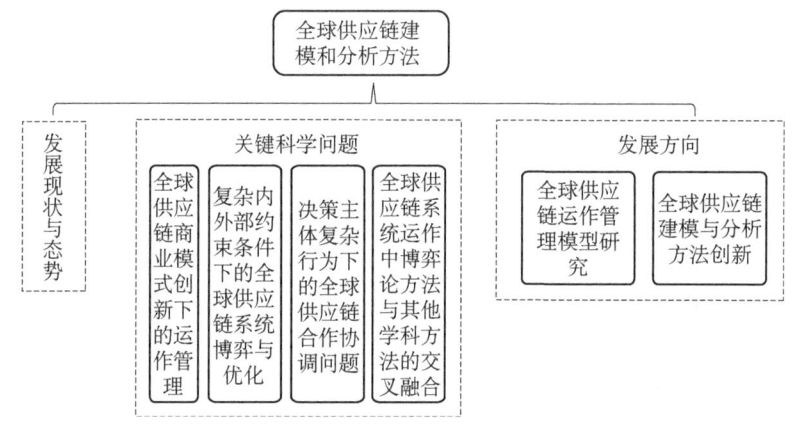

图 9-7　全球供应链建模和分析方法的整体研究框架

一、发展现状与发展态势

全球供应链建模和分析方法研究可以大致划分为两个阶段。一个阶段是 2005 年以前，这个阶段的研究侧重于提供各类优化理论工具和方法来帮助决策者解决供应链系统运作中战术性的管理决策问题，这类问题包括生产系统规划、产能投资与配置、采购管理、联合定价与库存决策、物流管理等。另一个阶段是 2005 年之后，这是供应链系统博弈理论的发展阶段。该阶段是对第一个阶段研究的对象、问题、目标和理论工具的进一步完善、拓展和细分，涌现出一些更贴近供应链运作管理实际的博弈模型和方法，例如从两人向多人[46]、单目标向多目标[47]、完全理性向差异化价值观[48]、确定向不确定[49]、单周期向多周期[50]方向发展的研究。基于以上分析，结合卡雄（G. P. Cachon）等人关于运作管理领域的前瞻性研究[51]，我们把全球供应链建模与分析方法理论发展的新特征归纳为以下6个方面。

（1）基于特定应用领域的研究。全球供应链研究学者倾向于将研究视角投放在某个经济领域的核心问题上，而且以医疗、零售与能源领域为重点研究对象。

（2）叠加社会性因素的供应链系统博弈。不再注重单一地追求经济利益（即物质）的最大化，更多考虑文化、环境责任、人道主义等其他社会性因素[52]。

（3）叠加决策者行为的供应链系统博弈。利用"有限理性"人概念与前景理论，从"行为"视角，综合考虑决策主体（即局中人）的直觉判断、得失厌恶、参考点、期望目标、感知与体验等，研究供应链系统主体的行为博弈问题[53]。

（4）供应链系统合作的最优决策与效用分配。竞争与合作逐渐取代纯粹的对抗与非合作，成为供应链系统管理的重要模式，也是供应链系统从非合作博弈到合作博弈"范式变迁"之本。相关研究覆盖供应链的设计、生产、流通、消费、回收等各环节的合作模式、联盟决策与效用分配[54]。

（5）供应链末端的博弈机制。研究供应链末端市场及运行机制，以及末端经营节点与消费者之间的衔接管理问题，如策略型消费者行为研究、线上线下渠道竞争问题、流通资源布局、各类商务平台运作机理研究（如亚马逊销售市场、弗利普卡特、淘宝、优步、滴滴等）等。

（6）多学科交叉的理论方法研究。近年来，学术界涌现出一批体现决策科学、运筹学、系统工程等经典方法与博弈理论交叉、博弈论内部多方法之间交叉融合的创新理论成果，如纳什均衡与斯坦克伯格博弈和合作博弈的融合、双体博弈理论[55]。然而，目前的方法理论研究处于渐进式发展状态，缺乏像纳什均衡理论那样的突破性成果。

二、关键科学问题

作为研究冲突和合作的重要工具，博弈论成为供应链管理研究的主导性方法。因此，可以以博弈论为核心列出全球供应链建模与分析方法研究的关键科学问题。

（一）全球供应链商业模式创新下的运作管理

全球供应链商业模式创新体现在供应链主体价值创造方式的变化，如怎样获取、配置和管理资源，如何应对风险等。在全球供应链创新商业模式背景下，解决这些问题需要发展新的管理科学理论与方法，因为新模式往往涉及更多的运作主体、更多元的优化目标和更复杂的外部环境，传统优化模型很难甚至无法获得具体的计算结果，故而出现很多NP难问题。因此，如何在传统商业模式的理论模型和分析方法的基础上，发展出一套能够表达创新商业模式元素的数学研究范式，进而通过决策优化、博弈论等方法刻画这种商业模式下可能存在的复杂多变的冲突、合作及发展问题，是亟须解决的关键科学问题。

（二）复杂内外部约束条件下的全球供应链系统博弈与优化

在经济管理系统复杂性日益增加的背景下，全球供应链系统受到内外部约束因素的影响愈发显著。供应链的外部约束主要涉及政府、社会组织、竞争对手等利益相关者的作用。面对这些外部因素，企业在追求盈利的同时还需平衡各利益方的需求，且其决策与供应链其他参与者的策略紧密相连。不恰当的决策可能会对供应链的运行效率产生重大的负面影响。因此，深入分析外部约束对供应链成员决策的影响至关重要。基于此分析，构建供应链成员间的合作与竞争博弈模型，探究外部约束如何塑造供应链主体的决策行为，是确保供应链高效运作的关键研究课题。供应链内部约束包括价值创造能力、供需关系、联盟结构、谈判能力等因素。例如，供应链中联盟的形成过程和联盟格局，容易受到各种社会经济关系结构嬗变的影响。从理论层面来看，要解决现实中复杂多变的内外部约束下的供应链博弈问题，不仅需要借助经典博弈理论，更需要利用近些年发展的包括联盟博弈、层次博弈、网络博弈、双合作博弈等在内的创新研究成果，并在此基础上发展创新，是亟须解决的关键性科学问题。

（三）决策主体复杂行为下的全球供应链合作协调问题

随着经济全球化与一体化发展，供应链系统中的竞争与合作逐渐取代纯粹的对抗与非合作，并且成为供应链运作过程中的重要模式，如产品的合作开发、协同制造、销售联盟、整合物流等。对比竞争模式，供应链系统运作的合作过程中主体自身行为与主体间交互行为具有完全不同的表现特征，对合作联盟的形成、联盟的形式以及最后效用的分配都有重要的影响。因此，考虑主体自身行为与主体间交互行为复杂性的供应链合作博弈模型，取代了传统的非合作博弈模型，成为近期和将来相当长一段时间的研究热点与发展趋势。针对这类模式，主要关键问题在于如何刻画体现主体自身行为与主体间交互行为复杂性的效用函数，如何求得符合公理原则与供应链合作特征的效用分配解等。

（四）全球供应链系统运作中博弈论方法与其他学科方法的交叉融合

全球供应链系统与日益复杂的外部环境不断发生要素交换，对信息采集、信息监控、环境评估、经济与社会统计等相关理论与方法技术提出了更高的要求。供应链系统内部众多要素之间的交互行为与交互作用的复杂性显著增加，除了运用博弈论对其内部竞争与合作行为进行深度分析之外，还需要有全局视角，发展先进的涉及多主体、多目标、多属性优化理论与方法对要素进行统筹规划与合理布局。人工智能、大数据、云计算、区块链等多领域相关理论与科学技术的快速发展改变着供应链系统内部局中人交互方式，也推动了多学科之间的交叉融合创新。这其中需要解决的关键问题包括但不限于：如何论证不同学科的理论与方法与供应链博弈模型融合的合理性与适用性？如何结合供应链系统的实际运作背景，对相关理论与方法进行调整或修正？如何评价多理论和方法交叉融合的应用效果？

三、发展思路与发展方向

（一）全球供应链运作管理模型研究

全球供应链本身是一个盘根错节、高度复杂且不那么透明的系统。加之，世界的经济与政治格局正在发生重大变局，全球商业竞争程度与风险概率均呈指数级增长趋势。因此，为了实现全球供应链运作管理效率的升级，建议优先发展以下方向：①全球供应链运作风险发生与应对机制研究；②国内国际双循环新格局下全球供应链运作管理创新；③考虑决策主体复杂行为的全球供应链运作管理研究；④全球供应链运作恢复机制研究。

（二）全球供应链建模与分析方法创新

在全球供应链运作过程中，决策主体面临的供应链系统涉及更多经济门类，系统要素更加复杂多变，基于理想假设和高度抽象的经典理论方法更加难以预测或解释系统中的复杂交易行为和真实异常现象，迫切需要发展和创新全球供应链建模与分析方法，以解决全球供应链中层出不穷的各类管理问题。因此，建议优先发展以下方向：①全球供应链多主体运作的非合作博弈理论研究；②全球供应链多主体利益协调的合作博弈理论研究；③全球供应链非合作-合作博弈的交叉融合；④全球供应链决策优化与合作博弈理论的交叉融合。

对于全球供应链建模与分析方法，竞争择优和稳定支持是支持与资助这类研究的两种主要模式。竞争择优作为各国科学基金普遍采用的资助模式，具有资助学科均衡性、资助对象优秀性、资助机制多样性的特点，同样实现了稳定支持的效果。资助对象为通过同行评议遴选的具有某一学科的专精研究基础又有交叉学科背景的基础科研人才。鉴于目前的资助机制存在一定程度的过度竞争、针对供应链系统性理论科学问题资助不足等问题，建议在自主选题的基础上，建立围绕重要核心科学问题的、健全良好的长期资助机制。

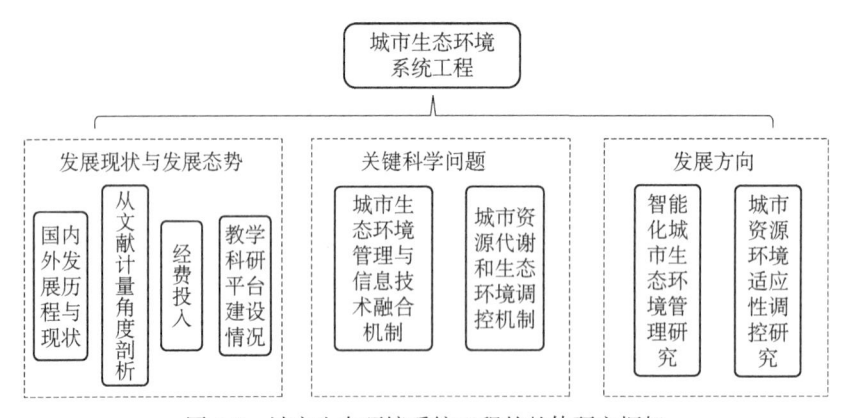

第八节 城市生态环境系统工程

城市生态环境系统工程的整体研究框架如图 9-8 所示。

图 9-8 城市生态环境系统工程的整体研究框架

一、发展现状与发展态势

城市生态环境问题伴随快速城镇化发展在短时期内集中爆发，突出表现在各类生态环境问题之间的耦合交织，使得城市生态环境问题变得更加复杂与尖锐[56]。近年来，尽管我国生态环境的总体状况逐步好转，但城市生态环境压力仍处于高位，生态环境问题以更为复杂的形式出现。城市生态环境管理研究的兴起为解决复杂的城市生态环境问题提供了有效的方案。

（一）城市生态环境管理的国内外发展历程与我国生态环境管理现状

城市生态环境管理的发展历程根据时代和发展需要，从以污染防治为核心的环境管理发展为生态环境综合管理。其根据阶段性管理的核心任务可以分为四个阶段，即城市生态环境管理萌芽阶段、环境管理和生态建设初级阶段、循环经济和产业生态管理阶段，以及生态环境系统工程管理阶段。

城市生态环境管理萌芽阶段始于18世纪，改良主义者所提出的"公社新村"、英国规划师霍华德（E. Howard）提出的"田园城市理念"等规划和建设理念是城市生态环境管理的雏形与萌芽阶段。20世纪70年代，城市环境问题伴随城市化进程的加快日益严重，世界各国普遍重视并进行了初步的环境管理，即以控制大气、水体污染等环境单要素和生态破坏行为为主的末端治理。自此，城市生态建设理论和管理研究蓬勃发展。1990年召开的第一届国际生态城市研讨会标志着城市生态建设进入初级阶段。会议提出了伯克利生态城计划、旧金山绿色城计划、丹麦生态村计划，并发布了未来生态城市建设十条计划。早期城市生态环境管理属于黑箱管理模式，忽视了城市生态系统运行过程、机制与功能。

随着循环经济理念的成熟，生态环境管理进入循环经济和产业生态管理阶段，模式也由黑箱模式向网络式转变，即对城市不同区域和部门之间能源、资源和产业特征进行系统分析与组合，并融入循环经济理念，通过生命周期分析和生态管理，达到优化城市系统结构和提升资源能源利用效率的目的[57]。近年来，城市生态环境管理进入系统工程管理阶段，引入了大数据分析和人工智能算法，融合经济、政策、技术、文化与资源环境，建立智能化生态环境监管平台，模拟生态环境适应性调控机制，实现资源高效利用和社会经济高质量发展[58-60]。

当前，我国城市建设逐渐尝试改变过去资源能源被动适应城市发展水平的发展模式，考虑用地的生态适应性以及城市开发对生态空间和生物多样性的侵扰，从城市自身规划转向了城市和周边区域的共同协作，以实现整体区域的可持续发展。我国城市生态环境管理虽然发展迅速，但仍存在如污染防治体系不够全面，生态环境破坏行为整治有所遗漏，管理体系智能化发展仍处于初期，管理系统科学与工程体现不足，区域协同管理政策不全面以致城市间资源调配和污染排放存在不公平现象等问题[61]。此外，虽然城市生态环境建设正逐步形成较为科学的理论和方法体系,但是城市生态规划与现有城市规划体系之间缺乏有机的融合,缺少反映城市实际的具有可操作性的规划标准,需要更创新的融资模式、系统化设计、分散式方案、持续的运营和维护管理及数字化来全面实现城市生态环境系统工程建设。

(二)从文献计量看城市生态管理领域的发展态势和国际地位

本文基于文献计量分析方法,运用 VOSviewer 关键词突变、聚类和文献引证关系分析工具,梳理总结有关城市生态环境管理研究的 1297 篇科学网络核心合集英文文献,揭示该领域在国际上的发展态势。检索数据库选择科学网络核心合集,检索时间跨度为 1990~2020 年,数据库更新时间为 2020 年 1 月 14 日。

如图 9-9 所示,城市生态管理领域从 21 世纪后发文数量大幅增加,早期在该领域研究发文量较多的是加拿大和丹麦。总体发文量排名前五的国家分别为美国(348 篇)、中国(257 篇)、澳大利亚(106 篇)、英国(92 篇)和西班牙(75 篇)。

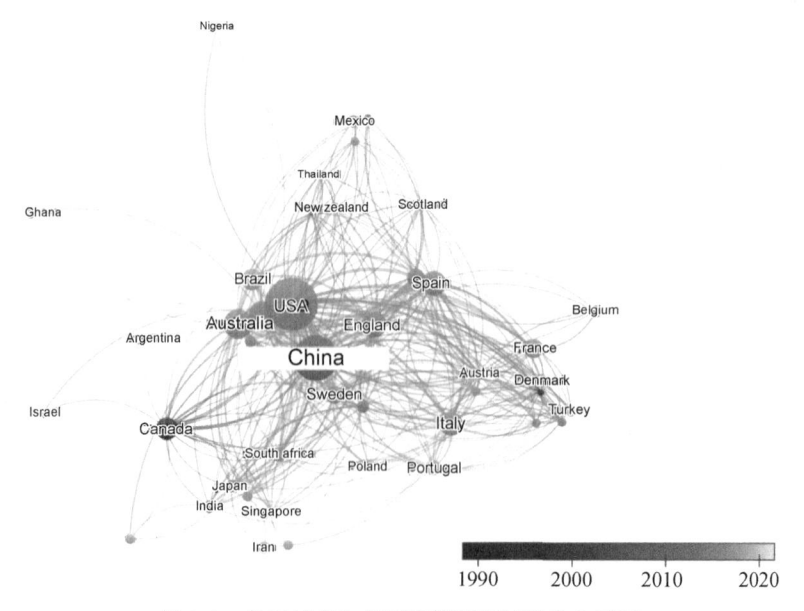

图 9-9 各国城市生态环境管理领域的发文情况

从图 9-10 可以看出,城市生态环境管理的研究热点领域集中于生态环境科学与工程、城市化研究、生物多样性保护、水资源保护、公共管理、生态系统服务、可持续发展以及气候变化等。其中,将城市化与生物多样性、管

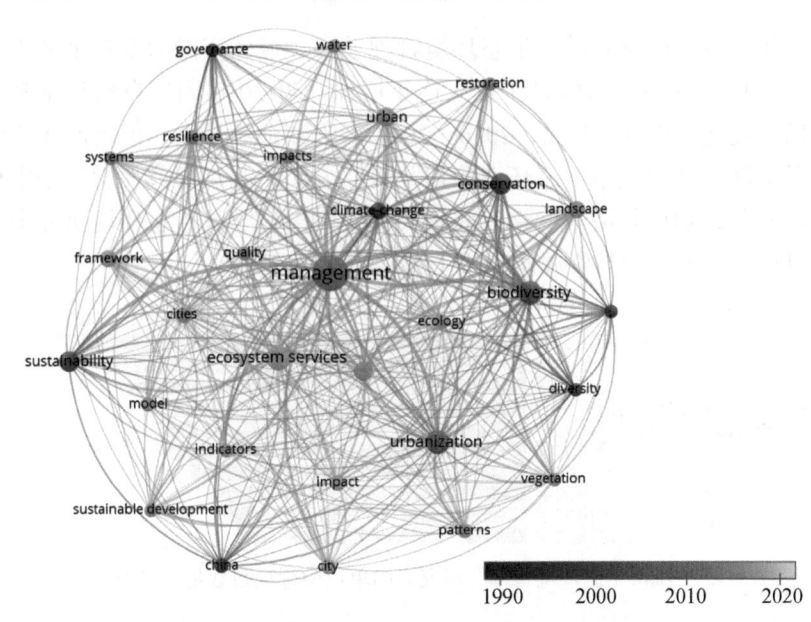

理、发展模式、生态系统服务进行关联的发文量较多。

图 9-10 城市生态管理研究热点领域关键词

通过可视化分析，从图 9-11 可以看出，各研究机构之间的关联合作非常多，中国科学院、美国林务局、墨尔本大学、马里兰大学和斯德哥尔摩大学与其他机构的合作较多。

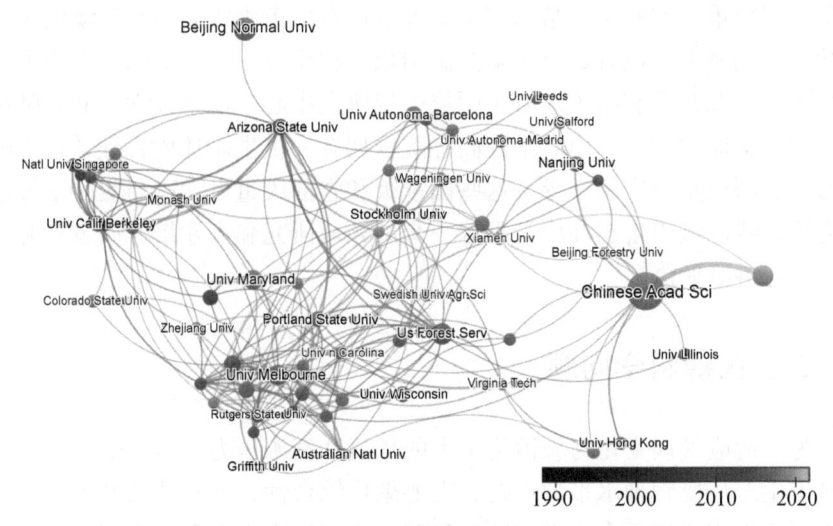

图 9-11 城市生态环境管理研究机构发文量及合作关系

（三）城市生态环境管理领域的经费投入

总体来说，国家对城市生态环境管理学科领域的资助力度越来越大，在城市生态环境管理方向的科研投入逐年增加。近 30 年国家自然科学基金的总资助额度达 497 804 万元，2016~2017 年资助金额最大，但近两年资助金额有所下降。在"城市生态环境管理"研究方向，北京师范大学居于中标项目数量榜首，随后是清华大学、北京大学、中国科学院生态环境研究中心和中国科学院地理科学与资源研究所（图 9-12）。

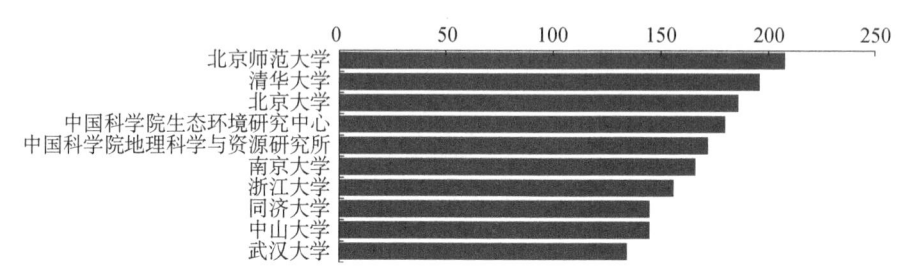

图 9-12 "城市生态环境管理"研究方向单位中标项目数量（单位：个）

（四）教学科研平台建设情况

国内重点高校为国家重大环境问题的解决和可持续发展战略的实施提供了技术服务、理论支持与决策支撑，也是我国重要的环境保护高层次人才培养基地和高水平科学研究中心。中国科学院生态环境研究中心拥有城市与区域生态国家重点实验室，哈尔滨工业大学拥有城市水资源与水环境国家重点实验室，同济大学设有城市污染控制国家工程研究中心、哈尔滨工业大学设有城市水资源开发利用（北方）国家工程研究中心，清华大学、北京师范大学、北京交通大学、东南大学等高等院校拥有一批生态环境管理学科类的教育部、省部属重点实验室等。这些国家级和省部级重点学科与实验室等已经成为推动我国城市生态环境管理这一交叉领域研究和人才培养质量提升的重要教学与科研平台。

二、关键科学问题

为了适应气候变化与城镇化带来的环境和资源压力，尽快缩小与国际先进城市生态环境管理水平的差距，需要聚焦综合性、前瞻性的城市生态环境理论和管理实践的重大科学问题。目前，我国城市生态环境管理研究的关键科学问题可归纳如下。

（一）城市生态环境管理与信息技术融合机制

探索高精度生态环境状态三维感知机理，建立智能生态环境业务专网，实现跨界协同大系统集成，将这些技术与生态环境管理体系有机结合。

（二）城市资源代谢和生态环境调控机制

针对城市资源低效利用与污染排放严重的特点，选取多资源（水资源、能源等）为主要研究对象，将生态核算理论嵌入资源耦合模拟的框架中，结合城市环境生态复杂系统特征，深入研究多资源匹配效率与生态环境调控方案。

三、发展思路与发展方向

（一）智能化城市生态环境管理研究

为了向国家管理部门提供应急反馈、优化调控、辅助决策等公共服务，实现城市智能化生态环境监管和治理，建议优先发展以下方向：①高精度环境生态物联网构建；②分布式生态环境数据库与云平台建设；③智能管理与协同行为模式研究；④生态环境风险监控平台和智能决策系统构建。

（二）城市资源环境适应性调控研究

为建立城市生态适应性管理模式和提升城市生态环境管理效率，建议优先发展以下方向：①城市资源核算理论、资源代谢与调控管理；②城镇化生态环境影响机制及城市适应性生态管理；③城市生态系统服务核算及管理优化；④基于生态账户/生态资产的绿色城镇化发展模式。

第九节　农业系统工程

农业系统工程的整体研究框架如图 9-13 所示。

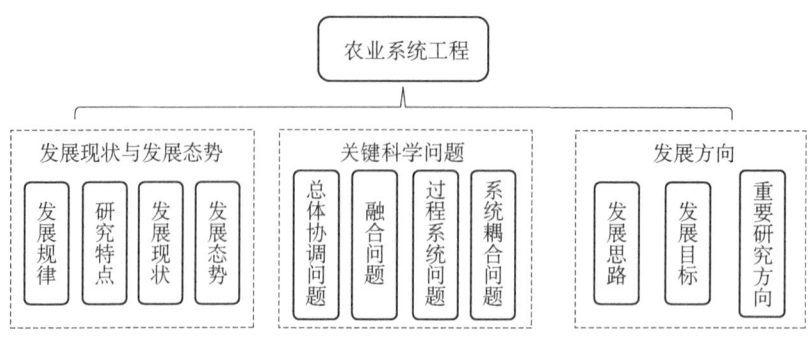

图 9-13 农业系统工程的整体研究框架

一、发展现状与发展态势

（一）发展规律

1. 随着系统工程的发展而发展

国际上农业系统工程的开展始于 1964 年，美国专门组织专家讨论如何把在国防工业和军事系统中行之有效的系统工程推广运用到农业系统。我国农业系统工程的开展始于 1980 年，在著名科学家、系统工程中国学派开创者钱学森的倡导下，由中国科学院原副秘书长兼农研委主任石山先生和一批著名的农学家、农业经济学家及农业生态学家发起，成立了中国农业系统工程研究会筹委会[62]。在最先接触到系统工程的老一辈科学家的推动下，农业系统工程得到较快的发展，并取得较好的效果。1987 年由全国 100 多位专家学者参加撰写的"中国农业系统工程丛书"出版，这是我国农业科学史上的创举[63]。

我国农业系统工程虽然起步较晚，但经过 40 多年的发展，已经从早期侧重于线性规划与多元回归分析转向系统动态模型研究；从早期局限于县级以下系统的总体设计和优化方案转向研究国家规模的开发方案；从早期的调查研究和定性描述转向对农业生态和农业经济的模型化、定量化研究；从早期的学习国外软件转向开发应用智能化的决策支持系统；从早期的开设课程少、研究人才少、规模小转向普遍开设课程，设置一些本、硕、博层次的农业系统工程专业，培养了大批高级人才[64]。

2. 随着农业农村的发展而发展

农业系统工程随着农业农村的发展，在合理进行农业生产布局、编制农业发展规划、调整农村产业结构、合理开发利用农业资源、改善农业生态环境、改进农业技术措施、改善农业经营管理等方面都已取得成果[62]。进入 21 世纪以来，系统工程学者对农产品供应链、农业信息化、循环经济下的农业问题、农业可持续发展、农业水利水电等新情况新问题[64]，以及"科学发展""新农村建设""城乡统筹发展""乡村振兴"等主题展开了深入研究。

（二）研究特点

1. 复杂的研究对象导致研究难度大

农业领域的系统性问题不仅涉及生物、自然、经济、文化、社会等各个方面，而且农业系统的外部环境因素和内部生物因素等的变异性很大，人类目前还难以预测和控制[65]。

2. 兼顾基础性与应用性

农业系统工程对农业领域科学问题的研究属于应用基础研究。它坚持问题导向原则，根据问题确定研究方法，而不是用固定的研究方法去套问题[65]。它坚持以实践效果为最终评价标准，讲究理论与方法的适用性，成果要能够指导实践。

3. 从有为到无为

农业系统工程的研究人员，长期地看有一个从有意识地运用系统理论与方法到无意识地运用的成长过程，也是一个从自觉到自发的过程。一般是从有意识地运用系统理论、系统方法入手。随着研究不断地开展，最终达到无意识地运用系统思维来分析和解决农业系统问题。这是农业系统工程学者成长的一般路径。

（三）发展现状

目前农业系统工程研究领域广泛[63]，包括以下几个方面。

（1）在农业系统分析与评价方面，包括农业发展规划与涉农企业策划、土壤生态环境质量评价、农田生态系统评价、农业生态安全与农产品质量安全系统耦合、精准农业系统评价、畜禽养殖系统污染防治效益评价、环境承载力评价和企业循环经济水平评价、病虫害预警和防治效益评价。

（2）在农业资源优化利用方面，包括农业资源可持续利用和生物质资源开发潜力研究、农业资源优化配置和虚拟贸易、农业资源承载力研究、土地利用研究、循环农业研究。

（3）在农产品物流与供应链方面，包括农产品供销与运输成本控制、仓库选址；供应链绩效、作物种子供应链系统；订单农业供应链研究。

（4）在农产品安全管理方面，包括农产品安全评价、农田土壤重金属污染的安全风险评价、农产品安全生产管理和质量追溯系统平台。

（5）在农民行为方面，包括农户和农民工的行为研究、农村劳动力转移研究、农村土地流转研究。

（6）在农业风险研究方面，包括农业风险分析与预警、农业灾害分析与评估、农产品期货研究、农业保险研究。

（7）在农业宏观管理方面，包括农业结构优化、农业政策分析、粮食安全研究、农业机械化研究、农业信息化评价、农业信息服务研究。

（8）其他相关研究，包括新农村建设与乡村振兴、城镇化与城乡统筹等。

农业系统工程的研究范式和研究方法运用较多的是模糊综合评价法、灰色关联分析法、层次分析法、连续系统仿真、离散系统仿真、决策支持系统、主成分分析、因子分析、解析结构模型、霍尔三维结构模型、软系统方法论、鲁棒模型、分类评定模型、罗吉斯蒂克模型、博弈模型、聚类分析、自回归条件异方差模型、动力机制分析、熵权法、科布-道格拉斯生产函数、结构方程模型等。

（四）发展态势

当前，农业科学的发展趋势呈现以下几个显著特点：①逐步渗透到农业的各个领域；②向农业的多目标、多功能、多层次非线性复杂系统研究发展[63]；③多学科交叉和研究方法综合化[63]。

二、关键科学问题

农业系统工程学科的关键科学问题，包括：①系统内诸子系统、元素之间的相互关系问题，即总体协调问题；②系统与环境之间的相互关系问题，即融合问题；③系统发展各个阶段的相互关系问题，即过程系统问题；④系统之间的相互关系问题，即系统耦合问题。

三、发展思路与发展方向

通过人才培养和学术交流，加上课题指南的引领，越来越多的学者加入农业系统工程学科,在高校院所形成越来越多以农业系统工程研究为特色的科研团队,进而设立研究方向或者自主设置学科,最终进入学科目录。

发展目标是:①农业系统工程学科渗透到农业的各个层次、各个领域,在深度和广度上有个全面的发展;②农业系统工程学科在解决农业农村发展中的重大理论问题上起到应有的作用。

发展方向主要包括以下几个方面。

(一)与中国国情相适应的研究方向

探索适合本国国情以及与当前社会需求相结合的发展之路,围绕农业农村工作重点的研究成为重要方向,包括:①粮食安全系统分析与预警系统、黑土地保护系统分析与预警系统;②工业化、信息化、城镇化、农业现代化同步发展[63];③中国的城乡统筹协调问题[63];④按照产业兴旺、生态宜居、乡风文明、治理有效、生活富裕的乡村振兴总要求,开展这些方面以及其中的具体问题的研究。

(二)与国际趋势及相关学科同步发展的研究方向

(1)农业生产环境、农民生活环境及生态环境保护,生物质资源开发、水土资源的开发和保护问题[63]。

(2)农产品产业链组织与食品安全管理、农产品安全追溯、动植物生产与食品安全控制、蔬菜农药残留风险预警模型、良好农业规范与绿色农产品生产工程、绿色农业系统工程等[63]。

(3)与信息技术结合,开展农业资源和环境、农业生产系统、农业经济管理,以及在防灾、减灾、避灾、农村应急教育等方面的研究。在"互联网+农业"、大数据环境下,开展农业系统分析与决策以及农村电子商务发展相关的研究[63]。

第十节 小 结

经济社会与服务系统工程面向国民经济主战场和国家重大需求,主要以运筹学、信息论、复杂系统等理论和方法技术为指导,提出复杂经济系统建模与仿真模拟方法、计算实验金融方法、金融网络建模与分析方法、金融系统性风险建模与分析方法、人类合作与冲突的博弈分析方法、全球供应链建模和分析方法、城市生态环境管理、农业生态环境等理论与方法，解决经济系统建模、金融网络构建与分析、全球供应链管理与优化、生态环境与信息技术融合、农业与环境协同发展等关键问题，应用于经济、金融、供应链、城市生态环境、农业生态环境等多个领域。未来该领域的主要发展方向和思路是研究金融系统复杂演化规律，探究经济金融复杂网络的机制与影响，深挖系统性风险的形成机理，做好系统性风险的防范工作，加强全球供应链建模与优化，加快城市智慧化和可持续性步伐，按照乡村振兴要求，科学发展生态农业。

本章参考文献

[1] Schweitzer F, Fagiolo G, Sornette D, et al. Economic networks: the new challenges[J]. Science, 2009, 325（5939）: 422-425.

[2] 克里斯托弗. 物流与供应链管理：创造增值网络[M]. 3版. 何明珂，崔连广，郑媛，等译. 北京：电子工业出版社，2006.

[3] 李善同. 中国城市化过程存在的主要问题及对策[J]. 中国建设信息，2008，（6）: 6.

[4] 王如松. 资源、环境与产业转型的复合生态管理[J]. 系统工程理论与实践，2003，（2）: 125-132，138.

[5] 王慧炯，李泊溪，李善同. 中国实用宏观经济模型1999[M]. 北京：中国财政经济出版社，1999.

[6] Sengupta J, Fanchon P. Control Theory Methods in Economics[M]. New York: Springer Science+Business Media, 1997.

[7] 刘斌. 动态随机一般均衡模型及其应用[M]. 北京：中国金融出版社，2010.

[8] 刘永泰，张德昂，张桂珍. 宏观经济管理决策支持系统[M]. 北京：中国大百科全书出版社，2000.

[9] 张鹏翥. 智能决策支持系统理论技术及应用[M]. 西安：陕西人民出版社，1998.

[10] 高铁梅，陈磊，王金明，等. 经济周期波动分析与预测方法[M]. 2版. 北京：清华大学出版社，2015.

[11] 王文甫. 价格粘性、流动性约束与中国财政政策的宏观效应——动态新凯恩斯主义视角[J]. 管理世界，2010（9）: 11-25，187.

[12] 黄赜琳，朱保华. 中国的实际经济周期与税收政策效应[J]. 经济研究，2015，50（3）: 4-17，114.

[13] Furtado B A. Machine Learning simulates Agent-Based Model[R]. Working Paper, 2017.

[14] Lamperti F, Roventini A, Sani A. Agent-based model calibration using machine learning surrogates[J]. Journal of Economic Dynamics and Control, 2018, 90: 366-389.

[15] Tesfatsion L, Judd K L. Handbook of Computational Economics: Agent-Based Computational Economics[M]. Amsterdam: Elsevier, 2006.

[16] Arthur W B, Holland J, LeBaron B, et al. Asset Pricing Under Endogenous Expectations in an Artificial Stock Market[M]. Boston: Addison-Wesley, 1997: 15-44.

[17] Levy M, Levy H, Solomom S. A microscopic model of the stock market: cycles, booms and crashes[J]. Economics Letters, 1994, 45 (1): 103-111.

[18] Lux T. Herd behaviour, bubbles and crashes[J]. The Economic Journal, 1995, 105 (431): 881-896.

[19] LeBaron B, Arthur W B, Palmer R. Time series properties of an artificial stock market[J]. Journal of Economic Dynamics and Control, 1999, 23 (9-10): 1487-1516.

[20] Gode D K, Sunder S. Allocative efficiency of markets with zero-intelligence traders: market as a partial substitute for individual rationality[J]. Journal of Political Economy, 1993, 101 (1): 119-137.

[21] Farmer J D, Patelli P, Zovko I I. The predictive power of zero intelligence in financial markets[J]. Proceedings of the National Academy of Sciences, 2005, 102 (6): 2254-2259.

[22] Raberto M, Cincotti S, Focardi S M, et al. Agent-based simulation of a financial market[J]. Physica A: Statistical Mechanics and its Applications, 2001, 299 (1-2): 319-327.

[23] Wang G J, Jiang Z Q, Lin M, et al. Interconnectedness and systemic risk of China's financial institutions[J]. Emerging Markets Review, 2018 (35): 1-18.

[24] Ji Q, Bouri E, Roubaud D. Dynamic network of implied volatility transmission among US equities, strategic commodities, and BRICS equities[J]. International Review of Financial Analysis, 2018 (57): 1-12.

[25] Onnela J P, Chakraborti A, Kaski K, et al. Dynamic asset trees and black monday[J]. Physica A: Statistical Mechanics and its Applications, 2003, 324 (1-2): 247-252.

[26] Lee J W, Nobi A. State and network structures of stock markets around the global financial crisis[J]. Computational Economics, 2018, 51 (2): 195-210.

[27] 许博, 刘鲁. 银行间市场体系的相继违约风险分析与建模[J]. 系统工程, 2011 (6): 42-46.

[28] Huang X Q, Vodenska I, Havlin S, et al. Cascading failures in bi-partite graphs: model for systemic risk propagation[J]. Scientific Reports, 2013 (3): 1219.

[29] 吴念鲁, 徐丽丽, 苗海宾. 我国银行同业之间流动性风险传染研究——基于复杂网络理论分析视角[J]. 国际金融研究, 2017 (7): 34-43.

[30] 李永奎, 周宗放. 基于无标度网络的关联信用风险传染延迟效应[J]. 系统工程学报, 2015, 30 (5): 575-583.

[31] 马君潞, 范小云, 曹元涛. 中国银行间市场双边传染的风险估测及其系统性特征分析[J]. 经济研究, 2007 (1): 68-78, 142.

[32] 杨子晖, 李东承. 我国银行系统性金融风险研究——基于"去一法"的应用分析[J]. 经济研究, 2018 (8): 36-51.

[33] Shin H S, Shin K. Procyclicality and monetary aggregates[R]. NBER Working Papers, 2011, 54 (12): 282-286.

[34] Shin H S. Reflections on northern rock: the bank run that heralded the global financial crisis[J]. Journal of Economic Perspectives, 2009, 23 (1): 101-119.

[35] Acharya V V, Yorulmazer T. Cash-in-the-market pricing and optimal resolution of bank failures[J]. Review of Financial Studies, 2008, 21 (6): 2705-2742.

[36] Benoit S, Hurlin C, Perignon C. Pitfalls in systemic-risk scoring[J]. Journal of Financial Intermediation, 2019, 38: 19-44.

[37] Sigmund K. The calculus of selfishness[M]. New Jersey: Princeton University Press, 2010.

[38] Yang C L, Zhang B, Charness G, et al. Endogenous rewards promote cooperation[J]. Proceedings of the National Academy of Sciences, 2018, 115 (40): 9968-9973.

[39] Axelrod R, Hamilton W D. The evolution of cooperation[J]. Science, 1981, 211 (4489): 1390-1396.

[40] Press W H, Dyson F J. Iterated Prisoner's Dilemma contains strategies that dominate any evolutionary opponent[J]. Proceedings of the National Academy of Sciences, 2012, 109 (26): 10409-10413.

[41] Nowak M, Sigmund K. A strategy of win-stay, lose-shift that outperforms tit-for-tat in the Prisoner's Dilemma game[J]. Nature, 1993, 364 (6432): 56-58.

[42] Nowak M A, Sigmund K. Evolution of indirect reciprocity[J]. Nature, 2005, 437 (7063): 1291-1298.

[43] Traulsen A, Nowak M A. Evolution of cooperation by multilevel selection[J]. Proceedings of the National Academy of Sciences of the United States of America, 2006, 103 (29):

10952-10955.

[44] Jackson M O. Social and Economic Networks[M]. New Jersey: Princeton university press, 2010.

[45] Allen B, Lippner G, Chen Y T, et al. Evolutionary dynamics on any population structure[J]. Nature, 2017, 544 (7649): 227-230.

[46] Zu-Jun M, Zhang N, Dai Y, et al. Managing channel profits of different cooperative models in closed-loop supply chains[J]. Omega, 2016, 59: 251-262.

[47] Nepal B, Monplaisir L, Famuyiwa O. Matching product architecture with supply chain design[J]. European Journal of Operational Research, 2012, 216 (2): 312-325.

[48] Zheng X X, Li D F, Liu Z, et al. Coordinating a closed-loop supply chain with fairness concerns through variable-weighted Shapley values[J]. Transportation Research Part E: Logistics and Transportation Review, 2019, 126: 227-253.

[49] Alamdar S F, Rabbani M, Heydari J. Pricing, collection, and effort decisions with coordination contracts in a fuzzy, three-level closed-loop supply chain[J]. Expert Systems with Applications, 2018, 104: 261-276.

[50] Yenipazarli A. Managing new and remanufactured products to mitigate environmental damage under emissions regulation[J]. European Journal of Operational Research, 2016, 249 (1): 117-130.

[51] Cachon G P. A research framework for business models: what is common among fast fashion, e-tailing, and ride sharing?[J]. Management Science, 2020, 66 (3): 1172-1192.

[52] Stauffer J M, Pedraza - Martinez A J, Van Wassenhove L N. Temporary hubs for the global vehicle supply chain in humanitarian operations[J]. Production and Operations Management, 2016, 25 (2): 192-209.

[53] Cui T H, Mallucci P. Fairness ideals in distribution channels[J]. Journal of Marketing Research, 2016, 53 (6): 969-987.

[54] Tian F, Sošić G, Debo L. Manufacturers' competition and cooperation in sustainability: stable recycling alliances[J]. Management Science, 2019, 65 (10): 4733-4753.

[55] Gui L, Atasu A, Ergun Ö, et al. Design incentives under collective extended producer responsibility: a network perspective[J]. Management Science, 2018, 64 (11): 5083-5104.

[56] 唐孝炎, 王如松, 宋豫秦. 我国典型城市生态问题的现状与对策[J]. 国土资源, 2005 (5): 4-9, 3.

医疗健康需求发展的一股新力量。

以大数据为基础的精准医学、智慧医疗、智能服务等供给侧应用发展呈现出蓬勃之势，有望在催生新的科学发现、加速疾病防控技术突破、改善医疗供给模式、重构医疗健康服务体系等方面发挥创新引领作用。以信息化驱动健康医疗领域的科技创新与模式变革已席卷全球，将成为新一轮健康医疗领域国际科技竞争的战略制高点，成为各国纷纷布局聚焦的重点。

智能与生命、健康和医学的交叉将是系统工程学科发展的重要方向。早在1948年，维纳在其著作《控制论：或关于在动物和机器中控制和通信的科学》中提出"控制论"概念时，就强调了对生命与机器统一的控制规律，提出了两大类控制对象，即无生命的机器和有生命的动物。大半个世纪以来，在机器控制领域，人类已逐渐形成较为完备且先进的控制理论和技术体系。当前生物学、医学和智能技术的进步，更使对生物体的干预和控制成为可能。

在生命健康与医疗信息方面，未来医疗健康保障重心逐渐前移，我国《新一代人工智能发展规划》中明确指出，应"推广应用人工智能治疗新模式新手段，建立快速精准的智能医疗体系"。智能技术在健康管理和医学辅助方面具有巨大的发展潜力。医学模式将以预测干预为主，由单一的生物医学模式向生物-环境-心理-社会的会聚医学模式转变。这种改变要求在组织器官尚未出现病理性变化之前，在深入的生物信息学认识的基础上，高灵敏地获取多模态、多维度信息，特别是功能性信息，系统化地分析处理，达到评估健康状况以及预测与早期检测疾病。在介入治疗的过程中，实现时间和空间高分辨率的信息采集、检测，基于患者的综合医疗信息确定治疗方案。人类基因组计划的完成，标志着人类对生物信息的解读开始了新的篇章。基于基因组蓝本，通过比较不同细胞的基因表达谱，寻找在发育、疾病等重要生命过程中发生变化的关键因素，能够通过对大量复杂疾病病例和对照样本的遗传多态性数据的分析，发掘复杂疾病的遗传因子。以新一代测序为代表的生物组学技术进一步为基因调控信息的获取带来了革命性的突破，在数据通量、分辨率、信息丰富程度上都有质的飞跃。各种关键数据生成和分析的关键难点相继被突破，大量科研和临床应用涌现，将生物医药研究开发技术从局限于部分的、单个样本、静态、单维度观测快速提升到全局性、大样本、动态、多维度观测和联合挖掘。以千人基因组（1000 Genomes Project,

1KGP)、癌症基因组图谱（The Cancer Genome Atlas, TCGA)、国际癌症基因组联合会（International Cancer Genome Consortium, ICGC)为代表的国际旗舰基因组项目，揭示了人类的进化、群体迁移融合、重大疾病的发生发展过程中的客观规律。以包括恶性肿瘤、心脑血管疾病、慢性呼吸系统疾病、免疫性疾病和代谢性疾病及高频罕见疾病研究在内的样本个数来研究相同疾病类型个体差异性，比较治疗前后和疾病不同发展阶段的特征，对同一机体内部不同细胞的时间轴、微观化、多维度展开深入研究，以发现重要疾病基因及疾病相关变异位点、异常表观遗传模式及调控模式。国际人类细胞图谱计划（Human Cell Atlas, HCA)旨在通过单细胞分析全面揭示人体的分子特性及其时空关联，构建基于基因表达等多维特征的细胞精细图谱，以期显著推进对生命和疾病机制的理解[5]。在此基础上发展的精准医学旨在通过收集分析大量样本的多种组学数据获得对疾病更精准的认识。通过对大规模队列的组学大数据科研分析和临床应用研究，建立疾病预警、诊断、治疗、预后分析技术体系，形成重大疾病精准防治方案，针对个体基因型和体征进行个性化用药与治疗，对复杂疾病的认知和治疗进入新的阶段。生命健康与医疗信息系统工程的整体研究框架如图 10-1 所示。

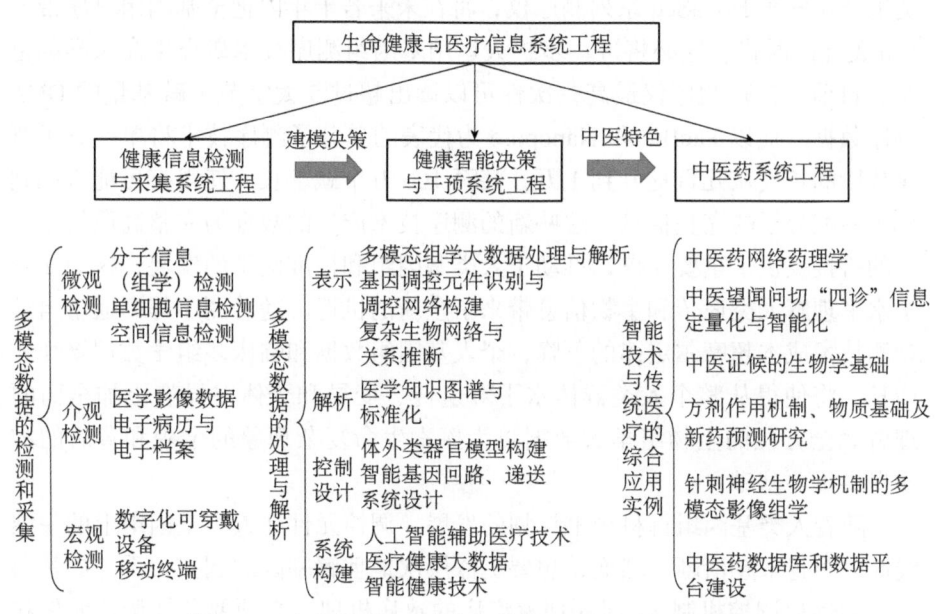

图 10-1 生命健康与医疗信息系统工程的整体研究框架

第二节　健康信息检测与采集系统工程

一、发展现状与发展态势

（一）分子信息（组学）检测

随着人类基因组计划的完成，人类对自身遗传信息的了解和掌握取得了前所未有的进步。以 DNA 测序为牵引的基因组学相关技术对推动该计划的完成起到了关键作用，同时其自身也取得了飞速发展。从最初以桑格（Sanger）测序为代表的第一代测序技术，到 2005 年以因美纳（Illumina）公司的 Solexa 技术和爱普拜斯应用生物系统（Applied Biosystems，ABI）公司的 SOLiD（sequencing by oligo ligation detection）技术为标志的二代测序（next-generation sequencing，NGS）的相继出现，测序效率明显提升，时间显著缩短，费用迅速降低，极大地促进了生命医学的发展。2010 年，《科学》杂志将该基因测序技术评选为当年"十大科学进展"。2017 年 1 月，因美纳公司发布 NovaSeq 系列测序仪，将在未来若干年内把全基因组测序带入100 美元的时代。这必将进一步扩大运用基因组测序技术研究生命医学的范畴。目前，二代测序仪最高一次性可以读出超过 5 太字节个碱基量的 DNA 测序数据。而以 PacBio 和 Nanopore 为代表的单分子测序技术将单一分子测序片段的长度从几百提升到 1 万，甚至 100 万个碱基长，使得有可能观测到单个核酸分子的完整信息。这些新的测序技术产生的数据为完整高质量基因组的拼接提供重要支撑，推动了人类基因组和精准医学的发展，这为在分子水平理解人类遗传和生物信息带来了全新的机遇。随着测序等高通量组学观测技术成本超摩尔定律的下降，个人基因组数据和临床多组学数据爆炸式增长，将使得从整个人类群体水平对遗传、变异和个体差异有更加全面的理解。全方位的生物组学大数据将为探索生命复杂现象的全貌和背后的本质提供重要基础。

随着人类基因组百科全书计划的发展，调控元件在人类基因组上的一维线性分布越来越清晰。然而，想要更深层次地理解基因的调控关系（如基因表达的远程调控机制），深入理解疾病的致病机理，必须要获知调控元件和基因在细胞核中的三维空间关系。近年来，作为研究基因组功能和基因调控关系的重要途径，三维基因组学得到了迅速的发展，被誉为基因组学的第三次浪潮。目前，研究三维基因组的技术可分为两大类：生物化学技术和显微成像技术。以染色体构象捕获类（chromosome conformation capture，3C）技术为代表的生物化学技术通过消化和重连接物理上接近的染色质片段，确定不同位点的空间接近性。其中，染色体构象捕获技术用于检测单点对单点的交互作用[6]，4C[环状染色质构象捕获（circularized chromosome conformation capture）或芯片染色质构象捕获（chromosome conformation capture-on-chip）]技术用于检测单点对多点的交互作用[7]，染色质构象捕获碳拷贝（carbon-copy chromosome conformation capture，5C）技术用于检测多点对多点的交互作用[8]，配对末端标签测序分析染色质相互作用（chromatin interaction analysis by paired-end tag sequencing，ChIA-PET）技术用于检测全基因组特定蛋白质介导的交互作用[9]，高通量染色质构象捕获（high-throughput chromosome conformation capture，Hi-C）技术用于检测全基因组无偏的交互作用[10]。其中 Hi-C 和 ChIA-PET 技术已经成为这类技术的重要代表，目前 Hi-C 技术文库制备步骤相对简单、所需细胞数较少，有着更广泛的应用。通过荧光原位杂交（fluorescence *in situ* hybridization，FISH）技术显微成像技术对两个或多个 DNA 位点的荧光染色确定位点间的位置和空间距离，具有单细胞水平观察物理位置和距离的优点，但普遍存在分辨率低、通量小的局限。最近超分辨成像技术的兴起使得能够更细节地观察到染色质及调控元件在物理空间相互接近，如染色质及重要蛋白因子在一定条件下产生的局部高浓度凝聚现象，进而更全面深入地理解基因调控机制及其对生理表型的影响。

（二）单细胞信息检测

细胞作为生物体结构和功能的基本单位，是生命活动的基石。虽然高通量组学技术能够快速高效地提供各种组学信息，但它只能够反映大量细胞的平均统计特征，单个细胞独有的特性被忽视。单细胞信息检测将读取每个细胞的基因组序列、染色体三维构象拓扑结构和基因表达调控情况，以及获得同一组织中不同空间位置分辨率的细胞 DNA 和基因表达情况，能够更加精确、清晰地理解人体作为一个信息系统的底层工作模式。

近年来，单细胞测序及多组学技术蓬勃发展，是当前生物学研究的热点领域。2011 年，《自然-方法》杂志将单细胞测序列为年度值得期待的技术之一[11]。2013 年，《科学》杂志也将单细胞测序列为年度最值得关注的六大领域榜首[12]。2017 年启动的国际联合人类细胞图谱计划，更是提出希望能从单个细胞水平全面解码人体单细胞分子特性及其时空关系，构建以细胞的基因表达等高维数学特征表征的精细图谱，这将对生命本身和疾病的认知推向一个全新的高度（图 10-2）。单细胞组学分析有助于深入理解细胞的各类生命过程及复杂疾病机制。通过对人类器官的细胞图谱数据建立单细胞基因网络，深度解析生命信息系统的分子机理，运用多种生物信息学与机器学习方法研究离散和连续分布的细胞类型及状态，解析生理和病理过程中细胞类型的动态演化模式与规律，建立描述细胞微环境以及细胞间相互作用的多尺度数学模型，实现对细胞个体和群体状态与表型功能变化的定量预测。寻找表征各种细胞的关键低维表示信息，建立描述细胞群体功能的分布图谱，刻画细胞全体分布变化对功能表型的影响，发现能够用于细胞类型与状态有效表征和检测的标准化细胞标记信号，进而实现连续追踪相关基因调控网络的动力学变化，监测疾病进展，为药物开发、靶向治疗提供研究基础。

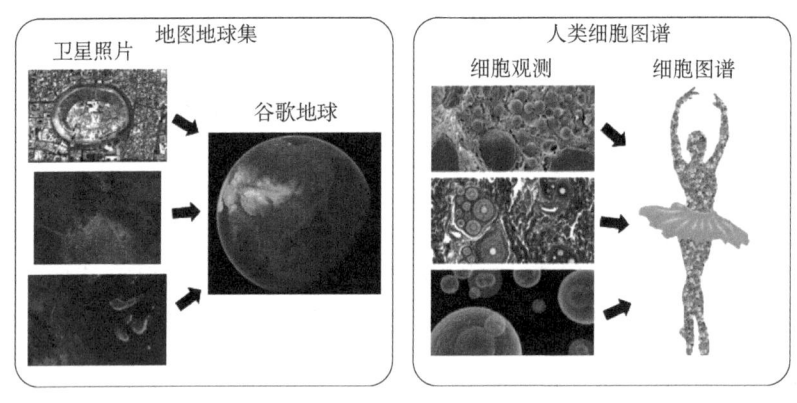

图 10-2　从单细胞水平对人体的全面解读和数字建模

（三）空间信息检测

单细胞组学技术能够很好地刻画细胞的功能异质性和时间异质性（多个时间节点取样或伪时序计算），但在制备单细胞悬液的过程中，细胞的位置信息丢失导致无法研究空间异质性。因此，同时保留了单细胞组学和原始位置信息的空间组学技术应运而生，其中以空间转录组、蛋白质组的发展最迅速，应用也最广泛。

在空间转录组中，最初的空间信息是在单细胞转录组数据的基础上完全依靠重构算法推断细胞位置，如根据"相似细胞具有相近的位置""配体-受体匹配度高的细胞相邻"等假设推断组织的三维结构。但此类基于计算的方法只能针对特定空间模式建模，可迁移性差且对数据要求高，因此基于技术的方法成为空间信息获取的主要途径。2018年空间转录组技术井喷式地发展起来，目前空间转录组技术主要分为两类，一类是基于荧光原位杂交的成像方法，另一类是基于条码（barcode）的测序方法。早期的荧光原位杂交方法以亚细胞的分辨率测量有限的转录组，随着技术的发展，成像与多轮杂交的原位转录组学方法将单细胞转录组通量增加至1000～10 000，例如Sequential FISH [13]与MERFISH方法[14]。基于荧光原位杂交的成像方法在很大程度上保留了空间信息的同时获取了转录组信息，但具有单个细胞分离困难（荧光信号空间重叠）、需要预选基因（靶向杂交）、无法检测新序列或者小序列变体等问题。为了追求更高的分辨率、转录组通量和深度，将组织染色切片图像和原位测序相结合的基于条码的测序方法逐渐成为主流。该类空间转录组技术与基于微滴的单细胞转录组测序技术相似，使用微孔或微珠捕获不同位置的mRNA，并使用记录了位置信息的碱基序列（条码）作为扩增引物，测序完成后通过读取条码信息获得原始坐标[15]。2019年11月，10x Genomics公司发布了对具有规则排列捕获点的基因芯片进行二代测序的Visium空间转录组技术流程[16]。该方法以通量高、成本低、操作简单且流程化的突出优势，迅速应用在了多种生物发现和疾病研究中，但仍存在分辨率低（无法达到单细胞检测水平，每一个捕获点可能存在0～10个细胞的混合转录组）、信号混杂（空间邻近区域信号重叠）、数据缺失多和噪声高等问题。

空间蛋白质组主要有空间流式质谱与索引共检测（CO-detection by indEXing，CODEX）两种方法，均利用携带标志物的抗体对包含特异性蛋白质的细胞进行标注，但具有可测蛋白种类少的局限性[17]。空间流式质谱法利用金属同位素标记的抗体捕捉单细胞并进行化学染色、激光消融和质谱检测构建高维图像，通过图像分割方法在高维图像中识别单细胞、肿瘤和间质区域。索引共检测方法使用特定DNA序列作为不同蛋白质对应抗体的索引，利用荧光脱氧核糖核苷三磷酸（dNTP）类似物和原位聚合方法对DNA测序，同样利用图像分割方法确定单个细胞，进而开展下游分析。

空间组学能够在单细胞和分子水平上同时研究器官与组织的结构及功能，空间图谱的构建对揭示复杂生命系统、破解生物医学瓶颈问题具有巨大潜力。通过空间组学分析空间异质性，结合组学数据和空间分布信息检验已有细胞分型的合理性和全面性，解析基因的空间差异表达模式，从全新角度表征不同细胞类型的表达特点和功能特性。通过空间组学跟踪生物发育和疾病发生发展过程，刻画细胞增殖分化、生长代谢、传递信息等活动依赖的微环境，例如，分析基因表达梯度现象的机理，构建微环境激活细胞基因程序的模型，获得细胞谱系和细胞分化轨迹新见解。空间组学作为新检测技术已经引发了生物医学研究的热潮，完善空间转录组技术的不足和获得更深层次的生物学意义给未来研究带来了机遇与挑战。

（四）医学影像数据

基于高时空分辨率的成像技术获得的医学影像数据为在微观和介观尺度深入理解生物系统的活动提供了支持，也为上文中几种技术的实现提供了观测的可靠性。光学成像是在微观和介观尺度上对生物系统进行高时空分辨率检测的有效手段。对于生物光学成像，成像的关键技术指标包括分辨率、成像深度、成像速度即实时性。随着生物技术的不断发展，其对成像分辨率的要求也越来越高，因而以超分辨光学成像技术为代表的单分子荧光成像技术受到了广泛关注[18]，并且做出主要贡献的三位科学家于2014年被授予诺贝尔化学奖。该技术提供的研究思路打破了传统意义上衍射极限的束缚，赋予了生物成像更高的分辨率。以超分辨荧光成像、超快时间分辨成像、散射光成像、非线性光学成像等为代表的新型成像技术的发展，为同时获取高灵敏度、高分辨率、大视场和深穿透的动态成像技术指明了方向（图10-3）。此外，不同种类的生物成像技术各具特色和功能，在成像原理、性能指标和参数方面表现出各自的优缺点。多模态融合已成为生物成像系统发展的趋势。多模态跨尺度成像是对同一研究对象，利用多种成像模态，跨越不同时间和空间尺度，通过硬件和图像数据融合，全景式地呈现生命活动过程的成像技术，阐述在分子、细胞、组织和器官水平的跨尺度生物体特征，辅助早期疾病精确诊断、临床决策及治疗方案的选择。

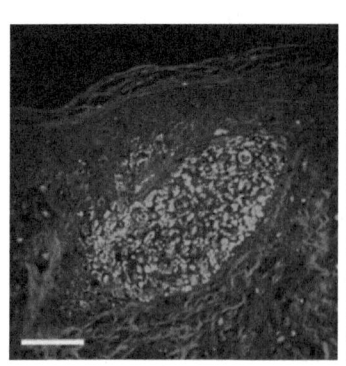

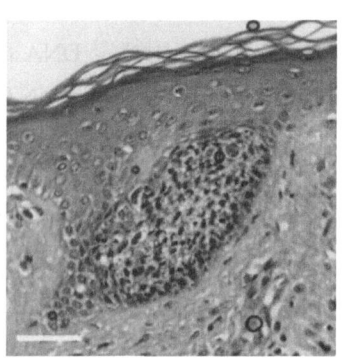

图 10-3　荧光成像图片及传统病理图像对比

当下生物学研究对不同尺度成像的需求十分旺盛，在脑成像中神经组织状态以及不同脑区间的联系都需要得到实时的关注，而目前的一些多尺度成像手段多源于不同的对比度，这对联合分析产生了一定的阻碍。光声成像深度与分辨率之间的比例可以保持在 100~200，同时具备内源结构、外源探针的成像能力。目前基于锆钛酸铅（Lead Zirconium Titanate，PZT）探头的光声宏观断层成像系统已具备分辨率 200 μm 左右，同时基于光学探头分辨率约为 40 μm 自主研发的光声介观断层成像系统，已取得重要进展[19]。

传统的利用 X-光、磁共振成像（magnetic resonance imaging，MRI）、超声成像获取的主要是生物组织的解剖结构信息，但功能信息较少，不容易实现临床中肿瘤恶性、良性判断以及肿瘤的准确分期。近年来兴起的分子影像核医学从根本上改变了肿瘤诊断方法，但仍受限于速度、成本、辐射危害等问题。研究基于光子学为主导或辅助手段的新一代分子及功能成像方法，对于未来肿瘤诊断技术的发展具有重大意义[20]。

（五）电子病历与电子档案

电子病历（electronic medical record，EMR）和电子健康档案（electric health record，HER）蕴含了大量有价值且适用于机器学习分析任务的结构化数据，因此关于机器学习技术在电子病历分析任务上也有一些成功应用。利用电子病历数据中的大量患者信息，结合深度学习方法可以推出疾病间的联系网络以及疾病随时间演化模型，此外还可以根据特定患者的病史推断出其未来可能患其他相关疾病的信息。针对中文文本型电子病历，通过自然语言处理技术进行临床诊断，将深度学习与知识图谱相结合，解构临床电子病历数据，形成一套智能病种库，并在其基础上构建辅助诊断模型。目前该模型在多个器官系统常见儿童疾病的诊断任务上，取得了与经验丰富的儿科医生可比的准确率，能够帮助医生快速处理大量数据、提供诊断验证及临床决策支持。

针对医疗文本处理技术，同时拼接稀疏和稠密表达的深度语义表示方法能够进行大规模医疗主题的标题索引。同时有向无环图结构等技术方法也被陆续提出用于表达生物医学文本中的活动事件及电子病历数据获取。不过，由于观测的不完整性和不规律性，以及患者状况的不一致，基于真实数据建模病情进展非常困难，基于概率的疾病进展模型被提出用于完整的病情进展轨迹和紧凑的医疗概念集合。在医疗概念的表征学习方面，向量提取方法和基于快速医疗互操作性资源（fast healthcare interoperability resources，

FHIR）格式表示的深度学习方法能够从电子病历中有效获取患者的医疗代码、问诊向量和医疗事件。

（六）数字化可穿戴设备

新兴检测传感设备的技术发展，尤其是与移动智能设备的互联，使得可以对人体生理特征信息进行全方位采集和监测。智能健康的基础是利用各种传感器、移动智能设备（如手机）、移动通信、大数据、云计算等信息技术，实现对个人健康状况的主动监测和管理，为用户的健康管理、疾病治疗、护理，甚至疾病预防提供智能化的服务。同时，智能健康系统还可以根据用户的生理健康信息反馈其个人的健康状况，提醒其保持相应的健康意识，并能在紧急时刻进行必要的自我健康管理。

用于智能健康的医疗感知器件和设备可以分为附着于人体的传感器和固定的医疗检测设备。其中，附着于人体的传感器是最主要的感知器件，可以长期地检测人体生理信息、运动信息及环境信息等。这些传感器还可以进一步分为体内植入式器件和体外穿戴式器件。现有常见于智能健康系统的传感器件已经可以检测温度、心电图、血压、血糖、肌电、心率、血氧饱和度、医学影像，以及肢体运动等[21]。这些传感器基本上都可以通过可穿戴的方式应用。不过，目前大部分仍使用传统的刚性材料制作，长期使用难以解决舒适性问题。尽管已有植入式的压力、电极等传感器研制成功，但由于使用时有创，还很难在普通用户中使用。同时，植入式传感器长期工作的能源和数据通信问题仍没有得到很好的解决。无线互联也是智能健康的关键技术之一，系统中的不同层级采用不同的无线技术，包括 Wi-Fi、蓝牙、6LoWPAN、RFID等。由此，智能健康系统中的无线传感器网络发展成了健康物联网，把传感器、体域网、互联网和云计算结合起来，可提供跨不同平台的研究与应用。

针对不同的用途，学术界和企业界开发出了多种智能健康系统。以用户或者患者为中心的应用有葡萄糖监测、心电图监测、血压监测、体温监测、血氧饱和度监测、汗液离子监测，以及包含多传感器的康复系统、轮椅管理系统、围绕智能手机的健康系统和智能手环等；以系统开发者为中心的智能健康服务有针对特殊人群的生活辅助、药物不良反应监测、儿童健康信息服务、可穿戴设备接入、非直接紧急医疗等。

（七）移动终端

由于现有的医疗体系及资源分配不均衡，医生资源供需缺口较大，部分患者面临就医困难、无法及时诊疗等问题，这为基于互联网与移动终端的医疗方式提供了发展机遇。随着"互联网+"时代的到来，大数据、云计算、物联网技术等不断渗入医疗健康行业，移动医疗日渐兴起并将重构医疗健康产业链和服务模式。

近年来，移动医疗在国内呈现突飞猛进的态势。2015 年国务院发布的《关于积极推进"互联网+"行动的指导意见》中提到，"积极利用移动互联网提供在线预约诊疗、候诊提醒、划价缴费、诊疗报告查询、药品配送等便捷服务"，为移动诊疗的发展提供了政策扶持。

移动医疗技术应用的普及将为民众带来全新的医疗体验和服务模式。通过手机、便携式设备各种移动终端，患者能够随时随地对个人健康状况进行检测，并将检测数据上传至与医院链接的互联网平台，通过人工智能技术及大数据分析手段，及时对患者的健康状况进行预警、评估并给出相应的咨询建议，使诊疗更加便捷，医患沟通更顺畅，有助于解决患者看病难、看病贵、看病不方便等难题，实现随时随地完成各项基础生理检测并获得各类基于检测数据的医疗健康服务。

另一方面，移动终端能够将采集的患者基本信息、体征、症状、过往病史、用药情况等数据在保护终端数据和个人数据隐私的前提下上传至互联网云平台，为人工智能模型的学习以及医学知识图谱的建立提供大量不同种类的数据支持。

二、关键科学问题

生命与健康是永恒的主题，但对生命的认识和医疗健康实践尚存重大挑战。进入 21 世纪以来，生物医学大数据的种类、性质和内容都在不断拓展，如何通过这些大数据获得对生命健康理解的大图景是当前的关键难题。生命健康与医疗信息系统工程需要基于全方位跨尺度数据感知、集成的系统框架和表示方法，从微观、介观和宏观的层面感知或获取分子、细胞、组织、器官、系统、个体和群体的全方位跨尺度信息，并依据相应的理论和方法体系进行集成与表示。数基生命系统是生命健康与医疗信息系统工程未来的发展方向，是生命科学与医学研究范式的重大革命。

生命健康与医疗信息系统工程的核心问题是人体信息的数字化，需要综合运用现代信息、物理、化学、生物技术，发展一系列先进智能传感技术，获取对生命个体和群体的全方位、跨尺度、多分辨率定量观测，建立全息数据采集与感知的新范式。

三、发展思路与发展方向

（一）人体微观信息的感知

在微观层面，数据化的对象以分子、细胞、组织为主。数据化的内容包括对象的组成研究、成像、检测等。例如，对单细胞的高速、高通量、高准确度测序，细胞理化分析，早期癌细胞的高准确度筛查，神经细胞的电学与化学信号，细胞与组织的高分辨率微观成像，体内的组织生化指标监测，等等。相应的信息技术研究包括新型高性能片上诊断仪、无机纳米孔测序技术、微流体片上实验室、高分辨率声光成像技术、植入式生物传感器等。这类技术的研究将在分析速度与准确性、检测分辨率、成像分辨率等技术指标方面得到数量级的提升，植入式器件则可实现长期的连续监测。

（二）人体介观信息的感知

在介观层面，数据化的对象以组织、器官为主。数据化的内容包括对象的成像、人体组织器官环境的理化检测等。相应的信息技术研究包括各类植入式感知器件、各类影像技术等。以植入式器件为主可以长期获取人体内电学、力学、化学等组织与体内环境信息。这类技术的研究将获得人体介观对象更加深入、细微、多角度、多功能的测试数据。

（三）人体宏观信息的感知

在宏观层面，数据化的对象以器官、系统、个体和群体为主。数据化的内容包括对象的成像、人体特定系统或整体的运动与生理状态、人的社会活动状态等。相应的信息技术研究包括智能穿戴式器件、各类影像技术及植入式器件等。这类技术的研究将使智能可穿戴器件真正实现与人体融合，对人员个体和群体的生理与活动信息实现长期不间断的数据监测。

（四）针对疾病诊疗的感知

在疾病检测方面，基于大数据与人工智能的靶标发现基础，发展单分子检测、外泌体检测、循环肿瘤细胞检测、质谱成像及肠道微生态功能检测等新型检测技术，构建重大疾病早期诊断标志物的适宜诊断技术平台，提升恶性肿瘤、心脑血管疾病、新发突发传染病等重大疾病的早期发现能力。

第三节 健康智能决策与干预系统工程

一、发展现状与发展态势

(一)多模态组学大数据处理与解析

如何高效分析新技术产出的新数据、整合新数据与原有数据建模,需要不断研究新的智能信息处理理论、方法、模型和技术,以解析海量的生物学和医学数据。超大规模数据的存储、共享、兼容、高速处理及有效挖掘等也都是目前研究的核心与前沿问题。多模态融合已成为生物医学发展的趋势。

高通量多组学技术、单细胞技术、三维基因组技术、高分辨显微成像技术等从不同视角为医学诊断和决策提供了不同种类的数据,它们各具特色和功能,反映了生物系统多层次、多尺度上的观测信息,相互验证补充,为全景式地呈现生命活动的过程,阐述在分子、细胞、组织和器官水平的跨尺度生物体特征,辅助早期疾病精确诊断、临床决策及治疗方案的选择提供了坚实的数据基础[22,23]。从基因多因素调控、混合基因组/转录组测序、单细胞测序三大类数据出发,结合系统生物学理论与生物信息学方法体系,能够全方位解析生物体各种细胞中的多组学信息,建立生物作为超级复杂信息系统在单细胞水平和分子水平上的多维度图谱并解析各维度间的相互作用。在细胞水平上,则能够系统定义与刻画人类所有细胞的类型、性质与状态,并将其位置、形态、数量、相互作用、表型和功能贯穿起来,构成刻画人体发育、生理、病理的完善且精细的参照系;进而可以逐步建立从基因到细胞再到表型的深度全息网络,破译生命调控的遗传密码及其执行路径,从根本上理解个体发育、细胞分化和疾病发生发展等重要生命过程的机理。这些新技术和理论的发展,可以有效融合、分析多模态的生物医学数据,提取生物系统的跨尺度融合特征,从而指导疾病风险预测与智能决策,为疑难疾病的风险预测、早期诊断、靶向用药和精准治疗提供全新的手段。

人工智能技术的发展为融合多模态跨层次数据、建立生物系统模型提供了新的契机。然而,由于生物系统本身的复杂性,数据驱动的机器学习方法并不完全适用于其建模。具体来说,主要包含两个方面的问题。一是生命科络，具有多层次、自组织、自相似等特性，另外由于检测手段与现有数据的局限性，已知生物分子网络是不完整的。正是由于网络的复杂性和不完整性，难以按传统的"表示""建模"等一套分析方法对网络进行分析。虽然对复杂生物分子网络的分析非常困难，甚至是不可行的，但是当复杂生物分子网络出现表型（包括症状等临床表现）时，对其干预却往往是非常简单的。对于控制复杂生物分子网络的表型，一般来说，只需干预少数网络节点（或称为"模块"）即可达到不错的效果。因此，理解复杂分子网络，应将"如何系统分析网络"的问题转变为首先"寻找干预网络的关键节点"。此外，人们也观察到，当两种表型相似时，它们对应的干预节点在网络上也相近。这可能是由于产生表型的机理相近。

根据这两点，提出了寻找干预复杂网络表型节点新方法——"关系推断"，其原理是：对于给定的表型（包括症状等临床表现），先从与之"相似"表型的已知干预节点入手，将其作为先验知识的"种子节点"，并在其附近确定候选节点。该原理假定给定表型与相似表型的相关基因具有某种相似"关系"，利用这种关系，即可从相似表型已知干预节点及其近邻来推断给定表型的干预节点。

"关系"具有很宽的范围，可以有多种数学描述，不一定是因果关系，因此推断的结果不一定与给定表型是因果关系，不同的相似性假设条件下推断的结果可能也不"唯一"。但是，这种关系推断大大缩小了搜索范围。一般情况下，对于推断的结果还需要从先验知识、内部机理等多方面进一步筛选。在必要的情况下，还需进一步开展实验验证，由于推断出的节点数已经很少，实验验证的可行性大大增加。因此，关系推断为发现给定表型的可干预网络提供了可行的方法。例如，2008 年提出的 CIPHER 方法利用候选基因与其他基因邻近度的排序和相应的表型相似度排序的"一致性"作为判别候选基因的准则[27]，2014 年提出的基于多种数据库的关系推断法则是应用多种数据信息求得基因之间的"功能相似度"作为准则，来判别候选基因[28]。使用不同的"准则"（关系）可以产生不同的方法。例如，对多基因导致的遗传病可以利用候选基因变异与疾病"同时出现"（关联关系）的关系来判别候选的基因变异，这就是"关联分析"的方法。

关系推断法的效果取决于对"关系"的定义及对先验知识的利用，关系推断的结果还需要通过利用机理分析等先验知识进行筛选，以及必要时利用实验进一步进行验证，由于关系推断的结果已经大大缩小了筛选的范围，因此降低了实验难度，提高了实验可行性。

（四）医学知识图谱与标准化

知识图谱（knowledge graph）以结构化的形式描述客观世界中概念、实体及其关系，将互联网的信息表达成更接近人类认知世界的形式，提供了一种更好地组织、管理和理解互联网海量信息的能力。其发展始于20世纪50年代，至今大致分为三个发展阶段：①起源阶段（1955~1976年），在这一阶段中引文网络分析开始成为一种研究当代科学发展脉络的常用方法；②发展阶段（1977~2012年），语义网得到快速发展，"知识本体"的研究开始成为计算机科学的一个重要领域，知识图谱吸收了语义网、本体在知识组织和表达方面的理念，使得知识更易于在计算机之间和计算机与人之间交换、流通和加工；③繁荣阶段（2012年至今），2012年谷歌正式提出知识图谱的名称并成功应用于搜索引擎。在人工智能的蓬勃发展下，知识图谱涉及的知识抽取、表示、融合、推理、问答等关键问题得到一定程度的解决和突破，知识图谱成为知识服务领域的一个新热点。将知识图谱这一概念应用于医疗领域，构建标准化的医学知识图谱，可以为电子病历分析中的术语识别、特征提取以及有效建模提供信息支持，实现基于知识的大规模人工智能建模和可靠临床决策。

传统的由专家收集整理医学信息的方式消耗大量的资金和时间，目前完整的医学知识图谱仍然有待建立。医学知识图谱构建技术可归纳为五个部分，即医疗知识的表示、抽取、融合、推理以及质量评估。利用图论与深度学习等方法，可以从电子病历、网络信息、医学数据库等大量的结构化或非结构化的医学数据中提取出疾病、症状、检验、体征、药物甚至医生、医院等实体，进而建立实体间的关系，完善各实体属性，选择合理高效的方式存入知识库。在人工控制下对本体进行扩展和补全，并用启发式规则自动建立知识的概念层次，构建起医学知识图谱。

医学知识图谱对解决当前医疗产业面临的种种问题具有重要意义。它可以有效地将不同种类、不同区域的诊疗知识汇聚起来，更好地普及诊疗规范，在医学辅助诊疗、知识推荐、医院管理、医疗控费等环节体现出强大的降本增效能力，提升患者的就医体验和效率。以医学知识图谱为基础的各类应用平台，能够将顶尖医学专家的知识和诊疗经验进行快速复制，实现计算机辅助诊疗，为基层医生提供实时有效的智能决策，提高基层医院医生的诊疗能力，在一定程度上减轻医生重复性知识工作的负担，解决医疗资源分配不均、医疗产业供需不平衡的问题。

（五）体外类器官模型构建

类器官是一种三维细胞培养物。一般来说，在适当的培养条件和环境下培养合适的多能干细胞，并施加特定的生长因子，能够诱导干细胞增殖、定向分化、自我组织成具有一定三维结构的细胞聚集体。近年来，组织器官 3D 培养技术发展迅猛，2009 年，汉斯·克里夫（Hans Clevers）实验室成功地从单个小肠干细胞体外培养、增殖、分化出具有增殖隐窝和高分化绒毛的类小肠结构[29]。紧接着，该实验室在小鼠小肠干细胞形成类器官技术的基础上，进一步实现了人结直肠肿瘤类器官培养[30]。同年，爱德华·巴特尔（Eduard Batlle）实验室分离出人大肠 EPHB2 高表达干细胞，并在体外 3D 培养出大肠隐窝结构[31]。随后，包括前列腺、味蕾、食管、输卵管、肝脏、胰腺、胃、唾液腺和乳腺等在内的多个器官均成功在体外获得正常组织或肿瘤的类器官。

类器官拥有部分与人体器官相似的性质，有望取代损伤或患病的组织，在再生医学领域有着巨大的应用前景。除此以外，类器官对研究生物发育、疾病病理和干预、药物毒性和功效以及个性化药物开发等也具有重要价值。目前，类器官技术尚处于起步阶段，体外类器官仍存在细胞类型单一、难以大规模培养、缺乏人体正常组织器官微环境等问题。通过类器官技术与人工智能技术的结合，开发人工类器官的原理模型与设计构建方法，建立多细胞协同作用下的时空多尺度动态模型，预测类器官系统的结构和功能演化规律，利用细胞自主调控和外部光电控制等方式，实现类器官的智能设计、组装与鲁棒控制，是人工智能与类器官技术交叉领域的一个重要发展方向。

（六）智能基因回路、递送系统设计

智能基因回路及递送系统的设计对于病原体防控、药物精准定量投放、降低医疗成本、提高药物利用效率与开发新的诊疗手段都具有重要意义。通过对细胞在疾病状态和正常生理状态的生物信息学分析，查找疾病状态中诸如启动子、miRNA、细胞表面抗原和受体等的分子信号特征，利用可感知分子信号的基因元件模块化设计基因回路，并采用计算模拟辅助优化，当智能基因回路递送至细胞中后，便可感知、整合、处理分子信号，调控目标基因表达和药物的产生释放，从而自主控制细胞功能，调节局部微环境，实现对疾病的诊疗。智能基因回路还可用于调控基因编辑工具，提高基因编辑的特异性，减少脱靶效应。此外，依据基因回路的不同特性，设计不同载体包装系统，提高智能基因回路药物的稳定性，并可结合手术机器人微创给药系统，将智能基因回路药物高效、精准递送至目标组织器官，提高此类药物利用率，降低副作用，提高治疗效果。

随着生物学与医学技术的进步，通过设计特定的基因调控网络结构，基因网络本身已有可能实现十分鲁棒的内源控制，为智能基因回路的构建提供了理论和技术支持。随着光遗传学工具及智能控制算法的不断发展，基于计算机和合成基因线路的细胞耦合控制模式将细胞纳入控制闭环，能够建起更加鲁棒和适配的智能基因回路[32,33]。将光遗传元件载入细胞，配合荧光标记和显微成像技术，可以实现单细胞跟踪和实时状态定量读取，借助计算机的反馈控制算法，就能够根据细胞实时状态智能地调整控制信号。最新的研究已尝试通过这种方式控制活细胞，在单细胞基因表达的调控与分析、细胞生长状态的调控、细胞空间模式的形成等方面取得了一定进展。

如何针对生物系统非线性、长时延、高度耦合等特殊性，开发精确、稳定、高效的智能控制算法，是实现智能基因回路与递送系统的关键。结合生物系统本身的数学建模、控制理论中如模型预测控制、自适应动态规划等优化控制算法以及智能领域如强化学习、进化算法等智能方法，基因回路的控制方法将充分考虑生物系统的机理模型及动态演化机制，结合人工智能算法强大的学习能力，协调生物系统各组分的竞合关系，实现基因回路、细胞、组织、器官、个体等多种水平上实时、在线、稳定的智能控制。

（七）人工智能辅助医疗技术

医疗领域长期存在优质医生资源分配不均、诊断误诊漏诊率较高、医疗成本过高、医生培养周期长、医生资源供需缺口大、有效的疾病风险预防机制匮乏、制药效率低等问题。近年来，随着深度学习技术的迅速发展，人工智能开始在医疗健康领域落地应用，并逐渐成为影响医疗行业发展、提升医疗服务水平的重要因素。目前，人工智能在影像病理区域识别、提高诊断效率、疾病风险预警及药物研发支持等多个途径辅助医疗，一定程度上改善了现有医疗领域的问题。目前人工智能辅助医疗技术主要体现在如下四个方面。

第一，辅助医生进行影像病理区域识别，协助诊断不常见病症。目前超过90%的医疗数据是医疗影像数据，而这些影像数据的判断主要依赖于医师的主观经验。然而，我国现阶段医生水平差距较大，在一些不常见的病症中容易发生误诊漏诊的现象。中华医学会的数据资料显示，中国临床医疗每年误诊人数约为 5700 万人，总误诊率为 27.8%，器官异位误诊率为 60%。近年来随着人工智能技术的迅速发展，人工智能在图像识别领域迅速成熟，通用物体检测准确率达到了较高的水平。这一技术能够辅助医生识别一些较不常见的病症，帮助定位病灶区域，从而有效缓解漏诊、误诊的问题。

第二，提高医生诊断效率，促进资源合理分配。我国目前存在人均医生数量较少的问题。据统计，我国每千人平均医生拥有量仅为 3.1 人，医生资源缺口问题较为严重。面对供需不对称的现状，短期内直接解决十分困难，但是随着人工智能的迅速发展，人工智能在提高诊断效率、弥补资源供需缺口上或许会带来革命性的突破。

目前，人工智能在医学影像中的应用主要分为两部分：一是数据的感知，即通过图像识别技术分析医学影像，获取有效信息；二是数据的学习和训练，通过深度学习海量的影像数据［如计算机体层成像（computed tomograph，CT）、全视野数字切片（whole slide image，WSI）、MRI、正电子发射体层成像（positron emission tomography，PET）等］和临床诊断数据（如记载在病历、报告上的关键数据指标等），提升模型的预测效果。人工智能技术在医疗影像诊断领域现阶段已经落地的场景包含肺癌检查、食管癌检查、糖网眼底检查等疾病的医学检查和病理检查。未来人工智能辅助诊断技术将可以应用在更多病种领域，甚至可以代替医生完成疾病筛查、诊断等任务，从而减少医生资源的浪费，促进医疗资源的合理分配。

第三，疾病风险预警，提供健康顾问服务。有许多疾病是可以提前预防的，但是由于疾病在前期发病特征不明显，很多患者没有办法提前知道自己患病从而在早期遏制住病情的发展。受限于医生资源，很难对所有普通人进行排查。借助人工智能技术和医疗健康可穿戴设备的结合，可以实现对疾病的风险预测和风险干预。风险预测包括对个人健康状况的预警，以及对流行病等公共卫生事件的监控，从而在早期遏制病情的发展；风险干预则可基于不同患者的个人数据，使用预测模型提供个性化的健康管理、咨询等服务。

第四，支持药物研发，提升制药效率。利用传统手段的药物研发需要进行大量的模拟测试，周期长、成本高。目前业界已尝试利用人工智能开发虚拟筛选技术，发现靶点，筛选药物，以取代或增强传统的 HTS 过程，提高潜在药物的筛选速度和成功率。借助深度学习和自然语言处理技术，可以理解和分析医学文献、论文、专利、基因组数据中的信息，从中找出相应的候选药物，并筛选出针对特定疾病有效的化合物，大幅缩减研发时间与成本。

（八）医疗健康大数据

自从《"健康中国 2030"规划纲要》作为推进"健康中国"建设的蓝图和行动纲领发布以来，中国医疗健康产业正在发生翻天覆地的变化和革新。与此同时，我国医疗大数据行业也迎来了大量行业规范和政策意见的发布利好。医疗大数据的机遇与挑战如图 10-4 所示。

数据是重要的生产要素　　　新基建下的机遇与挑战

2020年3月，中央出台了《关于构建更加完善的要素市场化配置体制机制的意见》，从推进政府数据开放共享、提升社会数据资源价值、加强数据资源整合和安全保护三方面提出了明确目标。

2018年12月中央经济工作会议首提"新型基础设施建设"，2020年2月21日中央政治局会议又强调"推动生物医药、医疗设备、5G网络、工业互联网等加快发展"。

医疗数据可以是释放数据要素红利的重大突破口

数据如何确权　怎样保证数据的安全和隐私性　如何分享才能释放数据红利　怎样更好地进行数据市场的监管　数据交易的生态体系如何建立

图 10-4　医疗大数据的机遇与挑战

2017 年上半年，医疗大数据产业"国家队"——中国健康医疗大数据产业发展有限公司、中国健康医疗大数据科技发展集团公司、中国健康医疗大数据股份有限公司相继宣布筹建，将要承担投资运营国家健康医疗大数据中心及产业园。以确保健康医疗大数据安全为目标，投资行业内骨干企业，突破核心技术；以金融手段，促进健康产业的孵化和培育，构建健康医疗大数据产业生态系统，推动国家基础性健康医疗大数据建设。

大数据也在赋能各类医疗企业。例如，浪潮健康、晶泰科技、中电数据等企业通过与医疗机构合作，建立起个人全生命周期健康管理平台化服务，为合作伙伴提供从药品研发、上市后药效评估到流通销售的全产业链、一体化健康医疗大数据分析产品和解决方案。其他如零氪科技、医渡云、太美医疗很早就开始利用医疗大数据来提供整体解决方案，以及人工智能辅助决策系统、患者全流程管理、医院舆情监控及品牌建设、药械研发、保险控费等一体化服务。

但医疗大数据共享应用的核心问题（如数据确权、隐私保护等），目前还没有很好的解决方案，基于区块链、联邦学习等最新技术的解决方案，可能是解决底层问题的路径之一。

（九）智能健康技术

智能健康技术所涉及的应用领域广、产业链长、市场广阔，已有大量的企业进入该领域。例如，微软云构建的智能健康系统覆盖了患者监测、居家护理、智能医院等多场景应用；三星电子与加州大学旧金山分校联合建立了数字健康创新实验室；英特尔（Intel）推出了健康应用软件，提供可以柔性集成硬件、软件和通信服务的远程护理平台。还有众多的专业化公司，例如凯朴硕科技（Capsule Tech）公司提供联网医疗设备和数据管理服务，实现从医院至住家之间的无缝护理；国内心韵恒安医疗科技（北京）有限公司的可穿戴心电监测设备及"心电一张网"实现了将大医院、基层医疗机构和患者连接在一起的心血管健康闭环生态系统。

尽管各类智能健康系统已经获得了应用，但仍然有很大的技术挑战和发展空间。信息安全是智能健康系统一直面临的重要问题，数据的质量、完整性和准确性是智能健康系统获得深化应用的关键问题，多种类数据的异构性对数据管理和处理提出了严峻挑战。

二、关键科学问题

人类基因组计划的完成，标志着人类对生物信息的解读开始了新的篇章。如何利用基因组蓝本寻找在发育、疾病等重要生命过程中发生变化的关键因素，发掘复杂疾病的遗传因子，成为健康智能决策与干预系统工程的重要问题。

在从基因、细胞到组织、器官、系统、人体和群体全息数据采集与感知的基础上，需要综合运用大数据技术、机器学习技术，建模包含人的微观与宏观生物属性和社会属性的数字孪生；综合运用智能科学、控制科学、系统科学技术，建立生命的个体规律和群体规律的数学模型，实现碳基-数基融合定量调控，从而建立可模拟碳基生命属性的数基生命系统。

实现人体全方位跨尺度系统建模与精准医健，需要以人类细胞图谱为基础，建立不同类型细胞组成人体组织的 3D 图谱，以及子体系统间的联系方式；建立从基因-基因组-细胞-器官的深度机理模型和数字孪生系统；在各个尺度和特征表示下研究图谱变化与健康和疾病的关联和因果关系。将细胞和组织功能作为控制对象，结合工程生物学技术，研究细胞状态的精准预测与控制方法，以及细胞自组装、合成组织与 3D 打印器官等组织修复和再生技术。开发设计智能靶向疫苗，以及分子机器人等新的疾病治疗手段。

三、发展思路与发展方向

（一）细胞功能图谱与细胞数字孪生

以人类细胞图谱为基础，建立用单细胞多组学数据构建细胞内和细胞间基因网络的先进方法，对心脏、肝脏等器官的细胞图谱数据建立单细胞基因网络。在高维数学空间中解析各维度之间的相互作用。发展新方法研究基于单细胞组学数据的基因网络构建方法、每个细胞内部的基因网络构建，以及细胞与细胞间相互作用网络的构建。针对心脏、肝脏、大脑等单细胞组学数据，建立若干关键细胞类型与细胞状态的高维数学模型，为系统回答细胞类型与细胞状态的准确定义问题奠定基础。

（二）人工生物分子机器设计与细胞控制

研究生物元件、模块的智能设计方法。定量解析刻画生物元件、模块功能，探索生物功能的信息描述方法，进行生物表型的数学预测与仿真，为人工元器件、模块组件、生物系统的准确计算设计奠定基础。通过人工合成基因回路和光遗传学技术，将细胞集成至闭环控制系统中，构建生物细胞与数字孪生间的联系。研究重点包括开发细胞状态估计方法、在线鲁棒控制策略，并建立生物元件与模块的智能化设计方法，力争在细胞-计算机耦合控制等方面取得新的理论和技术突破。以实现对单个细胞状态的观测和控制，为基因调控网络的精准解析、人工类器官的构建等问题提供新的解决方案。

（三）人工类器官的构建和多层次深度机理网络建模

利用基因编辑技术对干细胞进行改造，引入合成基因线路对细胞状态进行精确观测和人工编程控制，以体外类器官发育为载体，利用单细胞组学技术，分析类器官发育过程中的细胞功能、状态与互作关系。通过人工智能和大数据挖掘识别关键控制基因与致病遗传突变，通过基因编辑与可控的合成基因线路对这些潜在的调控及致病因素进行精确扰动和控制，建立人工器官的全信息深度模型，定量描述基因型到细胞内部的基因表达变化、到细胞表型与细胞间相互作用、再到器官功能整体功能之间多层次的因果关系网络。

在此基础上，从工程角度研发细胞自组装、合成组织与 3D 打印器官技术，研究人工生物类器官的可控性培养与再生。

（四）智能靶向药物设计

合成生物学和基因编辑技术为疾病信号的检测与处理提供了新的技术途径，使人类有可能利用数字化的生命信息系统，结合人工智能辅助设计，改造细菌、病毒和人类细胞，干预宿主细胞功能，实现药物智能释放，修复和改善生理代谢过程、机体的免疫应答机制，为疾病的诊断、干预和治疗提供新型可编程的生物治疗方案。通过信息技术（information technology，IT）+生物技术（bio-technology，BT）的深度结合，以恶性肿瘤、传染病、罕见遗传疾病等诊治为重点研究对象，开展基于数基生命系统的人工分子机器设计、合成与控制的基础研究与应用基础研究，发展疾病发生的人工生物干预策略，建立高效、准确的新型生物智能诊疗模式，突破人工分子机器用于疾病诊疗的基本科学问题和共性技术问题。

（五）面向医疗健康的知识引擎计算技术

面向医疗健康领域的知识引擎主要包括医疗知识的自动构建以及面向医疗的知识表示与推理技术。一方面，从各类型的医学语料中基于文本解析与语义计算技术构建医学知识，并基于结构化知识的引导获得精准的语义表征与推理；另一方面，基于医学考试、问答、检索、医疗文本内涵解析等目标，构建直接从海量文本语料进行端到端的医学知识表示与推理深度学习技术框架。医学语料既包含大量的结构化知识，也有海量的无结构化信息。因此，在医学知识的语义表征与推理上，需要将结构化的图谱约束知识与非结构化的文本信息知识进行耦合互补。在知识的表示上，采用图谱、数据库等结构化表示方法及向量、矩阵、张量等非结构化表示相融合的方法，结合结构化表示可靠、可解释与非结构化表示灵活、易使用的优点，提供一个适应各种知识承载形式的表示方法框架。融合表示的主要难点在于结构化表示与非结构化表示的异质互通，需要建立逻辑空间与向量空间的联系、点与分布之间的关系、低维空间与高维空间的关系，以及不同知识来源的映射关系等。以知识嵌入技术和向量索引技术为基础，实现以向量为骨架的知识表示。

（六）个人健康状态预测与干预

以个人生命组学数据和临床表型数据为输入，对健康状态、患病风险、疾病分期、治疗方案进行个性化预测。该模型不仅使用了生命组学数据，还整合了临床表型数据，因此具有很大的灵活性。当生命组学数据缺失时，可以仅依赖临床表型数据进行预测；当临床表型数据缺失时，可以仅依赖生命组学数据进行预测。对于遗传性较强的疾病，可以发挥生命组学数据的优势；对于遗传性较弱的疾病，则主要依赖于临床表型数据提供的特征。

第四节 中医药系统工程

一、发展现状与发展态势

（一）中医药网络药理学

中医药的特点在于整体观、辨证论治。如何解析中医药复杂体系，揭示中医药整体诊疗特色的科学内涵，是中医药基础与临床研究的核心科学问题，也是中医药传承和发展的关键难题。同时，深入、系统发掘中医药整体诊疗特色，对于开创医药研究的新思路新方法也具有重大意义。研究人员从信息科学与中医药结合的角度，首次提出"网络靶标"理论，其核心是基于生物分子网络实现疾病、中医证候生物机制及中药整体作用的定量描述。基于该理论，创建了中医药网络药理学并引领其快速发展，实现了中医药研究理论与方法的原始创新，有力地促进了中医药科学化以及中西医有机融合发展。

研究人员在国际上率先提出反映中医药整体作用机制的"网络靶标"相关概念和理论[34,35]，创建了一套以系统性研究、高精度计算为特点的中医药网络药理学方法。该方法揭示了"中西医表型-生物分子-中西药物"多层网络全局关联的模块化规律，实现致病基因[27]和药物靶标[36]的高精度预测，首次实现中医表型相关基因、中药成分相关靶标的全基因组从头预测、中药成分网络协同干预效应预测，为中医药复杂体系解析提供全新方法。利用中医药网络药理学理论与方法，突破"证"这一中医核心诊疗概念生物机制不清的研究难点，首次构建中医最基本的寒、热证生物分子网络[37]，发现了寒、热证以能量代谢-免疫调节网络失衡为特点的生物学机制[38]。进而，系统解析了其网络关键节点在糖尿病、肿瘤等复杂疾病中的变化特征，促进了中西医融合创新，建立了基于生物分子网络的中医精准辨证新途径。从网络调节角度突破中药方剂复杂体系解析难点,揭示中药方剂的整体作用机理在于系统调节病证生物网络,有力促进中药创新发展。以寒、热证相关疾病的生物网络为靶标进行示范研究,发现中医传统络病方剂治疗炎症与血管新生的机制和药效物质,发现清热方剂葛根芩连汤、滋阴方剂六味地黄丸通过调节代谢-免疫平衡治疗 2 型糖尿病,得到临床试验验证。

(二)中医望闻问切"四诊"信息定量化与智能化

传统中医望闻问切"四诊"知识和技能的积累主要依靠师承、文字资料和临床观察等主观经验,具有不确定性和局限性。近年来,中医学研究者在中医望闻问切"四诊"信息定量化和智能化上取得了一系列进展。

"望"诊:研究者将图像处理技术应用于患者面部、舌部图像和其他诊疗数据的采集,以降低医生的主观性。舌部图像特征计算模型通过图像处理技术测量舌头的颜色和特征,并与西医的诊断结果进行对比和匹配,建立了特定疾病(阑尾炎)舌诊定量特征的映射。研究者基于几何特征构建了舌部自动识别和分类模型,根据舌头的长度、面积和角度的测量值对舌头的形状进行分类,并用层次分析法(analytic hierarchy process,AHP)表示测量值与舌头形状之间的不确定性和模糊性,最后,通过 362 个舌部图像样本验证了模型的准确性。

"闻"诊:研究者提出了一种近似熵和小波包变换相结合的非线性模型,用于分析中医的听诊信号,从而量化气-血、阴-血和健康人的听诊信号。首先,语音信号被分解成近似的小波包变换系数,然后计算近似系数的近似熵,最后选择三个样本中具有显著差异的熵值作为支持向量机的特征参数,识别三个听诊信号的准确性高于 90%。

"问"诊:基于西医明确诊断的疾病确定证候数目及其望闻问切"四诊"信息条目池,进而研制证候量表,用于问诊信息的采集。针对证候"非线性、离散性、复杂多维"的数据特点,相关课题组提出复杂系统熵聚类方法。基于此方法研制出"脉络-血管系统病"证候诊断标准,提出了层次熵聚类方法,也能用于发现隐含在数据中未出现但关联性高的组合,适合于发现新处方和配伍,已用于名老中医处方数据的挖掘。

"切"诊:研究者提出了一套标准化程序,将具有触觉感应功能的脉冲采集器放置在手腕上,以捕获由中医定义的腕部的 12 个脉冲采集点的数据。根据皮尔逊相关系数的结果,同时触诊和单指按压在脉诊过程中,从浮脉到沉脉均高度相关。但是,同时触诊和单指按压获得的脉冲信号在峰值、长度、心率和深度方面存在统计学差异。研究者获得了两种脉诊方法的差异，为中医脉诊的标准化奠定了理论基础。

（三）中医证候的生物学基础

证候的生物学基础研究是中医学的关键科学问题之一。由于历史条件的限制，几千年来证候多采用描述性语言进行阐述，有不可直接测量、缺乏客观标准、物质基础尚不明确等特点，证候是一个高度复杂的多维概念。近40年来，中医学界证候生物学基础方面取得的一系列进展主要得益于现代科学技术的发展。证候的生物学特征模式是指从与疾病相关的大量指标中寻找与证候诊断密切关联的指标群（往往非单一），由于两者之间存在复杂相互作用，所以挖掘证候的生物学特征模式需要中医学与计算方法学、生命科学的有机融合。

研究人员以中医基本的寒、热证为对象，利用CIPHER方法的原理，基于寒热证表型首次构建出寒热证生物分子网络，揭示了以能量代谢-免疫调节网络失衡为特点的寒热证生物学基础。该网络能够区分21种寒证、38种热证相关疾病致病基因的不同分布特点，且实验揭示出《神农本草经》"疗寒以热药、疗热以寒药"这一中医重要辨证治疗原则的微观机理。同时，基于网络模块化关联性分析，发现中医寒热证生物分子网络与炎症、血管新生等生物过程以及2型糖尿病、肿瘤等复杂疾病具有密切联系，开辟了基于生物分子网络进行复杂疾病中医精准辨证的新途径。

此外，研究人员以冠心病证候为范例，根据生物学数据的特点，形成了一套确定证候生物学特征模式的方法学体系，并得到了冠心病不同证候在各种生物学层面的诊断模式，从指标的特征探讨其生物学内涵。研究者提出了一种PubMed文献挖掘和复杂网络分析相结合的病证生物学基础构建方法[39]，发现冠心病血瘀证的"气虚"与免疫系统关系密切，而"气滞"和神经系统关系密切；提出了符合冠心病证候与核磁共振代谢物的特征选择方法，建立了气虚血瘀证的"指标个数少、准确性高"的诊断模式，准确性达到80%以上；提出了以贝叶斯网络为核心的方法学，构建了1000多例冠心病气虚血瘀证和气滞血瘀证宏微观结合的五种诊断模式；利用代谢组学技术定量测定患者血液代谢物含量，分析出气虚证、气虚血瘀证和气虚血瘀兼水停证的特异性生物标志物，构建了基于支持向量机和随机森林的冠心病心衰证候要素非线性的分子人工智能诊断方法，评价准确率达到80%以上。

（四）方剂作用机制、物质基础及新药预测研究

证候是根据望闻问切"四诊"信息凝练的诊断概念，方剂是临床对症治疗的主要方式。研究方剂的物质基础和作用机制是"以方测证、方证相应"的基本方法，也是确定证候生物学基础的有力手段。传统中医提供了大量天然药物及其所治疗疾病的症状信息，这对深入研究证候的生物学基础和提高临床疗效至关重要。研究者从系统工程角度，主要开展了三个方面的研究：利用文献挖掘技术提取国内外相关数据库和中医文献中处方与诊断治疗经验的规律；利用复杂网络分析技术和机器学习方法进行方剂网络靶标的预测、新药预测、药物推荐、处方推荐等；通过实验验证方剂的作用机制。这些技术方法为解决中药化学小分子"低亲和、组合起效"奠定了方法学基础，既能大大缩短药理和化学实验摸索周期，提高方剂药理实验的成功率，又能为名优方剂的二次开发提供有力支持，为最终揭示方证的物质基础和作用机制、完成重大新药创制奠定方法学基础。

目前针对肿瘤、抑郁症、糖尿病等重大疾病取得了积极的进展：研究人员集成了药物的化学相似性、治疗相似性和蛋白相互作用，来预测药物与靶标之间的关系。实验验证了 6 种药物在小鼠尾部悬吊实验和强迫游泳实验中具有抗抑郁作用。可预测系统中包括血清素转运蛋白、去甲肾上腺素转运蛋白、血清素 1A 受体和血清素 2A 受体 4 个靶标，金盏花碱可能是一种有效的抗抑郁药，并被确定为白藜芦醇的主要作用部位。扶正祛邪是中医药治疗肿瘤的主要治法，扶正药物和祛邪药物广泛应用于临床肿瘤的治疗中。研究人员研发了一种创新的高通量研究策略，该策略将网络药理学的计算和实验方法相结合，并选择了 22 种扶正（增强健康）草药。此外，还包括 25 种祛邪（消除病原体）的草药，以进行比较。研究发现，从功能上讲，来自扶正草药的化合物的预测目标在免疫相关和抗肿瘤途径中均富集，类似于祛邪草药。研究表明，扶正草药在肿瘤免疫微环境调节和肿瘤预防方面的潜力远比直接杀死肿瘤细胞更大，并且为揭示扶正草药在癌症治疗中生物学基础的共同性提供了系统的策略。

（五）针刺神经生物学机制的多模态影像组学

针刺因其简便验廉的独特优势，在国内疾病治疗和康复中发挥着重要作用，并逐渐受到西方主流医学的关注。2017 年美国国立卫生研究院（NIH）投入 3.38 亿美元启动一项名为"思巴克"（stimulating peripheral activity to relieve conditions，SPARC）的项目，旨在资助"刺激周围神经治疗疾病"的研究。SPARC是针刺疗法启示下的类"针刺"，这种神经刺激与针刺刺激人体体表治疗疾病的原理极为相似，所治疗的适应证与针刺的优势病种多有重合。这表明西医理论指导下的西方医学针灸学正逐渐形成，"去中国化"倾向十分明显，给我国针灸事业的发展带来巨大的挑战。

多模态医学影像技术既能对特定脑区进行准确、可靠的定位，又能反复进行动态扫描，实时追踪脑内信号的改变，凭借其无创、无辐射、空间分辨力高、功能和形态同时成像等优势迅速发展起来，在神经科学、心理学和疾病研究的应用越来越广。近年来，fMRI技术也开始用来研究针刺疗效的神经机制，使得针刺效应的中枢调节理论不断完善和发展。例如，发表在《脑》（Brain）杂志上的研究显示，与假针相比，针刺后腕管综合征患者第二、第三指间皮层分离距离增加，并发现针刺可重塑初级体感皮层进而改善腕部正中神经功能。中国科学院分子影像重点实验室田捷研究员团队长期与中医针刺、医学影像学等多学科专家交叉合作，共同致力于利用现代信息技术手段和多模态医学成像技术揭示针刺作用机制与科学内涵研究，开创了中国特色的针刺机理研究道路。

（六）中医药数据库和数据平台建设

中西医结合数据平台构建。研究者通过对PubMed数据库、FDA数据库、中国药典等数据库的整理和挖掘，由17位中西医结合专家对中医症状和西医症状间的关系进行辨识，手动纳入1717个中医症状及与其相关的499种中草药、961个西医症状，同时选择与这些症状相关的5235种疾病、19 595种草药成分和4302个目标基因，使用复杂网络分析方法，创建了中西医结合数据平台——SymMap数据库，其为新药预测、病证诊断提供了数据基础[40]。

基于语义融合知识图谱的中医术语数据库。由于中医药命名实体的模糊性和多义性、概念混淆和知识不确定性，中医术语的语义识别与整合是中医现代化研究的重要基础。现有的中医术语体系完善主要集中在两个方面：①中医命名实体的特征提取算法，用于实体模糊词和首字母缩略词的识别；②病因病机相似词元组的识别。中医术语数据库对提高专家辅助诊断系统知识推荐的准确性非常关键。北京交通大学周雪忠等通过解决中文语境下的分词问题，建立了包含疾病和脏腑信息的中医术语数据库[41]。

（二）中医的疗效评价和中药的质量评价

综合应用循证医学、叙事医学、网络药理学、真实世界和单病例研究的方法，制定符合中医特点的疗效评价标准和测量技术；综合应用网络药理学、高清液相色谱、中药指纹图谱、谱效整合指纹谱等技术和方法，制定中药的质量检测、监测和质量评价的标准和技术。在中医疗效评价方面，利用循证医学、网络药理学、叙事医学、真实世界病例研究等，制定符合中医特色、面向精准诊疗的疗效评价标准。在中药质量评价方面，利用网络药理学、生物信息学等方法技术，结合中药"多因微效""整体作用"等特点，挖掘中药的核心成分，结合中药的药理机制，获得用于中药质量评估的质检成分。最终，建立面向精准诊疗的中医临床疗效评价与中药质量评价体系，为科学构建新一代的中医疗效、中药质量评价标准与体系奠定基础。

（三）方剂配伍的效应机制

综合运用网络药理学、整合药理学、机器学习、人工智能等技术和方法，从系统层面剖析方剂的配伍规律，阐明中医方药的多成分、多靶点、多途径作用模式的生物基础，揭示君臣佐使配伍的科学内涵。基于方剂-药物关系、药物-靶标关系、蛋白相互作用关系等，利用网络药理学、整合药理学、生物信息学、复杂网络、人工智能等计算分析方法，挖掘经典名方、名医验方等中药方剂的配伍规律及其网络关联特点。结合基于网络的蛋白、基因等之间分子关联信息，从药物协同、拮抗等主要方面，挖掘方剂配伍的效应机制。

（四）中医智慧诊疗平台与技术

综合运用中医望闻问切"四诊"智能化技术和平台、医疗辅助决策平台、中医人工智能、大数据分析等技术实现中医的预防保健、辨证选方用药或选穴针刺、疗养调护指导，实现中医的智慧诊疗。集成中医的望闻问切"四诊"方法，将传统中医难以量化的望闻问切"四诊"操作转化为可数字化、标准化的智能诊断方式，形成中医智慧诊疗新模式。同时，结合人工智能、大数据相关技术，建设集成中医、西医、生物信息，具有原创性的一体化中医智慧诊疗平台。

第五节 小 结

生命健康与医疗服务系统工程面向人民生命健康，主要以运筹学、信息论、人工智能等理论和方法技术为指导，提出分子信息、单细胞信息空间信息检测，多模态组学大数据处理与解析，基因调控元件识别与调控网络构建，医学知识图谱与标准化等理论和方法，解决人体信息的数字化、人体全方位跨尺度系统建模与精准医疗健康、中医药现代化与智慧化等关键问题，应用于数基生命系统、健康信息监测与医疗服务、健康智能决策与干预、中医药现代化研究等领域。未来该领域的主要发展方向和思路是从微观、介观和宏观的层面感知和获取分子、细胞、组织、器官、系统、个体和群体的全方位跨尺度信息，综合运用大数据技术、机器学习技术，建模包含人的微观和宏观生物属性与社会属性的数字孪生，综合运用智能科学、控制科学、系统科学技术，建立生命的个体规律和群体规律的数学模型，实现碳基-数基融合定量调控，从而建立可模拟碳基生命属性的数基生命系统，发展智能精准健康医疗技术体系，为未来健康管理、疾病预警、精准诊断、慢病管理、治疗方案智能定制、智能药物研发等提供系统的智能精准医疗健康解决方案。

本章参考文献

[1] 朱恒源，王盼. 双轨拉锯：开启中国医疗健康产业的未来[J]. 中国战略新兴产业，2019（21）：52-61.

[2] GBD 2015 Disease and Injury Incidence and Prevalence Collaborators. Global, regional, and national incidence, prevalence, and years lived with disability for 310 diseases and injuries, 1990—2015: a systematic analysis for the Global Burden of Disease Study 2015[J]. The Lancet, 2016, 388（10053）：1545-1602.

[3] 陈伟伟，高润霖，刘力生，等. 中国心血管病报告 2013 概要[J]. 中国循环杂志，2014, 29（7）：487-491.

[4] Siegel R L, Miller K D, Jemal A. Cancer statistics, 2020[J]. CA: A Cancer Journal for Clinicians, 2020, 70（1）：7-30.

[5] Regev A, Teichmann SA, Lander ES, et al. The human cell atlas[J]. eLife, 2017, 6:

e27041.

[6] Deng W, Lee J, Wang H, et al. Controlling long-range genomic interactions at a native locus by targeted tethering of a looping factor[J]. Cell, 2012, 149(6): 1233-1244.

[7] Simonis M, Klous P, Splinter E, et al. Nuclear organization of active and inactive chromatin domains uncovered by chromosome conformation capture-on-chip(4C)[J]. Nature Genetics, 2006, 38(11): 1348-1354.

[8] Dostie J, Richmond T A, Arnaout R A, et al. Chromosome Conformation Capture Carbon Copy(5C): a massively parallel solution for mapping interactions between genomic elements[J]. Genome Research, 2006, 16(10): 1299-1309.

[9] Fullwood M J, Liu M H, Pan Y F, et al. An oestrogen-receptor-alpha-bound human chromatin interactome[J]. Nature, 2009, 462(7269): 58-64.

[10] Belton J M, McCord R P, Gibcus J H, et al. Hi–C: a comprehensive technique to capture the conformation of genomes[J]. Methods, 2012, 58(3): 268-276.

[11] Kalisky T, Quake S R. Single-cell genomics[J]. Nature Methods, 2011, 8(4): 311-314.

[12] Method of the year 2013[J]. Nature Methods, 2014, 11: 1.

[13] Eng C H, Lawson M, Zhu Q, et al. Transcriptome-scale super-resolved imaging in tissues by RNA seqFISH[J]. Nature, 2019, 568(7751): 235-239.

[14] Xia C, Fan J, Emanuel G, et al. Spatial transcriptome profiling by MERFISH reveals subcellular RNA compartmentalization and cell cycle-dependent gene expression[J]. Proceedings of the National Academy of Sciences of the United States of America, 2019, 116(39): 19490-19499.

[15] Klein A M, Mazutis L, Akartuna I, et al. Droplet barcoding for single-cell transcriptomics applied to embryonic stem cells[J]. Cell, 2015, 161(5): 1187-1201.

[16] Nawy T. Spatial transcriptomics[J]. Nature Methods, 2018, 15(1): 30.

[17] Tan W C C, Nerurkar S N, Cai H Y, et al. Overview of multiplex immunohistochemistry/immunofluorescence techniques in the era of cancer immunotherapy[J]. Cancer Communications, 2020, 40(4): 135-153.

[18] Hentzen J E, de Jongh S J, Hemmer P H, et al. Molecular fluorescence - guided surgery of peritoneal carcinomatosis of colorectal origin: a narrative review[J]. Journal of Surgical Oncology, 2018, 118(2): 332-343.

[19] 路彤, 高峰, 宋少泽, 等. 基于多角度光声介观成像方法的小动物肿瘤特异性成像[J]. 中国激光, 2020, 47(2): 361-367.

[20] Feng G, Kong B, Xing J, et al. Enhancing multimodality functional and molecular imaging using glucose-coated gold nanoparticles[J]. Clinical Radiology, 2014, 69 (11): 1105-1111.

[21] Kim J, Campbell A S, de Ávila B E, et al. Wearable biosensors for healthcare monitoring [J]. Nature Biotechnology, 2019, 37 (4): 389-406.

[22] Ray B, Liu W, Fenyö D. Adaptive multiview nonnegative matrix factorization algorithm for integration of multimodal biomedical data[J]. Cancer Informatics, 2017, 16: 1176935117725727.

[23] Phan J H, Hoffman R, Kothari S, et al. Integration of multi-modal biomedical data to predict cancer grade and patient survival[C]. 2016 IEEE-EMBS International Conference on Biomedical and Health Informatics (BHI), 2016: 577-580.

[24] Lee D, Karchin R, Beer M A. Discriminative prediction of mammalian enhancers from DNA sequence[J]. Genome Research, 2011, 21 (12): 2167-2180.

[25] Kelley D R, Snoek J, Rinn J L. Basset: learning the regulatory code of the accessible genome with deep convolutional neural networks[J]. Genome Research, 2016, 26 (7): 990-999.

[26] Du J, Jia P, Dai Y, et al. Gene2vec: distributed representation of genes based on co-expression[J]. BMC Genomics, 2019, 20 (Suppl 1): 82.

[27] Wu X, Jiang R, Zhang M Q, et al. Network - based global inference of human disease genes[J]. Molecular Systems Biology, 2008, 4 (1): 189.

[28] Wu J, Li Y, Jiang R. Integrating multiple genomic data to predict disease-causing nonsynonymous single nucleotide variants in exome sequencing studies[J]. PLoS Genetics, 2014, 10 (3): e1004237.

[29] Sato T, Vries R G, Snippert H J, et al. Single Lgr5 stem cells build crypt-villus structures in vitro without a mesenchymal niche[J]. Nature, 2009, 459 (7244): 262-265.

[30] Sato T, Stange D E, Ferrante M, et al. Long-term expansion of epithelial organoids from human colon, adenoma, adenocarcinoma, and Barrett's epithelium[J]. Gastroenterology, 2011, 141 (5): 1762-1772.

[31] Jung P, Sato T, Merlos-Suárez A, et al. Isolation and in vitro expansion of human colonic stem cells[J]. Nature Medicine, 2011, 17 (10): 1225-1227.

[32] Rullan M, Benzinger D, Schmidt G W, et al. An optogenetic platform for real-time, single-cell interrogation of stochastic transcriptional regulation[J]. Molecular Cell, 2018,

70（4）：745-756.

[33] Lugagne J B，Dunlop M J. Cell-machine interfaces for characterizing gene regulatory network dynamics[J]. Current Opinion in Systems Biology，2019，14：1-8.

[34] 李梢. 网络靶标：中药方剂网络药理学研究的一个切入点[J]. 中国中药杂志，2011，36（15）：2017-2020.

[35] Li S，Zhang B. Traditional Chinese medicine network pharmacology：theory，methodology and application[J]. Chinese Journal of Natural Medicines，2013，11（2）：110-120.

[36] Zhao S，Li S. Network-based relating pharmacological and genomic spaces for drug target identification[J]. PloS One，2010，5（7）：e11764.

[37] 李梢. 基于生物网络调控的方剂研究模式与实践[J]. 中西医结合学报，2007，5（5）：489-493.

[38] Li S，Zhang Z Q，Wu L J，et al. Understanding ZHENG in traditional Chinese medicine in the context of neuro-endocrine-immune network[J]. IET Systems Biology，2007，1（1）：51-60.

[39] Shi Q，Zhao H，Chen J，et al. Study on Qi deficiency syndrome identification modes of coronary heart disease based on metabolomic biomarkers[J]. Evidence-Based Complementary and Alternative Medicine，2014：281829.

[40] Wu Y，Zhang F，Yang K，et al. SymMap：an integrative database of traditional Chinese medicine enhanced by symptom mapping[J]. Nucleic Acids Research，2019，47（D1）：D1110-D1117.

[41] Zhou X，Wu Z，Yin A，et al. Ontology development for unified traditional Chinese medical language system[J]. Artificial Intelligence in Medicine，2004，32（1）：15-27.

[42] Wang N，Li P，Hu X，et al. Herb target prediction based on representation learning of symptom related heterogeneous network[J]. Computational and Structural Biotechnology Journal，2019，17：282-290.

[43] Yang K，Liu G，Wang N，et al. Heterogeneous network propagation for herb target identification[J]. BMC Medical Informatics and Decision Making，2018，18：27-37.

第十一章 军事系统工程

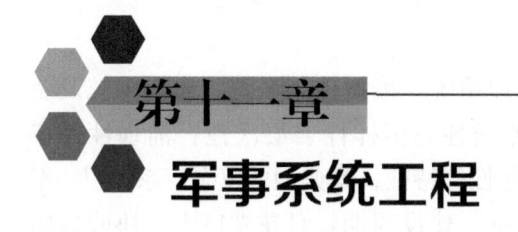

本章从军事系统工程的科学意义与战略价值分析出发，考虑当前高速发展的大数据、人工智能及 5G 等信息技术的影响，针对军事系统运用和建设挑选出战争设计系统工程、武器装备系统工程、指挥信息系统工程、军事物流系统工程等热点领域，分析这些热点领域的研究现状、发展趋势，提出关键科学问题，探讨其发展思路与发展方向，为学科人才培养和项目资助提供支撑。军事系统工程的整体研究框架如图 11-1 所示。

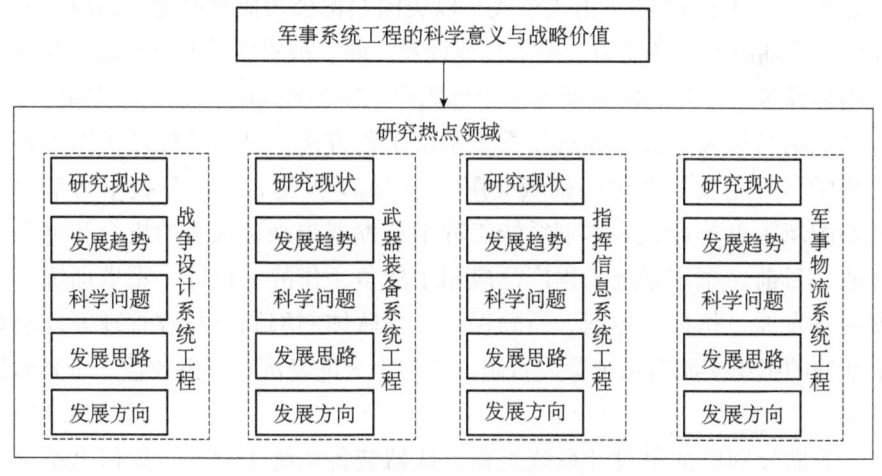

图 11-1 军事系统工程的整体研究框架

第一节　军事系统工程的科学意义与战略价值

军事系统，包括作战系统、指控系统、编制体制系统、后勤系统及装备系统等，不仅具有一般系统的非线性、多样性、层次性、涌现性等特征，而且具有动态对抗性和高维演化性等特征，是典型的复杂巨系统[1]。军事系统是军事力量建设和运用的基础，建设周期长且花费巨大、协同运用复杂。当前我国安全态势复杂，军事力量长时间缺乏实战运用，军事强国以信息技术为基础和核心的新军事革命竞争激烈，我国经济、技术及军事还处于相对弱势地位，上述形势迫切要求我国多快好省地筹划、建设及运用军事系统。

军事系统工程学科针对上述挑战，以军事科学和系统科学为基础，以系统工程原理方法、运筹学和现代信息技术等为主要研究工具，对军事系统实施合理的筹划、设计、组织、指挥和控制，使各个组成部分和保障条件综合集成为一个协调的整体，以实现系统功能与组织最优化。军事系统工程思想可追溯到公元前 5 世纪的《孙子兵法》。作为一门学科，军事系统工程萌芽于第一次世界大战，有组织地、广泛实践于第二次世界大战防空作战等军事问题研究，并于 1948 年正式形成，以美国兰德公司成立并把"系统分析"作为研究陆海空装备能力、军事基地设置、防空战役实施及全寿命周期预算费用估计等军事问题的主要方法为标志[2]。20 世纪 60 年代，美国国防部部长麦克纳马拉大力推广和运用军事系统工程方法，极大地促进了军事系统工程学科理论发展及更多领域应用。进入 21 世纪，以信息技术为基础和核心的新军事革命，为军事系统工程学科发展带来了众多的机会和更大的挑战。目前，军事系统工程广泛应用于战争（作战）设计、军事训练、武器装备发展、指挥与控制、后勤保障、部队体制编制及行政管理等复杂军事活动的组织实施与系统集成研制，具有重大的经济和军事效益，研究前景广阔。

下面分别就战争设计系统工程、武器装备系统工程、指挥信息系统工程、军事物流系统工程介绍系统工程在军事上的应用与研究。

第二节　战争设计系统工程

一、发展现状与发展态势

对于战争复杂系统，战争设计工程有效结合系统方法、复杂性理论、现代战争理论、作战方法、信息技术，实现战争需求、战争理论、战争实验、战争过程统一的整体研究、设计和管理，更好地解释战争的变化和发展。简而言之，战争设计系统工程是将"战争"看作各组分相互作用的复杂适应系统，以系统思想为指导，以信息技术为基础，以工程方法为手段，以战争管理为核心，以整体取胜为目标，对战争系统进行分析、设计、实验及评估[3,4]。

战争系统是典型的复杂系统。国内外从理论到实践对战争复杂系统展开了深入的研究，其研究方法主要分为以下四个方面。

一是运用经典复杂系统理论解释战争系统中的复杂现象[5]。针对战争复杂系统中某个方面的复杂性现象或某个局部军事技术问题，运用耗散结构理论、自组织理论、突变理论、混沌理论、分形理论、非线性理论、涌现性理论、复杂自适应理论和复杂网络理论等经典复杂系统理论，从不同的视角进行分析和实证。

二是对战争系统进行仿真模拟研究，应用基于多智能体的建模仿真平台与仿真结果分析系统，对战争系统中的某一特定问题进行研究。以复杂适应系统理论为基础，以基于多智能体的战争模拟平台为手段，针对战争问题开展战略战役模拟训练、作战实验理论与联合作战建模仿真关键技术及平台研究，创建战争实验理论与应用体系，在复杂战争体系建模与实验分析领域取得重大创新。这一阶段，国内研制的系列战略演习系统、大型计算机兵棋演习系统[6]、体系仿真试验床[7]，均实现了我军战略战役层次研讨与模拟训练，以及作战实验评估方法手段的历史性跨越。

三是采用综合集成方法解决战争系统复杂性问题[8,9]。针对现代战争系统的复杂性，以及军事问题研究涉及的大量复杂因素，运用定性定量相结合的思想对未来可能发生的战争进行分析与设计，指导未来作战理论、战法形式、武器装备等方面的发展。综合集成法常常运用于联合能力需求开发、战略决策分析等较为宏观的问题中。考虑到战争是体系与体系的对抗，人为干预是战争复杂性与不可预测性的主要来源，不可重复性是战争复杂系统最重要的特性，运用综合集成方法构建一体化作战体系，在解决战争复杂系统问题方面具有优势，是建设作战型军队的主要内容。综合集成法常常运用在较为宏观的问题中，在战争复杂系统分析与设计实践中，通常以综合集成研讨厅思想为指导，把军事战略家（包括其他方面有关专家）体系、知识体系、计算机与高速通信网络体系融为一体，集成各领域专家的智慧来解决战争问题，分析设计未来新型战争。

四是作战实验验证作战方案[10,11]。面对新型作战行动的需要和高新技术的推动，战争复杂性理论研究取得了进展，如何验证这些理论的有效性，为将来作战进行预研和提供准备，实现干预策略（未来战争）的设计，作战实验是一种经济有效的途径，也是各国军队推进战争研究的重要方式。作战实验本质上是综合集成方法在战争复杂系统分析中的实践，把战争概念开发、战法创新、装备研发和军事训练融为一体，创新作战理论、试验新型武器系统、开发新型作战能力、论证新的部队编成，加速新军事变革的进程。综合集成、面向未来、设计战争是作战实验的三大特点。美军采用了作战实验手段对未来战争进行设计的思想，来研究未来新的作战思想和作战原则、武器装备的运用等。国内也比较重视作战实验的建设，也将室内的作战实验与军事现场演习相融合，如上海合作组织"和平使命"反恐联合军事演习，就是先室内作战推演，之后继续实兵检验。

随着颠覆性科学技术变革，战争形态也从信息化战争向智能程度更高、博弈性更强、作战效果更佳的新型战争形态发展。战争设计系统工程研究的就是新科技革命下的战争问题，采用战争设计工程对已有的战略战役思想、战争形态、作战理念、作战方式及军队编制体制进行研究，是制胜未来战争的关键。通过现代系统工程方法论的指导，工程化设计工具环境的支撑，针对战争复杂系统，结合定性分析方法和科学计算、模型模拟等定量分析方法，集成领域专家群体的智慧，充分发挥人的创造性，既可对未来战争形态进行探讨与设计，研究发展未来多域联合作战体系，同时又可为推进创新未来我军装备、战法及其结合模式提供科学手段。战争设计系统工程把未来信息化智能化战争作为研究的出发点与归宿，通过对未来战争进行"设计"，探索未来战争样式和作战运用，实现我军未来战场的"战胜"目标[12-16]。

二、关键科学问题

战争设计系统工程属交叉学科。战争设计涵盖军事、技术等多领域学科，系统工程更是与控制、信息等其他学科相互渗透、互相影响。战争设计系统工程以面向异质专家群体智慧的集成组织原则，以定性与定量分析相结合的基本手段，创新战争复杂系统的干预策略，涵盖军事、联合作战、军队指挥、运筹学、复杂系统、系统工程、社会科学、计算科学、信息技术、控制科学等诸多领域。

战争设计系统工程主要是研究战争复杂系统组织与管理的系统工程方法，包括战争需求分析方法与技术、战争体系概念开发与技术、战争实验工程方法与技术、战争管控工程方法与技术，以及战争评估工程方法与技术。

（一）战争需求分析方法与技术

战争需求是指为了达成战争目的而要求具备能力的描述。战争需求分析的目的是应用已证实有效的方法与技术，对待开发的战争系统进行需求分析，确定需求，帮助分析人员理解问题并定义战争系统所有外部特征的系统工程活动。主要研究战争需求的获取、分析、说明、验证与管理的各个方面，包括为达成战争目的所要求具备的各种能力、提供这种能力的战争系统所具备的各种功能、为实现系统功能所需具备的技术性能描述以及对这些能力功能的描述和说明。具体研究内容包括：①战争复杂性科学基础理论的研究，主要研究复杂性科学、复杂体系、复杂网络等基础理论，战争系统复杂性来源，战争复杂系统本质性特征及系统性分析，以及各类复杂性现象的集成式分析。②智能化战争复杂性特征研究，主要研究智能化战争的战场空间、作战样式、作战力量、指挥控制等方面的复杂性特征，成因复杂性。③智能化战争制胜机理研究，主要从智能化战争系统需求出发，通过工程手段研究智能化战争的制胜机理。

（二）战争体系概念开发方法与技术

战争体系是由战略决策指挥系统、军事力量系统、国防科技工业和基础设施系统等构成的应对或进行战争的有机整体[17]。战争体系概念开发的目的是通过研究战争系统以及与战争相关的体系，形成适应未来战争形态发展和战争制胜机理演变的体系概念，加快推进新型体系作战能力的形成。主要结合体系工程技术方法，研究信息化条件下武器装备体系、作战力量体系、国家战争体系等战争相关体系的新概念、新内涵、新要素、新作战方法。具体研究内容包括：①研究基于大型计算机兵棋推演的联合作战指挥演练方法、模式[18]；②研究新作战概念演示、验证方法与实验关键技术；③研究基于大型计算机兵棋推演的联合作战辅助筹划方法与技术；④研究基于战争实验的战法创新与新型力量运用[19,20]；⑤研究基于对抗研讨实验的战略决策咨询论证等。

（三）战争模拟实验方法与技术

战争模拟[21]是通过模仿战争系统、战争环境和战争过程，对未来的或正在进行的战争进行研究和准备。战争模拟实验是基于战争模拟，采用信息化、智能化和系统化的方法与手段，组织和协调多个实验机构，通过多种实验的手段，设计和规划战争实验活动中的实验方法，组织和协调战争实验团队，促使军事研究、作战分析与训练水平的整体跃升。主要研究战争实验空间的设计和规划、战争实验过程的管理和控制、战争实验团队的组织与协调。具体研究内容包括：①模拟战争过程和试验战争计划的基本方法与手段研究，主要研究大型计算机兵棋推演平台、联合作战复杂实验活动支撑平台以及前沿关键技术，分为人在回路、人不在回路、实物半实物在回路等多种形式[11,22]；②战争模拟系统应用研究，主要利用战争模拟实验工程，对战争计划与方案、体系效能等进行分析研究，对人员进行有效的作战培训。

（四）战争系统管控方法与技术

战争系统是特殊的复杂巨系统，具有不确定性、适应性和层次涌现性等典型复杂性特征。战争系统管控是以现代系统科学、信息科学和控制科学为指导，运用现代工程方法和信息技术手段，对战争系统全过程实施有效管理与控制，其目的是实现对战争系统的精确控制、实时控制和自适应控制，重点研究管理和控制战争系统的现代科学方法与工程管理手段，涵盖战争管理、战场管理、作战管理等多个层次。具体研究内容包括：①联合作战控制的分析研究，主要研究联合作战知识图谱构建、联合作战任务语义描述等技术；②军事智能关键技术研究，主要研究智能博弈、智能态势感知、智能决策方法、智能控制方法等智能化方法；③指挥信息系统研究，主要研究战略指挥信息系统、战役指挥信息系统、战术指挥信息系统、武器控制信息系统等不同战争控制层次的信息系统，陆军指挥信息系统、海军指挥信息系统、空军指挥信息系统及战略支援部队指挥信息系统等各军兵种指挥信息系统，实现对战争系统全过程的决策控制、状态监测、异常处理等。

（五）战争评估方法与技术

战争评估是以现代系统工程科学、信息科学和决策理论为指导，采用现代工程的方法和信息技术手段，为解决战争评估问题所进行的活动。战争评估的目的是通过比较军事、政治、经济、外交及其他方面的能力，对战争问题提供定量及定性的分析，为决策者提供客观的形势判断。重点研究战前评估、战时评估、战后评估的内容方法，以及战略评估、作战与行动评估的技术手段。具体研究内容包括：①战争威胁评估研究，主要研究评估战争现实或潜在的威胁、威胁的形式及威胁的影响的方法与技术，建立完整的评估体系[23]，包括威胁标准规范、威胁预警机制、评价系统及其工具、威胁预警机制等；②战争能力与风险评估研究，主要研究评估战争资源、资源转化能力、力量对比、对抗交互方面的战斗能力方法与技术，评估政治风险、军事风险、经济风险、社会风险的方法与技术，运用人工智能等建立风险评估应用系统的关键技术；③作战与行动效果评估研究，主要研究联合作战行动效果评估方法与技术、实时评估作战与行动效果的方法与技术。

三、发展思路与发展方向

一是战争制胜机理研究。战争制胜机理，是指为赢得战争胜利，战争诸因素发挥作用的方式及相互联系、相互作用的规律和原理。这一优先发展方向包括智能化战争制胜机理的实验设计方法、建模工程技术、辅助决策技术等关键技术与方法。

二是新作战概念演示、验证方法与实验关键技术[24]。采用以作战模拟、仿真推演和实兵演练相结合的方法，对未来多维联合作战环境中新的作战概念、作战思想和作战原则，进行理论研究、实验验证和效果评估，以寻求增强部队战斗力的方法和途径，以最小投资代价获取最高回报，为新军事变革提供理论依据和动力。这一优先发展方向包括新作战概念演示关键技术、新作战概念验证方法和新作战概念实验关键技术等。

三是兵棋推演的理论、方法与技术。主要研究大型计算机兵棋推演平台、联合作战复杂实验活动支撑平台与前沿关键技术。打造面向体系对抗的一体化联合作战兵棋推演平台，多层次多军种宽领域体系化建设兵棋系统。

四是智能规划关键技术。主要研究智能博弈、智能态势感知、智能辅助决策、智能控制、智能化无人作战平台等新型智能化力量，以及相应智能化战争管理、战场管理、作战管理等军事领域的应用方法及技术。推进军事物联网、军用大数据、云计算等人工智能领域颠覆性技术的建设运用，提高智能化辅助决策能力[24]。

五是军事与作战效果评估。针对战争推演全流程，结合大数据分析方法，建立完整的评估体系，构建标准化评估流程，研究评估系统及工具，重点研究战争推演中作战与行动效果评估方法与技术、实时评估作战与行动效果的方法与技术，运用智能化算法创新作战评估理论。

第三节　武器装备系统工程

一、发展现状与发展态势

武器装备是由各种构成要素通过固有的搭配模式所构成的整体。由于现代战争的复杂性，武器装备的构成要素越来越复杂，要素之间的连接关系也变得越来越复杂。与此同时，武器装备的生命周期不同于一般商品，是一个从需求论证到使用保障的全过程，在此过程中涉及不同部门、不同专业领域、不同技术特点，相互之间影响关系复杂。能否处理好这些复杂的构成要素及其关系、能否协调好生命周期内的各个阶段及其关系，对于武器装备而言至关重要。

武器装备系统工程是以武器装备作为研究对象，从武器装备系统的整体目标出发，研究武器装备系统的论证、设计、试验、生产、使用和保障，以实现系统优化的科学方法。武器装备系统工程既是一个技术过程，也是一个管理过程，在武器装备整个寿命周期内，技术和管理两方面都很重要。

武器装备系统工程是一个处于多变外部条件下的，基于多学科协同，处理非线性、多要素复杂问题的学科领域。如何能够使得武器装备系统适应外部多变的军事环境需求，如何能够正确把握构成要素及其影响关系进而提升装备质量和水平，如何能够协调控制好环节多、并发性强、相互影响制约的研制过程，都是武器装备系统工程需要研究和解决的重要问题。这些问题的研究和解决，必将会推动复杂系统工程领域的研究进展。

武器装备系统工程最早成功应用在美国海军"北极星"导弹研制的计划制定和"阿波罗"宇宙飞船的研制发射中。在"阿波罗"宇宙飞船的研制过程中，创造了一系列系统分析和系统管理的新方法，标志着系统工程及其在武器装备研制中的应用日趋成熟。

武器装备系统工程作为一门以武器装备为研究领域的综合性边缘科学，在理论、方法、体系上都在随着武器装备、相关学科领域理论方法的发展而不断发展。武器装备系统工程的发展呈现出以下几个方面的态势特点[25-28]。

一是更加强调全系统的观点，并且形成了更高层面的装备体系工程的新领域。现代装备的构成要素更多、技术含量更高、要素关系更复杂。现代科学技术发展一方面使得武器装备所依赖的学科、技术领域越分越细，这就使得武器装备系统工程要更加强调全系统的观点，强调相互交叉、结合与融合，综合集成。另一方面，现代战争不仅仅关注武器装备内部的诸要素及其协同，而且越来越关注武器装备之间的协同配合，进而发展出了体系的概念，即系统的系统。武器装备系统的系统，即武器装备体系关注的是更高层面的全系统。装备系统工程关注的是系统的功能，而更高层次的体系关注的是体系的能力。以能力为关注点的武器装备体系工程成为武器装备系统工程研究的一个新的趋势和方向。

二是更加关注系统的复杂性，强调系统行为的复杂性和动态演化性。装备系统工程早期关注的更多是系统构成的要素，要素之间的关系更多是一种静态结构，对系统功能产生影响的主要是系统构成要素。随着装备功能的多样性和系统构成的复杂性，装备系统特别是装备体系的功能或者是能力不仅仅由装备系统构成要素所决定，还很大程度上受要素之间的复杂关系所影响。因此，以网络科学为基础理论，针对装备系统要素之间网络结构的复杂特点而开展的装备系统的复杂性研究成为一个新的关注点。与此同时，伴随着装备系统要素及要素关系的变化，装备系统的结构和行为的演化规律也是装备系统整体能力把握需要特别关注的要点。

三是更加注重以计算机、网络和通信为核心的现代信息技术的应用，强调人机结合的武器装备系统思维方式。以计算机、网络和通信为核心的现代信息技术革命，引起了人类思维方式的变革，出现了人机结合以人为主的系统思维方式。这种思维方式使人类更加聪明了，有能力去认识和处理更加复杂的事物。这种系统思维方式也在武器装备系统工程领域发挥了重要作用，为武器装备系统工程的发展提供了理论基础和技术基础。传统的以还原论为主的系统分解、综合的装备系统工程的研究思路在面向复杂系统的过程中遇到了很大的挑战，而计算能力的提升和海量数据的获取，使得基于大数据分析的武器装备系统工程的研究变得可行。

四是在全寿命周期内，更加注重使用场景，强调前期需求论证阶段的分析和验证。武器装备系统工程关注的是武器装备从需求论证到最终使用保障乃至退役处理的全过程,此全寿命过程短则几年,长达十几年。现代战争的高技术化和复杂性,给武器装备系统最终是否能够满足作战需要带来很大的挑战。为了更好地分析武器装备的作战需求,降低武器装备研制、生成等面临的风险,世界各国都十分注重在生命周期的前期,特别是在需求论证阶段加强武器装备的先期概念设计、技术分析、方案评估等工作,对武器装备方案进行验证。

二、关键科学问题

随着现代战争模式的改变、高技术含量的增加以及武器装备体系等概念的出现,武器装备系统工程的研究涉及更广阔的领域,面临如下需要解决的关键问题。

(一)武器装备隐性需求知识获取与需求语义问题

武器装备需求是武器装备系统全寿命周期的起点,在很大程度上决定了后续装备设计、研发、生成和使用等各个环节。武器装备需求工程是一项重要的工程活动,一般由需求开发与需求管理组成,包括需求获取、需求分析、需求描述与需求验证。装备需求是对未来装备的一种构想,这种构想往往是基于作战人员等相关军事人员头脑中的知识、经验来进行综合,是一种隐性知识。这种隐性知识能否很好地获取将决定武器装备系统的需求是否正确、完备。另外,武器装备的需求需要通过一种方式表达出来,文字、图表等需求语义表达方式都可能造成一定的歧义和不一致等问题,这些问题也会影响最终的需求的质量,决定后续的需求分析、验证等工作的成败。如何获取隐性需求知识,如何对需求进行形式化的、无歧义的表达,是在武器装备需求论证阶段需要解决的关键问题。

(二)武器装备分布式、多学科协同设计与控制问题

随着武器装备系统构成的复杂性的增加,武器装备的研制、生产甚至保障的参与单位往往数量众多,分布在全球各地,涉及的学科领域和技术问题十分广泛,需要建立武器装备需求到研制任务的转化机制以及相应的规范化描述模型,将需求映射到多学科、技术分布的研制任务所包含的核心要素上,实现需求流到任务流的转化。研制任务的资源分配的合理性影响着研制

任务的进度与完成质量。因此，需要研究在各种资源约束下装备创新研制任务资源配置问题模型及其智能优化算法，并针对装备研制的过程数据、任务运行和管理数据以及所接收的外部开源信息数据，运用数据挖掘技术，对初始的任务资源配置方案进行持续不断分析，挖掘资源动态优化配置的变化规律，提出相应的调整策略和管理机制，实现对研制任务的动态控制。

（三）武器装备体系行为演化与涌现规律把握问题

武器装备组分系统的加入、老组分系统的退出，以及组分系统之间交互方式的改变等引起武器装备体系的变化，武器装备系统工程要分析体系结构的变化对功能及体系能力的影响。体系结构演化行为研究就是分析体系能力随着体系结构的改变而演化的机制和规律。武器装备体系具有显著的涌现性行为特征，即无法完全预料到所开发的武器装备体系将产生或表现出来哪些不可控或未知的行为。这将对武器装备体系的构建以及作战运用带来严峻的挑战。因此，需要建立体系结构的演化行为模型，分析体系结构的各种改变所带来的体系能力的变化规律；需要找到影响和导致涌现性产生的因素，并有效地调整体系构成要素的规模、结构和关系，以改进体系需求方案满足体系目标的要求。

（四）武器装备系统评估中的多尺度、不确定性问题

武器装备评估是衡量武器系统完成特定作战任务的能力，反映了武器系统一个总的特性和水平，说明了该武器装备在军事上的有用程度。装备任务能力一般是指在规定条件下，运用武器装备的作战兵力执行作战任务所能达到的程度。武器装备系统评估面临以下挑战：一是武器装备系统的效能受到环境、战法、人员等各种因素的影响，对因素的把握充满不确定性，如何在各种不确定的因素下对武器装备系统进行一个综合评估将变得十分困难；二是武器装备系统评估受到评估指标的导向性影响，而评估指标的建立具有很大的多尺度性，不同尺度体现决策者不同的主观价值判断，选择哪种尺度取决于决策者要求的作战行动目的，这也是对武器装备系统进行客观评估面临的问题。

（五）武器装备系统综合保障体系建设的复杂性问题

随着高新技术在武器装备中的广泛应用，新型武器装备的功能日益复杂，体系作战将成为主要作战模式，对装备综合保障工程的依赖程度越来越

大，综合保障工程已经成为影响武器装备效能、作战适用性、作战能力、生存性及生命周期费用的重要因素。

武器装备系统综合保障体系要面向不同作战使命、作战场景来提供保障。由于作战过程的高度不确定性，武器装备系统的综合保障体系的设计具有保障内容的多样、保障数量的不确定、保障时间的不可预知等复杂性，涉及人员、装备、经费、环境、过程等各种复杂性因素，如何处理好这种复杂性所带来的影响，是决定武器装备系统综合保障体系建设质量的关键。

三、发展思路与发展方向

（一）基于模型的武器装备系统工程

武器装备系统是典型的复杂工程系统，所包含的研制任务数量大，涉及的学科、子系统数量增多，性能指标要求高，系统的复杂性不断提高，而研制成本高昂。在武器装备系统全寿命周期过程中，人类所能处理复杂系统问题的能力十分有限，难以跟上系统复杂性的增长速度。生命周期内的各个阶段以及各个人员之间的交互如果利用自然语言并基于文档载体进行描述，难以使相关部门、人员充分洞察其内在含义，并且由于过程中各类文档报告数量多、相互独立、缺少逻辑性，难以实现知识的继承与复用。

基于模型的系统工程思想是通过建立和使用一系列模型对系统工程的原理、过程和实践进行形式化控制，通过建立系统、连续、集成、综合、覆盖全周期的模型驱动工作模式，帮助人们更好地运用系统工程的原理，大幅降低管理的复杂性，提高系统工程的鲁棒性和精确性，将整个系统工程作为一个技术体系和方法，而不是作为一系列的事件。如何建立反映武器装备系统特征的系列模型、构建模型驱动的全生命周期过程控制，是提升武器装备系统效率和效果的重要方向[29]。

（二）武器装备体系需求工程

武器装备体系需求工程是武器装备体系工程的重要组成部分。武器装备体系需求工程的研究内容可以划分为体系需求获取、体系需求描述、体系需求分析、体系需求验证和体系需求管理。体系需求获取是一个确定体系需求是什么的信息收集过程，是从体系利益相关者挖掘"潜在的"需求的活动。体系需求描述是建立体系需求模型，规范地描述体系的需求，以便于一致理解和沟通。体系需求分析就是对所获得的需求内容进行论证和分析，明确哪些需求是可行及可接受的，剔除一部分不必要或不可行的需求。体系需求验证是核实、评价体系需求，以保证体系需求的准确性、有效性。体系需求管理是管理体系需求之间各种错综复杂的关系，包括关系管理、变更管理、版本管理等[30]。

武器装备体系需求工程强调以能力作为体系需求的核心和未来的发展方向，基于能力的体系需求开发过程以面向宏观的战略使命的思想，最大限度地发挥各类系统的集成效果，旨在通过战略目标来确定最佳的效果，以此为依据来定义需求能力并且最终决定所需要发展的武器装备。

（三）武器装备体系结构设计

武器装备体系结构设计是根据体系的需求，确定构成体系的系统的种类、数量和相互关系，以及指导体系设计和发展的原则与指南的方法。

武器装备体系结构设计一般基于体系结构框架来进行，一般由多种类型的视图产品组成，通过文本、图形、数据表等形式对体系进行描述。常见的体系结构设计框架包括：①扎科曼（Zachman）框架；②美国国防部体系结构框架；③英国国防部体系结构框架；④北约体系结构框架。武器装备体系结构设计以体系的使命需求为依据，以系统成员为基础，遵循"自顶向下"与"自底向上"综合集成分析相结合的原则，两者的结合通过"能力"的匹配与映射建立体系。

（四）武器装备体系能力与效能评估

武器装备体系能力与效能评估是研究评估体系在一定条件下达到预期目标有效程度的方法。典型的作战能力评估方法（如价值中心法、层次分析法等），一般综合运用了多目标决策、专家打分及模糊综合评估等方法，通过建立指标体系、底层指标规范化模型及指标聚合模型的途径，获取体系层次的能力评估结果。需要指出的是，当体系中某些武器装备（尤其是通信、侦察监视和指挥控制等信息装备）的作战能力指数难以获取时，用这种作战能力评估方法评估武器装备体系存在局限。

武器装备体系作战效能是体系在一定的对抗条件下达到预期目标的有效程度。当前，武器装备体系作战效能评估研究的基本方法可以分为四大类：解析法、仿真法、专家调查法和试验统计法。探索性分析方法是利用仿真模型和定性定量相结合的分析模型，对复杂系统中众多不确定性因素对结果的步转变为松耦合、分布、开放式的系统集成方式。面向服务的架构已成为指挥信息系统集成开发方法，通过与平台无关的服务组合来实现分布式应用的快速集成与开发，为复杂指挥信息系统的建设提供了支持[40]。

五是指挥信息系统支撑技术研究。大数据、云计算、边缘计算和人工智能技术等信息技术的发展对指挥信息系统产生了重要影响，促进了系统的不断迭代演化。其中，大数据为指挥信息系统处理来自各类传感器、武器平台和指控节点等海量数据提供了技术支持手段，增强了系统的数据处理和融合分析能力；云计算和边缘计算等方法实现了指挥信息系统的分布式运算和存储，实现了战场信息跨域融合、作战体系弹性可扩、作战资源分布控制；人工智能技术使指挥信息系统演变为一个自学习系统，能够根据特定的任务需要和指挥人员角色特征，发现并组合相关的知识资源，通过智能推理来实现对指挥人员决策活动的支持[41-43]。

二、关键科学问题

（一）新型指挥控制基础理论研究

马赛克战、决策中心战、跨域作战等新的作战理论对指挥控制的制胜机制提出了新的要求。作战单元可根据动态变化的作战任务和作战环境以及相应的指挥权限和指挥原则，实现作战力量的网络聚散，提高作战体系的鲁棒性和抗毁性。同时，可根据应急指挥任务生成虚拟作战单元，实现涌现式指挥。上述要求对深入研究指挥控制的运行机制和作用机理提出了挑战。

（二）指挥信息系统顶层设计技术研究

指挥信息系统的全域性和长期性决定了必须从全局和总体的角度进行考量，综合评估现实和未来对系统发展的要求。同时，必须考虑技术、经济等因素对系统发展的潜在约束。在此基础上，深入分析影响系统建设整体效能的关键问题，并据此进行系统的总体规划，确保指挥信息系统的建设既满足当前需求，又能适应未来的发展变化。顶层设计技术涉及需求工程、体系结构设计、建模仿真、评估验证等技术，其中，需求工程和体系结构设计是顶层设计的核心支撑技术。需求工程解决需求获取、需求分析、需求验证和需求管理等相关问题；体系结构设计解决体系结构描述、体系结构验证、体系结构评估和体系结构优化等相关问题。

(三)敏捷指挥信息系统构建

敏捷性是在动态变化的任务和战场环境下指挥控制对适应性的需求,是对指挥信息系统架构和运行机制提出的重大挑战。以服务为核心的资源组织、配置、调度模式,即云服务模式,是以网络为中心实现敏捷指挥控制的必然要求。为此,需要将地理分散的各作战平台、传感器、武器系统、各类数据等战场资源相互链接,构建网络化的战场资源池;基于云技术实现战场资源整合管控,完成战场态势实时共享和决策支持;打破作战平台、传感器、武器系统之间的硬链接,以松耦合方式构建"探测—跟踪—决策—打击—评估"的完整"云杀伤链",从而在体系层面实现陆、海、空、天各作战域的战场资源整合,完成战场数据的网状交互,为多域虚拟存在、高度融合与自然聚散提供支撑。

(四)指挥辅助决策

指挥辅助决策是指挥信息系统的核心功能,是为指挥员对作战目标和作战行动提供筹划、优选和决断等活动提供技术支持,包括:①态势融合与生成,融合各种战场信息,构建公共态势图,对敌我双方各种力量的部署和行动所形成的状态与变化形势进行分析预测;②作战计算,通过定性和定量思维相结合,对作战过程和作战活动建立计算模型,为决策活动提供定量支持;③作战效能评估,对部队执行作战行动任务所能达到的预期可能目标的程度进行评估,为指挥和控制部队提供决策支持[43]。

(五)作战推演技术

指挥信息系统面临的作战样式和作战环境复杂多样,为对系统的概念设计、方案优选、效能评估、应用模式等问题进行分析,就必须在对抗的模拟环境下对系统进行研究。同时,在作战指挥中,必须通过定量化的手段,辅助指挥员的战场态势认知和指挥控制,提升指挥员判断态势和制定决策的科学性和效率,还必须研究相关的作战推演技术。

三、发展思路与发展方向

一是新型作战的作战指挥控制理论。马赛克作战、决策中心战、跨域作战等新作战理论的提出,是在信息化和智能化基础上对作战理论、方法的重大变革，要求军事指挥体制与机制、控制机制进行适应性的重大改变。各军种将打破军种和领域间的界限，在陆、海、空、天和网等领域拓展异构互联、聚焦协同的作战能力，以实现同步跨域火力和全域机动，在物理域、信息域、认知域和社会域中取得优势。新型作战理论指导下的各作战域既有独立自主的指挥控制环，又有相互交织的指挥控制过程，它们大小嵌套、多环并发及异步运转。为了适应新型作战理论的需求，亟须建立一种与新型作战形态相适应的新的指挥控制理论[44]。

二是指挥信息系统的需求论证。指挥信息系统建设涉及相关角色众多，如人员、资源、现有和将来特定时期内可能拥有的装备与技术、军事使命或作战任务等，从而导致了系统复杂演化的非线性特征。指挥信息系统的需求论证研究基于军事使命，研究任务、能力、体系和装备的关联映射机制，任务需求、作战体系和技术体制的演化规律以及相关的分析方法，敏捷快速地响应用户需求。

三是指挥信息系统的体系结构设计。根据我国独特的国情和军情，研究致力于构建一套完备、符合标准且普遍适用的体系结构设计理论框架与方法论。

四是全域多源异构信息融合。作战情况是指挥决策的基础，现代作战环境日渐复杂，传感器种类和功能也越来越多，指挥信息系统需要处理的信息量剧增，对信息融合的处理算法提出了更高的要求。目前信息融合算法主要有两个研究方向，一是基于不同类型的传感器，探索计算复杂程度低，同时又能满足任务要求的数据处理模型与算法；二是与人工智能技术相结合，如专家系统、遗传算法、神经网络、信息熵理论、模糊推理等与数据融合完美结合，在特征提取、数据关联、目标分类、目标跟踪、评估和管理等研究更加有效的融合技术[45]。

五是作战任务规划。研究基于作战规则，运用数学工具和计算机技术，按照战术作业流程综合分析敌我情势，对作战资源、运用方式、作战目标、作战进程、作战行动和作战路线等进行综合筹划和详细设计的方法。采用工程计算的思想设计战争，具体化作战行动，以便迅速精确地生成作战方案、行动计划和任务命令，从而提高指挥员的指挥效能[46-49]。

六是智能指挥所。智能指挥所是将人工智能技术、作战辅助决策深度和指挥所技术相融合，分析判断战场态势变化，辅助形成决策方案，提高决策效率和质量，从而在认知域实现对指挥员的决策支持。智能指挥所技术包括态势智能认知、智能兵力部署、智能人机交互等方向。态势智能认知支持对战场态势进行智能自动分类识别，包括作战意图识别、作战行为预测，对敌方作战行动进行智能威胁评估；智能兵力部署研究可用兵力及兵力编组、部署方式、火力分配方案的智能推荐技术；智能人机交互基于知识图谱和自然语言处理技术，支持任意场景下的自然流畅的人机对话，支持实现包括文字、语音、图像、视频等跨媒体的语义共享的智能人机交互[50]。

七是智能作战推演。研究从作战想定的拟定、作战过程的智能化推演到分析评估的全流程推演和学习，实现作战任务拟定、作战规划过程中的计算资源管理，支持专家作战筹划方案研讨的语音识别、主题的智能化分类，支持研讨过程中所关注作战资源的智能化关联、相关信息的智能化推荐及其可视化；支持作战筹划方案库中方案的智能化推荐及其推演分析，支持研讨过程中人在回路的方案更新和作战规则的灵活配置，支持演习数据的复盘分析及作战预案的评估。

八是战术边缘智能协同技术。战术边缘是一线战斗人员参与作战的直接场所，在信息化作战条件下，战术边缘被赋予了信息获取、处理以及决策等更多功能，实现由他组织向他组织与自组织结合的方向转变。边缘智能，成为战术边缘作战能力提升的重要手段。突破群体智能聚合与涌现技术，解决横向组织协同问题；突破云边端协同智能学习技术，解决纵向智能服务问题；突破智能云设计与优化技术，解决基础云脑支撑问题，最终形成云边端一体化智能支撑体系，为体系支撑下精兵作战提供信息和决策基础服务。

第五节　军事物流系统工程

一、发展现状与发展态势

军事物流是满足军队平时与战时需要的物流活动。它一般是指通过科学的计划、执行、协调和控制，使军事物资从物源点经由筹措、包装、装卸、运输、储存、维修、搬运、配送等必要环节，快速、精确、可靠、安全、低耗地流向目标点的军事活动。这里的"军事物资"泛指军事上需要的一切物资，包括武器装备、军需品、油料、器材和卫生器材等。军事物流是一类典型的系统工程，主要体现在其研究对象为"军事物流系统"这一类明确的系统，需要以系统思想为指导，综合采用多学科理论和方法，如系统学、运筹学、现代管理学和计算机科学等，主要解决军事物流系统的分析、规划、开发、设计、组织、管理、控制和评价等问题，并运用相关信息技术，以高效、精确、可靠、安全、低耗地实现保障有力为目标。无论是和平还是战争年代，军事物流都有着重要的地位和作用，尤其是在战时，军事物流系统作为军事后勤保障体系的核心，承担着规划及实施从战略后方到前方作战部队之间作战物资流动的核心任务，其本身也是作战系统的有机组成，具有所处环境恶劣、保障要求严格、供需动态模糊等特点，其主要目的是敏捷、高效和安全地保障作战物资需求。因此，军事物流系统在现代战争中具有十分重要的战略地位，内含多个复杂的科学问题[51]。

自 20 世纪 90 年代初以来，以海湾战争、伊拉克战争等为代表的几场高技术局部战争，向世界各国展现了现代后勤保障的特点及所面临的挑战，也迫使各国军事理论界开始对现代军事物流系统理论进行探索。相比而言，作为这几场高技术局部战争的主要参与者，美军在这方面的体验和总结也相对更为深刻和具体，并为此先后提出了包括三级储备与海上预置、配送式保障、聚焦后勤、感知与响应后勤等在内的一系列军事物流方面的新概念、新理论和新方法。

（一）三级储备与海上预置理论

第二次世界大战结束后，美国为了维持其自身及盟友的利益，有效应对与苏联在全球的争霸，先后在本土和欧洲、日本、韩国等地建立了大量的后勤保障基地，并依据"无限制供应"的指导思想，在这些基地储备了巨额的作战装备物资，形成了以大规模静态前沿部署为基础的海外战储保障能力。随着苏联的解体，美国实质上成为全球唯一的军事超级大国，对此美军经过反复论证评估，认为其在今后相当一段时期内的威胁已经发生实质转变，对此先后 5 轮采取相关措施，关闭、调整了其在海外的多个后勤保障基地，同时大幅减少了海外战储的规模，逐渐构建了一个以本土军事基地为核心、以美军主要海外基地为枢纽、以战区基地为前沿的三级储备物资保障体系，形成了一个点线结合、全球布局的军事物流网。在三级储备的基础上，考虑到美国海军陆战队作为全球可能发生的局部战争的快速响应先锋，为提高对该类部队的后勤与装备保障能力，美军还提出了海上预置理论，主要是基于可能发生的地区冲突，通过开展科学的预置规划和系统设计，按作战部队建制将成套的武器装备和各类补给品预先储备在船（艇）上，形成浮动基地并部署在预先设定的区域，从而帮助大幅提高后勤保障的快速反应能力，提升远征机动作战的综合保障效能。

（二）配送式保障理论

20世纪80年代末，以美军为首的西方发达军队敏锐地意识到随着武器装备的更新换代和飞速发展，下一场战争将在打法、形态、特点等方面呈现出与第二次世界大战、越南战争的不同，并对此提出了以"配送式保障"为核心理念的军事后勤变革。其思想是通过对作战部队的保障需求开展科学预测，在此基础上构建直接从源头直达战斗部队的物流保障网络，在此过程中支持对所调遣的物资进行动态调整，以此为作战部队提供适时、适地、适量的后勤保障。该理论最初在1990年所开始的海湾战争中进行了实践，但受当时科学技术特别是信息技术发展水平的限制，在海湾战争后勤保障过程中遇到了战场后勤保障需求不明、后方保障资源状态不清等问题，陷入了"战场迷雾""资源迷雾"等陷阱，导致在海湾战争结束后，美军上百艘满载各类后勤保障物资的供应船仍然停留在公海，堆积在海湾盟国码头的数万个集装箱尚未打开，以致美军在战后不得不采取折价就地销售、赠送盟友等方式处理相关保障资源，造成很大的损失和浪费。

（三）聚焦后勤理论

针对美军后勤保障在海湾战争中所暴露出来的"迷雾"现象，美军在其《2010联合构想》文件中提出聚焦后勤理论，即将信息、物流和运输技术融合在一起，跟踪和调遣包括运输途中物资在内的各种资产，对危机做出快速反应，并能直接向战略、战役、战术的各级军事行动输送恰当编组的、配套的和持续的保障力量，从而使未来的联合作战部队变得更加机动、多能，继而向世界任何地方投送军事物流。通常来讲，"聚焦后勤"具有以下四个特点：一是准确，包括准确掌握现有各类物资的动、静状态，准确预测相关部队在未来的保障需求，准确监控物流的实时过程，准确保障物资保障的及时到位；二是快速，通过综合将数字化、可视化等技术综合应用于仓储、搬运、配送和运输等物流环节，帮助实现军用物资的快速流动；三是综合，通过将军事物资保障的横向和纵向、军队和地方等进行综合考虑、统筹运作，以便发挥各自优势、提升整体效能；四是效益，通过开展科学运筹和组织基础，准确控制物资的流向和流量，实现物资按需配给、高效营运，使物资保障效益最大化。

（四）感知与响应物流理论

在伊拉克战争中，美军对其各种后勤理论进行了实战检验，通过联合资产可视系统、全球战斗保障系统等信息系统实现了全资产可视和全程追踪物资调运。在这场战争中,美军的后勤保障暴露出了新的问题,如即时性跟不上突发事件的发展。通过对伊拉克战争中后勤保障的总结,2004年5月6日,美国国防部发表了《适于作战的感知与响应后勤》,提出了美军新的军事后勤理论——感知与响应后勤。感知与响应后勤的核心是通过敏捷且柔性的后勤保障,来应对战场环境的剧烈变化,快速响应前方部队的需求信息。2006年2月,美国空军授权兰德公司研究并发表了《感知与响应后勤——将预测、响应与控制能力一体化》,进一步论证了感知与响应后勤理论的必要性。感知与响应理论意在提高作战响应速度和指挥效率,将多军种、多组织和结构的各种后勤资源与能力整合在一个动态的高度智能化的保障网络中,从而使美军的后勤保障及仓储结构实现了从"高度优化"到"高度灵活"的转变。

二、关键科学问题

(一)军事物流网络规划

军事物流网络是以固定类军事设施(如军事物流基地、后方仓库、配送中心等)和野战或移动类军事设施(如野战仓库、战场临时补给点)为节点,由海、陆、空等运输线路所组成的一类特殊网络。军事物流网络的规划与设计是整个军事物流系统决策的重要部分,其决策内容主要包括各类军事设施的地址选择、所应储备的物资类别和所应具备的容量规模等宏观(战略层)决策,同时也涉及军用物资的分配与调运等微观(业务层)决策。考虑影响军事物流网络规划与设计所涉及的因素和应遵守的约束众多,包括各级部队对不同军用物资的保障需求、军用物资供应地分布及供应水平、军事设施候选建设地的自然条件与社会环境,以及军队本身的体制编制等,其中大部分的因素、条件都具有一定的不确定性和动态性,而这类问题往往又同时受经济性、军事性、安全性等多类目标的驱动,所决策的变量除了连续变量外,也包括0-1等类型的离散变量。因此,军事物流网络规划与设计问题从20世纪70年代开始就一直受到国内外学术界的关注,相关学者也为此研究构建出了多种选址模型和相应的模型求解算法[52, 53]。

(二)军事物流运输与配送问题

运输与配送是物流日常作业中的核心内容之一,直接关切到物流系统的运作效率和用户的服务水平，长期以来一直受到学术界的关注，并为此凝练总结出多个经典优化问题，包括针对点与点之间运输的最短路径问题、针对单回路运输的 TSP 和针对多回路运输的车辆路径问题（vehicle routing problem，VRP）等。尤其是后者近些年一直是研究热点，并衍生出了一些如带时间窗口限制、带分割配送、含取送货、考虑随机（随机需求、随机顾客、随机时间）、考虑电动车充电等多种类型的 VRP 子问题。在和平环境下，军事物流运输与配送问题同民用物流运输与配送问题相比区别不大，均以满足用户需求、降低运输成本为目标。在战场环境下，二者之间存在巨大差别，主要体现在以下两个方面：一是时效性，战场环境下时间就是生命，也是任何军事行动必须考虑的决策准则，而鉴于精确保障已成为未来战争后勤保障的发展趋势，其核心要求就是作战物资必须在精确的时间范围内运送到指定的需求点；二是安全性，战场环境下交通补给线通常是敌方重点封锁的对象，运输车队则往往又是对手重点打击的对象，因此作为后勤保障的决策者，在开展运输调度决策时，必须特别考虑运输行动的安全性[54]。

（三）军事物流库存管理问题

军事物流库存管理是军事供应保障过程中的重要环节，其基本职能是弥补军事物资供需之间在空间上和时间上的不一致，从而保证军事物资供应的不间断。与企业库存控制类似的是，军事物流库存管理通常要解决以下三个问题：一是确定库存检查的周期；二是确定合适的订货点；三是确定订货量的大小。这些问题与企业库存管理差别不大，所提出的控制策略和模型也主要是从单个或单级仓库的角度出发，而为了提高军事物资的库存管理水平，在提升装备与后勤保障能力的同时降低军队自有仓库的库存水平和运行成本，需要进一步从整个供应链环境或多级联合库存角度对库存进行优化控制管理。考虑到对于军事物资的库存控制，不仅可以按保障任务是否涉密进行划分，还可以按照物资类型划分为军队专用物资（如武器、弹药等）和军民通用物资（如部分油料、被装等）。因此，对于那些不涉及军事秘密的通用物资，可以考虑对这类物资采用供应商管理库存（vendor managed inventory，VMI），即基于供应商和部队的合作，基于满足保障任务的需求和优化双方的成本，由供应商管理部队的库存，确定库存水平和补给策略。对于武器、弹药等军队专用物资，则需要基于军队的建制划分研究基于多级联合库存优化的控制模型。

（四）军事物流系统集成优化问题

军事物流系统作为一类典型的复杂系统，存在众多需要集成优化的问题。从军事物流所涉及的主体对象来看，通常包括不同类别的地方供应商、军队不同层级的保障部门以及数量众多的部队用户；从军事物流所涉及的客体对象来看，其所涉及的军事物资类别不仅数量多，而且规模庞大，相关物资在使用过程中本身也存在前后衔接或协调配套等使用要求；从军事物流所涉及的业务活动环节来看，往往包括采购、包装、装卸、运输、仓储和配送，相关物流环节之间存在紧密的合作关联关系。为此，需要对军事物流这类复杂系统进行整合和优化，并需要特别在编码标准、信息接口、组织架构、流程规范等方面开展相关研究，提出科学史实用的技术解决方案，以便使这类系统能够在更广泛的范围内实现资源共享、协调同步和流程优化，促进军事物流系统整体效能的提升[55]。

三、发展思路与发展方向

（一）军事物流管理体制改革创新

当前我军正处于深化国防和军队改革的关键时期，其目标是在领导管理体制、联合作战指挥体制改革上取得突破性进展，在优化规模结构、完善政策制度、推动军民融合深度发展等方面的改革上取得重要成果，构建一个能够打赢信息化战争、有效履行使命任务的中国特色现代军事力量体系。在此背景下，我军军事物流管理体制也应基于新的领导管理体制和联合作战体制进行改革，从传统"条块分割"的模式向"综合一体"的模式进行转变，包括整合要素、压缩层次、减少环节等，构建起科学合理的从物资存储地到作战前沿的一体化、扁平化的物流保障网络，为战时条件下开展快速高效的物资保障提供机制保证。但鉴于目前我军的军事物流资源还分散在不同军兵种和不同部门，导致条块分割明显、沟通协调不畅、管理效率低下，对此，如何基于深化国防和军队改革的目标与要求，着眼于未来战争发展形态和联合作战保障需求，对我军军事物流管理体制进行改革创新，值得下一步开展深入研究。

（二）军事物流网络布局优化

军事物流网络布局是否科学合理，直接关系到军事物流保障的效率和成本。对于任意一个国家的军队而言，无论是因其潜在对手在综合实力、武器配置、兵力部署等方面所产生的变化，还是由于其自身在军队编制体制、力量编成与部署等方面所实施的改革，都需要军事物流网络在现有布局基础上进行优化调整。例如，从战略层面需要对哪些军事设施的配置进行优化，包括哪些军事设施需要关停、哪些军事设施需要加强、需要在何处新建何种军事设施等，以及这些军事设施中应该储备哪些军事物资源、应该保持什么储备水平等，以更好地适应这种外部变化或内部改革。这类布局优化所涉及的因素条件多，资源类型广，不仅需要考虑在结合相关军队现行管理体制和运行机制的基础上面向训练、战备和打仗等方面的潜在需求，还需要考虑影响军事设施的地理环境条件和交通运输条件，以及整个国家的国防动员潜力等，由于不确定性优化具有良好的理论和应用研究价值，还需要综合考虑影响军事物流网络布局优化相关因素的不确定性和动态性[56]。

（三）战场环境下的军事物流运输与配送

作为军事物流的重要活动与环节，军事物流与配送直接关系到军队装备、后勤保障的成效。在和平环境下，军事物流运输与配送所面临的决策问题与民用、企业物流的运输与配送问题类似，为此相关研究人员已经凝练了多个经典的科学问题并取得了丰硕的研究成果。与之相比，战场环境下的军事物流运输与配送方面的研究成果不仅数量偏少，而且实用成果有限。实际上，战场环境下的军事物流运输与配送决策在优化目标、安全性和时效性等方面与地方、企业运输与配送均具有明显差别。建议下一步重点关注两个方面：一是把战场环境下的军事物流运输配送决策与其他相关决策进行优化整合，包括道路抢修决策、战场设施防御力量部署的优化决策等，并在此过程中考虑战场环境本身的不确定性和动态性；二是面向未来战场所出现的无人化物流运输配送保障发展趋势，对有人-无人结合的运输配送保障开展研究，所决策的内容包括任务规划、资源分配、流程衔接等。

（四）智慧军事物流系统

近些年来，物联网、云计算、大数据和人工智能等新一代信息技术的快速发展，为物流行业的整体升级提供了良好的发展机遇，通过采用以"AI+算法+大数据"为代表的核心技术并与物流领域的一些具体业务环节进行深度融合，已经取得了一些成功的应用效果，如基于大数据的用户需求预测、供应链风险预警和仓储智能备货，又如基于人工智能的物流仓库选址、大型仓储自动导引车（automatic guided vehicle，AGV）智能调度、车辆配送路径优化等。相比之下，新一代信息技术在军事物流中的应用探索目前还处于初级阶段，一些具有军事特色的物流决策应用还特别需要大数据、人工智能等技术的深度支持，如针对部队用户的军用物资需求预测、军用物资库存控制中的自动预警、战场环境下军事物流基础设施与运输配送行动的安全风险自动识别等，从而为达到"需求实时感知、资源可视掌握、决心及时正确、配送精确定向、行动全程调控"的保障要求提供智慧化的技术手段和系统支持。

第六节　小　　结

军事系统工程面向国家和军事的重大需求，主要以系统工程、运筹学和现代信息技术等理论与技术方法为主要研究工具，对军事系统实施合理的筹划、设计、组织、指挥和控制，使各个组成部分和保障条件综合集成为一个协调的整体。提出了战争系统分析、设计、实验及评估理论，武器装备系统论证、设计、试验、生产、使用、保障和指挥控制理论，军事物流系统分析、规划、开发、设计、组织、管理、控制和评价理论与方法；解决了战争需求分析、战争模拟、系统管控与评估、武器体系结构设计与效能评估、指挥信息系统顶层设计和辅助决策、军事物流系统构建与优化管理等关键问题，应用于战争设计、武器装备、指挥信息系统、军事物流等领域。未来该领域的主要发展方向和思路是研究战争制胜机理及新作战概念，探究大型计算机兵棋推演平台、联合作战复杂实验活动支撑平台及前沿关键技术，积蓄智能博弈、智能态势感知、智能辅助决策、智能控制、智能化无人作战平台等新型智能化力量，研究武器状态设计理论，加快指挥信息系统智慧化建设，深化军事物流体制改革创新，提升物流运送能力，全面提升军事实力。

本章参考文献

[1] 钱学森，于景元，戴汝为. 一个科学新领域——开放的复杂巨系统及其方法论[J]. 自然杂志，1990（1）：3-10, 64.

[2] 军事科学院军事运筹分析研究所. 作战系统工程导论[M]. 北京：军事科学出版社，1987.

[3] 胡晓峰. 战争科学论：认识和理解战争的科学基础与思维方法[M]. 北京：科学出版社，2018.

[4] 沙基昌，毛赤龙，陈超. 战争设计工程[M]. 北京：科学出版社，2009.

[5] 胡晓峰. 战争工程论：走向信息时代的战争方法学[M]. 修订本. 北京：科学出版社，2017.

[6] 刘海洋，唐宇波，胡晓峰，等. 基于兵棋推演的联合作战方案评估框架研究[J]. 系统仿真学报，2018，30（11）：4115-4122，4131.

[7] 张最良，黄谦. 进一步推进我军军事运筹学研究与应用的创新[J]. 军事运筹与系统工程，2014，28（4）：72-76.

[8] 刘剑锋，沙基昌，姜鑫. 战争设计工程中专家群体研讨组织研究[J]. 火力与指挥控制，2010，35（4）：1-4.

[9] 陈超，毛赤龙，沙基昌. 战争复杂系统面临的挑战[J]. 火力与指挥控制，2011，36（3）：1-6.

[10] 战晓苏. 作战实验工程的基本概念与体系构成研究[J]. 军事运筹与系统工程，2012，26（2）：12-15.

[11] 姜晓平，朱奕，伞冶. 基于复杂系统的信息化作战仿真研究进展[J]. 计算机仿真，2014，31（2）：8-13.

[12] 胡晓峰，胡剑文. 关于战争工程的几个问题[J]. 国防科技，2007（12）：43-48.

[13] 胡晓峰. 战争工程：走向信息时代的战争方法学[J]. 国防科技，2007（1）：18-25.

[14] 胡晓峰，荣明. 智能化作战研究值得关注的几个问题[J]. 指挥与控制学报，2018，4（3）：195-200.

[15] 胡晓峰，荣明. 作战决策辅助向何处去——"深绿"计划的启示与思考[J]. 指挥与控制学报，2016，2（1）：22-25.

[16] 朱丰，胡晓峰，吴琳，等. 从态势认知走向态势智能认知[J]. 系统仿真学报，2018，30（3）：761-771.

[17] 胡晓峰. 战争复杂性与复杂体系仿真问题[J]. 军事运筹与系统工程，2010，24（3）：27-34.

[18] 金欣. "深绿"及AlphaGo对指挥与控制智能化的启示[J]. 指挥与控制学报，2016，2（3）：202-207.

[19] 谭玉珊，罗威，毛彬. 未来作战的新模式——"算法战"[J]. 中国军事科学，2017（4）：126-139.

[20] 龙坤，朱启超. "算法战争"的概念、特点与影响[J]. 国防科技，2017，38（6）：36-42.

[21] 胡晓峰，李志强，杨镜宇，等. 战争模拟研究值得关注的几个问题[J]. 系统仿真学

报，2010，22（3）：549-553.

[22] 司光亚，胡晓峰，王艳正. 新型作战空间建模仿真实践与体会[J]. 军事运筹与系统工程，2014，28（4）：5-10.

[23] 司光亚，高翔，刘洋，等. 基于仿真大数据的效能评估指标体系构建方法[J]. 大数据，2016，2（4）：57-68.

[24] 中国系统工程学会. 2009-2010 系统科学与系统工程学科发展报告[M]. 北京：中国科学技术出版社，2010.

[25] 顾基发. 系统科学、系统工程和体系的发展[J]. 系统工程理论与实践，2008（增刊1）：10-18.

[26] 顾基发. 系统工程新发展——体系[J]. 科技导报，2018，36（20）：10-19.

[27] 谭跃进，陈英武，易进先. 系统工程原理[M]. 长沙：国防科技大学出版社，1999.

[28] 赵青松，杨克巍，陈英武，等. 体系工程与体系结构建模方法与技术[M]. 北京：国防工业出版社，2013.

[29] Holt J, Perry S, Brownsword M. Foundations for Model-based Systems Engineering: From Patterns to Models[M]. London: The Institution of Engineering and Technology, 2016.

[30] DAU. Defence Acquisition Guidebook[EB/OL]. https://www.dau.edu/tools/dag[2021-09-27].

[31] 段采宇，张维明，余滨，等. 军事需求工程研究综述[J]. 系统工程与电子技术，2007，29（12）：2197-2203.

[32] DoD Architecture Framework Working Group. DoD Architecture Framework Version 2.0[R]. Department of Defense, 2009.

[33] Object Management Group. Unified architecture framework profile (UAFP) Version 1.0[EB/OL]. https://www.omg.org/spec/UAF/20170515/UAFP-Profile.xmi[2018-08-15].

[34] Object Management Group. Unified architecture framework (UAF) traceability between framework views and elements: Version 1.0[EB/OL]. http://www.omg.org/spec/UAF/20170515/UAFP Profile.xmi[2018-08-15].

[35] 刘婧婷，郭继坤. 基于 UAF 元模型的战区联合作战精确保障体系构建方法[J]. 系统工程与电子技术，2020，42（6）：1324-1331.

[36] Deptula L G D A. A new era for command and control of aerospace operations[J]. Air and Space Power Journal, 2014, 28（4）：5-16.

[37] Air Force Association. 21st century warfare: the combat cloud[C]. Panel. Air and Space Conference and Technology Exposition, 2014：15.

[38] North G, Deptula D, Fahrenkrug D, et al. Combat cloud: the next offset strategy[C]. Air

Warfare Symposium，2015.

[39] Wagenhals L W，Haider S，Levis A H. Synthesizing executable models of object oriented architectures[J]. Systems Engineering，2003，6（4）：266-300.

[40] 吴红兵，孔瑞远，马志强. 美军信息化建设发展动向探析[J]. 中国电子科学研究院学报，2020，15（5）：398-402.

[41] 邓连印，申志强. 基于美军互操作作战图族的战场态势一致性研究[J]. 航天电子对抗，2018，34（3）：60-64.

[42] Fanti L，Beach D. Battle space digitization and network-centric warfare Ⅱ[C]. International Society for Optics and Photonics，2002，4741：80-89.

[43] 刘尊洋，韩国玺，傅从义，等. 美战场态势系统发展及启示研究[C]. 第八届中国指挥控制大会论文集，2018：128-131.

[44] 张维明，黄松平，黄金才，等. 多域作战及其指挥控制问题探析[J]. 指挥信息系统与技术，2020，11（1）：1-6.

[45] 李明. 多源信息融合技术发展简述[J]. 舰船电子工程，2017，37（6）：5-9.

[46] 赵国宏. 作战任务规划若干问题再认识[J]. 指挥与控制学报，2017，3（4）：265-272.

[47] 曹雷，孙彧，陈希亮，等. 联合作战任务智能规划关键技术及其应用思考[J]. 国防科技，2020，41（3）：49-56.

[48] 阳东升，彭小宏，刘忠，等. C2组织的有效测度与设计方法[J]. 兵士自动化，2004，23（6）：8-10.

[49] 王江峰. 基于MDLS与GA的作战任务资源分配算法研究[D]. 长沙：国防科学技术大学，2005.

[50] 金欣. 指挥控制智能化现状与发展[J]. 指挥信息系统与技术，2017，8（4）：10-18.

[51] 金秀满. 军事物流系统工程[M]. 北京：中国财富出版社，2014.

[52] Bell J E，Griffis S E. Military Applications of Location Analysis[M]. Cham：Springer，2015：403-433.

[53] Karatas M，Yakıcı E，Razi N. Military facility location problems：a brief survey[J]. Operations Research for Military Organizations，2021：556-583.

[54] 张巍，姜大立，苏秋月. 战时军事物流调运网络选址配置与物资分配[J]. 指挥与控制学报，5（2）：99-106.

[55] 龚延成. 战时军事物流系统决策理论与方法研究[D]. 西安：长安大学，2004.

[56] 王丰，蒋宁，熊振伟，等. 新时期军事物流的发展方向[J]. 包装工程，2018，39（7）：220-224.

第十二章 优先发展方向和资助建议

本章就各系统工程领域的优先发展方向和资助提出初步建议。首先对系统工程的共性基础理论、方法和技术的优先发展方向提出初步建议，其次对网络信息系统工程、制造系统工程、航空航天航海系统工程、能源与资源系统工程、交通物流系统工程、经济社会与服务系统工程、生命健康与医疗信息系统工程和军事系统工程等细分领域的系统工程优先发展方向提出初步建议。

第一节 系统工程共性基础理论领域

系统工程共性基础理论、方法和技术为各具体应用领域的系统工程问题的研究和解决提供了指导原则与方法工具，这些理论、方法和技术与包括控制科学、管理科学等学科均有交叉。在计算机技术、应用数学理论和方法、人工智能理论和方法、大数据分析等强相关研究领域迅猛发展的时代背景下，系统工程共性基础理论和方法中出现了一些亟待解决的共性基础问题，这些问题对应了未来应优先资助的研究方向。

一、信息物理融合复杂系统模型及演化规律

"两化一融合"已成为能源、制造、交通、各种服务行业中多种实际系

统发展的趋势和重要特征。在这些系统中，系统结构上的网络化特征、系统运行中的信息物理深度融合及运行高度智能化需求等，导致系统动态演化行为极其复杂。为更好地理解系统演化机理、对系统进行调度及控制，亟须建立复杂网络化系统演化模型，并基于此对信息物理深度融合下的系统动态特性进行分析。

二、复杂时空约束的随机优化理论与方法

复杂时空系统的控制与优化往往是一个多阶段过程，决策时必须考虑多种随机因素影响。受物理规律制约，当前阶段的决策会影响未来的决策空间，但当前决策时并不知道未来随机因素的实现结果，因此每一步当前决策都不能依赖于未来随机因素实现结果（非预期性，对所有可能结果保持一致），同时当前决策必须保证未来随机因素任意实现时（不可数无穷场景），在未来时段总有可行决策（全场景可行性）。这两个要求看似自然，但在建模和算法设计时面临巨大的挑战。研究多阶段随机优化的有效模型和算法是非常重要的一个研究方向。

三、机理与数据驱动融合及分布式优化理论与方法

近年来，各种复杂系统的控制与优化中不断涌现出一些缺乏完整机理模型，甚至没有任何机理模型的优化问题。这种现象出现的根本原因在于一些实际系统机理过于复杂，导致其解析机理模型即便存在，也无法直接应用，或者某些机理还不清楚，缺乏机理模型，或者只有部分机理模型可用。对此类系统进行优化时，数据驱动或机理与数据驱动融合的优化理论与方法备受关注。另外，随着多智能体系统、边缘计算等技术的发展，以及对个体信息保密的要求，分布式控制与优化在复杂系统中应用日益广泛。数据驱动优化、机理与数据驱动融合优化、分布式优化方法是系统工程经典优化决策理论及方法中涉及较少的内容，但在未来有广阔的应用前景，应作为优先资助方向。

四、系统智能性设计理论与方法

未来的工程系统皆有智能，系统智能性设计是系统工程学科的重要研究

方向。人在系统中是信息物理融合智能系统的重要特征，人在系统中的智能与系统计算智能相结合，是实现系统智能性的重要基础。系统智能性设计研究包括：①智能化描述：计算智能的定量描述、人工智能的非定量描述；②机器智能与人的智能的融合：计算智能与人的智能相结合、个体智能与群体智能相结合；③智能体之间的沟通与理解：机器的自然语言处理与语义理解、不同智能体之间的智能理解。

第二节　网络信息系统工程领域

一、与大数据分析及机器学习的深度结合

通过大数据分析可为复杂网络赋能，复杂网络的发展也为大数据提供支撑和依据，复杂网络的发展和大数据息息相关。因此，网络信息工程领域的发展将是结合大数据分析与复杂网络分析的深度融合，特别是利用机器学习的方法对大数据中的结构信息进行挖掘和提炼，基于此对复杂网络进行建模和重构。大数据驱动的复杂网络系统模式识别、属性提炼、网络链路预测、节点关联特性分析、网络中的群体行为模式分析都是有待发展的研究方向。

二、复杂网络设计、控制与优化

复杂网络的控制、设计与优化是网络系统工程的重要方向，其核心问题是如何设计特定的网络系统，并令网络系统在实际运行中达到预想的性能目标。由于对复杂网络的持续研究，当前人们关于复杂网络系统的设计、控制与优化等方面的认识已取得了极大的深化。然而，这一方向依然是值得重点关注的方向，同时也是推动关于复杂网络的理论知识在现实系统工程问题中得到更好应用的关键方向。在这一方向上，既要注重针对网络系统的控制理论研究，又要结合具体的现实问题情景研究现实网络系统的设计，以及有效的控制与优化方法问题。一方面，需要进一步深化对复杂网络构造模式与运行演化规律的认识；另一方面，应着眼于与控制理论和方法的进展结合起来加以深入研究，如复杂网络与多智能体系统控制、智能控制、博弈控制等方

面研究的结合。

三、复杂网络结构、属性、演化及行为动力学机理更深入研究

学界对复杂网络的理论认识得到了极大的深化,然而在现实复杂网络的基本结构形态和基本属性方面尚存在需要进一步阐明的问题;复杂网络结构演化机理、网络上的群体行为动力学机理,以及结构与行为的共同演化动力学机理,亦属于网络科学与网络系统工程的基本研究问题,在过去20年来取得了很大进展。但对这些基本问题的进一步探究将依然是网络系统工程研究的重要方向;基础的网络模型刻画的是节点和节点之间的二元关系,这种建模方式具有较大局限性。正因如此,过去十余年来学界对网络模型进行了多种扩展,对这类网络的结构、演化及其上的行为动力学,并基于这类网络对现实系统加以建模和研究,是网络信息系统工程领域值得重点关注的发展方向。

四、与具体领域的结合

由于网络信息系统的广泛性,网络信息系统工程可以应用于很多领域,最具代表性的生命科学、计算社会科学、工程技术等领域。

第三节 制造系统工程领域

一、全过程制造系统优化

全过程制造系统优化是基于系统视角,对制造系统中生产、库存、物流等运行环节或者物质、能量、信息等核心要素进行全局考虑,以制造系统最终要实现的优化目标为导向,系统考虑各运行环节或者各核心要素的协调,以及不同运作环节的工艺约束、管理限制、资源瓶颈等限制条件,制定决策方案,实现制造系统的优化运行。主要研究方向包括:生产-库存-物流多运作环节的协同优化、多级库存优化控制、生产与多能源系统的多目标协调优化等。

二、制造系统纵向集成优化

制造系统纵向集成优化主要是针对制造系统不同层级的科学问题进行集成，通过纵向集成最终实现制造系统的优化目标；制造系统纵向集成优化包括基于机理模型的操作优化和工业信息物理融合系统；基于机理模型的操作优化即针对制造系统多个实际生产过程，构造制造系统的机理模型，通过优化过程操作变量设定值实现系统优化运行目的。工业信息物理融合系统通过对调度指挥、能流管理及安全管控等核心部件实现从管理到控制的一体化制造系统纵向集成优化。

三、基于系统工程的质量控制与管理

制造系统工程本质上是实现制造系统的优化，其中，产品质量是不可或缺的重要指标，如何结合制造系统的优化目标和产品质量的本质根源主要依赖于制造系统的智能材料科学，制造系统的智能材料科学是结合多学科交叉，结合实际工艺的特点，与计算智能、机器学习等各种学科领域深度融合，向着材料科学的智能化发展。实现材料研发由"试错法"向"数据+人工智能"科学的根本转变，将更快、更准、更省地获得成分、结构、工艺、性能间的关系，达到提升制造系统产品质量的最终目的。

四、制造系统智能化

智能化无疑是提升制造系统总体运行水平的重要发展方向。制造系统智能化是基于当前的智能化手段，对制造系统中诸如分析、推理、判断、构思和决策等活动进行智能化处理，是在自动化基础上，实现制造系统的智能化，即充分发挥自动化科学、人工智能、认知科学和机器人技术等多学科优势，建设以大数据、物联网、云计算、5G通信、区块链、共享技术等为支撑的新一代网络化、智能化复杂工业系统工程，形成多层次、系统化的智能制造工厂解决方案。

第四节　航空航天航海系统工程领域

一、飞行器智能感知、决策与控制

人工智能技术迅速发展，牵引着飞行器导航、制导与控制技术朝智能化方向发展，形成了智能控制、智能感知、智能决策、集群智能等自动控制领域的研究热点和难点。人工智能与传统导航、制导与控制领域深度交叉融合的关键问题在于如何建立基于新型感知手段的智能感知与信息获取机制，在动态变化环境中以自动快速有效的方式进行信息处理、评估决策和控制重新配置，并基于生物集群的内在机理研究与实现集群智能控制，以适应未来的信息化、网络化、体系对抗作战环境。

二、智慧火箭控制技术研究

我国的运载火箭得到了长足的发展，具备发射近地轨道、太阳同步轨道、地球同步转移轨道等多种轨道有效载荷的运载能力，入轨精度达到国际先进水平。但也存在非致命故障或复杂飞行环境导致运载火箭发射任务难以顺利完成或失败。智慧火箭控制技术是将智能技术引入导航、制导及控制等各个环节，使运载火箭变得更聪明、更自主，通过学习和训练，弥补程序化控制策略带来的局限性，增强运载火箭适应复杂飞行环境及应对突发事件的能力，确保成功完成任务。

三、高速飞行器智能协同控制技术研究

随着高速飞行器的不断发展，未来协同控制方向仍然具有比较大的发展需求。面向智能多体协同发展方向，突出可靠、高安全和强实时特点，需要研究新体制高可靠高性能信息传输技术、智能自组网通信技术等。还需结合智能计算领域，进行多平台、多信息源的智能融合，基于大数据的健康监测与故障诊断，复杂与未知环境下的自演化计算等应用研究。同时还存在多任务目标、多指标约束等特点，这都给高速飞行器协同技术的发展带来了严峻挑战。

四、仿生水下航行器技术

随着海洋经济和海洋资源开发的快速发展,世界各国对海洋的关注提高到前所未有的战略高度。相比于传统水下航行器,仿生水下航行器具有更优秀的推进效率、加速性能、操纵性能和更低的航行噪声。仿鲸豚/蝠鲼类水下航行器结合了尾鳍/胸鳍仿生推进与滑翔两种推进方式,兼具仿生推进的高效、高机动、低噪声以及滑翔推进的强续航优点,能够满足敏感区域长期警戒值守、隐秘抵近侦察等任务需求,提升我国海洋装备能力。目前,仿生水下航行器在尾鳍/胸鳍推进机理、原理验证样机等方面已经取得了较大突破,亟须针对海洋信息采集、隐秘抵近侦察、敏感区域长期值守等典型作战任务,开展高机动与长航程推进、自主航行、水下环境态势感知等关键技术攻关,并通过演示验证检验实际应用效果。

第五节　能源与资源系统工程领域

一、氢能全产业链中的系统工程理论与核心技术

发挥系统工程在国家"双碳"目标中的关键作用,加快制氢、储(输)氢、加氢装备、氢能利用等全产业链中的系统工程理论与核心技术的研究和应用,包括规划设计、决策优化、市场交易等。积极拓展氢能系统在航空航天装备、船舶、国防军工等领域的应用,拓展在通信基站、应急救灾等领域的推广应用。重点推进含氢能智慧能源供需系统的新结构和智能性、多能耦合控制与供需随机匹配优化、氢能供需链协同规划设计等问题研究,建立新结构智慧能源供需系统的原创性理论和关键技术体系。

二、综合能源系统供需协同规划、优化和交易理论及方法

综合能源系统融合了工程和社会系统的双重特征,以能源供需为核心,关注用户和服务实体的动态演化过程。未来综合能源系统的研究应充分考虑供需双方的动态演化特征,进行联合规划设计,构建集中式/分布式、扁平式

一体化的能源供应体系结构；考虑多时间尺度和动态差异的最优控制方法，对多能源耦合和交互机制及优化管理方法进行深入研究；提高综合能源交易市场的灵活性、效率和准确性，将点对点的交易模式与其他基于互联的模式相结合，制定多能交易控制和协调方法。

三、资源与能源系统之间的协调利用和综合管控

为进一步提高资源生产效能，把控和合理评价资源开采风险和安全性，降低人员和设备导致安全事故的风险，确保环境的可持续利用，资源系统工程中的诸多问题研究对保障国民经济稳步发展具有显著的战略指导意义。鉴于国内对资源系统工程的研究工作存在片面性，重视对资源生产具有直接影响的人-机-环境安全系统工程，研究与交通、煤-电-气联产、需求侧分析等领域的关联特性，加强资源企业和与其他能源系统之间的协调利用和综合管控管理。

四、多能互补协同优化

在"双碳"目标下，包括风、光、水、生物质等多类型可再生能源逐渐取代传统火电成为电力的供能主体，在高比例含高不确定性可再生能源占比情况下，为了提高电力系统的供能稳定性，并提高各类能源的利用效率，需要利用多类可再生能源产能的时空互补性，通过分析各类可再生能源的热电耦合等产能特点，研究在含经济指标、能耗指标、碳排指标等多目标性能指标下跨时段、跨区域的多类型能源协同优化体系结构及方法，从而实现多能源的协同互补，提高可再生能源产能的稳定性、经济性和低碳性。

第六节 交通物流系统工程领域

以系统工程的理论和方法研究与分析交通及物流系统，推动以系统工程为核心的交通系统和物流系统的战略规划，协同涉及智能交通、智能物流、智能汽车、通信网络、大数据与云计算、多源导航信息融合、信息安全等多个领域的集成技术，实现技术集成创新，占据战略制高点。优先资助方向包括以下几个方面。

一、泛在网联环境下交通环境协同感知理论与方法

对于网络化、规模化场景下的智能交通与物流系统，在大规模泛在网联环境下提升系统的自主感知、自主决策。基于智能物联网环境下的异构多源传感器采集的各类信息，进行实时多源信息融合，从而支撑系统对交通实时环境的精确感知。在部分信息不可测的场景下，依据可感知信息进行场景推理和预测，从而实现在大规模网络互联交通系统中的交通环境协同感知。在泛在网联环境下，需要研究基于智能物联网技术的多源异构协同感知与交通环境推理预测的机制与基础理论方法。

二、车路协同环境下交通群体协同决策与多目标优化理论与方法

在车路协同系统的支持下，新一代智能交通系统展现出明显的自组织性、个体智能化和群体协同性，导致系统结构变得扁平化、目标多样化且边界模糊。这使得系统内部的群体协同决策和优化管理变得尤为重要，而传统的决策优化方法已不足以应对由此引发的复杂性问题。未来研究需聚焦于开发适应该系统的多目标优化策略，并在提升道路交通安全性和通行效率的典型情境中，建立相应的应用模型，以实现智能交通系统的高效运营管理。

三、基于交通大数据的交通物流系统复杂性理论与分析方法

交通物流系统复杂性理论是支撑在交通大规模场景下分析交通物理系统的基础性理论。基于大规模网络化系统的自组织、自协调、自融合等基本特征，研究物理流和信息流在网络化系统节点中的传播特征，结合揭示系统复杂性及演变规律的基本理论方法，包括耗散结构理论、混沌理论、突变理论和超循环理论等，研究这些理论在大规模网络化系统中的演变和科学价值，开发新的基础理论和方法。

四、无人物流系统的结构、建模、模拟与控制研究

无人物流系统，融合了先进信息技术与物流自动化，正成为物流工程领域

的研究前沿。该系统采用无人机、无人车、自动化仓储和码头技术，具备对环境的高适应性、调度的灵活性以及对安全控制的严格要求。研究重点在于运用系统科学方法对无人物流系统进行结构分析、建模仿真，并集中攻关无人设备的监测、识别、控制与协调技术，旨在确保系统实现预定的高效与安全目标。

第七节 经济社会与服务系统工程领域

一、金融网络的系统性风险建模、分析、传播与控制

金融市场价格波动的复杂性源自宏观经济、市场动态和投资者行为等多重因素的共同作用。研究者通过选取宏观经济指标（如汇率、利率、国债收益率），财务指标（包括市值、换手率、账面市值比、杠杆、成交量、每股收益等），以及从投资者交流平台提取的信息来构建投资者情绪指标，综合这些指标来剖析金融网络系统性风险的主要驱动因素。重点研究如何评价和筛选关键的系统性风险影响因素，并在金融网络尺度规模下考察系统性风险的生成、传播与控制。

二、基于数据驱动的人类合作和冲突行为研究

近期，基于实验和实证数据，融合博弈论与行为经济学的方法研究人类合作与竞争已成为经济学和管理学的前沿领域，这一点从 2017 年和 2019 年诺贝尔经济学奖的授予就可见一斑。同时，各国政府亦将数据驱动的人类行为研究视为重点，如美国国防部在 2015 年将社交网络中的人类行为计算模型研究纳入其六大颠覆性基础研究领域。在合作与冲突的研究中，核心挑战在于如何利用实际数据，结合经济学与计算科学的方法，构建精确反映个体与群体行为的模型。研究者致力于应用仿真优化、博弈控制、多智能体强化学习等理论方法，深入探究人类合作与冲突的行为模式和机制。该研究的目的是分析和评估不同机制对促进合作的效果，为理解和引导人类社会互动提供科学依据。

三、数字经济对经济社会发展的影响研究

科技进步促使数字经济成为推动社会经济发展的关键动力。在全球范围

内，数字经济的规模和质量是评判国家竞争力的重要标准，其通过互联网优化资源配置，促进商业模式和社会组织运作的创新，与创新、绿色、可持续的发展目标相一致，对经济社会进步具有积极作用。精确分析网络经济、共享经济和平台经济等新兴经济形态对社会合作的影响，并制定有效的管理和监督机制，是当前经济学和管理学研究的热点议题。

四、复杂全球态势下供应链系统博弈与优化

当今世界面临百年未遇之大变革，对全球产业与贸易提出了严峻挑战，在经济管理系统日益复杂的背景下，全球供应链系统内外部的现实约束因素扮演着越来越重要的角色。其中，供应链外部约束包括来自政府、社会组织、竞争对手等利益相关者的影响。在外部约束下，企业既要满足不同利益相关者的诉求，又要实现盈利，与供应链其他成员的相关决策密不可分，若决策不当可能会严重影响全球供应链运作效率。因此，需要对外部约束进行充分分析，在此基础上建立供应链成员间的竞合博弈模型，研究全球态势和外部约束对供应链主体决策的影响，是亟须解决的关键性科学问题。

第八节　生命健康与医疗信息系统工程领域

一、生物医学信息多维多尺度智能感知与处理

发展一系列先进智能传感技术，获取对生命个体和群体的全方位、跨尺度、多分辨率定量观测，建立全息数据采集与感知的新范式。研究范围覆盖人体各组织、器官与整体等生理学信息，并涵盖人的活动、饮食、睡眠等社会生活信息等全方位的数据，数据化对象的尺度从分子、细胞、组织、器官到人体、群体，实现从微观、介观到宏观的尺度跨越，通过将人体信息实现多维度、多角度、多层次的数据化，全面反映人体生命信息，为人体的数字化、数学化和智能化研究打下坚实且充分的数据基础。

二、细功能图谱与细胞数字孪生

建立用单细胞时空多组学数据构建细胞内和细胞间基因网络的先进方

法，深度解析生命信息系统的分子机理，建立生物作为超级复杂信息系统的单细胞水平和分子水平上的多维度图谱。采用生物信息学与机器学习方法，对细胞的离散和连续分布状态进行深入分析，揭示生理和病理过程中细胞类型的动态变化规律。定量预测细胞个体和群体的状态与功能表型变化，寻找细胞特征的低维表示，构建细胞群体功能分布图谱，并开发标准化的细胞标记信号，以有效表征和识别不同细胞类型与状态。

三、人工生物分子机器与智能靶向药物设计

研究生物元件、模块的智能设计方法。以人工合成基因回路为媒介，将细胞作为被控对象纳入控制系统的闭环当中，打通生物细胞与数字孪生系统之间的桥梁。研究针对细胞的状态估计方法和在线鲁棒控制策略，建立生物元件、模块的智能设计方法。结合人工智能、合成生物学、系统生物学等理论和技术，设计优化人工基因元件，改造并控制细菌、病毒和人类细胞，感知整合多个疾病预警信号进行药物智能释放与疾病干预，建立理论基础、系统平台和元件库。

四、中医药系统生物学建模、分析与平台

针对中医"证"或"证候"的现代医学内涵不清、中药方药的效应机制和毒副反应不明确这两个关键科学问题，重点研究如何融合网络药理学、生物信息学、中医药人工智能等技术，揭示证候与经络的生物学机制；建立中医的疗效评价和中药的质量评价；探索并发现方剂配伍的效应机制等。建成具有原创性的一体化中医智慧诊疗平台，实现以数字信息技术促进中医药的发展，推动中医药现代化、智慧化。

第九节 军事系统工程领域

加快研究军事系统工程与人工智能、物联网、大数据等高新信息技术相融合的理论方法，优先资助以下方向，推动军事领域的物理-信息-社会系统优化。

一、智能化兵棋推演的理论、方法与技术

面向体系对抗的一体化联合作战，研究智能兵棋推演平台、联合作战复杂实验活动支撑平台及前沿关键技术。重点发展方向包括：结合军事信息化和智能化发展需求，研究人在回路和人不在回路等多形式相结合的战争模拟系统，新武器装备、新作战理论、新作战效能下的兵棋数据及规则，以及利用战争模拟实验工程，对战争计划与方案、体系效能等进行分析研究的方法手段，促进兵棋推演紧贴实战化，提高兵棋推演辅助决策的合理性、准确性和实战性。

二、指挥信息系统的体系结构理论与方法

根据我国国情和军情，研究形成一套完整、规范、通用的体系结构设计理论与方法。优先资助方向包括：研究规范化、标准化的体系结构描述和设计流程，建立体系结构设计、验证、评估和优化模型，开发体系结构设计工具，管理体系结构数据，建设体系结构参考资源，实现知识认知与经验的有效迭代。

三、智慧军事物流理论与方法

通过将以"人工智能+算法+大数据"为代表的核心技术与军事物流领域的一些具体业务环节进行深度融合，实现军事物流智能化。优先资助方向包括：部队物资/装备需求预测、军用物资库存控制中的自动预警、战场环境下的军事物流基础设施与运输配送行动的安全风险自动识别、不确定威胁状况下的军事物流精确运输与配送等，从而达到"需求实时感知、资源可视掌握、决心及时正确、配送精确定向、行动全程调控"的保障要求。

四、基于模型的武器装备系统工程理论与方法

通过建立和使用一系列模型对武器装备全寿命周期管理进行控制，大幅降低管理的复杂性。优先资助方向包括：基于自然语言处理的武器装备全寿

命周期管理的结构化描述方法；武器装备系统特征建模；基于模型驱动的武器装备全生命周期过程控制理论与方法；基于模型的武器装备体系贡献度评估等。

第十节 资助体系改革建议

考虑各行各业的国际化发展现状与需求，应全面提升其服务水平和服务质量，采用系统工程的科学方法和技术路线，发挥我国制度优势和政府杠杆作用，建立以国家立项先导、市场行为推动的资助机制，推动对系统工程领域和学科资助的体系改革，并在此基础上完善相关配套政策。

一、资助系统工程对国家战略的支撑

系统工程运用系统和工程的思想、理论、方法与技术，从系统整体出发，科学处理和解决日益复杂的自然与社会实践问题。运用系统工程理论和技术，将国家战略有机统一起来，形成层次清晰、结构优化、统筹推进、协同共振的国家战略体系，产生"1+1>2""整体大于部分和"的战略叠加效果，催生强大的国家战略能力。这既是服务国家安全和发展利益的需要，也是国家治理体系和治理能力现代化的必然要求。

以重大科学任务带动基础研究，以战略工程实践作为系统工程理论发展的承载物，推动系统工程思想对"一体化的国家战略体系和能力"的支撑作用。

二、建立系统工程的跨学科协同发展机制

随着当今科学技术的深入发展，系统工程的跨学科研究给工程理论带来的不仅是思维的变革。当今科学技术的发展前沿已经在时空多尺度多层次上，广泛进入了多学科交叉的时代，很多问题需要多学科共同协作。

然而受管理体制与传统观念的影响，学科之间壁垒森严，限制学科交叉融合，制约了学科发展。尽管"鼓励学科交叉"是一个出现频率非常高的语句，但是在实施和操作层面更多的是学科的封闭建设和评价。在现有的管理与评价体制下，学科建设经费、研究生招生名额、科研成果等资源大多被固